高等学校交通运输与工程类专业教材建设委员会规划教材

高等学校土木工程专业隧道与地下工程系列教材

U0649762

城市地下结构设计

翁效林　朱谭谭
韩兴博　刘国锋　　主　编

李国良　路德春　　主　审

人民交通出版社

北京

内 容 提 要

本书紧密围绕城市地下结构设计所涵盖的技术问题,深入研讨新时期城市地下工程中的新理论、新技术以及新理念,并引入工程实例展开深入剖析。

全书共9章,具体包括:绪论、地下结构地质环境与围岩分级、地下结构的荷载计算、地下结构设计方法、地铁车站结构设计、明挖和暗挖隧道结构设计、盾构隧道和顶管结构设计、沉管和沉井设计、基坑支护结构设计。

全书资料翔实丰富,内容新颖独特,注重实践应用,具有较强的可读性,可作为普通高等学校城市地下空间工程专业本科生的教材,亦可供土木、水利工程等专业的研究生以及从事城市地下工程、隧道或相近专业的设计、施工、科研及管理人员参考使用。

图书在版编目(CIP)数据

城市地下结构设计 / 翁效林等主编. — 北京 : 人民交通出版社股份有限公司, 2025. 6. — ISBN 978-7-114-20201-8

Ⅰ. TU984.11

中国国家版本馆 CIP 数据核字第 2025S6C794 号

高等学校交通运输与工程类专业教材建设委员会规划教材
Chengshi Dixia Jiegou Sheji

书 名	:	**城市地下结构设计**
著 作 者	:	翁效林 朱谭谭 韩兴博 刘国锋
责任编辑	:	袁倩倩
责任校对	:	赵媛媛 刘 璇
责任印制	:	张 凯
出版发行	:	人民交通出版社
地 址	:	(100011)北京市朝阳区安定门外外馆斜街 3 号
网 址	:	http://www.ccpcl.com.cn
销售电话	:	(010)85285911
总 经 销	:	人民交通出版社发行部
经 销	:	各地新华书店
印 刷	:	北京建宏印刷有限公司
开 本	:	787×1092 1/16
印 张	:	22.75
字 数	:	563 千字
版 次	:	2025 年 6 月 第 1 版
印 次	:	2025 年 6 月 第 1 版 第 1 次印刷
书 号	:	ISBN 978-7-114-20201-8
定 价	:	59.00 元

(有印刷、装订质量问题的图书,由本社负责调换)

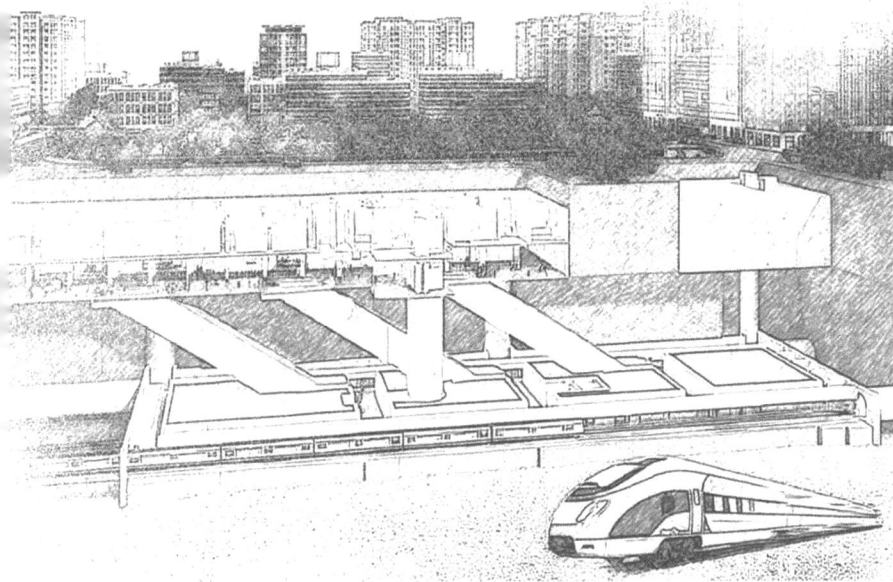

前　言

　　"城市地下结构设计"是城市地下空间工程专业本科生的一门必修课程。学习本课程的目的是让学生掌握并了解城市地下结构设计的基本原理与方法,为其后续从事城市地下结构设计工作构筑良好的基础。为契合我国高等学校城市地下空间工程等专业教育的发展及变化态势,我们以多年来"城市地下结构设计"课程教学实践所积累的资料为根基,参考国内已有的相关教材以及国内外最新的研究成果,编撰了这本《城市地下结构设计》,拟将其作为城市地下空间工程专业本科生以及其他土木工程专业本科生的学习教材。

　　全书共分为9章,分别为:第1章绪论、第2章地下结构地质环境与围岩分级、第3章地下结构的荷载计算、第4章地下结构设计方法、第5章地铁车站结构设计、第6章明挖和暗挖隧道结构设计、第7章盾构隧道和顶管结构设计、第8章沉管和沉井设计、第9章基坑支护结构设计。第1、5章由翁效林编写,第2、9章由刘国锋编写,第3、8章由朱谭谭编写,第4、6章由韩兴博编写,第7章由韩兴博、朱谭谭共同编写,全书由翁效林统稿。王欢对书稿进行了细致认真的审阅并给出了宝贵意见。本书由中铁第一勘察设计院集团有限公司李国良、北京工业大学路德春主审。

　　在本书编写进程中,李楠楠、李胜峰、李铉聪、张昕晔、冉光花、马福旺、

1

王乾云、焦志伟等完成了大量的文字编辑和插图工作,特向他们致以感谢。本书的编写,还参考了众多作者的著作,并吸纳了相关的最新研究成果,在此对这些著作的作者表示诚挚的谢忱。

因水平所限,书中存在部分缺点和错误,恳请读者予以批评指正。

编　者
2025 年 3 月

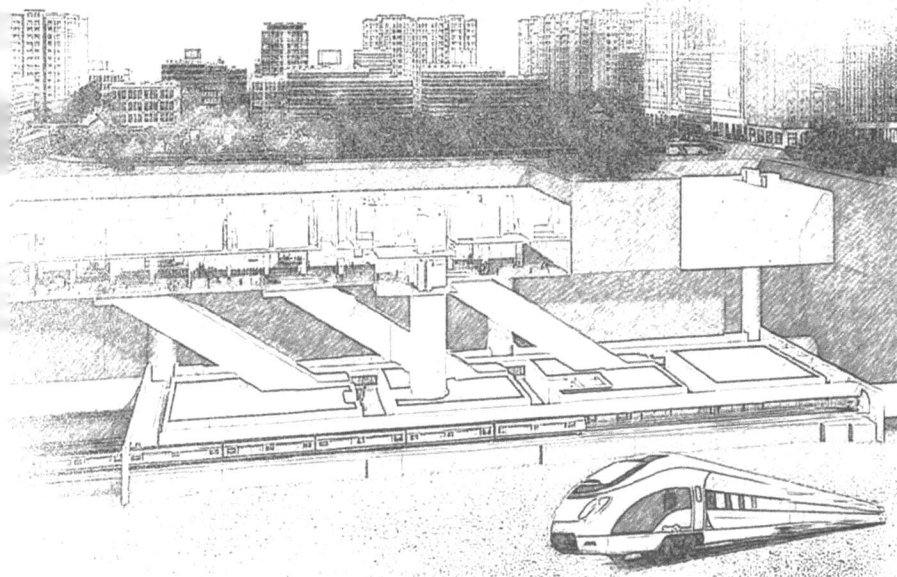

目 录 ▶▶▶
CONTENTS

第1章 绪论 ·· 1

1.1 概述 ··· 1

1.2 地下空间结构分类 ··· 2

1.3 地下结构的设计特征与现代支护理论 ······························ 6

1.4 地下结构具体设计流程和内容 ·· 8

思考与练习题 ··· 11

第2章 地下结构地质环境与围岩分级 ································· 12

2.1 概述 ·· 12

2.2 地质环境 ·· 12

2.3 特殊土 ··· 22

2.4 围岩分级 ·· 30

思考与练习题 ··· 41

第3章 地下结构的荷载计算 ··· 42

3.1 荷载分类和组合 ·· 42

3.2 岩土体压力的计算 ·· 43

3.3 围岩压力的计算 ·· 55

3.4 地层弹性抗力的计算 ·· 73

3.5 结构自重及其他荷载 ·· 109

思考与练习题 ·· 110

第4章 地下结构设计方法 ······································ 111

4.1 设计内容 ·· 111

4.2 设计计算理论与方法 ······································ 111

4.3 设计模型 ·· 113

4.4 荷载-结构法 ··· 114

4.5 地层-结构法 ··· 116

思考与练习题 ·· 117

第5章 地铁车站结构设计 ······································ 118

5.1 概述 ·· 118

5.2 结构方案 ·· 123

5.3 明挖车站结构设计 ·· 129

5.4 暗挖车站结构设计 ·· 143

5.5 结构防水 ·· 147

5.6 地铁车站结构设计实例 ···································· 153

思考与练习题 ·· 164

第6章 明挖和暗挖隧道结构设计 ································ 165

6.1 明挖与浅埋式地下结构设计 ································ 165

6.2 暗挖隧道结构设计 ·· 183

思考与练习题 ·· 224

第7章 盾构隧道和顶管结构设计 ································ 225

7.1 盾构隧道设计概述 ·· 225

7.2 盾构隧道衬砌结构设计 ···································· 226

7.3 盾构隧道结构数值分析 ···································· 254

7.4 顶管结构设计 ·· 259

思考与练习题 ·· 273

第8章 沉管和沉井设计 ·· 274

8.1 沉管结构设计 ·· 274

8.2 沉井结构设计 ·· 295

思考与练习题 ·· 309

第9章 基坑支护结构设计 ······································ 310

9.1 概述 ·· 310

9.2　地下连续墙 ·· 313

9.3　桩锚支护结构 ·· 326

9.4　重力式挡土墙 ·· 336

9.5　土钉墙 ·· 341

思考与练习题 ·· 350

参考文献 ·· 351

第 1 章

绪 论

1.1 概 述

1.1.1 地下结构体系

地下空间依托于地下结构而得以存在,地下结构是地下空间形成的基础。在保留上部地层或土层的前提下,开挖出用于某种特定用途的地下空间,并在其中修筑的建筑物,统称为地下空间结构,简称地下结构。地下结构与诸如房屋、桥梁等地面结构物类似,均为一种结构体系。如图 1-1 所示,地面结构体系通常由上部结构与地基构成,地基对上部结构底部起到约束或支承的作用,其所承受的非自重荷载(如列车、水力、人群等)均源自结构外部。而地下结构由于四周与地层紧密相连,结构所承受的荷载来源于洞室开挖后周围地层的变形以及坍塌面产生的压力,同时结构在荷载作用下发生的变形又受到地层的约束。

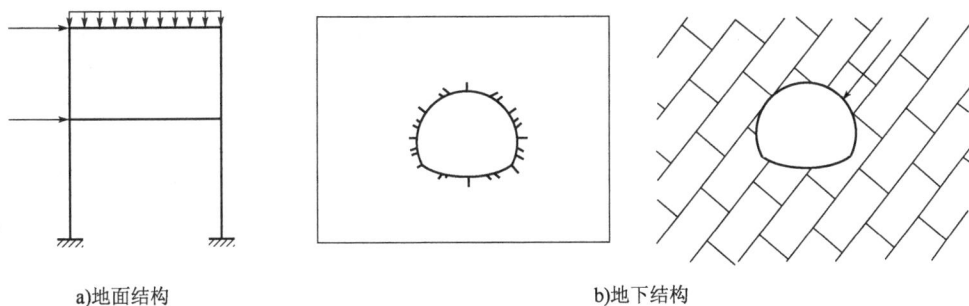

a)地面结构　　　　　　　　　　　　　　　　b)地下结构

图 1-1　地面结构和地下结构

需要指出的是,尽管地下结构周围的地层差异很大,但各类岩土地层在洞室开挖之后,均具备一定的自稳能力。若地层自稳能力较强,地应力水平较低,地下结构将不会承受或者承受较小的地层压力;反之,地下结构将承受较大的荷载,甚至必须独立承担全部荷载。由此可见,地层既是承载结构的基本组成部分,又是形成荷载的主要来源,洞室周围的地层在很大程度上成为地下结构体系的承载主体,而地下结构的安全性主要取决于地下结构周围地层的持续稳定状态。

对于修建在质量较好的围岩中的地下结构,周围围岩能够与地下结构共同承受荷载,一同组成地下结构体系。这就提醒我们,在地下结构体系的设计过程中,需要充分利用围岩的承载能力。地下结构中支护与围岩之间的相互耦合作用机理,与地面结构是截然不同的。如何更好地利用和保护围岩的承载能力,是一个需要深入研究的问题。

地下空间的开发和利用中,开挖洞室会使地层的初始应力状态发生改变,释放荷载,产生变形并随着时间的推移逐渐发展,因此洞室开挖后必须沿着洞室周边修建永久性支护结构,即衬砌结构。该结构不仅承受开挖空间周围地层的压力、结构自重、地震和爆炸等动静态荷载;还具有防止开挖空间周围地层风化、崩塌以及防水和防潮等围护作用。为了满足使用要求,在衬砌内部还需要修建必要的梁、柱和墙体等内部结构,内部结构的设计和计算与地面结构相似。

1.1.2　城市地下结构特性

城市地下空间结构是指在保留城市上部建筑物或地层(城市山体或土层)的前提下,能够满足城市地下空间建筑使用功能要求,并在各种荷载作用下具备足够强度与稳定性的结构形式。与城市地上建筑不同,地下建筑处于地层之中,是在已建成的城市地表基础上建设的。因此,无论是前期的地层勘察还是后期的运营维护,城市地下空间结构在各个方面都呈现出很强的独特性,主要体现在以下 4 个方面。

1. 地质条件差、结构埋深较浅

目前,我国城市地下结构的埋深大多在 20 m 以内。在此深度范围内,地层大多为第四纪冲积层或沉积层,或者是全、强风化岩层,这些地层多松散且无胶结,存在上层滞水或潜水现象。

2. 地下环境复杂

受现实条件的限制,城市地下结构的修建往往滞后于城市建设。城市地铁建设位置的既有结构高度集中,需要下穿或经过大量既有路面或管线,施工过程可能导致既有结构附近地层变形以及地表沉降。

3. 地面环境复杂

城市地下管网设施、商业街、停车场等构筑物相互影响、相互制约,给工程建设带来了许多设计与施工技术方面的特殊难题。

4. 围岩稳定性难以判定

围岩稳定性的判定一直是地下结构设计与施工研究的重点问题。对于城市地下空间结构而言,其在地质、环境和结构方面的特殊性给地下结构的围岩稳定性带来了极大挑战。

1.2　地下空间结构分类

1.2.1　按结构形状划分

地下空间结构可按结构形状分为直墙拱形结构、矩形框架结构、圆形结构、薄壳结构、敞开式结构等。

矩形框架结构常用于围岩条件好、空间跨度小或埋深较浅的区域;圆形结构常用于地质条件较差、围岩压力大且承受较大静水压力的区域,这是因为该结构可充分发挥混凝土结构的抗压能力。当地质条件介于两者之间时,需根据荷载大小与分布来选定结构形式。例如,在以竖向压力为主要荷载的区域,宜采用直墙拱形结构;当地下空间跨度较大时,可采用落地拱结构,并相应采用倒拱形底板。

另外,结构选型还取决于工程的特殊使用要求。如人行通道宜为单跨矩形或拱形结构;地下铁道车站或地下医院等应采用多跨结构;飞机库则采用中间不设梁柱的大跨度落地拱;在工业车间中,矩形隧道的空间应满足使用限界;公路交通隧道、地下输水隧道以及市政公共隧道多采用直墙拱形结构或圆形结构。

1.2.2 按支护结构划分

地下结构周围的围岩介质千差万别,不同地质条件需要的支护结构形式会有很大的不同。通常地下空间结构按支护结构分为如下类型。

1. 防护型支护

该支护通常采用喷浆、喷混凝土或局部锚杆来对岩面进行封闭,防止坑道周围已完成的岩体渗水或者围岩质量的进一步恶化。这是开挖支护中最简单且普遍使用的方式,但其无法阻止围岩变形,也无法承受岩体压力。例如地下洞室开挖过程中的掌子面防护或地下空间的顶部防护。

2. 构造型支护

为避免坑道开挖过程中毛洞周围的围岩出现局部崩塌现象,阻止围岩崩塌的继续发展,保证施工过程的安全,需要设置保护性支护,这种支护结构属于构造型支护,其支护结构的构造参数应满足施工及构造要求。构造型支护通常采用喷混凝土、锚杆和金属网、模筑混凝土、临时性钢支撑等支护类型。

3. 承载型支护

承载型支护结构是地下结构支护的一种重要类型,其主要承担围岩荷载,同时阻止或减小围岩变形。根据围岩力学响应,承载型支护可划分为轻型、中型及重型3种形式。其断面形式较为多样,取决于地质条件、使用方式等因素。

1.2.3 按施工方法划分

地下空间结构的施工方法可划分为敞开式、逆作式、暗挖式、掘进机式、盾构式、沉井式、连续墙式、沉管(箱)式、顶管(箱)式等。

1. 敞开式

敞开式也可称为明挖法,是指直接开挖地下空间基坑,在建造完成后再进行回填的方法,基坑边坡可采用放坡、直立或不同支撑形式来防止土体坍塌。

当需要从地面向下开挖一个地下空间时,一般会采用基坑支护结构。深基坑支护结构多种多样,用材和施工方法也各不相同,但主要可分为两大类:第一类是支挡型,如排桩式支挡结构和地下连续墙(图 1-2);第二类是加固型,如高压旋喷桩法加固、静压注浆加固、深层搅拌法加固、锚喷支护和土钉墙等。深基坑支护结构的主要作用是减少土方开挖量、少占场地空间、保护相邻的已有建筑物和地下设施、减少或防止坑底隆起,此外还兼有支护和防水的双重功效。在选择支护结构时,必须因地制宜地对几种可能的支护结构方案反复比较、逐步筛选,以做到安全可靠、经济合理、施工简便、保护环境。

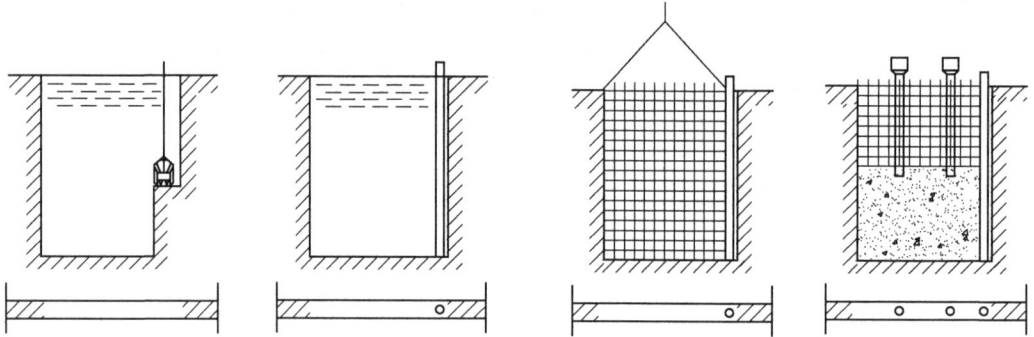

图 1-2 地下连续墙施工流程示意图

另外,部分浅埋式地下结构平面呈方形或长方形,覆土厚度仅 5~10 m(薄),覆土厚度小于结构尺寸,这种情况下也多采用敞开式施工。

浅埋式结构形式可归纳为直墙拱形结构、矩形闭合框架结构和梁板式结构,或是上述形式的组合。例如,对于平面呈条形的地铁车站等大中型结构,常采用矩形闭合框架结构。

2. 暗挖式

暗挖式常用于土体中埋深较大的情况,是通过洞口或者竖井在土中挖掘空间来建造结构的方式,此种方式又称为矿山法。

3. 掘进机式(TBM 式)

掘进机式是采用开敞式掘进机进行施工,具有破岩、开挖、支护过程一体化和自动化的特征,适用于硬岩特长隧道施工。

4. 盾构式

盾构结构以盾构法施工为依托,适用于中等埋深及以上的软弱土层中。由于盾构推进时以圆形断面为主,故常采用装配式圆形衬砌,也可根据施工需要选用方形或半圆形衬砌。盾构通常由盾构壳体、推进系统、拼装系统、出土系统四部分组成,如图 1-3 所示。

采用盾构法修建隧道始于 1818 年,至今已有 200 多年的历史,其发明者是法国工程师布鲁诺尔(Marc Isambard Brunel)。1869 年,英国工程师格雷托海德(J. H. Greathead)成功运用 P. W. Barlow 式盾构修建了泰晤士河底隧道,这使得盾构法得到隧道工程界的普遍认可。随后,随着盾构建造技术及施工工艺的不断改进,盾构法在隧道建设中的应用日益广泛。我国于 1957 年在北京的下水道工程中首次使用了直径为 2.6 m 的小盾构。目前,在我国城市地铁建设以及过江隧道工程中均大量采用盾构法施工。

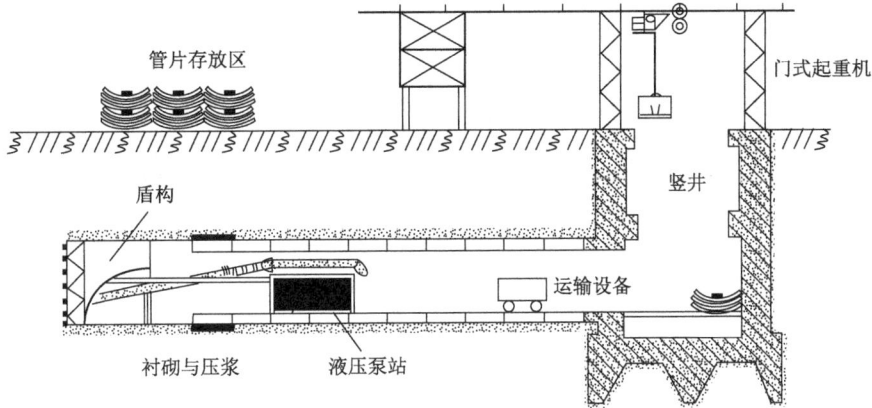

图1-3 盾构法施工示意图

5. 顶管式

在城市管道埋深较大、交通干线附近以及周围环境对位移和地下水有严格限制的地段,常采用顶管结构。这种施工方式更为安全和经济,其施工现场如图1-4所示。

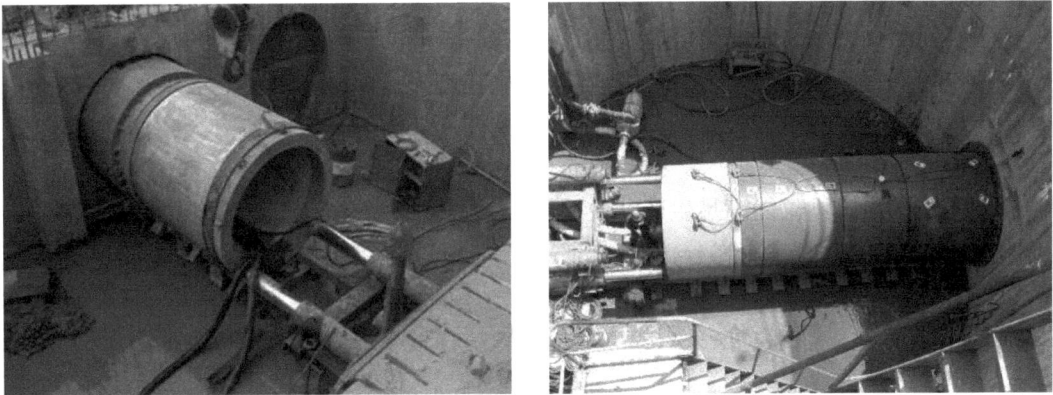

图1-4 顶管结构施工现场

6. 沉管式

沉埋管段施工法主要用于水下隧道的修筑,简称沉管法。采用沉管法修筑隧道的过程是:先在水底挖好沟槽,再将在陆地上特殊场地预制好的适当长度的管段浮运至沉放现场,按一定顺序沉放到沟槽中并进行连接,之后回填覆盖,从而形成隧道。这是20世纪初发展起来的一种水下隧道修建工法,采用该工法修建的隧道通常被称为沉管隧道。沉管隧道一般由两岸段和沉管段组成,其中两岸段采用明挖法或暗挖法施工,而水底段则按沉管法施工。沉管法施工流程图如图1-5所示。

7. 沉井式

沉井结构的主要特点是将已建成的"井"通过特定方法"沉"至地下或水下的指定位置。它广泛应用于多种类型的地下建筑与构筑物、国防工程、设备基础、桥梁墩台、盾构拼装井、船坞坞首、矿井、地铁车站等工程。

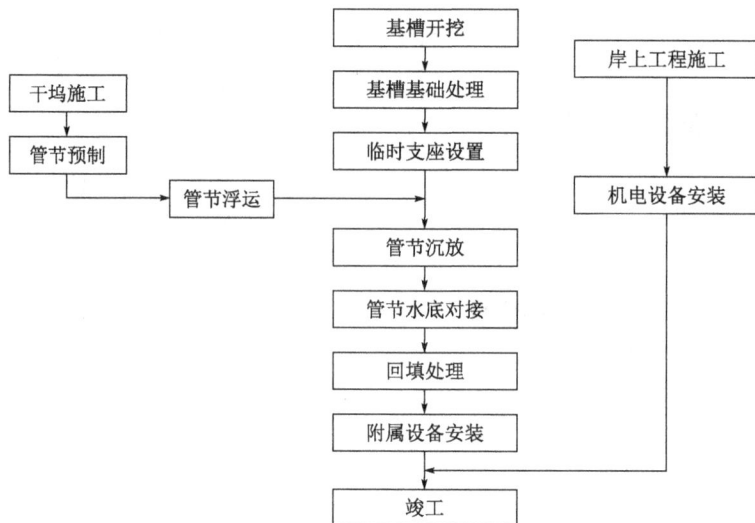

图1-5　沉管法施工流程图

1.2.4　按围岩状况划分

地下空间结构按围岩状况可分为土层地下空间结构和岩层地下空间结构。土层结构是指在土壤内挖掘形成的结构,岩层结构是指在岩石中挖掘形成的结构。此处不包含水中结构,水中结构与岩土中的结构有较大差别,水中结构包括江河湖海等水下的结构,也涵盖水底岩土中的结构。

合理的结构形式不仅能满足生产和使用要求,还能实现经济、安全、美观的良好统一。显然,在这些因素中必然有主次之分,安全是前提条件,使用要求是根本目的,要在满足承载力要求的情况下降低工程造价。地层条件、施工进度、结构耐久性以及工程量等实际情况的结构形式,往往是使用要求、工程造价、美观程度等多个因素综合考量的结果。

1.3　地下结构的设计特征与现代支护理论

1.3.1　地下结构设计特征

地下结构作为与地面结构不同的结构体系,在赋存环境、力学作用机理等方面和地面结构存在巨大差异,因此很难运用地面结构的设计理论来解决地下工程问题。地面结构设计理论不但难以准确解释地下工程中相较于地面结构的特殊力学现象,也无法实现对地下结构的合理设计。

从相互作用模式来分析,地下结构是一个物理模式极为复杂的体系。大量外界或自身因素都会对结构与围岩的相互作用产生重大影响,而且结构体自身的变化范围也较大,部分影响因素难以进行定量分析。地下结构的设计特点主要体现在以下几个方面:

①地下结构是在承载状态下进行构筑的,主要承受地层的垂直压力和侧向压力。

②地下结构设计需要充分考虑如何利用和延长地层的自稳范围与自稳时间。由于地层的

种类和构造不同,其自稳范围和时间会在较大幅度内变化。

③地下工程设计应当将地层变形控制在允许的范围之内。

④要充分考虑地下水位变化引起的地层参数变化,以及静水压力和动水压力的变化。

⑤地下结构设计是一个动态的过程。工程设计和施工都有各自的模式,并且随着施工进度的推进,可能会出现多次设计变更的情况。

将这些特点反映在计算模型中,大致可以归纳为以下几点:

①围岩的地质和水文条件是地下结构设计的基础。

②地下工程周围的岩体既是荷载的来源,也是承载的主体。

③地下结构的施工因素和时间因素会对结构体系的安全性产生极大的影响。

④在地下工程支护结构安全性评价中,支护结构的承载能力与围岩稳定性几乎占据同等重要的地位,这两种因素都有可能导致支护结构损坏。

⑤地下工程支护结构设计的关键在于充分保护并发挥围岩的自承能力。

因此,在进行地下空间结构计算时,只有采用抽象和简化的建模方法,才能够开展结构计算分析,否则很难利用解析方法对结构特性进行分析。并且地下结构的受力特性与施工方法直接相关。总体而言,由于上述问题的存在,部分地下结构的设计和结构可靠性计算结果在可靠程度方面可能与地下结构的实际工作状态相差较大,这些结果常常不能作为确切的设计依据。

1.3.2 现代支护原理

在地下结构体系中,支护结构是主要研究对象,常以衬砌形式呈现。支护结构有两个基本使用需求:其一,满足强度与刚度要求,以承受水土压力及其他特殊外荷载;其二,提供符合要求的工作环境,保持隧道内部干燥清洁。这两个要求紧密相关的。

传统支护理论认为围岩只产生荷载而不能承载,支护结构只是被动承受外围荷载,无法起到稳定围岩和改善围岩受力状态的作用。随着岩石力学的发展以及锚喷支护的应用,在地下结构设计与施工的不断实践过程中,逐渐形成了支护结构与围岩共同作用的现代支护原理,该原理能够充分发挥围岩的自承能力,从而获得较高的经济效益。

现代支护原理的基础是围岩与支护共同作用,即将围岩与支护视为由两种材料组成的复合体,并且将加固后的围岩体支承环作为结构体系的重要部分。这可以从以下两个方面来理解。

1. 充分发挥围岩自承能力

现代支护原理中最重要的一点是充分发挥围岩的自承能力,以此减轻围岩压力并改善支护受力状况。这就要求围岩一方面要有一定程度的塑性变形,从而最大限度地发挥其自承能力;另一方面,围岩又不能进入松动状态,以此保证其稳定性和承载能力。当围岩洞壁位移接近允许变形值时,围岩压力便达到最小值。

2. 尽量发挥支护材料本身的承载力

现代支护原理倡导尽可能地发挥支护材料自身的承载能力。其中,柔性支护、分次支护、封闭支护以及锚杆支护等方式,均能够在较大程度上发挥支护材料的承载能力。通常情况下,初次支护所采用的喷射混凝土层与围岩之间的黏结较为紧密,并且具备较高的柔性,因而更易于发挥其承载能力。

现代支护理论还需借助现场监控量测以及监控设计等手段,对设计与施工环节予以指导,借此可以确定诸多施工参数,诸如支护形式、施工方法以及施工实际状况等。如图1-6所示,针对地下结构的设计方法,常常采用将结构计算、经验推断以及实地考察相结合的"信息化设计"方法。设计工作应当以工程与水文地质勘察资料为基础,通过理论或经验方法来开展预设计。所谓经验设计,就是依据围岩按照完整性和强度所划分的稳定程度分级指标,参考已有的同类工程经验,进而确定所设计结构的相关设计参数和施工方法,例如结构厚度、配筋、开挖方式等。基于上述预设计方法,便可以开展施工操作,并且在施工过程中进行必要的监控与量测,在有需要时通过理论与数值分析加以验证。最后,将上述预设计方案与规范要求进行严格比对,检验其安全性并针对存在的问题做出必要的修改。这种把经验类比、理论分析、施工监测、数值模拟以及经验判断相结合,使调查、设计与施工相互交叉的反馈流程设计,契合地下工程的特点,也是目前国内外在地下工程建设中所公认的流程。

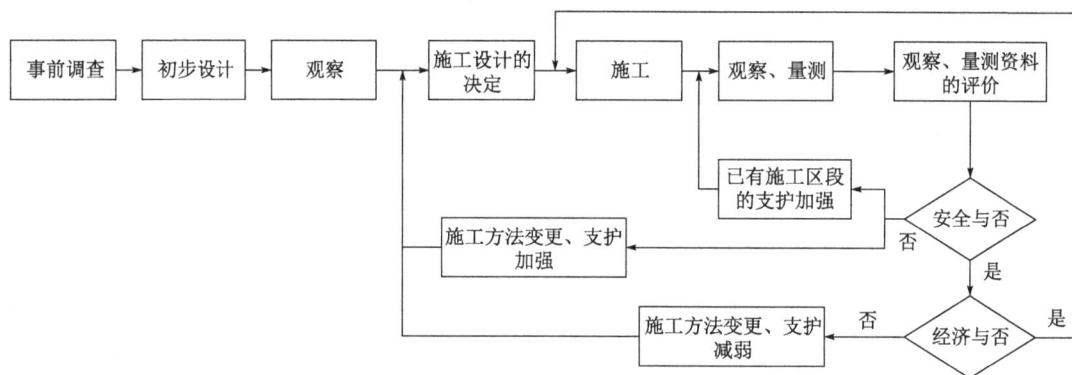

图1-6 地下工程信息化设计方法的流程图

计算能力的不断提升促使用于地下结构计算的力学模型得以迅速发展。完善并深入研究结构与围岩共同作用的地下结构力学模型,能够有效减少信息化过程中反馈修改的工作量。总而言之,在开展地下结构设计时,工程建设者通常应当对多个方案进行比较,以便做出更为经济合理的设计。

1.4 地下结构具体设计流程和内容

1.4.1 设计原则

1.遵守设计规范和规程

地下结构设计方面颁布了多种规范,在设计时必须依据设计对象、地下建筑的服务领域等因素,选用相应的规范和规程。目前,有关地下工程的结构设计一般应遵循如下规范:《地下工程防水技术规范》(GB 50108—2008)、《混凝土结构设计标准》(GB/T 50010—2010)、《铁路隧道设计规范》(TB 10003—2016)、《公路隧道设计规范 第一册 土建工程》(JTG 3370.1—

2018)、《地铁设计规范》(GB 50157—2013)、《岩土锚杆与喷射混凝土支护工程技术规范》(GB 50086—2015)和《水工隧洞设计规范》(SL 279—2016)等。但需要强调的是,规范仅代表当前的理论与经验,并不一定绝对正确。因此,只有真正理解规范背后所隐含的理论与经验,才能更加合理地运用规范中的规定。

2. 确定合理的设计标准

结构设计是通过合理地选择结构参数,使结构达到安全、经济且耐久性强等目的。它与结构所受荷载息息相关,这里的荷载是指广义荷载,不仅局限于土压力或上覆结构压力,还包括温度应力等间接荷载。根据建筑用途、防护等级、地震烈度等因素,可将地下结构的设计荷载划分为以下 3 类:

①永久荷载,其量值不随时间变化或与平均值相比变化可忽略不计,包括结构自重、使用设施自重、地层压力(含水压力)、混凝土收缩和徐变力等。

②可变荷载,量值随时间变化,且其变化与平均值相比不可忽略,包括施工荷载、温度变化、使用活载(如交通隧道内的车辆活载、地面车辆活载等)和活载所产生的地层压力等。

③偶然荷载,不一定出现,且一旦出现时作用时间很短,如地震力等。

地下结构一般为超静定结构,在考虑抗震、抗爆荷载时,允许考虑由塑性变形引起的内力重分布。在进行结构截面计算时,需对强度、裂缝(抗裂度或裂缝宽度)和变形进行验算。钢筋混凝土结构在施工和正常使用阶段受到静荷载作用时,除进行强度计算之外,一般还应验算其裂缝宽度。应根据工程的重要性来限制裂缝宽度大小,不允许出现通透裂缝,对于较重要的结构,则要求不能开裂,即需要验算其抗裂度。

1.4.2 设计流程

具体而言,地下结构设计一般分为初步设计和技术设计(包括施工图设计)两个阶段,技术设计是对初步设计的进一步细化和具体化。

1. 初步设计

初步设计是指在满足使用需求的情况下,对设计方案的可行性与合理性展开研究,并对投资、施工及材料等指标进行初步确定。初步设计内容如下:

①明确工程等级与要求,确定动静荷载标准。

②确定埋置深度与施工方法。

③对荷载值进行初步计算。

④选择建筑材料。

⑤选定结构形式和进行结构布置。

⑥估算结构跨度、高度、顶底板及边墙厚度等主要尺寸。

⑦绘制初步设计结构图。

⑧进行工程财务总概算。

将地下工程的初步设计图纸附上说明书,送交有关主管部门审定批准后,方可进行下一步的技术设计。

2. 技术设计

技术设计主要是解决结构自身存在的受力问题,如承载力、刚度、稳定性等,并给出施工时结构各部件的具体细节尺寸以及连接大样。技术设计内容如下：

①计算荷载：依据地层介质类别、建筑用途、防护等级、地震级别、埋置深度等条件，求出作用于结构上的各类荷载值，包括静荷载、动荷载和其他作用力。

②简图绘制：根据计算工况和结构承载情况绘制相应的计算简图。

③内力计算：对各控制截面的内力进行计算。

④内力组合：基于上述内力计算结果，在各种内力组合中找出内力组合的最不利情况，并求出各控制截面的设计内力值。

⑤配筋设计：依据内力计算及组合的结果，配置必要的分布钢筋和架立钢筋。

⑥绘制施工详图：绘制平面图、配筋图以及其他内部设备预埋位置图。

⑦编制工程财务总预算。

由于地下结构具有超静定性，难以单纯通过力学计算获取相应截面尺寸，这就需要借助经验类比等其他方法来初步拟定衬砌结构尺寸。依据初步拟定的尺寸、材料以及构造情况，进而计算结构内力。初步拟定结构形状和尺寸需考虑以下 3 个方面：

①衬砌的内轮廓必须满足前述的地下建筑使用要求和净空限界，同时要选取与施工方法相适配的结构断面形式。断面应平顺圆滑，最好设计成封闭式，一般应设置仰拱。因为封闭式结构抵抗变形的能力最佳，即便厚度较小，也能提供较大的支护阻力。

②结构轴线应尽可能与荷载作用下所确定的压力线重合。若二者重合，结构的各个截面仅承受单纯压力而无拉力，这固然最为理想，但在实际中很难实现。一般而言，结构轴线应尽量接近压力线，让各个截面主要承受压力，仅有极少数截面承受很小的拉力，从而充分发挥混凝土材料的性能。

③在结构轴线确定后，截面厚度成为重点设计内容，需判断设计厚度的截面是否具备足够强度。从施工角度来看，截面厚度要满足最小厚度要求，若厚度太薄，会导致施工操作困难且质量难以保证。

地下结构设计的一般过程如下：首先依据经验或其他方法对结构的尺寸、材料及构造进行假定；其次基于该假定以及指定的荷载组合来计算结构内力，并验算其承载力与稳定性。若该设计能够满足使用要求且经济性较为合理，那么设计过程完成；否则，需要不断重复上述过程，直至满足要求。

1.4.3 结构计算内容

地下结构计算是地下工程设计的重要组成部分，包括选择结构的轴线形状、内轮廓尺寸、结构尺寸（如截面厚度）、材料和构造。其中，结构尺寸、材料和构造需满足结构的承载力和稳定性要求，结构的轴线形状和内轮廓尺寸需满足规范规定的地下结构净空要求。

1. 横断面结构设计

由于地下结构横断面沿纵向基本相同，所以可认为在一定长度范围内纵向荷载基本保持均匀不变。相对于结构的纵向长度而言，结构的横向尺寸不大，可认为力总是沿横向传递的。计算时的一般做法是沿纵向截取 1 m 的长度作为计算单元（图 1-7），即将空间结构简化为每延米下的平面应变问题来进行分析。

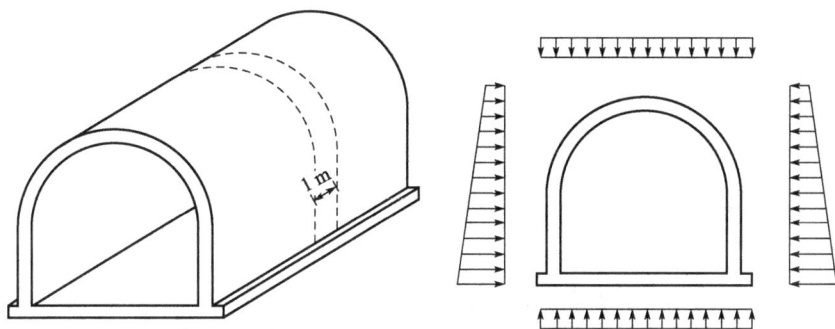

图 1-7 地下结构横断面计算简化图

横断面结构设计主要步骤一般包括荷载分析与确定、计算模型的建立(计算简图)、内力计算与分析、截面设计以及施工图绘制等。

2. 纵向结构设计

横断面设计完成后,可得到结构的横断面尺寸和配筋情况。然而,沿结构纵向需要配置多少钢筋、是否需要沿纵向分段以及每段长度是多少等问题,则需要通过纵向结构设计来解决。特别是在软土地基和通过不良地质地段时,如跨越活断层或地裂缝的情况下,更需要进行纵向结构计算,计算结构的纵向内力和沉降,以此确定沉降缝的设置位置。

工程实践表明:当隧道过长或施工养护工作不到位时,混凝土会遭受较大损伤,进而沿纵向产生环向裂缝;由于温度变化,在靠近洞口区段也会出现环向裂缝。这些裂缝会导致建筑渗水、漏水,影响正常使用。为保证其能够正常使用,必须沿纵向设置伸缩缝。伸缩缝和沉降缝统称为变形缝。从已发现的地下工程事故来看,较多事故的发生是因为纵向设计考虑不周全而产生了裂缝,所以在设计和施工过程中应对此予以充分考虑。

3. 出入口设计

一般地下建筑的出入口结构尺寸较小,但形式多样,有坡道、竖井、斜井、楼梯、电梯等。人防工程口部则设有吸尘设施及防护密闭门。从使用角度来看,无论是平时还是战时,地下建筑的出入口都是关键部位,在设计时必须给予充分重视,应确保出入口与主体结构承载力相匹配。

思考与练习题

1. 与地面建筑相比,地下建筑有哪些突出特点?
2. 简述地下结构的设计特征和现代支护理论。
3. 简述地下结构设计的程序及内容。

第2章
地下结构地质环境与围岩分级

2.1 概　　述

地下结构所处的环境具有多样性特点,其中地质条件存在不确定性,岩土体的变化范围较为广泛,这使得地质环境的勘察与识别在地下结构设计过程中显得至关重要。故而,在进行地下结构设计时,务必充分熟悉地下环境的特征,要借助详细的地质勘察以及工程地质调查,来准确识别地下岩土性质、应力状况、水文地质等情况,以便有效评估地下工程的稳定性与安全性,进而合理规划出适应地下环境的结构方案。

本章主要探讨与地下结构设计及施工直接相关的若干要点:①阐述城市地下结构的地质环境,例如地层介质中的岩石、土体、地下水、地应力以及不良地质条件等;②评估地层工程性质,涵盖围岩质量的评定方法与标准。

2.2 地 质 环 境

2.2.1 岩石

岩石是指在地质作用下由矿物与岩屑按一定规律形成的自然物体。岩石根据成因可分为岩浆岩、沉积岩和变质岩。作为地层介质之一,岩石的工程性质受矿物成分、结构构造等多方面因素的影响。

1. 岩浆岩

岩浆岩也称为火成岩,是岩浆在地下或喷出地表后冷凝而成的岩石。其产状可分为侵入岩体产状和喷出岩体产状两大类。其结构与矿物的结晶程度、颗粒形状及大小相关。根据矿物结晶程度可分为全晶质、半晶质和非晶质结构;根据颗粒大小可分为显晶质和隐晶质结构;根据颗粒相对大小可分为等粒结构、不等粒结构、斑状结构和似斑状结构。

1)岩浆岩的种类对工程性状的影响

岩浆岩根据其种类可分为深成岩、浅成岩和喷出岩。

深成岩的晶粒较为粗大且均匀,结晶联结程度高,力学性能良好,不易产生裂隙,透水性较弱。这种类型的岩石整体稳定性强,适宜作为建筑材料或地基。不过,由于其通常由多种矿物结晶组成,抵抗风化的能力较差,例如铁镁质基性岩相较于其他岩体更易风化,所以要着重关注其风化程度和抗风化能力。

浅成岩中细晶质和隐晶质结构的岩石力学性能较好,抗风化能力比深成岩强,透水性弱,一般也适合作为建筑地基。但是斑状结构的岩石力学性能和透水性能差异大,容易发生蚀变风化,从而导致强度降低、透水性增强。

喷出岩通常为隐晶质或玻璃质结构,力学强度高。然而,喷出岩透水性较强,这是因为其常带有气孔或流纹构造以及发育的原生裂隙。此外,喷出岩呈岩流状产出,岩体厚度小,岩相变化大,均一性差,对地下结构的整体稳定性影响较大。

2)岩浆岩的结构构造、风化程度以及饱水率对工程性状的影响

岩浆岩的结构越致密,其工程性状越好;反之,岩浆岩的构造裂隙越发育,其工程性状相对就越差。

岩浆岩的风化程度越高,其工程性状(如岩石抗压强度)就越差。

在同一场地中,同种岩石的裂隙和节理越发育,通常其含水量越大,强度也就越低,对工程性状越不利。

2. 沉积岩

沉积岩是指在常温常压条件下,由风化作用、生物作用以及部分火山作用所产生的沉积物,经过成岩作用后形成的岩石。沉积岩的结构主要涉及组成岩石成分的个体颗粒的形态、大小以及连接方式,一般可分为碎屑结构和非碎屑结构。其中,非碎屑结构又包含泥质结构、结晶结构和生物结构。沉积岩各组成部分的空间分布与排列方式被称作构造,沉积岩具有显著的层理构造,这是它区别于岩浆岩和变质岩的主要标志。不同类型的沉积岩,其工程地质和水文地质性质也有所不同。

1)沉积岩种类对工程性状的影响

沉积岩依据其成因和物质成分,主要分为碎屑岩、化学岩和生物化学岩。其中,碎屑岩又可进一步根据粒度分为粗粒碎屑岩与细粒碎屑岩。

粗粒碎屑岩与岩浆岩类似,工程地质性质较好;而火山碎屑岩作为粗粒碎屑岩的一种特殊类型,因其种类多样,各类之间差异明显,致使岩体结构变化较大;细粒凝灰岩质地较为软弱,并且其水理性质较差。

细粒碎屑岩的工程性质受胶结物成分与类型影响显著。总体来说,其工程地质性质良好。比如硅质基底式胶结的岩石,相较于泥质接触式胶结的岩石,具有强度高、裂隙率小、透水性差的优势。此外,碎屑成分、粒度以及级配同样会对细粒碎屑岩的性质产生作用。例如,石英质的砂岩和砾岩,在性质方面优于长石质的同类岩石。黏土岩和页岩也归属于细粒碎屑岩范畴,这类岩石抗压强度低,在外界条件作用下,容易出现变形、软化、泥化现象。若含有蒙脱石,还会产生膨胀特性,这些特性对地下岩土体的稳定性十分不利。不过,由于它们透水性差,在工程中可作为隔水层使用。

化学岩和生物化学岩的可溶性较强,水理性质较差。硅质化学岩强度较高,但整体性较差,容易产生裂缝。碳酸盐岩(如石灰岩、白云岩)强度中等,不过由于其易溶解于水的特性可能成为渗漏通道。易溶的石膏等化学岩质地软弱,容易导致工程失稳。

2)沉积岩的结构构造和风化程度对工程性状的影响

沉积岩的结构越致密,其工程性状越好;反之,若沉积岩的构造裂隙越发育,则其工程性状相对越差。此外,沉积岩的风化程度越高,其工程性状(如岩石抗压强度等指标)越差。

3. 变质岩

变质作用是指原先存在的岩石(如火成岩、沉积岩或早期变质岩)在岩浆作用、构造作用或其他地质作用下,受高温、高压、化学活性流体等因素影响,发生成分和结构方面的改变,从而形成新的岩石的过程。新形成的岩石称为变质岩,其结构涉及构成岩石的矿物颗粒的大小、形状以及它们之间的相互关系,包括变余结构、变晶结构和碎裂结构等。变质岩的构造是其主要特征之一,也是与其他岩石相区分的重要标志,常分为片麻状构造、片状构造、板状构造、块状构造和千枚状构造这5种类型。

1)变质岩的种类对工程性状的影响

原岩为岩浆岩的变质岩性质类似(如花岗片麻岩与花岗岩);原岩为沉积岩的变质岩性质接近(如各种片岩、千枚岩、板岩分别与页岩、黏土岩相似,石英岩与石英砂岩相似,大理岩与石灰岩相似)。变质岩在经历高温高压条件后,其力学性质会有所提升。然而,在变质过程中,因变质矿物(如滑石、绿泥石、绢云母等)的产生,可能会降低其力学性质及抗风化能力。由动力变质作用形成的变质岩(如碎裂岩、断层角砾岩、糜棱岩等)其力学强度和抗水性均较差。由于片理构造(板状、千枚状、片麻状等)的存在,变质岩常呈现出明显的各向异性特征,因此需要研究其在不同方向上对工程稳定性的影响。

2)变质岩的结构构造、风化程度以及饱水率对工程性状的影响

变质岩的结构越致密,工程性状越好;反之,变质岩的构造裂隙越发育,工程性状相对越差。

变质岩的风化程度越高,工程性状(岩石抗压强度)越差。

与岩浆岩相同,对于变质岩来说,在同一场地中,同种岩石裂隙和节理越发育,一般越富含水,其强度也就越低,对工程稳定性越不利。

2.2.2 土体

岩石经过风化、剥蚀等作用后会形成不同大小的碎块或矿物颗粒,这些碎屑在外力作用下被搬运至别处,在适宜条件下沉积,进而形成各种土体。根据堆积环境的不同,这些沉积物可分为原地堆积和异地搬运堆积两种。土体依据地质成因分为残积土、坡积土、洪积土、冲积土、淤积土、冰积土和风积土。

1. 土的分选性

经风化后,部分残留在原地堆积的土称为残积土,其保留原岩的矿物成分。而另一些风化产物中,大颗粒被搬运到山坡下沉积形成坡积土,坡积土多呈角砾状,磨圆度差;粗颗粒被流水搬运至中下游沉积形成洪积土,洪积土多为圆砾状,磨圆度一般;细颗粒则被流水带到更远的下游沉积形成淤积土。

2. 土的碎散性与三相体系

物理风化是指岩石和土的粗颗粒受到风、霜、雨、雪等自然因素的侵蚀,以及温度、湿度变

化引发的不均匀膨胀与收缩,致使岩石产生裂隙并崩解为碎块。在此过程中,仅颗粒的大小和形状发生改变,矿物成分不变。物理风化形成的土壤多为粗颗粒土,如碎石、卵石、砾石、砂土等,这些土呈松散状态,统称为无黏性土。

这类土颗粒的矿物成分与原母岩相同,属于原生矿物。虽然物理风化后土壤在颗粒大小方面有所变化,但这种变化的累积使得原本的大块岩体具备了新的性质,转变为碎散的颗粒。颗粒之间存在大量孔隙,具有较好的透水性和透气性。

化学风化是指岩石碎屑与水、氧气、二氧化碳等物质接触后,原矿物成分发生改变并形成新矿物,即次生矿物。化学风化包括水解、水化、氧化、溶解、碳酸化等作用,其结果是形成微细土颗粒和大量可溶性盐类。微细颗粒表面积大,可吸附水分子,具有黏聚力,例如黏土、粉质黏土等。因此,自然土壤通常由固体颗粒、水和气体 3 种成分构成。

3. 土的自然变异性

在自然界中,各种土壤风化作用持续进行且相互交替。由于形成条件不同,自然土壤呈现出多样性。同一地点不同深度的土壤性质存在差异,甚至在同一位置,土壤性质也可能因方向不同而不同。例如,沉积土竖直方向的透水性通常较差,而水平方向的透水性较好。所以,土壤是在漫长的地质年代中形成的,具有复杂、不均匀、各向异性以及随时间变化的特点。

4. 土的压缩性

不同类型的土形成于不同的地质年代,自重应力、后期固结压力以及受后期地质作用的方式也不同,这使得土体随时间不断固结,其压缩性也随之发生变化。

研究土的工程性质,需探讨其成因、矿物成分、结构构造、三相体系及其组合特征与变化规律。土是一种特殊的变形体材料,既遵循连续介质力学规律,又具有独特的应力-应变关系、强度和变形规律,因此土力学的分析和计算方法与一般固体力学有所区别。

土的工程性质指标包括物理性质和力学性质两类。物理指标用于描述土的组成、湿度、密实度和硬度;力学指标用于描述土的变形、强度和渗透规律。不同类型的土具有不同的工程性质,因此在工程建设中需要采取相应的处理方法。

2.2.3 地下水

地下水是导致地下工程施工塌方和围岩失稳的主要因素之一。它会使岩石软化、强度降低,对软岩的影响尤为突出,对于土体而言,可能会导致其液化或流动。在含有软弱结构面的岩体中,地下水可能会冲走充填物或使夹层软化,从而减小层间摩擦力,促使岩块滑动;在含有以生石膏、岩盐和蒙脱土为主的黏土质围岩中,地下水会使其发生膨胀;在未胶结或弱胶结的砂岩中,则可能出现流沙和潜蚀现象。

在长期作用下,地下水对地下结构有着明显的不利影响,主要表现为削弱岩体强度(尤其是抗剪强度)、加速围岩风化、降低围岩的自承载和自稳定能力。一般而言,火成岩和大部分变质岩受水的影响较小,而部分变质岩和多数泥质岩层受水影响较大。

2.2.4 地应力

1. 初始应力

地层在工程开挖之前就存在应力，这种应力被称为地应力或天然应力。在地下结构分析过程中，地应力通常又被称作地层初始应力。地下结构物的受力状态和工程区域的地应力有着直接关联，这是地下结构极为重要的一个力学特征。

大量工程实践以及实测结果显示，地应力会随时间和空间发生变化，其分布和变化规律较为复杂。地应力是一个以地质年代为时间尺度的非稳定应力场，然而地下结构等工程的存在时间相较于地质年代是非常短暂的，因此在多数情况下，地层初始应力场可以被看作处于稳定和平衡状态。

从地下工程的角度来讲，由于工程范围存在一定的局限性，地层初始应力主要涉及地壳表层的区域性地应力。根据地应力的成因，可以将其分为自重应力和构造应力两类。对于土层、浅埋破碎岩体以及未有较大构造运动的沉积岩地层而言，地层初始应力主要是自重应力；而在地质构造运动明显的山岭地区，则需要考虑构造应力所带来的影响。下面将对自重应力和构造应力的主要规律和计算方法进行简要讨论。

对于水平地表的均匀地层，在地表以下任一深度 h 处的垂直应力等于单位面积上上覆岩土体的重力（规定压应力为正）。计算公式如下：

$$\sigma_z = \sum_{i=1}^{n} \gamma_i h_i \qquad (2\text{-}1)$$

水平应力为：

$$\sigma_x = \sigma_y = \lambda \sigma_z \qquad (2\text{-}2)$$

式中：γ_i——第 i 层上覆岩土体的重度；

h_i——第 i 层上覆岩土体的厚度；

n——上覆岩土体的总层数；

λ——岩土体的侧向压力系数。

设地层为各向同性的弹性体，侧向应变 $\varepsilon_x = \varepsilon_y = 0$，则根据广义胡克定律：

$$\begin{cases} \varepsilon_x = \dfrac{1}{E}\left[\sigma_x - \mu(\sigma_y + \sigma_z)\right] = 0 \\[2mm] \varepsilon_y = \dfrac{1}{E}\left[\sigma_y - \mu(\sigma_x + \sigma_z)\right] = 0 \end{cases} \qquad (2\text{-}3)$$

式中：E——岩土体的弹性模量；

μ——岩土体的泊松比。

可得：

$$\sigma_x = \sigma_y = \frac{\mu}{1-\mu}\sigma_z \qquad (2\text{-}4)$$

侧向压力系数为：

$$\lambda = \frac{\mu}{1-\mu} \qquad (2\text{-}5)$$

岩石的泊松比 μ 一般为 $0.2 \sim 0.3$，因此侧向压力系数 λ 一般为 $0.25 \sim 0.43$。

如果岩体为松散的碎石、砂及卵石，可以近似地认为岩体是理想松散介质，内摩擦角为 φ，设黏聚力 $c = 0$，可由松散介质极限平衡条件，根据莫尔－库仑强度准则，可得：

$$\lambda = \frac{\sigma_x}{\sigma_z} = \frac{1 - \sin\varphi}{1 + \sin\varphi} \qquad (2\text{-}6)$$

垂直自重应力会随埋深呈现线性增长的趋势,侧向压力系数的数值通常小于1。其在岩石地层以及比较坚硬的土层中相对较小,而在较破碎岩石地层和软弱土层中相对较大,甚至可以接近1。

研究结果表明,侧向压力系数的变化规律较为复杂,一般而言,它与岩土体的物理力学性质以及应力水平密切相关。当埋深较大且超过了一定深度时,岩体的自重应力便会超出岩体的弹性限度,这时岩体将会转变为潜塑性状态或者塑性状态,其泊松比随之增大,进而致使侧向压力系数变大。

在大深度的情况下,垂直压应力数值很大,岩石会呈现出明显的塑性特征,泊松比接近0.5,侧压力系数达到1.0,此时所对应的这种应力状态即为静水压力状态。

2. 构造应力

在地壳的不同地质年代里,各种地质构造运动能够形成不同的地质构造,例如褶皱(包括向斜、背斜)和断裂(如节理、断层等),这些地质构造在地层内部产生构造应力。新的构造应力与旧的构造应力相互叠加,进而形成复杂的复合构造应力。旧的构造应力还有可能因为岩体的蠕变或者风化等作用而部分释放,最终形成残余应力。构造应力的成因和变化规律是极为复杂的,目前还没办法单纯利用数学力学方法来进行精确地分析和计算,一般需要结合现场地应力测量和地质力学方法获取相关数据。

根据国内外针对地应力的实测研究成果,构造地应力呈现出以下规律:

①构造应力主要表现为压应力,主应力的方向基本上是垂直方向和水平方向,其角度偏差通常小于30°。

②垂直应力会随着深度的增加呈线性增长。

③水平应力一般大于垂直应力,侧向压力系数 $\lambda = 0.5 \sim 5.5$,大部分在 $0.8 \sim 1.2$;另外,两个方向的水平主应力分量不相等,可以相差 $1.4 \sim 3.3$ 倍,且大、小水平应力方向在一个区域具有明显的一致性。

地下工程设计通常会考虑自重应力场。对于存在明显构造应力的地区,如果有当地实测地应力数值,那么应当将实测值作为工程设计的计算参数;若没有实测值,则可以根据试验坑道进行位移量测,通过试算或者反算来估计原岩地应力。

3. 不良地质构造

1)褶皱

褶皱是岩层在长期应力作用下产生的永久性弯曲变形,它是一种广泛存在的地质构造,在层状岩石中表现得尤为明显,如图2-1所示。褶皱的变形面多数是层理面,变质岩的劈理、片理或片麻理以及岩浆岩的原生流面等也可以构成褶皱的变形面,甚至节理面、断层面或不整合面在受力后也有形成褶皱的可能性。褶曲是褶皱的基本单位,其规模大小差异极大,大型褶皱可延伸数十至数百千米,而微观褶曲则需要借助显微镜才能观察到。

一个褶皱是由多个褶曲组成的,褶曲的两种基本形式为背斜和向斜。背斜的岩层向上弯曲,其核部岩层时代较老,两翼岩层时代较新,如图2-2所示。在地面上,背斜地段岩层的出露特征是从核部到两翼,岩层从老到新呈对称性重复出现。向斜的岩层向下弯曲,核部时代较新,两翼时代较老。由于风化剥蚀作用,向斜的出露特征与背斜相反,即从核部到两翼,岩层从新到老呈对称性重复出现。

图 2-1 典型的褶皱构造

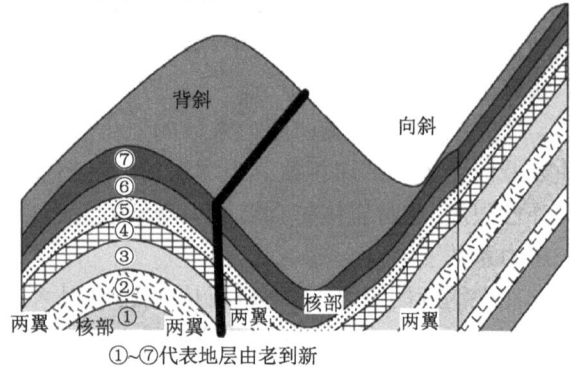

①~⑦代表地层由老到新

图 2-2 背斜与向斜的特征

褶皱构造的成因主要包括水平挤压作用、水平扭动作用和垂直运动,其主要特征见表 2-1。

褶皱构造的成因及主要特征 表 2-1

成因	主要特征
水平挤压作用	背斜和向斜发育良好,连续分布,密集排列,常见等斜褶皱和倒转褶皱。褶皱核部的岩层可能呈现变厚现象,翼部常伴有牵引褶皱的形成,轴面劈理通常十分发育。这些褶皱和断裂带形成挤压构造带,规模通常较大
水平扭动作用	一系列背、向斜的褶皱轴线呈雁行排列,即平行错开,褶皱轴线与扭转方向的交角通常为锐角,锐角尖端指向相对岩块的运动方向。这种锐角的大小与挤压作用的强度以及岩石的塑性有关。挤压力大、岩石塑性强时,锐角较小,反之则较大。有时一组这样的褶皱会向一个方向展开,向另一个方向收敛,形成帚状构造。单个褶皱的内部结构与水平挤压形成的褶皱基本相似
垂直运动	地壳发生较大范围的隆起和凹陷后会影响上覆岩层,形成褶皱。这种褶皱的特点是:背斜或向斜单个较多,规模较大,两翼倾角较小,褶皱开阔。轴线通常没有固定方向,有些背斜核部岩层变薄。 另一种垂直运动的表现形式是基底断裂的产生,由于断块的上下位移,会牵动上覆岩层形成褶皱。这种褶皱常局限于基底断裂附近,呈线状分布,褶皱不太剧烈,核部宽阔平坦,宽度远大于翼部,被称为箱形背斜和屉形向斜

对于工程建设而言,褶皱构造主要有以下两方面的影响:

①由于褶曲核部的岩层受到水平挤压的作用较为显著,裂隙发育程度高,岩体的完整性遭到破坏,强度也相对较差,因此在褶曲核部开展建筑工程时,需要特别留意岩体突涌水、渗漏以及坍落等问题;若处于石灰岩地区,还要关注岩溶现象带来的影响。

②由于均质地层更有利于地下的稳定,而背斜顶部因受张力作用容易发生坍落,并且背斜和部储水往往较为丰富,因此地下工程适宜布置在褶皱的翼部。

2)断裂构造

当岩体受到的构造应力作用超过其自身强度时,岩体就会发生破裂或者产生位移,致使岩体的完整性以及连续性遭到破坏,这样的构造被称作"断裂构造"。依据断裂两侧岩体的相对位移情况,断裂构造的变位可划分为裂隙(节理)和断层这两种类型。断裂构造属于主要的地质构造类型,在地壳中分布极为广泛,对结构稳定性具有控制性影响,往往直接制约工程规划选址、设计方案比选及施工工艺决策。

节理,也被称作裂隙,是指岩体出现裂开情况,有破裂面但两侧岩体并没有显著位移的小型断裂构造。这种裂隙是岩体在地应力作用下形成的,其规模多样,既有细微的裂隙,也有长达几十厘米甚至几米的裂隙。节理的张开程度不尽相同,有的处于闭合状态,其面可以是平坦光滑的,也可以是粗糙的。

节理与地面和地下工程之间的联系都非常紧密,具体表现在以下7个方面:

①节理破坏了岩体的整体性,使得地下结构围岩垮塌的可能性增大,同时加大了施工的难度。因此,在地下结构的设计和施工过程中,应当考虑避开那些节理特别发育的地段。

②节理有可能成为地下水运移的通道,进而在地下结构施工过程中引发突涌水事故。

③倘若节理缝隙被黏土等物质充填润滑,节理面就会变成软弱结构面,岩体就容易沿着节理面产生滑动,在地下结构施工时必须对此高度重视。

④在进行挖方作业时,可以利用节理面来提高工作效率。

⑤在节理发育的岩层当中,有可能找到裂隙地下水,将其作为供水资源加以利用。

断层是指岩体在构造应力作用下发生断裂,并且断裂面两侧岩体有显著相对位移的一种断裂构造。其规模大小不一,小到几米,大到上千千米。断层对岩体的稳定性、渗透性、地震活动以及地下水运动都有着重大影响。在断层附近区域,往往蕴藏着丰富的地下水资源,但同时是地震多发以及地层不稳定的地带。

断层带通常比较破碎,强度较低,而且进一步加强地下水、风等外力地质作用的影响。在工程建设中,断层会给施工带来极大的不利影响。

若地下工程轴线与断层平行,应当避开断层破碎带,以此来确保地下工程的稳定性;当地下工程轴线与断层走向大角度相交时,则需要布设相应的支护措施,最大限度地降低风险。由于地下工程开挖成本较高,因此通常会选择在山体较窄的鞍部进行开挖,然而这些部位往往是断层破碎带或者软弱岩层发育的地方,岩体稳定性较差,地质条件不利。

3)地裂缝

地裂缝指的是地表出现的裂缝,其界定不受是否与发震断裂带相连以及构造性质等因素的影响。在我国西北地区,特别是陕西地区,地裂缝发育情况较为严重。因此,在存在地裂缝的区域,应当着重加强建筑物基础的抗裂缝处理以及采取相应的抗震措施。

地裂缝可划分为构造性、非构造性和复合型3类。构造性地裂缝的力学特征与震源机制相契合,但它并非地震震源,而是地面强烈波动所导致的结果。在强烈地震发生之后,会出现一些非构造性地裂缝,它们是地面强烈运动后的产物。复合型地裂缝则是由两种及两种以上原因共同作用而形成的地面破裂现象。

地裂缝存在一些共同的特性,比如具有方向性、成带性,能够形成裂缝带,会受到地面沉降的影响与制约,并且和承压地下水位的变化有着紧密的关联。现代地裂缝活动往往与古地裂缝相重合,并且延续着古地裂缝的发展态势。

构造性地裂缝常常伴随着差异沉降、水平拉张以及水平扭动等情况,其活动会致使地质体内产生位移和形变,进而对建筑物造成损害。地裂缝的破坏效应有可能引发地面与地下工程设施出现结构性破坏,导致地基失稳以及失效等问题。倘若地裂缝的沉降速率较快,常规的结构形式便难以适应,跨越地裂缝的建筑物就很容易遭受破坏。此外,地裂缝还可能成为地表水渗漏以及管涌的通道,对农田灌溉和城市基础设施产生不良影响。

地裂缝灾害防治对策需要从以下 5 个方面加以考虑:

①在建筑物进行规划、设计以及建造之前,首先应当尽可能避开地裂缝带,从源头上降低地裂缝带来的风险。

②要减少人为因素的影响,对地下水开采进行合理控制,在必要的情况下采取人工回灌措施,以此来减轻地裂缝灾害。

③地裂缝灾害主要集中在地裂缝带内部,对于那些跨越地裂缝且已经遭到破坏的建筑物,应当尽早进行局部拆除;对于处在裂缝带内的现有完整建筑物,需要加强沉降观测,并对地基和基础采取适当的加固措施,以提高其抗震等级,增强抵御地裂缝灾害的能力。

④对于在临近地裂缝带影响范围内计划建设的建筑物,要提高设计的抗震标准,可以采用桩基础形式,以此来抵抗因地裂缝发展过程中可能出现的差异沉降而引发的工程结构拉裂破坏。

⑤在地裂缝影响范围内建设地下结构物时,应当采用桩基础、钢铁架等支护形式,强化浅地表岩土体的整体刚度,从而更好地应对地裂缝可能带来的危害。

4)岩溶

岩溶是岩溶作用及其产生的所有岩溶现象的统称,也被称作喀斯特。岩溶作用涵盖了地表水和地下水对可溶性岩石进行的化学溶解、机械侵蚀、溶蚀和侵蚀-溶蚀作用,以及与之相关的堆积作用。由岩溶作用形成的地表形态和沉积物分别被称为岩溶地貌和岩溶堆积物,而特殊的地质、地貌和水文特征则被称为岩溶现象。岩溶在全球分布广泛,在我国的广西、贵州、云南、川东、川南、鄂西、湘西、粤北等地呈现连片分布,面积达 55 万 km^2。

在岩溶地区,处理工程地质问题的对策是综合运用工程地质测绘、物探、钻探和原位测试等多种手段,全面勘察地层岩性、地质构造、地形地貌、地下水状况等,进而制定相应的防治措施。如果地下结构物位置能够调整,应当优先避开潜在的岩溶区域,这样可以减少工程量并保障建筑物的安全;只有在实在难以避开的情况下,才考虑对地层进行加固处理。

岩溶地区存在以下工程地质问题:

①地基不均匀沉降。岩溶程度在地表上的差异导致基岩岩面起伏,上覆土层均匀性差,建筑物地基易发生不均匀沉降。在岩溶发育区,水平相距较近的两点,土层厚度差可达数米,溶槽底部土层厚处常存在软弱土,会进一步加剧地基的不均匀性。此外,溶洞坍塌堆积物也会使路堤、桥墩等建筑物产生不均匀沉降问题,对于地下工程而言,当洞身部分穿越溶洞,部分位于溶洞且基底高于溶洞底部时,需要进行填补支护等处理,这是由于溶洞内土体不均匀沉降会引发洞室衬砌开裂等工程病害。

②地基稳定性差。同时基坑开挖过程中的边坡稳定性需进行专项评估。岩溶地区石芽、溶沟等地质特征使基岩交界面不确定,需进行详细的地质勘察。对于大型工程桩基施工,必须实施穿透性勘探作业,要求勘探孔深需穿透溶洞下方基岩不少于 2m,以确保持力层的稳定性。

③地基潜蚀塌陷。因下部岩溶水潜蚀,上覆土层稳定性降低而坍塌或塌陷,土洞会随岩溶水长期作用不断扩大,所以在岩溶地区地下工程中,勘察和评价岩溶发育情况尤为重要。

④地下突涌水。在岩溶地区修建地下工程时,地下水可能沿岩溶管道、裂隙、暗河渗漏,可能引发地下水突涌灾害,工程防排水难度大,需进行详细勘察,并给出针对性处理措施。

5)软弱结构面

岩体是由不同方向和规模的断层面、层理面、节理面、裂隙面等地质界面(结构面)组成的地质体,这些结构面将岩体分割成各种大小和形状不同的岩石块体。岩体力学性质具有各向异性、非均质性和非连续性,其中软弱结构面(如断层、剪切带、破碎带、泥质充填节理、软弱夹层等)对岩体稳定性影响重大,有时甚至能够控制岩体变形和破坏。岩体抗剪强度和剪切变形特征主要取决于结构面性态(力学性质、充填情况、产状、分布和规模等),也受剪切破坏方式影响。

软弱结构面是岩体中延伸较远、两壁较平滑且充填一定厚度软弱物质的层面,即不连续面,其种类丰富,包括软弱夹层、泥化夹层、片理、劈理、节理、断层破碎带等。软弱夹层是特殊的软弱结构面,是夹有强度低或被泥化、软化、破碎薄层的结构,在坚硬岩层中延伸长、厚度薄,具有低强度、高压缩性等软弱特性,通常是岩体最薄弱部位,可能引发工程隐患,在地下工程中需给予关注。层间滑动面是层状沉积岩中普遍存在的软弱结构面,包括破劈理带、糜棱岩化(泥化)带和主滑动面带等,其强度、延展性、方向性、组合关系和密度等特征严重影响坚硬岩体工程地质性质。

软弱夹层分原生和次生两类。原生软弱夹层与周围岩体同时形成,但性质差异大,主要沿原有软弱面或夹层经构造错动形成,如断裂破碎带。次生软弱夹层是沿原有软弱面、软弱夹层、岩层接触面或薄层状岩石,在次生作用(主要是风化和地下水作用)下形成。

软弱夹层受力易发生剪切滑移破坏,可能引发工程事故,如危岩体崩塌、地下工程围岩断裂破坏、岩石地基与路基失稳等。因此,在工程设计和施工中要加强对软弱夹层的勘探和研究,了解其力学性质和变形特征,并采取合理工程措施预防灾害和事故的发生。

大量研究表明,软弱夹层力学强度与充填物物质组成、结构特征、充填程度和厚度及地下水等因素密切相关:

①夹层物质性质影响。按颗粒成分,软弱夹层可分为夹泥层、碎屑夹泥层、泥化夹层、碎屑夹层等,不同颗粒成分对软弱结构面抗剪强度及剪应力-剪切位移曲线特征有明显影响。

②充填物结构影响。泥化夹层较常见,是在长期层间错动及地下水物理化学作用下,由岩体软弱岩层形成的结构疏松、颗粒多、排列定向、粒间联结弱的特殊软弱层。层间充填物结构有透镜状、糜棱岩状和尖角状等,结构越疏松软弱就越易产生滑动面。

③充填厚度与充填程度影响。用充填度 d/h(d 为结构面内充填物质厚度,h 为起伏差)描述充填程度,一般岩体力学性质随充填度减小而有所改善,反之力学强度降低。

④水的作用。在构造运动下,泥化夹层为地下水渗流通道,地下水不仅可使破碎岩石颗粒分散、含水率增大,还可使岩石呈塑性(泥化),强度大幅降低,亦可使夹层可溶盐类溶解、离子交换,改变泥化夹层物理和化学性质,加快层间滑动。

2.3 特 殊 土

我国地域辽阔,在沿海、内陆、山区和平原等地区分布着多种具有不同物理力学性质的土类。在堆积形成的过程中,这些土类受不同地理气候条件等原生因素或者其他次生因素的作用,形成了结构、性质较为特殊的土体,统称为特殊土。特殊土往往具有特殊的工程性质,其地理分布与地理及气候条件密切相关,故而呈现出明显的区域性,因此特殊土又可称作环境土或区域性土。

目前我国分布较为广泛的特殊性岩土包括黄土、软土、膨胀土、红黏土、冻土、盐渍土和填土等七大类,其主要特征、分布区域及成土环境见表2-2。

特殊土的主要分类、特征、分布及成土环境   表2-2

土类名称	成土环境	主要分布区域	主要特征
黄土	干旱、半干旱气候环境,降雨量少,蒸发量大,年降雨量小于600 mm,由风搬运沉积而成	黄土高原、西北地区以及黄河中游,如河南、陕西、山西、甘肃、宁夏、青海等	湿陷性
软土	滨海、三角洲、湖泊沉积,由水流搬运沉积而成	沿海地区及内陆河流两岸和湖泊地区,如天津、连云港、上海、宁波、温州、福州等	触变性、流变性、压缩性高
膨胀土	温暖湿润、雨量充沛,年降雨量为700~1700 mm,具备良好的化学风化条件	二级或二级以上河谷阶地、山前、盆地边缘及丘陵地带,如安徽、山东、四川、江苏、广东、云南等	吸水膨胀、失水收缩
红黏土	湿润气候,碳酸盐系北纬33°以南	黄河、秦岭以南、青藏高原以东地区,如湘西、鄂北、粤北、川东、广西、贵州、云南等	不均匀性、裂隙发育
冻土	高纬度、高海拔地区	青藏高原,东北大、小兴安岭北部,以及天山、阿尔泰山等地区	冻胀性、融沉性
盐渍土	荒漠、半荒漠地区,年降雨量小于100 mm,蒸发量高达3000 mm以上的内陆地区,受海水浸渍影响的沿海地区	新疆、青海、甘肃、内蒙古、宁夏等	溶陷性、盐胀性、腐蚀性
填土	人类活动	山区或丘陵区	不均匀性、湿陷性、强度低

2.3.1 黄土

1. 黄土的特征

黄土是我国分布极为广泛的一种特殊土类,是第四纪历史时期以风力搬运作用为主形成的黄色粉土沉积物。其颜色主要为黄色与褐黄,有时呈灰黄色;有肉眼可见的大孔隙,孔隙比一般在1.0~1.1之间;含有大量粉粒(粒径为0.005~0.05 mm),含量通常超过60%;质地均匀、无层理,垂直节理发育;遇水易湿陷,对工程建设危害极大。

黄土按成因特征可分为原生黄土和次生黄土。未经次生扰动且无层理的土是原生黄土,原生黄土经雨水冲刷、搬运后重新沉积形成的有层理的土是次生黄土,也叫黄土状土。形成年代越久,黄土的大孔结构越退化,土质越密实,强度越高,压缩性越低,湿陷性越弱甚至消失;反之,形成时间越短,黄土特性越显著(表2-3)。

黄土地层的划分　　　　　　　　　　　　　　　　表2-3

年代		黄土名称		成因		湿陷性
全新世 Q₄	近期	新黄土	新近堆积黄土	次生黄土	以水成为主	强湿陷性
	早期		黄土状土			一般具有湿陷性
晚更新世 Q₃			马兰黄土	原生黄土	以风成为主	
中更新世 Q₂		老黄土	离石黄土			上部部分土层具有湿陷性
早更新世 Q₁			午城黄土			不具湿陷性

2. 湿陷性黄土

凡是天然黄土在一定压力下,受水浸湿后结构迅速破坏、湿陷变形显著且强度降低的,统称为湿陷性黄土。根据湿陷程度分为自重湿陷性黄土和非自重湿陷性黄土。受水浸湿后,在上覆土层自重应力作用下就产生湿陷的是自重湿陷性黄土;在自重荷载下不湿陷,在自重与外部荷载共同作用下才湿陷的是非自重湿陷性黄土。湿陷特性使湿陷性黄土地区地下结构出现沉降、倾斜、开裂等问题,严重威胁建筑物使用安全。

湿陷性黄土主要分布在中纬度干旱和半干旱地区的大陆内部、温带荒漠与半荒漠地区外缘。我国湿陷性黄土分布广泛,面积约为44万 km²,占黄土分布总面积的60%左右,主要在地表浅层,晚更新世(Q₃)及全新世(Q₄)新黄土或新近堆积黄土是主要分布土层。在地理位置上,主要分布于黄河中游地区,如河南西部、山西、陕西、甘肃等地,其次是宁夏、青海、河北部分地区,新疆、山东、辽宁等地也有局部分布。例如西安市规划城区面积为490 km²,约60%的面积是Ⅱ~Ⅲ级自重湿陷性黄土区,约10%的面积为Ⅳ级自重湿陷性黄土区,城市地下工程建设和运营难免遇到地层湿陷问题。

3. 湿陷性黄土地基处理方法

常用湿陷性黄土地基处理方法有灰土垫层法、强夯法、重锤夯实法、桩基础法等,处理方法应因地制宜,可选择一种或多种相结合等方式。

防水措施对防止或减少建筑物和管道地基因水浸湿导致湿陷、保障安全使用至关重要。防水措施按内容多少和标准高低可分为基本防水措施、检漏防水措施和严格防水措施。

①基本防水措施是湿陷性黄土地区地下结构的基本要求,除地基湿陷量全部消除的情况之外都需采用,主要包括在建筑物布置、场地排水、地下防排水、地面防水、排水沟、管道敷设、管道材料和连接等方面采取措施,防止地下水、雨水、生产及生活用水渗漏。

②检漏防水措施是在基本防水措施基础上,为防护范围内地下管道增设检漏管沟或检漏

井,用于检查管道漏水,防止水渗入地基。

③严格防水措施是在检漏防水措施基础上,提高防水地面、排水沟、检漏管沟和检漏井等设施设计标准(如增设可靠防水层、采用钢筋混凝土排水沟等),是防止地基受水浸湿的可靠措施。

上述措施中地基处理是最主要的工程措施之一,防水与结构措施应根据实际情况选择。若地基湿陷量完全消除,则无须考虑其他措施;若仅消除部分湿陷量,则需考虑必要的防水与结构措施。

2.3.2 软土

根据《软土地区岩土工程勘察规程》(JGJ 83—2011)中定义,凡天然孔隙比大于或等于1.0,天然含水率大于液限,具有高压缩性、低强度、高灵敏度、低透水性和高流变性,且在较大地震力作用下可能出现震陷的细粒土应判定为软土,包括淤泥、淤泥质土、泥炭、泥炭质土等。

淤泥是指天然含水率大于液限,天然孔隙比大于或等于1.5的黏性土;淤泥质土是指天然孔隙比小于1.5但大于或等于1.0的黏性土。当土中有机质含量小于5%时为无机土;小于或等于10%、大于或等于5%时为有机质土;小于或等于60%、大于10%时为泥炭质土;大于60%时则为泥炭。

我国软土主要分布在沿海地区,如东海、黄海、渤海、南海等,以及内陆平原、部分山区。软土由于沉积年代、环境的差异与成因的不同,它们的成层情况、粒度组成、矿物成分有所差别,使工程性质有所不同。

1. 软土的工程特性

①含水率较高,孔隙比较大。通常,软土的含水率处于35% ~80%之间,其孔隙比一般在1.0 ~2.0之间。软土中黏粒与粉粒含量较高,特别是黏土矿物含量较高,使得土体含水率增加;土颗粒粒组较小,容易产生较大孔隙的絮状结构。这样的物理特征对土体的压缩性质以及抗剪强度有着重要影响。高含水率使得压缩性增大且抗剪强度减小,因此软土地区地下工程需重点关注其含水率。

②抗剪强度低。我国境内的天然软土的不排水抗剪强度一般为$C_u = 5 \sim 25$ kPa,且其随距地表深度的增加而逐渐增大。由于渗透与固结现象的存在,软土抗剪强度在外荷载作用下会显著增长,因此软土地基处理的一种重要方式就是加快其渗透固结速率。软土抗剪强度又与排水条件以及应力路径密切相关,如在固结不排水剪切条件下,软土的黏聚力c和内摩擦角φ将存在一定程度的增大。因此试验方法、条件的确定应密切联系工程实际及地基的具体条件等,需要时,除室内试验之外,可补充现场原位测试方法,以得到较正确的结果。

③压缩性较高。一般正常固结软弱土层的压缩系数为$a_{1-2} = 0.5 \sim 1.5$ MPa^{-1},最大可达4.5 MPa^{-1};压缩指数C_c为0.35 ~0.75。软土的固结程度很大程度上影响着工程土地的沉降变形特性。

④渗透性较小。软土层的渗透系数较小,一般为$k = 10^{-6} \sim 10^{-8}$ cm/s,且该值随有机质含量增大而不断减小。低渗透性导致软土排水能力较差,在外荷载作用下渗透固结速率较慢,因此较厚的软土层往往需要较长时间才能达到较高固结度。软土层的另一渗透特性是其往往存在较为明显的各向异性,其水平方向渗透性远高于垂直方向,这种现象在水平砂夹层中

较为明显。因此,提高软弱土层的固结速率也是工程施工的一个重要内容。

⑤结构性较强。由于软土存在絮凝结构,一旦受到扰动,其强度会明显降低甚至呈现流动状态。我国沿海地区软土一般灵敏度较高,为 $S_t = 4 \sim 8$。软土在遭受扰动后强度会缓慢恢复,但无法恢复至原有的结构强度。因此原状软土土样在钻取、搬运、切削、制备等过程中土体结构会受到不同程度的扰动,使试验结果(强度指标)偏低,难以反映原状软土的真实强度。因此对于原状软土的测试应尽量采用原位测试方法,如标准贯入试验与十字板剪切试验等,使其与室内试验结果相互补充。

⑥流变性显著。在外荷载作用下,土体的主(渗透)固结已完成,土体在长期不变的荷载作用下,土骨架随时间推移会产生黏滞蠕变变形。土体中黏粒含量越多,这种特性就越明显。一般蠕变速率较慢,且随着土体中剪应力大小变化。当应力水平较高时,蠕变速率保持不变,长期产生较高水平的次固结沉降,甚至可能造成结构破坏。而当应力水平较低时,蠕变最终可能趋于稳定。因此软土区域进行地下工程施工处理需考虑将剪应力控制在适当的强度内,使得蠕变速率保持稳定状态。

2. 软土地基的工程措施

采用置换及拌入法,将砂石等材料填充至软弱地基中,并置换掉部分软弱土体从而形成复合地基;也可以向土中注浆,与未加固部分形成复合地基,从而提升地基承载能力,减小压缩量。常用的方法有振冲置换法、生石灰桩法、深层搅拌法、高压喷浆法等。针对暗埋的塘、沟、坑、穴等,可采用局部挖除、换土垫层、灌浆、悬浮式短桩等方法。

针对大面积厚层软土地基,采用砂井预压、真空预压、堆载预压等措施,以加速地基排水固结,提高其抗剪强度,适应荷载对地基的要求。

2.3.3 膨胀土

基于《膨胀土地区建筑技术规范》(GB 50112—2013),膨胀土是指土中黏粒成分主要由亲水性矿物组成,同时具有显著的吸水膨胀和失水收缩两种变形特性的黏性土。其黏土矿物成分主要以蒙脱石、伊利石等强亲水性矿物为主。

相较于膨胀土,其他黏性土虽同样具有收缩与膨胀特性,但其变形量较小,对实际工程来说往往意义不大。然而膨胀土的这一特性十分显著,且会呈现出膨胀—收缩—再膨胀的周期性,对地下结构物的威胁较大,因此从工程角度将其与一般黏性土进行区分,视为特殊土进行考虑。

我国境内膨胀土分布较为广泛,云南、河北、河南、陕西、安徽和江苏等20余省(区、市)均有膨胀土分布,总面积约10万 km^2。

1. 膨胀土的工程特性

在自然条件下,膨胀土含水率一般接近或略小于塑限,液性指数常小于零,强度较高,压缩性较低,易被误认为工程性质较好的地基土。但由于膨胀土含水率发生变化时具有膨胀和收缩等特性,当在这种土体中进行地下工程施工时,必须注意其工程特性,并在设计和施工中采取必要措施,以免给结构物造成危害。

2. 膨胀土地基的工程措施

①地基处理。应根据土的胀缩等级、材料供给和施工工艺等情况确定处理方法,一般可采

用灰土、砂石等非膨胀土进行换土处理。平坦场地上Ⅰ、Ⅱ级膨胀土地基可通过垫层法进行处理,要求垫层厚度大于或等于300 mm,且垫层宽度应大于基底宽度,进行回填处理时需使用与原有材料相似的材料进行处理,同时需进行防水处理。

②施工措施。膨胀土地基的施工过程中,应根据设计要求、场地条件和施工季节,制订施工方案,采取措施,防止因施工造成地基土含水率发生大的变化,以便减小土的胀缩变形。在膨胀土地基上施工时应采取分段快速作业方法,尽量避免基坑浸水膨胀软化。旱季施工为最优选,雨季施工时应做好相应的防水措施,如地表排水等。

③防水措施。为消除水源影响,可以做到如下方面:做好排水措施,不得形成积水;不得采用集水的明沟排水;室内外管沟必须做好防渗、防漏措施;对绿化的浇灌设施及浇灌方法应有所控制。

2.3.4 冻土

冻土是指温度为0 ℃或负温时,含冰且与土颗粒呈胶结状态的土。按冻结时间可分为瞬时冻土、季节性冻土和多年冻土。瞬时冻土冻结时间小于1个月,多为几天或几个小时(夜间冻结),冻结深度从几毫米到几十毫米不等。季节性冻土冻结时间大于或等于1个月,冬季全冻、夏季全融,冻结深度从几十毫米到1~2 m。

我国季节性冻土分布在长江流域以北、东北多年冻土南界以南和高海拔多年冻土下界以下区域;多年冻土主要分布在青藏高原、帕米尔高原及西部高山区(天山、阿尔泰山和祁连山),总面积约215万 km^2,占我国陆地总面积20%以上。

1. 冻土的工程性质

土中水分因温度变化结冰或融化,工程会受到不利影响。土体冻结时,土中水结冰后体积膨胀,使土体膨胀并导致地基隆起,即冻胀;夏季融化时,土体体积缩小,产生地基不均匀沉降。冻胀和融沉都会危害地下结构物。

①冻胀性。冻土作为地下工程围岩建筑地基,若长期处于稳定冻结状态,则具有强度较高、压缩性小或无压缩性等特性。但在冻结过程中有明显冻胀性,对地下结构物和地基不利。冻结时,土与基础黏结,基础可能因土冻胀被抬起、开裂和变形,冻胀越明显危害越大。冻胀程度是评价冻土地基的主要标准之一,用冻胀率(冻胀量或冻胀系数)表示,是冻结后土体膨胀体积与未冻结土体体积的百分比,值越大则冻胀性越强。土体冻胀程度与气候、含水率、地下水和颗粒级配有关。相同条件下,粗粒土冻胀程度小于细粒土;冻前含水率越小,冻胀程度越小;无地下水补给的冻胀程度小于有地下水补给的,一般认为冻结时地下水位低于冻结深度的距离小于1.5 m(细砂、粉砂)或2 m(黏性土)。

②融沉性。与冻胀性相反,冻土融化后其强度降低、压缩性急剧增大,比冻结前更差。因为冻结时,下部未冻结土层的水分向冻结层迁移并再冻结,使土中含水率增大,融化后土质更差。融沉性主要与土粒粗细和含水率有关,土粒越粗,含水率越小,融沉性越小,反之越大。季节性冻土主要危害是冻胀;多年冻土融沉危害更为突出。多年冻土地区有地下冰、热融滑坍、冰锥、冰丘等不良地质现象,勘察时要查明这些情况以便采取处理措施。

2. 建筑物冻害防治措施

①换填法。将粗砂、砾石等非冻胀材料填筑在基础下部。不采暖建筑换算深度取当地冻

深 80%,采暖建筑取 60%,宽度为基础边缘外伸长 15~20 cm。

②物理化学法。向土中加入 NaCl、KCl 等以降低土体冻结点,减轻冻害;加入汽油等憎水物质以降低含水率,减轻冻害;加入使土颗粒聚集的物质以减轻冻胀。

③保温法。在建筑基础四周和底部设保温层,提高土体温度、减小冻结深度。

④排水隔热法。设排水沟,在基础两侧和底部铺砂石料以防止雨水渗入地基。

2.3.5 红黏土

红黏土是在石灰岩、白云岩等碳酸盐岩系出露区,经过更新世以来热带、亚热带的湿热环境中风化、淋滤和红土化作用,形成的覆盖于基岩上,呈棕红、褐黄等颜色的高塑性黏土。其化学成分主要是 SiO_2、Fe_2O_3、Al_2O_3,矿物成分以高岭石或伊利石为主。

红黏土多为残积或坡积类型,一般分布在盆地、洼地、山麓、山坡、谷地或丘陵等地区。原生红黏土颜色多为褐黄与棕色,液限常大于或等于 50%,且覆盖在碳酸盐岩系之上;原生红黏土经风化沉积等次生变化后,仍保留其特征且液限大于或等于 45% 的黏土称为次生红黏土。

在我国,红黏土主要分布于黄河、秦岭以南,青藏高原以东地区,集中在长江以南(北纬 33°以南),西起云贵高原,经四川盆地南缘、鄂西、湘西、广西向东延伸到粤北、湘南、皖南、浙西等丘陵山地。

1. 红黏土的工程特性

①土层的不均匀性。红黏土厚度常呈现出不均匀性,一是其岩性与成层特性致使厚度较小,在高原山区分布零散,并且其中的石灰岩和白云岩存在岩溶现象,致使红黏土厚度在水平方向上不均匀且变化较大;二是下伏碳酸盐岩系地层岩溶发育,在红黏土地层中形成土洞,在自重或外荷载作用下,土洞可能演变为地表塌陷。

②红黏土的裂隙性。红黏土在自然状态下通常密实且无层理,表面呈坚硬或硬塑态。失水时含水率较低,土中有随深度增加逐渐减弱的裂缝,接近地表处为竖向开口裂缝,深度较大处是网状微裂隙且闭合。裂隙会使土体整体强度快速降低,孔隙形成失水通道,导致土体深部收缩,原有裂缝快速扩展,可能形成伸长型地裂。

③红黏土的胀缩性。红黏土亲水性较差,交换阳离子以钙镁离子为主,孔隙水常呈饱和状态,所以其胀缩性主要表现为收缩。在失水收缩后复浸水时,部分红黏土的膨胀势能才会显现,因此红黏土不应与膨胀土混淆。

④上软下硬现象。红黏土层在竖直方向常表现出如下特点:地表为坚硬或硬塑状态,随深度增加而逐渐软弱,在较深位置甚至变为流塑状态。其天然含水率和孔隙比随深度增加而逐渐增大,力学性能逐渐变差。据统计,上部坚硬、硬塑土层厚度一般大于 5 m,约占土层总厚度的 75% 以上,可塑土层占 10%~20%,软塑土层占 5%~10%。

2. 红黏土地基的处理措施

①裂缝问题。红黏土地层中的细微网状裂缝可能使穿越区域的地下结构物抗剪强度降低一半以上,严重威胁地基稳定性。因此,土体承受较大水平荷载或外侧地面倾斜时,要进行稳定性验算。土中还可能产生深长地裂缝,长度可达数千米,深度可达 8~9 m,对地下结构和工程危害极大,地裂缝附近地下结构会遭到严重破坏,所以选址时应尽量避开裂

缝区域。

②胀缩问题。因为红黏土有收缩特性,为避免水分渗入地基,在工程施工和使用期间要做好防水排水措施。对于天然土坡、人工开挖的边坡和基槽,要保护自然排水系统和坡面植被,填塞坡面上的裂隙,做好地表水、地下水、生产和生活用水的排泄和防渗措施。对于基岩面起伏大、岩质坚硬的地基,可采用大直径嵌岩桩和墩式基础处理。

2.3.6 盐渍土

盐渍土是指易溶盐含量大于或等于0.3%且小于20%,同时具有溶陷或盐胀等工程特性的土,它是盐土和碱土以及各种盐化、碱化土壤的统称。可溶性盐遇水溶解,会致使土体出现湿陷、膨胀以及有害的毛细水上升现象,从而使结构物遭受破坏。依据含盐性质,盐渍土可划分为氯盐渍土、亚氯盐渍土、硫酸盐渍土、亚硫酸盐渍土、碱性盐渍土等;按含盐量可分为弱盐渍土、中盐渍土、强盐渍土和超盐渍土。

盐渍土分布于地下水位较高且地势相对较低的区域,例如内陆洼地、低阶地、三角洲洼地、盐湖等地段。其厚度一般不大,通常分布在平原及滨海地区地表以下2~4 m,部分内陆盆地盐渍土厚度较大,有些甚至可达几十米,如柴达木盆地盐湖区内,盐渍土厚度就达到30 m以上。

盐渍土主要分布在青海、新疆、甘肃、宁夏、内蒙古等西北干旱地区,在华北平原、松辽平原、大同盆地和青藏高原的一些湖盆洼地也有所分布。由于气候干燥,内陆湖泊众多,从盆地到高山地区容易形成盐渍土;在滨海地区,由于海水侵袭也常形成盐渍土。在平原地带,由于河床淤积或灌溉等原因也常使土地盐渍化,进而形成盐渍土。

1. 盐渍土的工程特性

①溶陷性。溶陷性是指天然盐渍土在自重或附加应力作用下,受水浸湿后所产生的附加变形。通常干燥的盐渍土溶陷性较强,且其中大多数为自重溶陷,含水率较大的盐渍土溶陷现象不显著,故而一般可予以忽略。

②盐胀性。盐胀性是指当温度或含水率发生变化时,土体所产生的隆起现象。一般含水率较低的内陆盐渍土容易发生盐胀现象,而饱和的沿海地区盐渍土通常不会产生盐胀现象。盐渍土地基的盐胀现象分为结晶膨胀与非结晶膨胀两类。结晶膨胀是指盐渍土失水或降温后易溶盐分浓缩并析出结晶所产生的体胀现象,例如硫酸盐类盐渍土的盐胀现象就属于结晶膨胀。非结晶膨胀是指盐渍土中大量吸附性阳离子遇水后与胶体相互作用,在胶体与黏土颗粒周围形成稳固的结合水膜,使得土颗粒黏聚力减小从而相互分离,进而引起土体膨胀,比如碳酸盐类盐渍土的盐胀现象就是非结晶膨胀。

③腐蚀性。盐渍土会对基础与地下设施产生结晶性腐蚀,一般可分为物理腐蚀与化学腐蚀两种类型。物理腐蚀通常在水位较深或水位变化大的地区较为显著;而化学腐蚀在地下水位浅且变化幅度小的地区更为显著。

2. 盐渍土地基的处理措施

对于以溶陷性为主的盐渍土的地基处理,主要是减小地基的溶陷性,具体方法见表2-4。

盐渍土地基溶陷性的处理方法   表2-4

处理方法	适用条件
浸水预溶法	厚度较大、渗透性较好的砂、砾石土、粉土和黏性土类盐渍土
强夯法	地下水位以上,孔隙比较大的低塑性土
浸水预溶 + 强夯法	厚度较大、渗透性较好的盐渍土,处理深度取决于预溶深度和夯击能量
换土垫层法	溶陷性较高、厚度不大的盐渍土
盐化处理	含盐量很高、土层较厚、地下水位较深、淡水资源缺乏以及其他方法难以处理的地基
桩基础	盐渍土层较厚、含盐量较高
振冲法	粉土和粉细砂层,地下水位较高

对于以盐胀性为主的盐渍土地基处理,关键是减小或消除其盐胀性,方法如下:

①换土垫层法。用于处理厚度不大的硫酸盐渍土层,只需挖除有效盐胀范围内的盐渍土。

②设地面隔热层。隔热层可阻止盐渍土顶面温度变化,防止盐胀。为保证隔热材料耐用,其表面应设防水层,避免地面渗水。

③设置缓冲层。在地坪下设置约 200 mm 厚不含砂的大粒径卵石层,缓冲盐胀变形。

④化学处理。利用硫酸盐在氯盐溶液中溶解度随氯盐浓度增加而减小的原理,向硫酸盐渍土中掺入氯盐以抑制盐胀。

⑤隔断法。选用土工布(膜)、沥青砂、油毛毡、砂砾石和水泥土等材料隔断盐分和水分迁移。

盐渍土会对地基中的基础以及地下设施产生腐蚀作用,因而通常需要进行防腐处理,以满足其安全性以及耐久性的要求。用作基础或其他设施的材料应当具备良好的抗腐蚀能力,或者通过一定工艺条件的改变,提升基础材料的抗腐蚀能力。当基础材料尚无法满足抗腐蚀要求时,应考虑采取表面防护措施,比如涂覆防腐层、隔离层等,以隔绝盐分的渗入。对于盐渍土中的基础及其他设施,重点防护的部位应是经常处于干湿交替的区段,比如地下水位变化区域以及具有蒸发面的区域,对于受冻融影响的区段也应加强防护。

2.3.7 填土

山区或丘陵地区地势起伏较大,通常需要大量填土来平整场地。为满足不同工程的实际需求。然而,填土具有欠固结特性,常常会导致位于填土区的结构物基础出现较大的沉降变形,或者对桩基础产生负摩阻力,从而弱化桩基承载力,进而影响结构物的正常使用。这表明填土的特殊性使得位于该区域的地基基础在设计与计算方面不同于一般土质地基基础。填土是指人类活动堆填且未压实的土,按照物质组成和堆填方式可分为素填土、杂填土以及冲填土3 类。

1. 填土的工程性质

填土工程性质复杂,常具湿陷性、压密性和不均匀性,强度差、压缩性高。

①素填土。其性质取决于密实和均匀程度。未经人工压实的素填土密实性差,但若堆积时间长,在自重应力作用下会产生压密,达到一定密实度。

②杂填土。因堆积时间、条件和成分不同,杂填土性质不均匀且密度差异大,分布范围和厚度变化无规律。它具有人为随意性,但和素填土一样,随着堆积时间增加,物质组成会趋向

均匀,长时间堆积后可作为天然地基。短时堆积的杂填土欠压实,压缩性强,除正常沉降之外,还会在自重应力作用下湿陷变形;生活垃圾土会因腐殖质分解而变形。在干旱地区,短时堆积的杂填土结构疏松,易浸水湿陷或大变形。

③冲填土。含水率一般大于液限,多为软塑或流塑状态。堆积初期黏粒多、水分难排,呈流塑态。长时间堆积后,表面因水分蒸发而干缩龟裂,但下层仍呈流塑状,易触变,是压缩性高的欠固结土,要在时间作用下自重固结,并且要在排水固结条件下其有效应力才能有效提升。

2.填土地基的处理措施

方法选择要综合考虑加固效果、费用、工程周期、环境影响和地区经验,参照以下条件确定:

①换土-垫层法适用于地下水位以上,能减少和调整地基不均匀沉降。

②强夯、机械碾压及重锤夯实法适用于加固浅埋的松散低塑性或无黏性填土。

③土桩及灰土桩法适用于地下水位以上,砂及碎石桩法适用于地下水位以下,处理深度可达 6~8 m。此外,还可用 CFG 桩法(水泥粉煤灰碎石桩法)、柱锤冲扩桩法等来限制填土地基变形、提升地基承载力。

2.4 围岩分级

2.4.1 分级的目的和原则

地下工程所面临的地质条件千差万别,涵盖地质构造、岩性以及地下水等诸多方面的不同情况。然而,在实际的工程实践中,某些支护结构参数或者施工方法通常都具备一定的地质适应性范围。例如,喷射混凝土作为临时支护手段,在采取恰当措施的状况下,几乎能够适应绝大多数的地质条件;上下导坑施工法则适用于大部分中等程度的地质条件。这给地下工程设计者以启示,对适用于特定设计参数和施工工艺的地质条件进行总结、归纳并进一步分级是具有重要意义的。依据长期的工程实践经验,工程师察觉到各种围岩的物理性质之间存在着一定的内在关联和规律。因此,将无限的岩体序列依据一个或者多个主要指标划分为具有不同稳定程度级别的有限类别是很有必要的。这种分类方式能够将稳定性相近的围岩归为一类,将全部围岩划分成若干级别,进而为未来的地下工程设计和施工提供珍贵的经验技术资料。

在过去的十几年时间里,国内外学者已经将地下洞室围岩的分级作为地下工程技术基础的研究内容之一,同时将其视作岩土力学的重要研究内容之一。

围岩稳定性分级的原则主要包含以下几点:

①分级应当主要以岩体作为研究对象,岩体不但涵盖岩石自身,还包括岩块以及岩块之间的软弱结构面。因此,分级的核心要点应当放在对岩体的研究之上。

②分级应当与地质勘探手段有机地联系起来,这样能够提供一种便捷且相对可靠的判断方式。随着地质勘探技术的不断发展,分级指标将会更趋向于定量化。

③分级需要明确工程对象和目的,多数分级方法与坑道支护相关联。坑道围岩的稳定性、暂时稳定时间等与支护方法和类型紧密相关,所以在分级过程中体现工程目的是极为关键的

内容。

④分级应当逐渐趋向定量化。当前大多数分级指标是经验性的或者定性的,这是由地质条件的复杂性所致。近年来,国内外学者提出采用模糊数学和人工智能等方法来进行围岩分级,这些新的方法将会使分级方法更加完备。

2.4.2 围岩分级依据

围岩是指地层中受开挖作用影响的那一部分岩体。围岩的工程性质主要体现在强度和变形这两个方面,其与岩体的结构特征及其完整性、岩石的物理力学性质、地下水条件以及原岩应力等因素密切相关。对于地下工程而言,最为关注的问题便是地层被开挖后的稳定性,这是一个反映地质环境的综合指标。然而,由于影响围岩性质的因素较为复杂,当前所应用的力学模型尚不能完全反映出围岩的真实状态,所以在地下工程中,工程类比设计法占有一定的地位,而围岩分级则是工程类比设计的重要依据。

影响围岩稳定的因素是多方面的,要在围岩分级中全面反映所有因素的影响既困难又不现实,因此在围岩分级中主要考虑以下4个分级指标。

1.岩体的结构特征及其完整性

岩体的结构特征及其完整性是指围岩被各种结构面切割的破碎程度及其组合状态,通常取决于岩体结构类型、地质构造影响以及结构面发育情况。

2.岩石的物理力学性质

围岩的物理力学性质涵盖围岩的岩石强度、物理特性、水理性质等,这些性质对于围岩稳定状态的判别具有重要意义。其中在围岩分级中,饱和岩石的单轴抗压强度可作为判断岩层分级的重要指标,软、硬岩体的分界通常为30 MPa,而小于5 MPa 的岩(土)体属于半岩质,或略具有结构强度的土体。

3.地下水的影响

地下水对围岩的作用是导致围岩失稳的原因之一。基于工程实际考虑,在围岩分级过程中通常采用"遇水降级"的经验处理方法,该方法一般通过考虑围岩及地下水性质,以及地下水流通条件等因素对围岩级别进行适当降级。其中受到地下水影响较小的围岩一般无须进行降级处理。

4.原岩应力的影响

地下工程通常在原始应力的岩体中修筑。在埋深和构造应力不大的坚硬岩体中开挖洞室,原岩应力不会有明显影响,而原岩应力在高地应力地区影响较大。故在实际施工前的监测过程中,初始应力场往往成为判别围岩级别的重要依据。

除了上述的定量与定性指标外,一些能够同时反映多种因素的综合指标也在工程实际中有所应用,如 RQD(岩石质量指标)、声波纵波速度等。尤其是应用较为广泛的声波纵波速度,其能较好地综合反映岩体的完整性和强度,而且测试简便、快速。因此,国内外多个围岩分级中都采用了这一指标,并与其他指标相结合进行分级。

2.4.3 围岩分级方法

围岩分级方法依据所考虑因素的数量以及分级指标的差异,通常可划分为以下 4 种。

1. 单因素岩石力学指标分级法

此方法以岩石强度或弹性模量等单一因素作为指标分级的依据。这类分级方法无法全面体现围岩的稳定性,当前应用相对较少。

2. 多因素综合指标分级法

该方法以对围岩进行勘测或测试所获取的资料作为分级依据。相较于上述单因素法,多因素综合指标分级所反映的因素更为综合。

3. 组合指标函数法

该方法认为岩体稳定性是多参数因素的函数,这些参数需按照一定的函数关系进行组合,该函数关系能够反映各指标的重要程度,通过函数计算得出定量指标,并以此作为围岩分级的依据。这种方法在工程上的适用性较广,在理论上也较为先进,但目前此方法尚不成熟,无法对多种地质类型进行全面综合考量,还需要研究者进一步加以发展。

4. 定性与定量多因素指标相结合分级法

该方法是当前国内外应用最为广泛的一种分级方法,能够综合性地考量上述多种因素。

1）Q 系统分类法

Q 系统分类法能够合理地评价岩体质量、开挖岩体的条件,并为地下工程选取合理的支护方法。其具有如下特点:将地下围岩分类与支护相结合;详细地描述了节理的粗糙度和蚀变程度,将其作为 Q 系统的重要参数,同时强调岩石应力也是主要参数之一;对围岩支护提出了细致的推荐,依据 Q 值大小将支护分为 38 个大类。这一方法是由巴顿、利恩和伦德于 1972 年在威克海姆（Wickham）以及 1973 年在比尼威斯基（Bieniawski）的基础上,通过对上百个实际工程资料进行分析而构建起来的。这种分类方法综合了 RQD、节理组数、节理粗糙度、节理蚀变程度、裂隙水以及地应力的影响等 6 个方面的因素,通过下式计算岩体综合质量指标 Q,即:

$$Q = \frac{RQD}{J_n} \cdot \frac{J_r}{J_a} \cdot \frac{J_w}{SRF} \tag{2-7}$$

式中:RQD——岩石的质量指标;

J_n——节理组数,RQD 与 J_n 的比值粗略代表岩石的完整程度;

J_r——节理粗糙度系数;

J_a——节理蚀变程度系数,J_r 与 J_a 的比值代表了嵌合岩块的抗剪强度;

J_w——裂隙水折减系数;

SRF——应力折减系数,J_w 与 SRF 的比值可以反映围岩的主动应力。

以上各岩体质量指标中,根据实测资料,查表 2-5 确定各自的数值后,代入式(2-7)求得岩体质量指标 Q 值。Q 的范围为 0.001 ~ 1000,代表着围岩的质量从特别差的挤出性岩石到特别好的坚硬完整岩体分为 9 个质量等级,围岩分为 5 类,见表 2-6。

Q 系统岩体质量等级及围岩分类中各种参数的描述及权值 表2-5

参数及其详细分类	权值		备注
1. 岩石质量指标	RQD(%)		
A. 很差	0~25		1. 在实测或报告中,若 RQD≤10 (包括0)时,则 RQD 名义上取10;
B. 差	25~50		2. RQD 隔5 选取就足够精确,例如
C. 一般	50~75		100、95、90……
D. 好	75~90		
E. 很好	90~100		
2. 节理组数	J_n		
A. 整体性岩体,含少量节理或不含节理	0.5~1.0		
B. 一组节理	2		
C. 一组节理再加些紊乱的节理	3		
D. 两组节理	4		
E. 两组节理再加些紊乱的节理	6		1. 对于巷道交叉口,取 $3.0J_n$;
F. 三组节理	9		2. 对于巷道入口处,取 $2.0J_n$
G. 三组节理再加些紊乱的节理	12		
H. 四组或四组以上的节理,随机分布特别发育的节理,岩体被分成"方糖"块等	15		
I. 粉碎状岩石,泥状物	20		
3. 节理粗糙度系数	J_r		
A. 节理壁完全接触	—		
B. 节理面在剪切错动10 cm 以前是接触的	—		
a. 不连续的节理	4		
b. 粗糙或不规则的波状节理	3		
c. 光滑的波状节理	2		1. 若有关的节理组平均间距大于 3 m,J_r 按左行数值再加1.0;
d. 带擦痕面的波状节理	1.5		
e. 粗糙或不规则的平面状节理	1.5		2. 对于具有线节理且带擦痕的平面状节理,若线节理倾向最小强度方向,则取 $J_r=0.5$
f. 光滑的平面状节理	1.0		
g. 带擦痕面的平面状节理	0.5		
C. 剪切错动时岩壁不接触	—		
h. 节理中含有足够厚的黏土矿物,足以阻止节理壁接触	1.0		
i. 节理含砂、砾石或岩粉夹层,其厚度足以阻止节理壁接触	1.0		
4. 节理蚀变程度系数	J_a	φ_r(近似值)	如果存在蚀变产物,则残余摩擦角 φ_r 可作为蚀变产物的矿物学性质的一种近似标准
A. 节理完全闭合			
a. 节理壁紧密接触,坚硬、无软化、填充物,不透水	0.75	—	
b. 节理壁无蚀变、表面只有污染物	1.0	(25°~35°)	

参数及其详细分类	权值		备注
c.节理壁轻度蚀变、不含软矿物覆盖层、砂粒和无黏土的节理岩石等	2.0	(25°~35°)	
d.含有粉砂质或砂质黏土覆盖层和少量黏土细粒(非软化的)	3.0	(20°~25°)	
e.含有软化或摩擦力低的黏土矿物覆盖层,如高岭土和云母。它可以是绿泥、滑石和石墨等,以及少量的膨胀性黏土(不连续的覆盖层,厚度≤1~2 mm)	4.0	(8°~16°)	
B.节理壁在剪切错动10 cm前是接触的	—	—	
f.含砂粒和无黏性土的节理岩石等	4.0	(25°~30°)	
g.含有高度超固结的,非软化的黏土质矿物填充物(连续的厚度小于53 mm)	6.0	(16°~24°)	
h.含有中等(或轻度)固结的软化的黏土矿物填充物(连续的厚度小于5 mm)	8.0	(12°~16°)	如果存在蚀变产物,则残余摩擦角 φ_r 可作为蚀变产物的矿物学性质的一种近似标准
i.含膨胀性黏土填充物,如蒙脱石(连续的厚度小于5 mm),J_a 取决于膨胀性黏土颗粒所占的百分数以及含水率	8.0~12.0	(6°~12°)	
C.剪切错动时节理壁不接触	—	—	
j.含有节理岩石或岩粉以及黏土的夹层(见关于黏土条件的第G、H和J款)	6.0	—	
k.同上	8.0	—	
l.同上	8.0~12.0	(6°~12°)	
m.由粉砂质或砂质黏土和少量黏土微粒(非软化的)构成的夹层	5.0	—	
n.含有厚而连续的黏土夹层(见关于黏土条件的第G、H和J款)	10.0~13.0	—	
o.同上	—	(6°~24°)	
p.同上	13.0~20.0	—	
5.裂隙水折减系数	J_w	水压力的近似值(kg/cm²)	
A.隧道干燥或只有极少量的渗水,即局部地区渗流量小于5 L/min	1.0	<1.0	
B.中等流量或中等压力,偶尔发生节理填充物被冲刷现象	0.66	1.0~2.5	1. C~F款的数值均为粗略估计值,如采取疏干措施,可取大一些; 2. 由结冰引起的特殊问题本表没有考虑
C.节理无填充物,岩石坚固,流量大或水压高	0.5	2.5~10.0	
D.流量大或水压高,大量填充物被冲出	0.33	2.5~10.0	
E.爆破时,流量特大或压力特高,但随时间增长而减弱	0.2~0.1	>10	
F.持续不衰减的特大流量,或特高水压	0.1~0.5	>10	

续上表

参数及其详细分类	权值			备注
6. 应力折减系数	—			
A. 软弱区穿切开挖体,当隧道掘进时开挖体可能引起岩体松动	SRF			
a. 含黏土或化学分解岩石的软弱区多处出现,围岩十分松散(深浅不限)	10.0			
b. 含黏土或化学分解的岩石的单一软弱区(开挖深度 <50 m)	5.0			
c. 含黏土或化学分解的岩石的单一软弱区(隧道深度 >50 m)	2.5			
d. 岩石坚固不含黏土但多处出现剪切带,围岩松散(深度不限)	7.5			
e. 不含黏土的坚固岩石中的单一剪切带(开挖深度 <50 m)	5.0			
f. 不含黏土的坚固岩石中的单一剪切带(开挖深度 >50 m)	2.5			1. 如果有关的剪切带仅影响到开挖体,而不与之交叉,则 SRF 值减少 25%~50%;
g. 含松软的张开节理,节理很发育或像"方糖"块(深度不限)	5.0			2. 对于各向应力差别甚大的原岩应力场(若已测出的话):当 $5 \leqslant \sigma_t/\sigma_1 \leqslant 10$ 时,σ_C 减为 $0.8^2\sigma_C$,当 $\sigma_1/\sigma_3 >10$ 时,σ_C 减为 $0.6\sigma_C$,σ_t 减为 $0.6\sigma_t$;这里 σ_C 表示单轴抗压强度,而 σ_t 表示抗拉强度(点载试验),σ_1 和 σ_3 分别为最大和最小主应力;
B. 坚固岩石,岩石应力问题	σ_C/σ_1	σ_t/σ_1	SRF	
h. 低应力,接近地表	>200	>13	2.5	
i. 中等应力	200~10	13~0.66	1.0	3. 可以找到几个地下深度小于跨度的实例记录。对于这种情况,建议将 SRF 从 2.5 增加到 5(见 H 款)
j. 高应力,岩体结构非常紧密	10~5	0.66~0.33	0.5~2	
k. 轻微岩爆(整体岩石)	5~2.5	0.33~0.16	5~10	
l. 严重岩爆(整体岩石)	<2.5	<0.16	10~20	
C. 挤压性岩石,在很高的应力影响下不坚固岩石的塑性流动	SRF			
m. 挤压性微弱的岩石压力	5~10			
n. 挤压性很大的岩石压力	10~20			
D. 膨胀性岩石,化学膨胀活性取决于水的存在与否	SRF			
o. 膨胀性微弱的岩石压力	5~10			
p. 膨胀性很大的岩石压力	10~20			

Q 系统岩体质量等级及围岩分类 表 2-6

Q 值	0.001	0.1	1	4	10	40	100	400	1000
岩体等级	特别差	极差	很差	差的	一般	好的	很好	极好	特别好
Q 值范围	<0.1	0.1~1	1~10		10~40		>40		
围岩类别	V	IV	III		II		I		

Q 系统分类法全面地考虑了地质情况,并且将定性与定量分析相结合,因此在目前体系下得到广泛应用,并且对软岩与硬岩均适用。

2) 节理岩体地质力学分类法

RMR 岩体分级是比尼威斯基(Bieniawski)于 1973—1976 年根据工程实测资料提出的,其在 1989 年对该分级方法进行了修正,使得该系统更适用于采矿工程。RMR 分类方法共有 5 个基本参数:岩块单轴抗压强度、岩体质量指标 RQD、节理条件、地下水条件及节理产状,岩体的 RMR 评分值由这 5 个基本参数的评分值总和构成。分类时,根据各类参数的实测资料,按表 2-7A 所列的标准,分别给予评分。然后将各类参数的评分值相加得到岩体质量总分 RMR 值,并按表 2-7B 依据节理方位对岩体稳定是否有利作适当的修正,表中的修正条款可参照表 2-8 划分。最后,用修正后的岩体质量总分 RMR 值,对照表 2-7C 查得岩体类别及相应的不支护地下开挖的自稳时间和岩体强度指标(c、φ)。由表 2-7 可知,RMR 值变化在 0~100 之间,根据 RMR 值可将岩体分为 5 级。

节理岩体的 RMR 分类表 表 2-7

A. 分类参数及其评分值

	分类参数		数值范围						
1	完整岩石强度(MPa)	点载荷强度指标	>10	4~10	2~4	1~2	对强度较低的岩石宜用单轴抗压强度		
		单轴抗压强度	>250	100~250	50~100	25~50	5~25	1~5	<1
	评分值		15	12	7	4	2	1	0
2	岩芯质量指标 RQD		90%~100%	75%~90%	50%~75%	25%~50%	<25%		
	评分值		20	17	13	8	3		
3	节理间距(cm)		>200	60~200	20~60	6~20	<6		
	评分值		20	15	10	8	5		
4	节理条件		节理面很粗糙,节理不连续,节理宽度为零,节理面岩石坚硬	节理面稍粗糙,宽度<1 mm,节理面岩石坚硬	节理面稍粗糙,宽度<1 mm,节理面岩石软弱	节理面光滑或含厚度<5 mm 的软弱夹层,张开度 1~5 mm,节理连续	含厚度>5 mm 的软弱夹层,张开度>5 mm,节理连续		
	评分值		30	25	20	10	0		

续上表

A. 分类参数及其评分值					
分类参数		数值范围			
5	地下水条件	每10 m的隧道涌水量（L·min）	无	<10	10~25	25~125	>125

实际列结构如下：

		A. 分类参数及其评分值				
	分类参数		数值范围			
5	地下水条件	每10 m的隧道涌水量（L·min）	无	<10	10~25	25~125	>125
		节理水压力/最大主应力	0	<0.1	0.1~0.2	0.2~0.5	>0.5
		总条件	完全干燥	潮湿	只有湿气（有裂隙水）	中等水压	水的问题严重
		评分值	15	10	7	4	0

B. 按节理方向修正评分值					
节理走向或倾向	非常有利	有利	一般	不利	非常不利
评分值 隧道	0	−2	−5	−10	−12
地基	0	−2	−5	−15	−25
边坡	0	−5	−25	−50	−60

C. 按总评分值确定的岩体级别及岩体质量评价					
评分值	100~81	80~61	60~41	40~21	<20
分级	I	II	III	IV	V
质量描述	非常好的岩体	好岩体	一般岩体	差岩体	非常差的岩体
平均稳定时间	15 m跨度,20年	10 m跨度,1年	5 m跨度,1周	2.5 m跨度,10 h	1 m跨度,30 min
岩体内聚力 c(kPa)	>400	300~400	200~300	100~200	<100
岩体内摩擦角 φ(°)	>45	35~45	25~35	15~25	<15

节理走向和倾角对隧道开挖的影响　　　　　　表2-8

走向与隧道轴垂直				走向与隧道轴平行		与走向无关
沿倾向掘进		反倾向掘进		倾角 20°~45°	倾角 45°~90°	倾角 0°~20°
倾角 40°~90°	倾角 20°~45°	倾角 45°~90°	倾角 20°~45°			
非常有利	有利	一般	不利	一般	非常不利	不利

3）岩体 BQ 分级

该法考虑到定性评价的人为因素和不确定性较大,岩体 BQ 分级方法引入基本质量指标 BQ 作为定量依据对工程岩体进行分级。如表2-9 所示,目前各行业规范对工程岩体的分级基本相同,又有不同之处。

采用基本质量指标 *BQ* 对工程岩体进行分级的规范 　　　表 2-9

序号	规范、规程	分类定量依据	分级
1	《工程岩体分级标准》		I ~ V（好 ~ 差）
2	《公路隧道设计规范 第一册 土建工程》	以岩体基本质量指标 *BQ* 为分级标准,以地下水、软弱结构面产状和初始地应力对基本质量指标 *BQ* 进行修正,用修正后的[*BQ*]对工程岩体进行详细定级	I ~ VI（好 ~ 差）
3	《公路工程地质勘察规范》（JTG C20—2011）附录 F		
4	《铁路工程地质勘察规范》（TB 10012—2019）第4.3.2 条条文说明		
5	《铁路隧道设计规范》	（1）以岩体基本质量指标 *BQ* 为分级标准,以地下水、软弱结构面产状和初始地应力对基本质量指标 *BQ* 进行修正,用修正后的[*BQ*]对工程岩体进行详细定级; （2）根据工程地质特征与结构特征、完整程度进行围岩亚分级,再结合地下水出水状态、初始应力、主要结构面产状对围岩亚分级进行二次修正	I ~ VI（好 ~ 差）

（1）岩体基本质量分级

工程岩体基本质量指标 BQ,应根据岩体坚硬程度定量指标 R_c 和完整程度定量指标 K_v 按下式计算：

$$BQ = 100 + 3R_c + 250K_v \qquad (2\text{-}8)$$

式中：R_c——岩块饱和单轴抗压强度（MPa）；

　　　K_v——岩体完整性系数。

在使用时,必须遵守下列条件：

当 $R_c > 90K_v + 30$ 时,以 $R_c = 90K_v + 30$ 代入该式；

当 $K_v > 0.04R_c + 0.4$ 时,以 $K_v = 0.04R_c + 0.4$ 代入该式。

岩体基本质量分级过程中,应将定性特征和 BQ 指标二者相结合,按表 2-10 确定。

岩体基本质量分级 　　　表 2-10

级别	岩体特征	土体特性	围岩基本指标 BQ 或 $[BQ]$	围岩弹性纵波速度 V_p（km/s）
I	极（坚）硬岩,岩体完整	—	>550	A：>5.3
II	极（坚）硬岩,岩体较完整;硬岩,岩体完整	—	550 ~ 451	A：4.5 ~ 5.3 B：>5.3 C：>5.0
III	极（坚）硬岩,岩体较破碎;硬岩或软硬岩互层,岩体较完整;较软岩,岩体完整	—	450 ~ 351	A：4.0 ~ 5.5 B：4.3 ~ 5.3 C：3.5 ~ 5.0 D：>4.0
IV	极（坚）硬岩,岩体破碎;硬岩,岩体较破碎或破碎;较软岩或软硬岩互层,且以软岩为主,岩体较完整或较破碎;软岩,岩体完整或较破碎	具压密或成岩作用的黏性土、粉土及砂类土,一般钙质、铁质胶结的粗角砾土、粗圆砾土、碎石土、卵石土、大块石土,黄土（Q_1、Q_2）	350 ~ 251	A：3.0 ~ 4.0 B：3.3 ~ 4.3 C：3.0 ~ 3.5 D：3.0 ~ 4.0 E：2.0 ~ 3.0

级别	岩体特征	土体特性	围岩基本指标 BQ 或 $[BQ]$	围岩弹性纵波速度 V_p(km/s)
V	较软岩,岩体破碎; 软岩,岩体较破碎至破碎; 全部极软岩及全部极破碎岩(包括受构造影响严重的破碎带)	一般第四系坚硬、硬塑黏性土,稍密及以上、稍湿或潮湿的碎石土、卵石土、圆砾土、角砾土、粉土及黄土(Q_3、Q_4)	≤250	A:2.0~3.0 B:2.0~3.3 C:2.0~3.0 D:1.5~3.0 E:1.0~2.0
VI	受构造影响严重呈碎石、角砾及粉末、泥土状的富水断层带,富水破碎的绿泥石或炭质千枚岩	软塑状黏性土,饱和的粉土、砂类土等,风积沙,严重湿陷性黄土	—	<1.0(饱和状态的土<1.5)

注:1.《工程岩体分级标准》中岩体分为 I~V 级,按 BQ 进行分级。另外《公路工程地质勘察规范》附录 F、《铁路工程地质勘察规范》第4.3.2 条条文说明也是根据 BQ 对岩体进行分级。

2. 弹性纵波速度中 A、B、C、D、E 系指岩性类型,详见《铁路隧道设计规范》附录 B。

(2)岩体基本质量分级的修正

在对工程岩体进行初步定级时,通常会使用 BQ 值确定岩体的基本质量级别作为岩体级别的依据。而在进行详细定级时,则需要在岩体基本质量分级的基础上,结合不同类型工程的特点,考虑地下水出水状态、初始地应力状态、工程轴线或走向线与主要结构面产状的组合关系等因素进行修正,以得出修正后的基本质量指标 $[BQ]$ 来确定岩体的分级。

$$[BQ] = BQ - 100(K_1 + K_2 + K_3) \qquad (2-9)$$

式中,K_1、K_2、K_3 分别为地下水影响、主要软弱结构面产状影响、初始地应力状态影响的修正系数。各系数由表 2-11 ~ 表 2-13 确定。

地下水影响修正系数 K_1 表 2-11

地下水出水状态	BQ			
	>450	450~351	351~251	<250
潮湿或点滴出水	0	0.1	0.2~0.3	0.4~0.6
淋雨状或涌流状出水,水压小于或等于 0.1 MPa 或单位出水量小于或等于10L/(min·m)	0.1	0.2~0.3	0.4~0.6	0.7~0.9
淋雨状或涌流状出水,水压大于 0.1 MPa 或单位出水量大于10L/(min·m)	0.2	0.4~0.6	0.7~0.9	1.0

主要软弱结构面产状影响修正系数 K_2 表 2-12

结构面产状及其与洞轴线的组合关系	结构面走向与洞轴线夹角小于 30°;结构面倾角为 30°~75°	结构面走向与洞轴线夹角小于 30°;结构面倾角大于75°	其他组合
K_2	0.4~0.6	0~0.2	0.2~0.4

初始地应力状态影响修正系数 K_3 表 2-13

初始的应力状态	BQ				
	>550	550~451	450~351	350~351	<250
极高应力区	1.0	1.0	1.0~1.5	1.0~1.5	1.0
高应力区	0.5	0.5	0.5	0.5~1.0	0.5~1.0

根据修正值[BQ]的工程岩体分级仍按岩体质量分级表格(表2-10)进行。

对于边坡岩体和地基岩体的分级,在目前的研究中尚未有硬性规定如何修正 BQ 值。一般来说,对边坡岩体分级时应考虑坡高、地下水情况、结构面方位等因素进行修正,可参照地下洞室围岩分级方法进行。而对于地基岩体,由于承载载荷相对简单且影响深度较小,通常可以直接使用岩体基本质量指标 BQ 进行分级。

目前,《公路隧道设计规范 第一册 土建工程》(JTG 3370.1—2018)采用 BQ 分级方法,它在《工程岩体分级标准》(GB/T 50218—2014)基础上,根据调查、勘探、试验等资料以及岩石隧道的围岩定性特征、围岩基本质量指标 BQ 或修正的围岩基本质量指标[BQ]值、土体隧道中的土体类型及密实状态等定性特征,确定围岩分级,见表2-14。

公路隧道分类   表 2-14

围岩级别	围岩或土体主要定性特征	围岩基本质量指标 BQ 或修正的围岩基本质量指标[BQ]
I	坚硬岩,岩体完整,巨整体状或巨厚层状结构	>550
II	坚硬岩,岩体较完整,块状或厚层状结构	550~451
	较坚硬岩,岩体完整,块状整体结构	
III	坚硬岩,岩体较破碎,巨块(石)碎(石)状镶嵌结构	450~351
	较坚硬岩或较软硬岩层,岩体较完整,块状体或中厚层结构	
IV	坚硬岩,岩体破碎,碎裂结构	350~251
	较坚硬岩,岩体较破碎~破碎,镶嵌碎裂结构	
	较软岩或软硬岩互层,且以软岩为主,岩体较完整~较破碎,中薄层状结构	
	土体:①略具压密或成岩作用的黏性土及砂性土;②黄土(Q_1 、 Q_2);③一般钙质、铁质胶结的碎石土、卵石土、大块石土	—
V	较软岩,岩体破碎;软岩,岩体较破碎~破碎;全部极软岩和全部极破碎岩	≤250
	一般第四系的半干硬至硬塑的黏性土及稍湿至潮湿的碎石土,卵石土、圆砾、角砾土及黄土(Q_3 、 Q_4)。非黏性土呈松散结构,黏性土及黄土呈松软结构	—
VI	软塑状黏性土及潮湿、饱和粉细砂层、软土等	—

注:1.本表不适用于特殊条件的围岩分级,如膨胀性围岩、多年冻土等。

2.当围岩和土体主要特征定性划分和根据岩体基本质量指标 BQ 或修正后的指标[BQ]确定的级别不一致时,应重新审查定性特征和定量指标计算参数的可靠性,并对它们重新观察、测试。

需要特别指明的是,上述围岩分级方法皆是为工程设计服务的,通常都是依据稳定性来进行分级。然而实际上,围岩的稳定性与洞室形状、施工方法等人为因素相关,并非仅仅取决于自然地质条件。因此上述基于地质条件的围岩分级方法实际上只是岩体质量分级。故而严格来讲,目前的围岩分级也并非完全等同于岩体质量分级,例如,分级中所考虑的岩体结构特征既和自然条件有关,也和人为条件有关。

思考与练习题

1. 简述常见的特殊土类型及其工程特性。
2. 试分析黄土的湿陷性机理及其对工程建设的危害性。
3. 围岩和围岩分级的基本概念是什么? 说明围岩分级在工程设计中的意义。
4. 常用的围岩分级的考虑因素有哪些? 在围岩分级中是如何应用的?
5. 简述《公路隧道设计规范 第一册 土建工程》(JTG 3370.1—2018)围岩分级方法。

第3章

地下结构的荷载计算

3.1 荷载分类和组合

3.1.1 荷载分类

地下结构所承受的荷载,按其作用特点以及在使用过程中可能出现的情况,可分为以下几类:永久(主要)荷载、可变(附加)荷载和偶然(特殊)荷载。

1.永久(主要)荷载

永久荷载又被称作长期作用恒载,主要涵盖结构自重、回填土层重量、弹性抗力、静水压力(含浮力)、混凝土收缩和徐变影响力、预加应力以及设备自重等方面。其中,结构自重是衬砌承受的主要静荷载,而弹性抗力属于地下结构所特有的一种被动荷载。

2.可变(附加)荷载

可变(附加)荷载可细分为基本可变荷载和其他可变荷载两类。基本可变荷载是指那些长期存在且经常作用的变化荷载,如水压荷载、起重机荷载、设备重量、地下储油库的油压力、车辆荷载以及人群荷载等。其他可变荷载则是指并非经常作用的变化荷载,如温度变化、施工荷载(包含施工机具、盾构千斤顶推力、注浆压力)等情况。

3.偶然(特殊)荷载

偶然荷载是指偶然情况下才会发生的荷载,比如地震力或者战时出现的武器爆炸冲击动荷载。

我国《公路隧道设计规范 第一册 土建工程》(JTG 3370.1—2018)中所给出的永久、可变及偶然荷载可参见表3-1。

《公路隧道设计规范 第一册 土建工程》中隧道结构上的荷载分类　　　　表3-1

编号	荷载分类	荷载名称
1		围岩压力
2	永久荷载	土压力
3		结构自重

编号	荷载分类		荷载名称
4	永久荷载		结构附加压力
5			混凝土收缩和徐变影响力
6			水压力
7	可变荷载	基本可变荷载	公路车辆荷载、人群荷载
8			立交公路车辆荷载及其所产生的冲击力、土压力
9			立交铁路列车活载及其所产生的冲击力、土压力
10		其他可变荷载	立交渡槽流水压力
11			温度变化的影响力
12			冻胀力
13			施工荷载
14	偶然荷载		落石冲击力
15			地震力

注:编号 1 ~ 10 为主要荷载;编号 11、12、14 为附加荷载;编号 13、15 为特殊荷载。

3.1.2 荷载组合

对于某一特定的地下结构而言,上述几种荷载并非一定同时存在,在设计时应当依据荷载实际可能出现的情况来进行荷载组合。所谓荷载组合,是指将有可能同时作用于地下结构上的荷载进行分组编排,选取其中最不利的组合当作设计荷载,并将最危险截面中的最大内力值作为设计依据。

3.2 岩土体压力的计算

挡土结构在土建工程中扮演着关键角色,它们是确保边坡土体稳定,防止崩裂、滑移和坍塌的临时或永久性支护设施(图 3-1)。这些结构承受来自与土体接触界面的各种侧向压力,这些侧向压力总称为土压力,主要包括土体自重产生的侧向压力、水压力以及施工期间的构筑物荷载、施工荷载等,必要时还需考虑由地震荷载等因素引发的侧向压力。在挡土结构设计过程中,准确计算土压力及其分布规律至关重要。

挡土结构的土压力受到其侧向位移的大小、方向、自身刚度、高度以及土体性质的影响。根据挡土结构侧向位移的大小和方向的不同,土压力可分为以下 3 种形式:

①静止土压力:如图 3-2a)所示,当挡土结构静止不动,即不产生任何侧向位移时,作用在挡土墙上的土压力就是静止土压力。每延米挡土墙上静止土压力的合力用 E_0 表示,静止土压力强度用 p_0 表示。

②主动土压力:如图 3-2b)所示,在墙后填土压力的作用下,若挡土墙朝着背离填土的方向发生移动,土压力会从静止土压力值开始逐渐减小。当墙后土体达到极限平衡状态并产生连续滑动面时,土压力达到最小值。这时挡土墙所承受的土压力被称为主动土压力。主动土压力的合力用 E_a 表示,主动土压力强度用 p_a 表示。

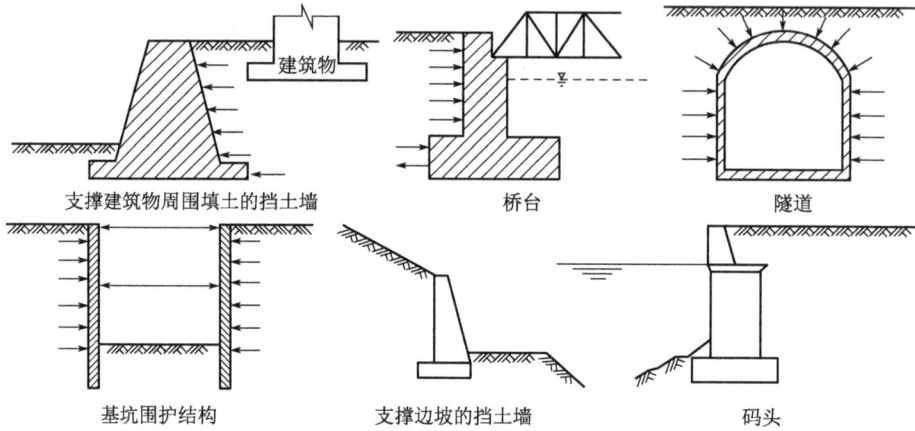

图 3-1 各种形式的挡土结构物

③被动土压力:如图 3-2c)所示,在外力作用下,挡土墙朝着填土方向移动,土压力会从静止土压力逐渐增大,当墙后土体达到极限平衡状态并形成连续滑动面时,墙后土体产生隆起挤出现象,此时的土压力达到最大值,这种土压力称为被动土压力。被动土压力的合力用 E_p 表示,被动土压力强度用 p_p 表示。

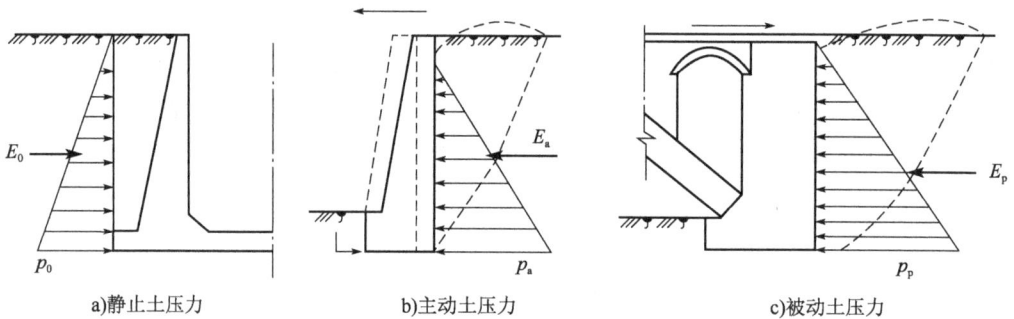

图 3-2 土压力的 3 种类型

需要说明的是,土压力实际上是挡土结构与土体相互作用的结果,在多数情况下,其大小通常介于主动土压力与被动土压力之间。在土体和墙体确定的条件下,土压力的大小一般取决于墙体的位移。土压力与挡土结构位移的关系如图 3-3 所示,从图 3-3 中可以看出,产生被动土压力所需的位移明显大于引发主动土压力所需的位移。

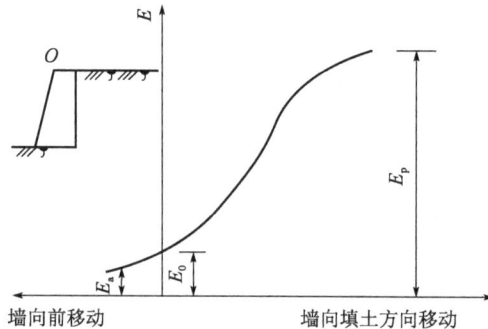

图 3-3 土压力与挡土墙位移的关系

3.2.1 静止土压力

在计算静止土压力时,假设墙后填土处于弹性平衡状态,墙体保持静止不动,土体没有侧向位移。在此种情况下,可将墙后填土内的应力状态假定为半无限弹性体的应力状态。根据半无限弹性体在无侧向位移条件下侧向应力的计算公式,能够计算出土体表面下任意深度 z 处的静止土压力强度:

$$p_0 = K_0 \gamma z \tag{3-1}$$

式中: K_0——静止土压力系数,理论上为 $\mu/(1-\mu)$;

　　μ——土体泊松比;

　　γ——土的重度(kN/m^3)。

一般情况下,可以使用常规三轴仪或应力路径三轴仪在室内测量 K_0 的值,而在原位则可以使用自钻式旁压仪进行测量。缺乏试验数据时,对于正常固结土可以使用经验公式(3-2)进行估算,而对于超固结土可以使用经验公式(3-3)进行估算。

$$K_0 = 1 - \sin\varphi' \tag{3-2}$$

$$K_0 = \sqrt{OCR}(1 - \sin\varphi') \tag{3-3}$$

式中: φ'——土的有效内摩擦角;

　　OCR——土的超固结比。

由式(3-1)可知,静止土压力强度 p_0 沿深度呈直线分布。

如图 3-4 所示,作用在单位宽度挡土墙上的静止土压力为:

$$E_0 = \frac{1}{2}K_0 \gamma H^2 \tag{3-4}$$

式中: H——挡土墙高度。

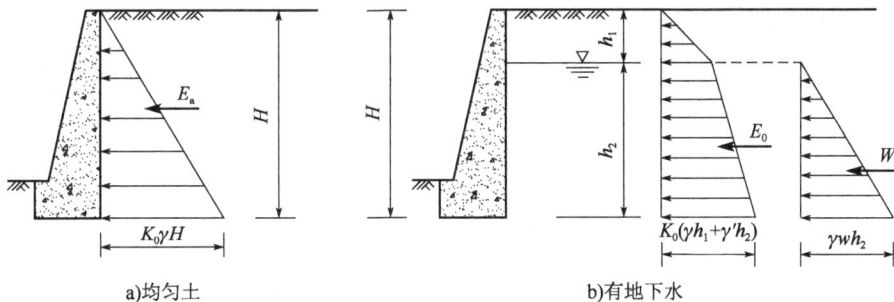

a)均匀土　　　　　　　b)有地下水

图 3-4　静止土压力的分布

对于成层土和有超载的情况,静止土压力强度可按下式计算:

$$p_0 = K_0 \left(\sum \gamma_i h_i + q \right) \tag{3-5}$$

式中: γ_i——计算点以上第 i 层土的重度;

　　h_i——计算点以上第 i 层土的厚度;

　　q——填土面上的均布荷载。

如图 3-4b)所示,如果挡土墙后填土有地下水且地下水位以下为透水性的土,计算静止土压力时,应采用有效重度 γ' 计算,同时考虑作用于挡土墙上的静水压力。如图 3-5 所示,如果挡土墙墙背是倾斜的,作用在单位长度挡土墙上的静止土压力 E_0 为墙背直立时的静止土压力

E'_0 和土楔体 ABB' 重力 W'_0 的合力。

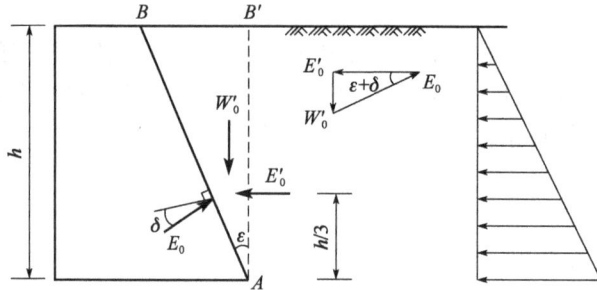

图 3-5　墙背倾斜时的静止土压力

3.2.2　朗肯土压力理论

1. 基本原理

朗肯土压力是朗肯(Rankine)在 1857 年提出的,如图 3-6a)所示,朗肯认为可在半无限土体中取一竖直切面 AB,并在该切面上选择深度为 z 的土体单元来研究。在该位置上,土体受到的法向应力为 σ_z 和 σ_x,由于 AB 面不存在剪应力,因此 σ_z 和 σ_x 均为主应力。

当土体处于弹性平衡状态时,$\sigma_z = \gamma z$,$\sigma_x = K_0 \gamma z$,其应力圆[图 3-6b)中应力圆 O_1]不与土体的强度包络线相交。

在 σ_z 保持不变的条件下,逐渐减小 σ_x,直到土体达到极限平衡状态,则应力圆与强度包络线相切[图 3-6b)中应力圆 O_2]。这时,σ_z 和 σ_x 分别为最大和最小主应力,这种状态被称为朗肯主动状态。土体中形成的两组滑动面与水平面夹角为 $(45° + \varphi/2)$[图 3-6c)]。

在 σ_z 保持不变的条件下,不断增大 σ_x,直到土体达到极限平衡状态,这时应力圆与强度包络线相切[图 3-6b)中应力圆 O_3]。在这种情况下,σ_z 为最小主应力,σ_x 为最大主应力。土体中形成的两组滑动面与水平面夹角为 $(45° - \varphi/2)$[图 3-6d)]。这种状态被称为朗肯被动状态。

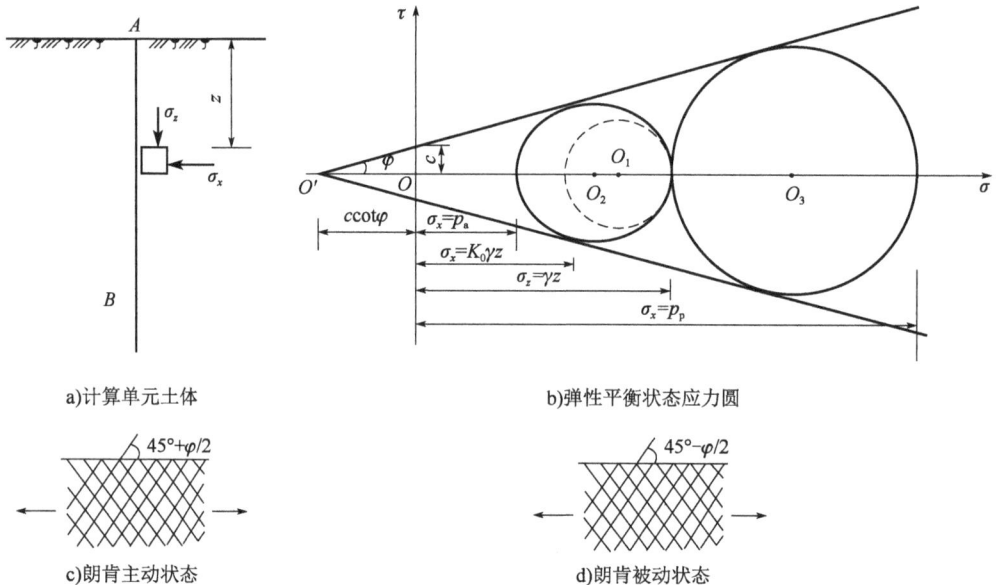

a)计算单元土体

b)弹性平衡状态应力圆

c)朗肯主动状态

d)朗肯被动状态

图 3-6　朗肯主动及被动状态

假设挡土墙是直立且光滑的,墙后填土表面水平且无限延伸,朗肯认为作用于挡土墙背面的土压力,可以通过处于极限平衡状态的半无限土体中与墙背方向和长度相对应的应力来计算。这样可以利用最大和最小主应力之间的关系计算作用于墙背面的土压力。

2. 朗肯主动土压力计算

如图 3-7a)所示挡土墙,墙背直立、光滑,填土面水平。若墙背 AB 在填土压力作用下背离填土向外移动到 $A'B'$ 时,墙后土体达到极限平衡状态,作用在挡土墙墙背上的土压力即为朗肯主动土压力。在墙后土体取一个单元体,单元体距填土表面深度为 z,则该单元体竖向应力是最大主应力 $\sigma_1(\sigma_1 = \sigma_z = \gamma z)$,水平应力是最小主应力 $\sigma_3(\sigma_3 = p_a)$,填土在极限平衡状态需满足:

$$\sigma_3 = \sigma_1 \tan^2(45° - \varphi/2) - 2c\tan(45° - \varphi/2) \tag{3-6}$$

将 $\sigma_3 = p_a$,$\sigma_1 = \gamma z$ 代入式(3-6)可得:

$$p_a = \gamma z \tan^2(45° - \varphi/2) - 2c\tan(45° - \varphi/2) = \gamma z K_a - 2c\sqrt{K_a} \tag{3-7}$$

式中:γ——土的重度;

c、φ——土的黏聚力和内摩擦角;

z——计算点深度;

K_a——主动土压力系数,$K_a = \tan^2(45° - \varphi/2)$。

对于无黏性土,黏聚力 $c = 0$,则:

$$p_a = \gamma z \tan^2(45° - \varphi/2) = \gamma z K_a \tag{3-8}$$

由式(3-7)、式(3-8)可知,主动土压力沿深度呈直线分布。如图 3-7b)和图 3-7c)所示,作用在单位长度挡土墙墙背上的主动土压力 E_a 的大小为 p_a 分布图形的面积,作用点在分布图形的形心位置。

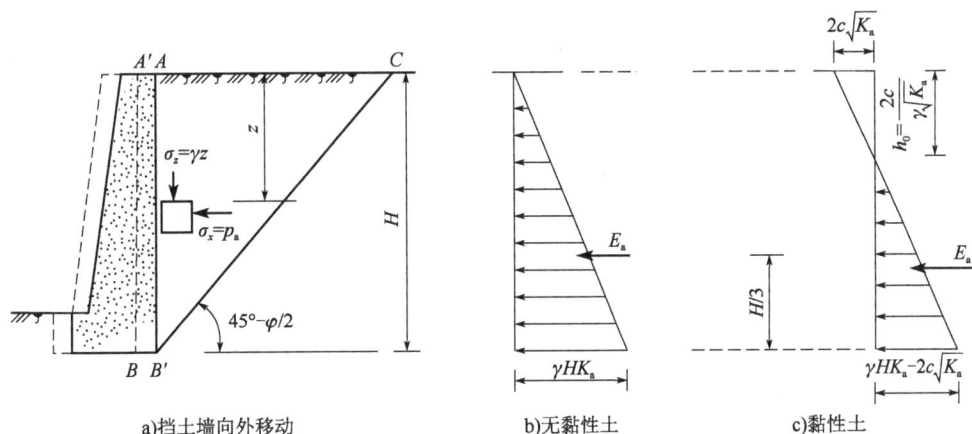

a)挡土墙向外移动　　　　b)无黏性土　　　　c)黏性土

图 3-7　朗肯主动土压力计算

对于无黏性土,主动土压力 E_a 为图 3-7b)所示的三角形面积,即:

$$E_a = \frac{1}{2}\gamma K_a H^2 \tag{3-9}$$

E_a 作用于距挡土墙底面 $H/3$ 位置处。

对于黏性土，当 $z=0$ 时，$p_a = -2c\sqrt{K_a}$，即出现拉力区。令式(3-8)中的 $p_a = 0$，可解得拉力区的高度为：

$$h_0 = \frac{2c}{\gamma\sqrt{K_a}} \tag{3-10}$$

拉力区高度 h_0 常称为临界直立高度，表示填土无表面荷载的条件下，在 h_0 深度范围内可以竖直开挖，即使没有挡土结构物，土坡也不会失稳。

由于填土与墙背间不能承受拉应力，因此在拉力区范围内将出现裂缝，在计算墙背上的主动土压力时，将不考虑拉力区的作用，即：

$$E_a = \frac{1}{2}(H-h_0)\left(\gamma H K_a - 2c\sqrt{K_a}\right) \tag{3-11}$$

E_a 作用于距挡土墙底面 $(H-h_0)/3$ 位置处。

3. 朗肯被动土压力计算

如图3-8a)所示，已知墙背竖直、光滑，填土面水平。若挡土墙在外力作用下向填土方向移动，墙后土体达到极限平衡状态时，作用在挡土墙墙背上的土压力即为朗肯被动土压力。在填土中取单元土体，单元土体埋深为 z，则该单元体竖向应力是最小主应力 σ_3 $(\sigma_3 = \sigma_z = \gamma z)$，水平应力是最大主应力 σ_1 $(\sigma_1 = p_p)$。以 $\sigma_1 = p_p$，$\sigma_3 = \gamma z$ 代入土的极限平衡方程可得：

$$p_p = \gamma z \tan^2(45° + \varphi/2) + 2c\tan(45° + \varphi/2) = \gamma z K_p + 2c\sqrt{K_p} \tag{3-12}$$

式中：K_p——被动土压力系数，$K_p = \tan^2(45° + \varphi/2)$。

对于无黏性土，黏聚力 $c=0$，则：

$$p_p = \gamma z \tan^2(45° + \varphi/2) = \gamma z K_p \tag{3-13}$$

从式(3-12)和式(3-13)可知，被动土压力 p_p 沿深度 z 呈直线分布。如图3-8b)、图3-8c)所示，作用在单位长度挡土墙墙背上的被动土压力 E_p，可由 p_p 的分布图形面积求得。

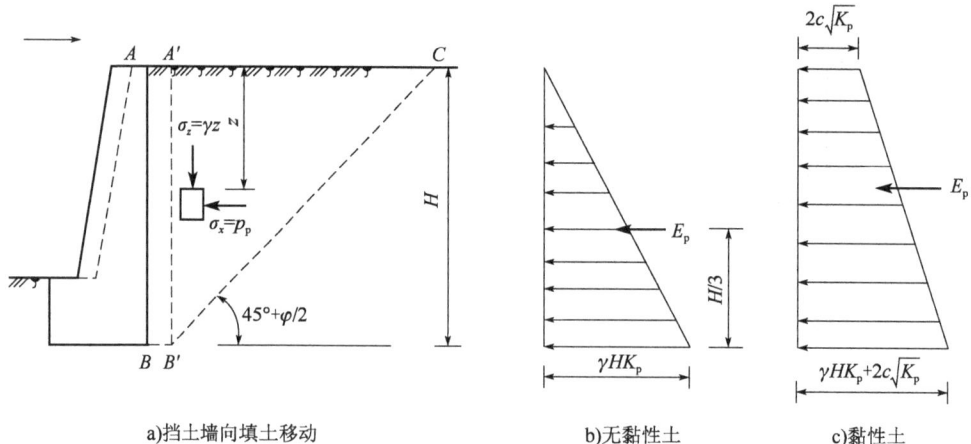

a)挡土墙向填土移动　　　　b)无黏性土　　　　c)黏性土

图3-8　朗肯被动土压力计算

4. 几种特殊情况下的朗肯土压力计算

1)填土表面有均布荷载时的朗肯土压力计算

如图3-9所示，当挡土墙后填土表面作用有连续竖向均布荷载 q 时，深度 z 处的竖向应力

增加了 q，因此，只要将式(3-7)中的 γz 代之以 $(q + \gamma z)$ 即可得到填土表面有超载时的主动土压力强度计算公式：

$$p_a = (\gamma z + q)K_a - 2c\sqrt{K_a} \tag{3-14}$$

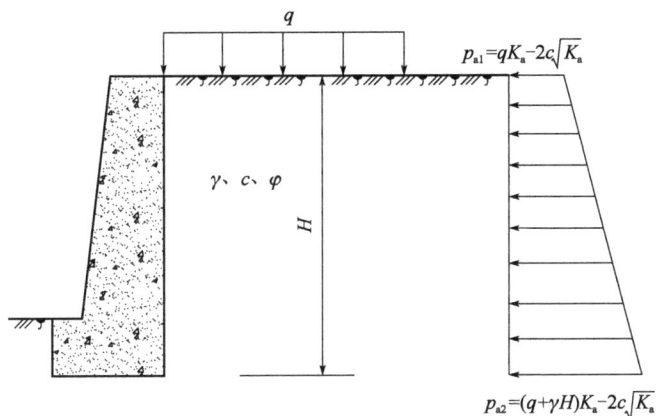

图 3-9 填土上有连续均布荷载时的主动土压力计算

如图 3-10 所示，当填土面上为局部荷载时，从荷载的两点 O、O' 作两条辅助线 OC 和 $O'D$，它们与水平面夹角均为 $(45° + \varphi/2)$，认为 C 点以上和 D 点以下的土压力不受地面荷载的影响，C、D 之间的土压力按均布荷载计算，AB 墙面上的土压力如图中阴影所示。

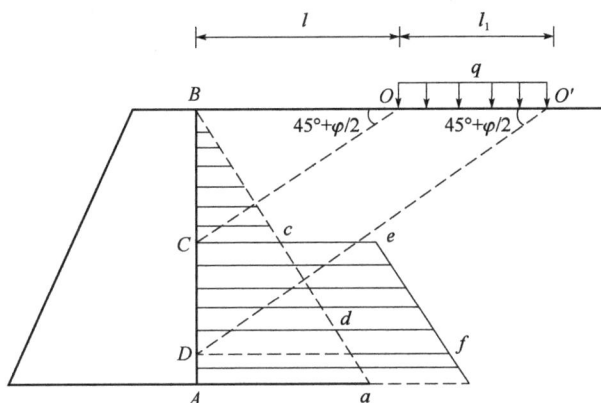

图 3-10 局部荷载作用下主动土压力的计算

2）成层土中的朗肯土压力计算

如图 3-11 所示，若挡土墙后填土为成层土，仍可按式(3-7)计算主动土压力。但应注意在土层分界面上，由于两层土的抗剪强度指标不同，使土压力的分布有突变（图 3-11）。其计算方法如下：

a 点：

$$p_{a1} = -2c_1\sqrt{K_{a1}} \tag{3-15}$$

b 点上（在第一层土中）：

$$p_{a2\pm} = \gamma_1 h_1 K_{a1} - 2c_1\sqrt{K_{a1}} \tag{3-16}$$

b 点下（在第二层土中）：

$$p_{a2\mp} = \gamma_1 h_1 K_{a2} - 2c_1\sqrt{K_{a2}}$$

49

c 点：

$$p_{a3} = (\gamma_1 h_1 + \gamma_2 h_2)K_{a2} - 2c\sqrt{K_{a2}} \qquad (3\text{-}17)$$

式中，$K_{a1} = \tan^2(45° - \varphi_1/2)$，$K_{a2} = \tan^2(45° - \varphi_2/2)$，其余符号意义见图 3-11。

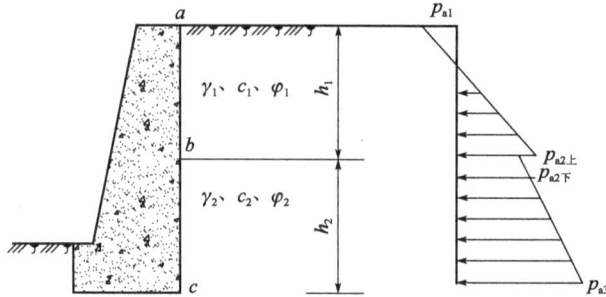

图 3-11　成层土中的主动土压力计算

3）墙后填土中有地下水时的朗肯土压力计算

当墙后填土部分或全部处于地下水位以下时，墙体除承受土压力之外，还会受到水压力作用。在计算墙体所受总侧向压力时，对于地下水位以上部分的土压力，可采用之前提及的方法计算。而对于地下水位以下部分的水压力和土压力，通常可采用"水土分算"和"水土合算"这两种方法。对于砂性土和粉土，可按水土分算原则计算，也就是分别计算土压力和水压力后，再将二者叠加。对于黏性土，可依据现场情况和工程经验，选择水土分算或者水土合算的方法来计算。

（1）水土分算法。

水土分算法采用有效重度 γ' 计算土压力，按静压力计算水压力，两者叠加即为总侧压力：

$$p_a = \gamma' H K_a' - 2c'\sqrt{K_a'} + \gamma_w h_w \qquad (3\text{-}18)$$

式中：γ'——土的有效重度；

K_a'——按有效应力强度指标计算的主动土压力系数，$K_a' = \tan^2(45° - \varphi/2)$；

c'——有效黏聚力（kPa）；

γ_w——水的重度（kN/m^3）；

h_w——以墙底起算的地下水位高度（m）。

实际工程中不能获取有效强度指标 c'、φ' 时，式（3-18）中的有效强度指标 c'、φ' 常用三轴固结排水强度指标近似代替。

（2）水土合算法。

地下水位以下为黏土时，可用土的饱和重度 γ_{sat} 计算总的水土压力：

$$p_a = \gamma_{sat} H K_a - 2c\sqrt{K_a} \qquad (3\text{-}19)$$

式中：γ_{sat}——土的饱和重度，地下水位以下可近似采用天然重度；

K_a——按总应力强度指标计算的主动土压力系数，$K_a = \tan^2(45° - \varphi/2)$。

3.2.3 库仑土压力理论

1. 基本原理

库仑土压力理论于 1776 年由库仑（Coulomb）提出，是一种土压力计算理论。该理论适用于挡土墙后填土为均匀砂性土的情形。如图 3-12 所示，依据库仑土压力假设，当挡土结构背离或推向土体时，墙后土体会达到极限平衡状态。在此种情况下，墙后土体的滑动面可用过墙脚 B 的平面 BC 表示。假设滑动土楔 ABC 为刚体，根据土楔 ABC 的静力平衡条件，能够计算出作用于挡土墙上的土压力。因该理论计算原理简明且适用性广泛，在工程实践中仍被广泛应用。

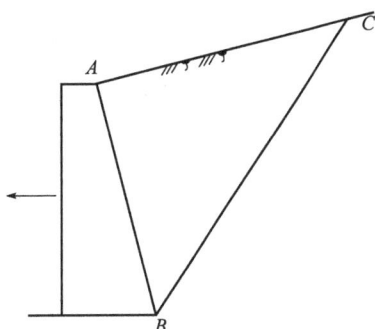

图 3-12　库仑土压力理论

2. 主动土压力计算

如图 3-13 所示，挡土墙墙背 AB 与竖直线夹角为 ε，填土表面 AC 和水平面夹角为 β。挡土墙在填土压力作用下背离填土向外移动，墙后土体达到极限平衡状态（主动状态）时，土体中形成两个过墙脚 B 的滑动面 AB 和 BC，滑动面 BC 与水平面夹角为 α。在分析滑动土楔 ABC 的静力平衡条件时，需考虑以下 3 个力：

①土楔 ABC 的重力 G，其大小、方向及作用点位置已知。

②土体对滑动面 BC 的反力 R，它是摩擦力 T_1 和法向反力 N_1 的合力。R 与 BC 面法线的夹角等于土的内摩擦角 φ。因滑动土楔 ABC 相对于滑动面 BC 右侧土体向下移动，故摩擦力 T_1 方向向上。R 的作用方向已知，但大小未知。

③挡土墙对土楔的作用力 Q，其与墙背法线的夹角等于墙背与填土间的摩擦角 δ。同样，由于滑动土楔 ABC 相对于墙背向下滑动，所以墙背在 AB 面产生的摩擦力 T_2 方向向上。Q 的方向已知，但大小未知。

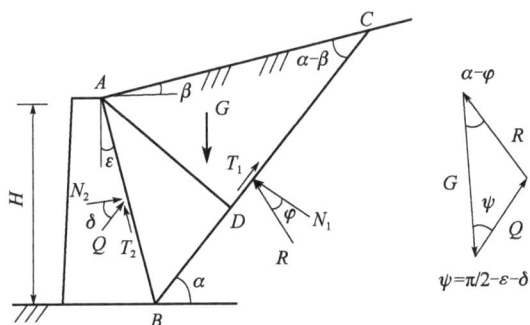

图 3-13　库仑主动土压力计算

根据滑动土楔 ABC 的静力平衡条件，绘出 G、R 与 Q 组成的三角形，由正弦定律得：

$$\frac{G}{\sin\left[\pi - (\psi + \alpha - \varphi)\right]} = \frac{Q}{\sin(\alpha - \varphi)} \tag{3-20}$$

式中，$\psi = \pi/2 - \varepsilon - \delta$。

由图 3-13 可知：

$$G = \frac{1}{2}\overline{AD}\ \overline{BC}\gamma$$

$$\overline{AD} = \overline{AB} \cdot \sin\left(\frac{\pi}{2} + \varepsilon - \alpha\right) = H\frac{\cos(\varepsilon - \alpha)}{\cos\varepsilon}$$

$$\overline{BC} = \overline{AB}\frac{\sin\left(\frac{\pi}{2} + \beta - \varepsilon\right)}{\sin(\alpha - \beta)} = H\frac{\cos(\beta - \varepsilon)}{\cos\varepsilon\sin(\alpha - \beta)} \tag{3-21}$$

$$G = \frac{1}{2}\gamma H^2 \frac{\cos(\varepsilon - \alpha)\cos(\beta - \varepsilon)}{\cos^2\varepsilon\sin(\alpha - \beta)}$$

将式(3-21)代入式(3-20)可得：

$$Q = \frac{1}{2}\gamma H^2 \left[\frac{\cos(\varepsilon - \alpha)\cos(\beta - \varepsilon)\sin(\alpha - \varphi)}{\cos^2\varepsilon\sin(\alpha - \beta)\cos(\alpha - \varphi - \varepsilon - \delta)}\right] \tag{3-22}$$

式中，γ、H、ε、β、δ、φ 均为常数。

挡土墙对土楔的作用力 Q 随滑动面 BC 的倾角 α 的变化而变化。当 $\alpha = \pi/2 + \varepsilon$ 时，$G = 0$，$Q = 0$；当 $\alpha = \varphi$ 时，R 与 G 重合，$Q = 0$。因此当 α 在 $(\pi/2 + \varepsilon)$ 和 φ 之间变化时，Q 将有一个极大值，这个极大值 $Q_{\max}$ 即为所求的主动土压力 E_a。

令：

$$\frac{\mathrm{d}Q}{\mathrm{d}\alpha} = 0 \tag{3-23}$$

将式(3-22)对 α 求导并令其为零，解得 α 并代入式(3-22)，可得库仑主动土压力计算公式：

$$E_a = Q_{\max} = \frac{1}{2}\gamma H^2 K_a \tag{3-24}$$

$$K_a = \frac{\cos^2(\varphi - \varepsilon)}{\cos^2\varepsilon\cos(\delta + \varepsilon)\left[1 + \sqrt{\dfrac{\sin(\delta + \varphi)\sin(\varphi - \beta)}{\cos(\delta + \varepsilon)\cos(\varepsilon - \beta)}}\right]^2} \tag{3-25}$$

式中：γ、φ——墙后填土的重度及内摩擦角；

$\quad\quad$ H——挡土墙的高度；

$\quad\quad$ ε——墙背与竖直线间夹角，墙背俯斜时为正，反之为负；

$\quad\quad$ δ——墙背与填土间的摩擦角；

$\quad\quad$ β——填土面与水平面的夹角；

$\quad\quad$ K_a——主动土压力系数，是 φ、δ、ε、β 的函数。$\beta = 0$ 时，K_a 由表3-2查得。

主动土压力系数 K_a（$\beta = 0$ 时） 表 3-2

墙背倾斜情况			填土与墙背摩擦角	土的内摩擦角 $\varphi(°)$					
类型	图示	$\varepsilon(°)$	$\delta(°)$	20	25	30	35	40	45
仰斜		−15	$1/2\varphi$	0.357	0.274	0.208	0.156	0.114	0.081
			$2/3\varphi$	0.346	0.266	0.202	0.153	0.112	0.079
		−10	$1/2\varphi$	0.385	0.303	0.237	0.184	0.139	0.104
			$2/3\varphi$	0.375	0.295	0.232	0.180	0.139	0.104

墙背倾斜情况			填土与墙背摩擦角	土的内摩擦角 $\varphi(°)$					
类型	图示	$\varepsilon(°)$	$\delta(°)$	20	25	30	35	40	45
仰斜		-5	$1/2\varphi$	0.415	0.334	0.268	0.214	0.168	0.131
			$2/3\varphi$	0.406	0.327	0.263	0.211	0.138	0.131
竖直		0	$1/2\varphi$	0.447	0.367	0.301	0.246	0.199	0.160
			$2/3\varphi$	0.438	0.361	0.297	0.244	0.200	0.162
俯斜		$+5$	$1/2\varphi$	0.482	0.404	0.338	0.282	0.234	0.193
			$2/3\varphi$	0.450	0.398	0.335	0.282	0.236	0.197
		$+10$	$1/2\varphi$	0.520	0.444	0.378	0.322	0.273	0.230
			$2/3\varphi$	0.514	0.439	0.377	0.323	0.277	0.237
		$+15$	$1/2\varphi$	0.564	0.489	0.424	0.368	0.318	0.274
			$2/3\varphi$	0.559	0.486	0.425	0.371	0.325	0.284
		$+20$	$1/2\varphi$	0.615	0.541	0.476	0.463	0.370	0.325
			$2/3\varphi$	0.611	0.540	0.479	0.474	0.381	0.340

若填土面水平、墙背竖直以及墙背光滑，则 $\beta=0$、$\varepsilon=0$、$\delta=0$，由式(3-25)得：

$$K_a = \frac{\cos^2\varphi}{(1+\sin\varphi)^2} = \frac{1-\sin^2\varphi}{(1+\sin\varphi)^2} = \frac{1-\sin\varphi}{1+\sin\varphi} = \tan^2(45° - \varphi/2) \tag{3-26}$$

式(3-26)与朗肯主动土压力系数公式相同。由此可见，相同条件下，朗肯土压力理论和库仑土压力理论得到的结果是一致的。

为了计算滑动土楔的长度 AC，须求得最危险滑动面 BC 的倾角 α。若填土表面 AC 是水平面，$\beta=0$，根据式(3-23)的条件，可解得 α：

墙背俯斜时，$\varepsilon>0$：

$$\cot\alpha = -\tan(\varphi+\delta+\varepsilon) + \sqrt{[\cot\varphi + \tan(\varphi+\delta+\varepsilon)][\tan(\varphi+\delta+\varepsilon)] - \tan\varepsilon} \tag{3-27}$$

墙背仰斜时，$\varepsilon<0$：

$$\cot\alpha = -\tan(\varphi+\delta-\varepsilon) + \sqrt{[\cot\varphi + \tan(\varphi+\delta-\varepsilon)][\tan(\varphi+\delta-\varepsilon)] + \tan\varepsilon} \tag{3-28}$$

墙背竖直时，$\varepsilon=0$：

$$\cot\alpha = -\tan(\varphi+\delta) + \sqrt{\tan(\varphi+\delta)[\cot\varphi + \tan(\varphi+\delta)]} \tag{3-29}$$

由式(3-24)可知,主动土压力 E_a 是墙高 H 的二次函数,故主动土压力强度 p_a 是沿墙高按直线规律分布的。如图 3-14 所示,合力 E_a 的作用方向与墙背法线成 δ 角,与水平面成 θ 角,其作用点在墙高的 1/3 位置处。

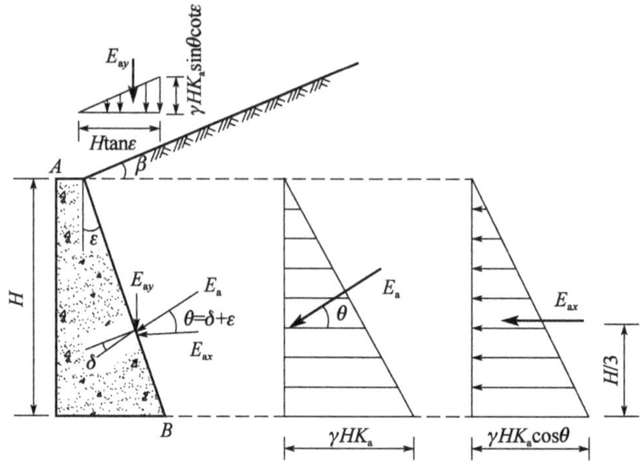

图 3-14　库仑主动土压力分布图

作用在墙背上的主动土压力 E_a 可以分解为水平力 E_{ax} 和竖向力 E_{ay}:

$$E_{ax} = E_a\cos\theta = \frac{1}{2}\gamma H^2 K_a\cos\theta \tag{3-30}$$

$$E_{ay} = E_a\sin\theta = \frac{1}{2}\gamma H^2 K_a\sin\theta \tag{3-31}$$

式中:θ——E_a 与水平面的夹角,$\theta = \delta + \varepsilon$。

E_{ax}、E_{ay} 都是线性分布的,见图 3-14。

3. 被动土压力计算

挡土墙如果在外力作用下向填土方向移动,如图 3-15 所示,当墙后土体达到极限平衡状态时,假定滑动面是通过墙脚 B 的两个平面 AB 和 BC。由于滑动土体 ABC 向上挤出隆起,故在滑动面 AB 和 BC 上摩阻力 T_2 及 T_1 的方向是向下的,与主动土压力相反。这样得到的滑动土体 ABC 的静力平衡力三角形如图 3-15 所示,由正弦定律可得:

$$Q = G\frac{\sin(\alpha + \varphi)}{\sin\left(\dfrac{\pi}{2} + \varepsilon - \delta - \alpha - \varphi\right)} \tag{3-32}$$

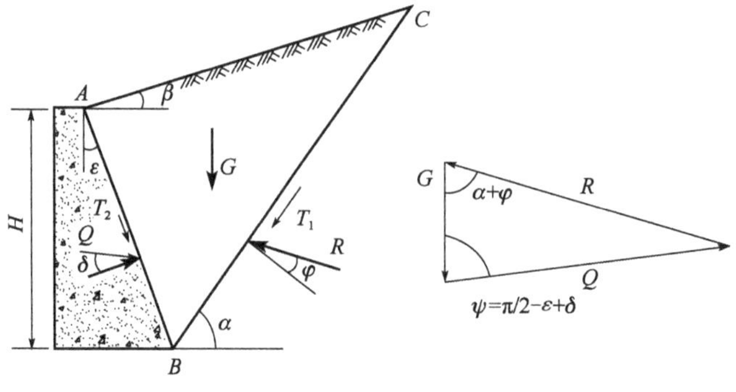

图 3-15　库仑被动土压力计算

同样,Q 值随着滑动面 BC 的倾角 α 的变化而变化,由于挡土墙推向填土时,最危险的滑动面上的抵抗力 Q 一定是最小的。因此,作用在墙背上的被动土压力,是各反力 Q 中的最小值。计算 $Q_{\min}$ 时,同主动土压力计算原理相似,令:

$$\frac{\mathrm{d}Q}{\mathrm{d}\alpha} = 0 \tag{3-33}$$

由此可得库仑被动土压力 E_{p} 的计算公式:

$$E_{\mathrm{p}} = Q_{\min} = \frac{1}{2}\gamma H^2 K_{\mathrm{p}} \tag{3-34}$$

$$K_{\mathrm{p}} = \frac{\cos^2(\varphi + \varepsilon)}{\cos^2\varepsilon\cos(\varepsilon - \delta)\left[1 - \sqrt{\dfrac{\sin(\varphi + \delta)\sin(\varphi + \beta)}{\cos(\varepsilon - \delta)\cos(\varepsilon - \beta)}}\right]^2} \tag{3-35}$$

式中:K_{p}——被动土压力系数。

E_{p} 的作用方向与墙背法线成 δ 角,由式(3-34)可知被动土压力强度 p_{p} 沿墙高呈直线分布。

3.3　围岩压力的计算

3.3.1　围岩压力及其分类

围岩压力是一个含义广泛的概念。广义上,围岩二次应力状态下的全部作用都被称为围岩压力。在无支护的情况下,这种作用主要存在于洞室周围的围岩内部;当有支护结构时,则体现为围岩与支护结构之间的相互作用。在当前工程应用中,围岩压力是指洞室开挖后,因围岩变形与破坏而作用在衬砌结构上的力。

对于理想弹塑性围岩体,通过分析其支护需求曲线可知,在围岩变形达到极限位移之前,如果能及时施加支护并形成稳定的支撑系统,那么支护结构承受的是由围岩变形产生的变形力。若未能及时支护,一旦围岩位移达到极限值,就可能导致围岩松动垮塌,此时再进行支护就必须承受因围岩破坏引起的松动压力。

在实际工程实践中,非理想弹塑性围岩可能会经历一系列力学过程:应力集中—塑性区形成—向洞室内位移—塑性区扩大—围岩松弛、崩塌和破坏。这些过程的发展取决于围岩性质、洞室尺寸及形状等因素。支护结构的作用在于适时介入这些过程中的某一关键阶段,改变原有的破坏进程,从而构建稳定的结构体系。

在裂隙岩体中,洞室开挖后会出现诸如岩块滑动、塌落或松弛等变形和破坏现象,需要采用支护或衬砌措施来预防。此时,支护或衬砌将承受来自变形岩体的挤压载荷(变形压力)以及因坠落、滑移或坍塌岩体重力形成的负荷(松动压力),这两者共同构成了围岩压力。

另外,还有两种特殊类型的围岩压力:一是开挖导致洞周切向应力过高,超过围岩强度极限所产生的冲击压力;二是膨胀性岩体在开挖后因吸水膨胀而产生的膨胀压力。

变形压力可根据成因细分为弹性变形压力、塑性变形压力和流变压力,它们分别源于围岩弹性变形受抑制、塑性变形以及随时间持续增长的流动变形,其大小与岩体力学性质、岩体初始应力场、支护结构刚度等因素相关。

松动压力是指因开挖造成围岩松动或塌落后,其重力直接对支护结构产生的压力,具体形式多种多样,例如,在整体稳定岩体中局部岩石掉落产生的局部压力,在松散软弱岩体中松散岩体塌落后均匀分布的压力,在节理发育的裂隙岩体中沿弱面剪切破坏或拉坏形成的非对称压力。松动压力一般表现为顶压大、侧压小。

膨胀压力是围岩吸水膨胀导致崩解所产生的力,它与流变压力虽然在表现上较为相似,但产生机制与处理方法却完全不同。膨胀压力不仅与岩体中各矿物种类的含量有关,还与外源渗入水源相关。值得注意的是,膨胀荷载通常只在仰拱位置产生,且其量值往往远大于覆盖层自重,因此对于承重结构而言,膨胀荷载常常是最具挑战性的荷载类型。

冲击压力是在高地应力坚硬岩石中,因开挖突然释放大量积聚的弹性变形能而产生的,包括岩爆、地震作用以及落石等现象所带来的压力,岩石的弹性模量对冲击压力影响较大,弹性模量较大的岩体相较于其他岩体更易于积累大量的变形能,一旦达到爆发条件,变形能就会快速且剧烈地释放。

围岩压力根据作用方向不同可分为垂直压力、水平侧向压力和底部压力。在坚硬岩层中,水平侧向压力可忽略不计,而在松软与膨胀性岩层中,则必须充分考虑水平侧向压力的影响。底部压力是指向上作用于衬砌结构底板的荷载,尤其是在建造于松软地层和膨胀性岩层中的地下结构中,底部压力的影响不容忽视。

3.3.2 深埋隧道围岩压力计算

围岩压力的确定是一个复杂的过程,其数值受到多种因素的影响。长期的地下坑道开挖实践和现场实测数据表明,围岩压力大小与地质构造条件(特别是岩体的结构面组合特性)及岩体本身的物理力学性质相关。在多裂隙岩体中,由于不连续结构面的分布差异,围岩压力呈现出明显的不均匀性,相较于土质岩体,这种不均匀性更为显著。在某些情况下,尤其是在具有足够刚度和自稳性的硬质或半硬质岩体中,能够观察到自然形成的类似拱形结构,即所谓的"平衡拱",它能在一定程度上维持临时稳定状态。荷载的时间效应一般并不突出,围岩压力一般会迅速增长并快速趋于稳定,但某些黏性土以及塑性岩石例外。基于我国大量铁路塌方事故资料,结构垂直均布荷载可通过下式确定:

$$q = 0.45 \times 2^{S-1} \gamma \omega \tag{3-36}$$

式中:q——垂直均布围岩压力(kPa);

  S——坑道围岩级别;

  γ——围岩的天然重度(kN/m³);

  ω——跨度影响系数,可用下式计算:

$$\omega = 1 + i(B - 5) \tag{3-37}$$

式中:B——坑道宽度(m);

  i——B 增减 1 m 时的荷载增减率,以 $B = 5.0$ m 的垂直均布压力为准。按表 3-3 取值。

围岩压力增减率 i 取值表   表 3-3

隧道宽度 B(m)	$B < 5$	$5 \leqslant B < 14$	$5 \leqslant B < 14$	
围岩压力增减率 i	0.2	0.1	考虑施工过程分导洞开挖	0.07
			上下台阶法一次性开挖	0.12

该公式是基于对单线铁路隧道施工塌方资料的统计分析,应用时应注意以下适用条件:矿山法施工、不产生显著偏压及膨胀力、开挖高度与宽度之比小于1.7的深埋隧道。各级围岩的天然重度可按表3-4取值。

各级围岩的天然重度

表3-4

围岩级别	Ⅰ	Ⅱ	Ⅲ	Ⅳ	Ⅴ	Ⅵ
$\gamma(kN/m^3)$	26~28	25~27	23~25	19~22	17~20	15~16

注:1. Ⅳ级中的老黄土用17~18 kN/m³;

  2. Ⅴ级中的新黄土用15 kN/m³;

  3. 天然重度是指围岩天然状态下的单位体积重量。

水平均布围岩压力可按表3-5计算。

水平均布围岩压力 e

表3-5

围岩级别	Ⅰ、Ⅱ	Ⅲ	Ⅳ	Ⅴ	Ⅵ
水平均布压力 e	0	$<0.15q$	$(0.15~0.3)q$	$(0.3~0.5)q$	$(0.5~1)q$

在坑道围岩压力的计算中,水平围岩压力的适用条件与垂直压力一致。水平方向的压力通常视为对称且均匀分布。对于Ⅰ、Ⅱ级围岩,侧向压力相对较小,多源于局部岩块的松动,并不会对整体结构设计产生显著影响。Ⅲ、Ⅳ级围岩环境下,侧壁仍具有一定稳定性,侧向压力不会太大,局部位置可能侧向压力较大。Ⅴ、Ⅵ级围岩环境中,侧向压力对结构的影响就不能忽视。

实际上,围岩压力的分布是不均匀的,上述提及的均布荷载计算公式并不能充分反映支护结构特性及施工条件等众多因素的影响。因此,仅依赖均布荷载进行结构设计是不够全面的,还必须考虑到荷载分布的不均匀性,设计出能够适应多种荷载模式的支护结构。根据现场围岩压力测量数据以及塌方事故资料分析,不同类型的荷载分布图形(以垂直方向为例)如图3-16所示。在选择合适的荷载图形时,应综合考虑围岩级别、施工条件和结构要求等因素。一般情况下,可将垂直均布荷载作为主要设计依据,并采用偏压或非均布荷载图形进行校核。主动土压力则可以按均布原则来估算。在图3-16所示的荷载图形中,q_1、q_2、q_3等具体数值可通过确保非均布压力总和等于相应均布压力总和的原则来确定。

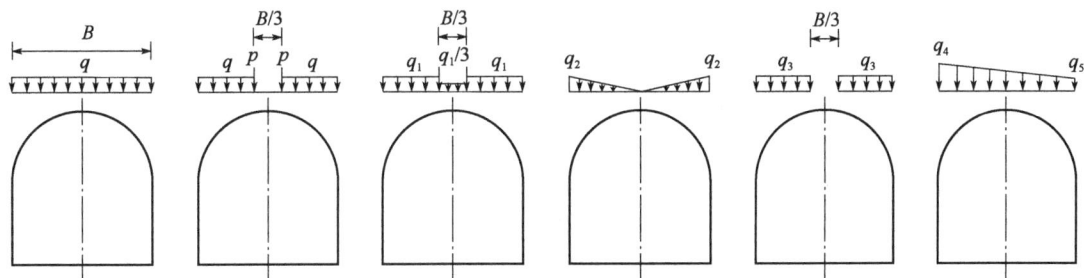

图3-16 垂直方向荷载分布图形

3.3.3 浅埋隧道围岩压力计算

浅埋隧道是指运用地下暗挖技术修建,且埋藏深度较浅的隧道结构。因其埋深小,在施工时易对覆盖层造成较大扰动,使得围岩稳定性下降,特别是洞顶区域更易出现坍塌情况,还可能导致地表出现裂缝甚至下陷等问题,所以浅埋隧道在施工和运营阶段通常要承受较大的围岩压力。

在交通类隧道工程中,浅埋隧道常出现在隧道洞口段,这是由于靠近地表处地质条件复杂,开挖影响范围大。区分深埋与浅埋隧道的标准较多,一般是依据坑道上方能否形成稳定深埋隧道所需的围岩压力来分析判断。在具体的分析判别过程中,还需结合地质、施工情况以及地层特性等因素进行综合分析。深埋隧道必须确保松动范围以上有足够的岩土体厚度,以此来保证足够的自稳能力。这表明深埋与浅埋隧道的分界深度应大于荷载等效高度。

$$h_q = q/\gamma \tag{3-38}$$

式中:h_q——荷载等效高度(m);

q——用式(3-36)计算得到的垂直均布围岩压力(kPa);

γ——围岩天然重度(kN/m^3)。

深、浅埋隧道分界深度 H_p 可用下述经验公式计算:

$$H_p = (2 \sim 2.5) h_q \tag{3-39}$$

式中:H_p——深、浅埋隧道分界深度(m)。在钻爆法或浅埋暗挖法施工条件下,Ⅰ ~ Ⅲ级围岩取 $2h_q$,Ⅳ ~ Ⅵ级围岩取 $2.5h_q$。对于黄土等特殊围岩,通过上式得到的分界深度一般偏小。

浅埋隧道围岩压力计算可分为如下两种情况。

1. 埋深小于或等于荷载等效高度时

当坑道上方土体下滑时,周围土体对其的摩阻力忽略不计,由于坑道覆盖层较薄,上覆土层全部重力可以作为围岩压力,垂直围岩压力将被视为均布荷载:

$$q = \gamma H \tag{3-40}$$

式中:q——垂直均布压力(kPa);

γ——上覆围岩天然重度(kN/m^3);

H——隧道埋深,指隧道顶至地面的距离(m)。

侧向压力 e 按均布考虑时,其值为:

$$e = \gamma(H + 1/2 H_t) \tan^2(45° - \varphi_g/2) \tag{3-41}$$

式中:e——侧向均布压力(kPa);

γ——围岩天然重度(kN/m^3);

H——隧道埋深(m);

H_t——坑道高度(m);

φ_g——围岩计算摩擦角(°),其值见表 3-6。

各级围岩计算摩擦角(φ_g)　　　　　　　　　　　　　　　　表 3-6

围岩级别	Ⅰ	Ⅱ	Ⅲ	Ⅳ	Ⅴ	Ⅵ
φ_g	>78°	67° ~78°	55° ~66°	43° ~54°	31° ~42°	≤30°

2. 埋深大于 h_q、小于 H_p 时

这种情况下,进行围岩压力计算需单独考虑滑动面阻力,否则可能引起围岩压力计算值过高。如图 3-17 所示,上部围岩体 *EFHG* 在坑道开挖后会因受力而下沉。在下沉过程中其又会

受两侧围岩的约束作用,使得两侧围岩由于拖动也产生下沉现象。基于上述现象以及现场试验结果,我们可以做出如下假设:

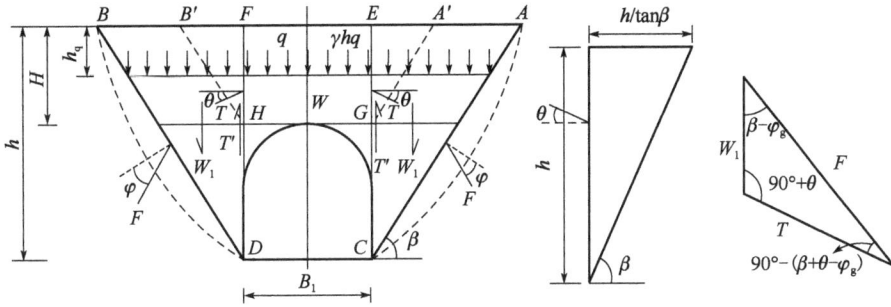

图3-17 浅埋隧道围岩压力示意图

①假设土体中形成的破裂面是一条与水平方向呈 β 角的斜直线。

②当围岩体 EFHG 下沉时,其运动将带动两侧三棱形土体 FDB 和 ECA 下沉。整个围岩体 ABDC 下沉过程中还会受到下方未扰动围岩体的阻力。

③认为斜直线 AC 或 BD 为潜在的破裂面,且需在进行力学平衡分析时考虑土体的黏聚力以及内摩擦角。另一滑裂面 FH 或 EG 并非实际破裂面,其提供的滑面阻力相对破裂滑面要小。即滑面 FH 或 EG 的摩擦角 θ 值应小于破裂滑面上的计算摩擦角 φ_g。在缺乏实测资料的情况下,可参考表3-7取值。

各级围岩的 θ 值   表3-7

围岩级别	≤Ⅲ	Ⅵ	Ⅴ
θ 值	$0.9\varphi_g$	$(0.7\sim0.9)\varphi_g$	$(0.5\sim0.7)\varphi_g$

坑道上覆岩体 EFHG 的重力为 W,两侧三棱岩体 FDB 或 ECA 的重力为 W_1,未扰动岩体对整个滑动土体的阻力为 F,EFHG 下沉时两侧受到的阻力为 T 或 T'。如图3-17所示,作用于 HG 面上的垂直压力总值 $Q_浅$ 为:

$$Q_浅 = W - 2T' = W - 2T\sin\theta \tag{3-42}$$

三棱体自重为:

$$W_1 = \frac{1}{2}\gamma h \frac{h}{\tan\beta} \tag{3-43}$$

式中:γ——围岩天然重度(kN/m^3);

h——坑道底部到地面的距离(m);

β——破裂面与水平面的夹角(°)。

根据正弦定律可得:

$$T = \frac{\sin(\beta - \varphi_g)}{\sin[90° - (\beta - \varphi_g + \theta)]} W_1 \tag{3-44}$$

将式(3-43)代入式(3-44)中:

$$T = \frac{1}{2}\gamma h^2 \frac{\lambda}{\cos\theta} \tag{3-45}$$

$$\lambda = \frac{\tan\beta - \tan\varphi_g}{\tan\beta[1 + \tan\beta(\tan\varphi_g - \tan\theta) + \tan\varphi_g\tan\theta]} \tag{3-46}$$

λ 为侧向压力系数,其他符号意义同前。

由式(3-45)及式(3-46)可知:T 值是随 β 值的变化而变化的。达到极限平衡状态时,T 达到最大值:

$$\frac{\mathrm{d}\lambda}{\mathrm{d}\beta} = 0 \tag{3-47}$$

由此可得:

$$\tan\beta = \tan\varphi_g + \sqrt{\frac{(\tan^2\varphi_g + 1)\tan\varphi_g}{\tan\varphi_g - \tan\theta}} \tag{3-48}$$

基于上述分析可得最大极限阻力 T 值,并将其代入式(3-42)可求得作用在 HG 面上的总垂直压力 $Q_{浅}$:

$$Q_{浅} = W - 2T\sin\theta = W - \gamma h^2\lambda\tan\theta \tag{3-49}$$

由于与 EG、FH 相比,GC、HD 的高度往往更小,且衬砌与围岩间摩擦角不同,可令前述分析均使用 θ 角,当中间土块下滑时,由 FH 及 EG 面传递,考虑压力稍大些对设计的结构也偏于安全,因此可以认为摩阻力不计隧道部分而只计洞顶部分,即在计算中用埋深 H 代替 h,式(3-49)可改写为:

$$Q_{浅} = W - \gamma H^2\lambda\tan\theta \tag{3-50}$$

由于:

$$W = B_t H\gamma \tag{3-51}$$

故:

$$Q_{浅} = B_t H\gamma - \gamma H^2\lambda\tan\theta = H\gamma(B_t - H\lambda\tan\theta) \tag{3-52}$$

式中:B_t——坑道宽度(m);

γ——围岩天然重度(kN/m³);

H——洞顶至地面距离(m);

λ——侧压力系数。

换算为作用在支护结构上的均布荷载,如图 3-18 所示,即:

$$q_{浅} = \frac{Q_{浅}}{B_t} = \gamma H\left(1 - \frac{H}{B_t}\lambda\tan\theta\right) \tag{3-53}$$

式中:$q_{浅}$——作用在支护结构上的均布荷载(kPa)。

作用在支护结构两侧的水平侧压力为:

$$\begin{cases} e_1 = \gamma H\lambda \\ e_2 = \gamma h\lambda \end{cases} \tag{3-54}$$

侧压力视为均布压力时为:

$$e = \frac{1}{2}(e_1 + e_2) \tag{3-55}$$

由式(3-53)可见,对于任意确定工程,γ、λ、θ、B_t 等均为常数,则由 $\frac{\mathrm{d}q_{浅}}{\mathrm{d}H} = 0$ 可得到:

$$\frac{\mathrm{d}q_{浅}}{\mathrm{d}H} = \gamma - \frac{2\gamma H}{B_t}\lambda\tan\theta = 0 \tag{3-56}$$

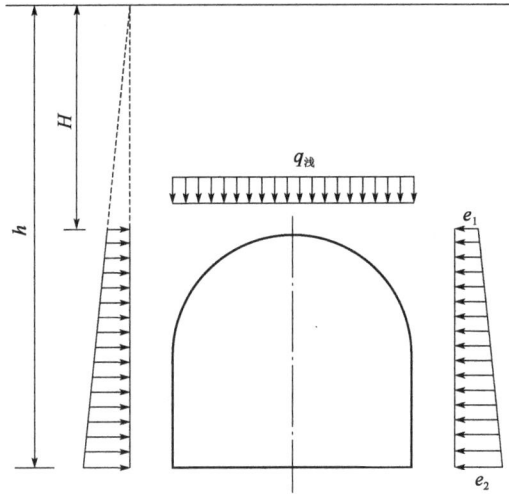

图 3-18 均布荷载示意图

此时 $H = H_p$, 得:

$$H_p = \frac{B_t}{2\lambda\tan\theta} \tag{3-57}$$

代入式(3-53)可得 q_{max} 值:

$$q_{max} = \frac{\gamma B_t}{4\lambda\tan\theta} \tag{3-58}$$

基于上述分析可得,浅埋隧道围岩压力随坑道埋深 H 增加而逐渐增加,若 $H > H_p = \frac{B_t}{2\lambda\tan\theta}$ 以后,其随坑道埋深 H 逐渐减小;当等于深埋隧道荷载时,围岩压力将维持不变。基于理论公式(3-57)也可得到 H_p,从而判断深、浅埋隧道的分界高度,但该式计算结果往往与式(3-40)差异较大,这是由于理论计算时,代入的力学参数往往有一定的主观性,且公式又将土体作为均质各向同性材料,这与实际工程有较大出入。

3.3.4 浅埋偏压隧道围岩压力计算

一般而言,偏压隧道是指在施工过程或使用过程中承受明显不对称荷载的隧道结构,其产生的主要原因包括地形因素和地质构造因素。

①地形因素。隧道洞顶覆盖层薄、地表横坡倾斜明显时,在洞口浅埋地段和傍山浅埋地段,若围岩是松散、软质或土质的材料,易形成偏压状态。

②地质构造因素。围岩呈倾斜层状结构、层间黏结弱且有节理裂隙切割,或隧道内有大倾角软弱结构面使围岩一侧硬一侧软,都会产生明显偏压效应。施工单侧塌方也会导致偏压。

在偏压荷载下计算隧道围岩压力时,要针对不同成因进行考虑。实践经验表明,Ⅳ级及以上围岩自身稳定性差,应以地形引起的偏心压力为主要计算依据;Ⅲ级及以下围岩受地质构造影响大于地形因素,要根据地质情况计算围岩压力。

若隧道外侧拱肩与地表垂直距离小于一定值(表3-8),经验以及验算显示围岩无法自主稳定时,也要用偏压隧道围岩压力公式计算。

		地面横坡 $1:m$			
围岩级别		$1:1$	$1:1.5$	$1:2$	$1:2.5$
IV	石	5	4	4	—
	土	10	8	6	5.5
V		18	16	12	10

表 3-8 t 值（m）

浅埋傍山隧道施工中，支撑与衬砌下沉、超挖及回填压实度低等施工原因极易导致洞身上部围岩下沉，或隧道两侧地表裂缝，使岩体产生两个不对称滑动面。如图 3-19 所示，当隧道顶部围岩体 W_1 发生下沉时，会带动两侧的三棱体 W_2 和 W_3 一同下沉，沿直线 AD 及 BC 产生破裂面，三棱体 ADE 和 BCF 受到 W_1 的推力，三棱体 ADE 和 BCF 作用于 W_1 的摩阻力为 T 和 T'。

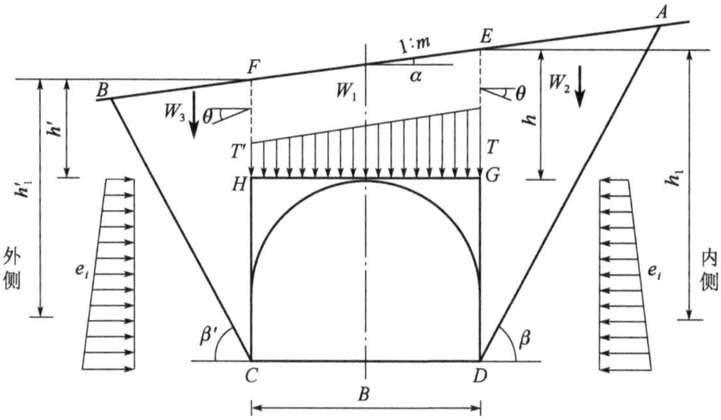

图 3-19　偏压分布图

根据土体的平衡条件，可按库仑土压力理论推导得到主动土压力计算公式。

内侧：

$$T = \frac{1}{2}\gamma H^2 \frac{\lambda}{\cos\theta} \tag{3-59}$$

其中：

$$\lambda = \frac{1}{\tan\beta - \tan\alpha} \times \frac{\tan\beta - \tan\varphi_g}{1 + \tan\beta(\tan\varphi_g - \tan\theta) + \tan\varphi_g \tan\theta} \tag{3-60}$$

式中：β——内侧产生最大推力的破裂角（°），计算公式为：

$$\tan\beta = \tan\varphi_g + \sqrt{\frac{(\tan^2\varphi_g + 1)(\tan\varphi_g - \tan\alpha)}{\tan\varphi_g - \tan\theta}} \tag{3-61}$$

外侧：

$$T' = \frac{1}{2}\gamma H'^2 \frac{\lambda'}{\cos\theta} \tag{3-62}$$

其中：

$$\lambda' = \frac{1}{\tan\beta' + \tan\alpha} \times \frac{\tan\beta' - \tan\varphi_g}{1 + \tan\beta'(\tan\varphi_g - \tan\theta) + \tan\varphi_g \tan\theta} \tag{3-63}$$

式中：β'——外侧产生最大推力的破裂角（°），计算公式为：

$$\tan\beta' = \tan\varphi_g + \sqrt{\frac{(\tan^2\varphi_g + 1)(\tan\varphi_g + \tan\alpha)}{\tan\varphi_g - \tan\theta}} \tag{3-64}$$

式中:φ_g——围岩计算摩擦角($°$);

γ——围岩重度(kN/m^3);

α——地面倾斜坡度角($°$);

θ——土柱两侧摩擦角($°$)。无实测资料时,可参考表3-7取值。

作用于隧道顶部的总垂直压力 Q,可按照浅埋隧道计算原理(图3-19)求得:

$$Q = W_1 - (T_v + T'_v) \tag{3-65}$$

其中:

$$T_v = T\sin\theta = \frac{1}{2}\gamma h^2 \lambda \tan\theta$$

$$T'_v = T'\sin\theta = \frac{1}{2}\gamma h'^2 \lambda' \tan\theta$$

$$W_1 = \frac{1}{2}\gamma B(h + h')$$

则可知:

$$Q = \frac{1}{2}\gamma B(h + h') - \frac{1}{2}\gamma(\lambda h^2 + \lambda' h'^2)\tan\theta = \frac{\gamma}{2}\left[(h + h')B - (\lambda h^2 + \lambda' h'^2)\tan\theta\right] \tag{3-66}$$

当需要分块计算时,分块垂直压力为:

$$p_i = w_i \frac{Q}{W_1} \tag{3-67}$$

式中:w_i——分块土柱重量。

作用于衬砌上的水平侧压力,按梯形分布计算时:

内侧:

$$\begin{cases} e_{内1} = \gamma h\lambda \\ e_{内2} = \gamma H\lambda \end{cases} \tag{3-68}$$

外侧:

$$\begin{cases} e_{外1} = \gamma h'\lambda' \\ e_{外2} = \gamma H'\lambda' \end{cases} \tag{3-69}$$

为简化计算,也可以按矩形分布计算。

3.3.5 明挖浅埋隧道围岩压力计算

明挖浅埋隧道围岩压力计算主要考虑隧道洞顶的回填与冲击荷载。

1. 拱圈回填土石垂直压力

按下式计算:

$$q_i = \gamma_1 h_i \tag{3-70}$$

式中:q_i——明洞结构上任意点 i 的回填土石垂直压力(kN/m^2);

γ_1——拱背回填土石重度(kN/m^3);

h_i——明洞结构上任意点 i 的土柱高度(m)。

2. 拱圈回填土石侧压力

按下式计算：

$$e_i = \gamma_1 h_i \lambda \tag{3-71}$$

式中：e_i——任意点 i 的侧压力（kN/m^2）；

γ_1、h_i——符号意义同前；

λ——侧压力系数。

侧压力系数按以下两种情况计算。

①填土坡面向上倾斜时（图 3-20），按无限土体计算：

$$\lambda = \cos\alpha \frac{\cos\alpha - \sqrt{\cos^2\alpha - \cos^2\varphi_1}}{\cos\alpha + \sqrt{\cos^2\alpha - \cos^2\varphi_1}} \tag{3-72}$$

②填土坡面向下倾斜时（图 3-21），按有限土体计算：

$$\lambda = \frac{1 - \mu n}{(\mu + n)\cos\rho + (1 - \mu n)\sin\rho} \times \frac{mn}{m - n} \tag{3-73}$$

式中：α——设计填土面坡度角（°）；

φ_1——拱背回填土石计算摩擦角（°）；

ρ——侧压力作用方向与水平线的夹角（°）；

n——开挖边坡坡度；

m——回填土石面坡度；

μ——回填土石与开挖边坡面间的摩擦系数。

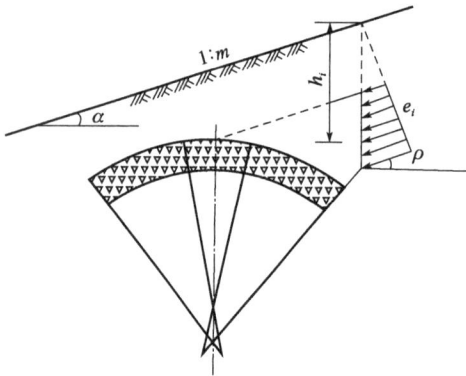

图 3-20 填土坡面向上倾斜拱圈回填侧压力   图 3-21 填土坡面向下倾斜拱圈回填侧压力

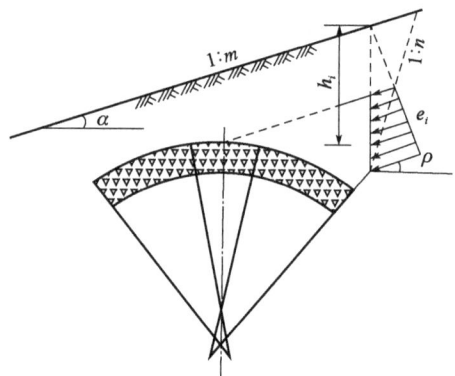

3. 边墙回填土石侧压力

可按下式计算：

$$e_i = \gamma_2 h'_i \lambda \tag{3-74}$$

式中：γ_2——墙背回填土石重度（kN/m^3）；

h'_i——边墙计算点换算高度（m），$h'_i = h''_i + \dfrac{\gamma_1}{\gamma_2} h_1$；

h''_i——墙顶至计算位置的高度（m）；

h_1——填土坡面至墙顶的垂直高度（m）；

λ——侧压力系数。

侧压力系数按以下 3 种情况进行计算。

①填土坡面向上倾斜(图3-22):

$$\lambda = \frac{\cos^2\varphi_2}{\left[1 + \sqrt{\dfrac{\sin\varphi_2\sin(\varphi_2 - \alpha')}{\cos\alpha'}}\right]^2} \tag{3-75}$$

②填土坡面向下倾斜(图3-23):

$$\lambda = \frac{\tan\theta_0}{\tan(\theta_0 + \varphi_2)(1 + \tan\alpha'\tan\theta_0)}$$

$$\alpha' = \arctan\left(\frac{\gamma_1}{\gamma_2}\tan\alpha\right) \tag{3-76}$$

$$\tan\theta_0 = \frac{-\tan\varphi_2 + \sqrt{(1 + \tan^2\varphi_2)(1 + \tan\alpha'/\tan\varphi_2)}}{1 + (1 + \tan^2\varphi_2)\tan\alpha'/\tan\varphi_2}$$

式中:φ_2——墙背回填土石计算摩擦角(°);

α'——换算回填坡度角(°)。

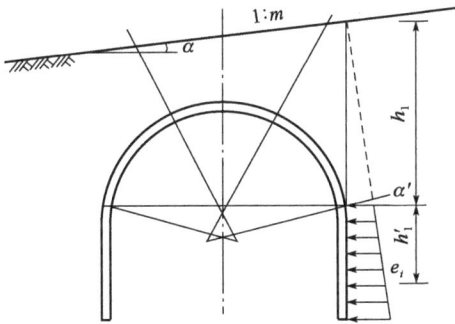

图3-22 填土坡面向上倾斜边墙回填侧压力　　　图3-23 填土坡面向下倾斜边墙回填侧压力

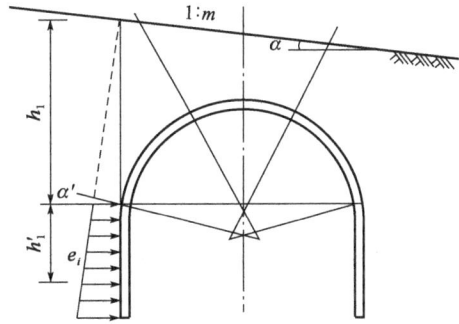

③填土坡面水平时:

$$\lambda = \tan^2\left(\frac{\pi}{4} - \frac{\varphi_2}{2}\right) \tag{3-77}$$

3.3.6 其他围岩压力计算方法

1. 太沙基方法

太沙基理论的基础为松散介质平衡理论。太沙基认为,岩体为有一定黏结力的松散介质,当坑道开挖后,围岩下沉时由于侧压力的作用,会对下沉围岩产生摩阻力。水平应力与垂直应力之比为 k。

距地面深 h 处取厚度为 dh 的水平单元体,如图 3-24 所示,作用在该水平单元体上的各力在垂直线上的投影平衡方程为:

$$2b(\sigma_v + d\sigma_v) - 2b\sigma_v + 2k\sigma_v\tan\varphi dh - 2b\gamma dh = 0 \tag{3-78a}$$

或者

$$\frac{\mathrm{d}\sigma_{\mathrm{v}}}{\gamma - \dfrac{k\sigma_{\mathrm{v}}\tan\varphi}{b}} - \mathrm{d}h = 0 \tag{3-78b}$$

式中：σ_{v}——竖向压应力（MPa）；

γ——围岩天然重度（kN/m³）；

k——水平应力与垂直应力的比值；

b——洞顶围岩塌落宽度的一半（m）；

φ——围岩相似摩擦角（°）。

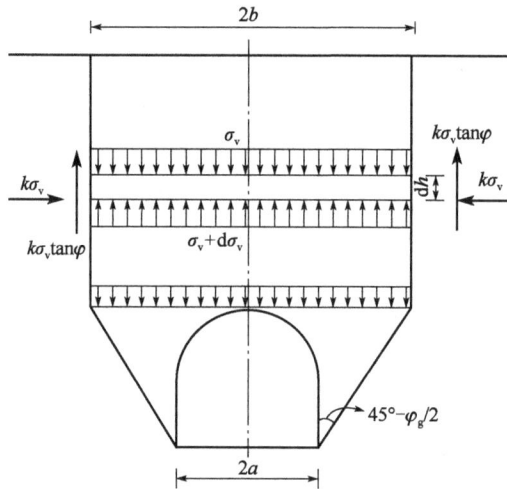

图 3-24　太沙基围岩压力示意图

将式（3-78）积分，并代入边界条件 $h=0$，$\sigma_{\mathrm{v}}=0$，可得：

$$\sigma_{\mathrm{v}} = \frac{\gamma b}{k\tan\varphi}\left(1 - e^{-k\tan\varphi\frac{h}{b}}\right) \tag{3-79}$$

该式对于深埋隧道或浅埋隧道都能应用，当隧道埋深大，即为深埋隧道时，则可认为 $h \to +\infty$，$e^{-k\tan\varphi\frac{h}{b}} \to 0$，$\sigma_{\mathrm{v}}$ 趋于定值：

$$\sigma_{\mathrm{v}} = \frac{\gamma b}{k\tan\varphi} \tag{3-80}$$

侧壁不稳定时，侧壁的滑裂面与垂直线呈 $45° - \varphi/2$，水平侧压力按朗肯公式计算，侧壁上任一点的侧压力为：

$$\sigma_{\mathrm{H}} = (\sigma_{\mathrm{v}} + \gamma\mathrm{d}h_{\mathrm{t}})\tan^2(45° - \varphi/2) \tag{3-81}$$

式中：σ_{H}——坑道侧向任意点的水平侧压力（kPa）；

σ_{v}——坑道顶部垂直围岩压力（kPa）；

$\mathrm{d}h_{\mathrm{t}}$——计算点距坑道顶的距离（m）；

γ——围岩天然重度（kN/m³）；

φ——采用计算摩擦角 φ_{g} 值（°）。

当侧壁稳定时，洞顶围岩塌落宽度等于坑道宽度。

太沙基根据试验得出：$k = 1.0 \sim 1.5$，取 $k = 1$，并令 $f = \tan\varphi$，代入式（3-80）可得：

$$\sigma_{\mathrm{v}} = \frac{\gamma b}{f} \qquad (3\text{-}82)$$

太沙基根据在 $3.0\,\mathrm{m} \times 3.0\,\mathrm{m}$ 断面的坑道中的实测数据,以坑道支护所需的地压值为对象进行围岩分类,太沙基围岩分类如表3-9所示。

太沙基围岩分类表 表3-9

序号	岩层状态	岩石荷载高度(m)	说明
1	坚硬的,无损害的岩层	0	当有掉块或岩爆时可设轻型支撑
2	坚硬的,呈层状或片状的岩层	$(0 \sim 0.5)B$	采用轻型支撑,荷载局部作用,变化不规则
3	大块,有一般节理的岩层	$(0 \sim 0.25)B$	采用轻型支撑,荷载局部作用,变化不规则
4	有裂隙,块度一般的岩层	$0.25B \sim 0.35(B + H_{\mathrm{t}})$	无侧压
5	裂隙较多,块度小的岩层	$(0.35 \sim 1.10)(B + H_{\mathrm{t}})$	侧压很小或没有
6	完全破碎的,但不受化学侵蚀的岩层	$1.10(B + H_{\mathrm{t}})$	有一定侧压。由于漏水,隧道下部分变软,支撑下部要做基础。必要时可采用圆形支撑
7	挤压变形缓慢的岩层(覆盖厚度中等)	$(1.10 \sim 2.10)(B + H_{\mathrm{t}})$	有很大侧压。必要时修仰拱,推荐采用圆形支撑
8	同上,但覆盖层较厚	$(2.10 \sim 4.50)(B + H_{\mathrm{t}})$	有很大侧压。必要时修仰拱,推荐采用圆形支撑
9	膨胀性地质条件	与$(B + H_{\mathrm{t}})$无关,一般在 80 m 以上	要用圆形支撑,激烈时采用可缩性支撑

注:表中 B、H_{t} 分别为坑道宽度及高度。

表3-9中围岩以岩体构造及特征为依据进行分类,每类岩体有一相应地层压力范围,但围岩的定性描述较为概括。分类是以有水条件为基础的,在无水条件下,表中 4 ~ 7 类围岩的地压值要降低 50% 。有研究指出,按此表算得的地压值一般偏高,有的甚至可减少 70%,分类的定量描述也不够。太沙基在理论和实践分析基础上,已经给出了各类地层压力的经验数据,太沙基计算公式目前于英、美等国仍在广泛应用。

2. 普氏方法

隧道开挖后,围岩受到二次应力状态的影响,在隧道顶部常常会出现超过围岩抗拉强度的拉应力。若不及时进行支护,洞顶岩体就可能出现断裂、破碎现象,甚至部分岩块会因失去平衡而发生坍塌。然而,实践和模型试验表明,这种坍塌并不会无限持续,一般在发展到一定程度后就会停止,此时隧道围岩会进入一个新的平衡状态。从实际观测中可以发现,塌落终止后所形成的界面形状类似于拱形结构(图3-25),因此,通常将这个自然形成的拱称作"自然平衡拱""卸荷拱"或"压力拱"。该平衡拱能够承受上覆岩层的重量,并将荷载传递到两侧的稳定岩体,而支护与衬砌主要承担平衡拱范围内破碎岩体的自重以及拱内移动岩体的重力。因此,确定平衡拱的形状和尺寸(实质上就是确定洞顶围岩破坏范围)是计算围岩压力的关键步骤,其中确定拱的尺寸尤为关键。

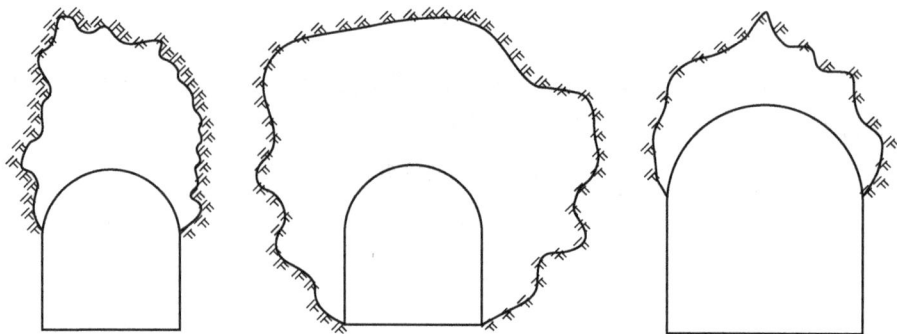

图 3-25 平衡拱常见形状

普氏方法是一种基于平衡拱理论的围岩压力计算方法,于 1908 年由俄国学者普罗托基亚可诺夫提出。如图 3-26 所示,普氏公式表明在松散介质中开挖坑道时,围岩破坏范围是围岩上方形成的一个抛物线形平衡拱,该平衡拱内部围岩的质量就是隧道支护结构需要承担的荷载。依据普氏理论,围岩越稳定,岩石坚固性系数越大,其破坏范围就越小,相应的荷载也就越小。因此,围岩压力值与岩石坚固性系数成反比关系。普氏理论假定平衡拱外边缘构成一个质点拱,在确定平衡拱时,其厚度极小。这个拱圈的形成需满足以下两个基本条件:任意截面弯矩之和为零,并且拱脚不会发生滑动。

基于此,在基本结构(图 3-27)中对任意截面 i 处取 $\sum M_i = 0$:

$$Ty - \frac{px^2}{2} = 0 \tag{3-83}$$

故:

$$y = \frac{px^2}{2T} \tag{3-84}$$

式中:p——竖向均布荷载(kN);

T——拱顶推力(kN);

x、y——质点在任意点 i 的坐标。

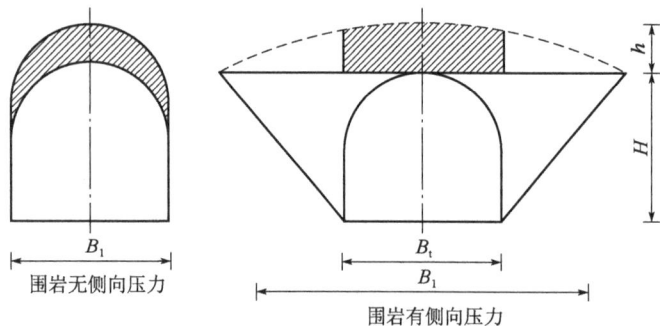

围岩无侧向压力

围岩有侧向压力

图 3-26 普氏平衡拱

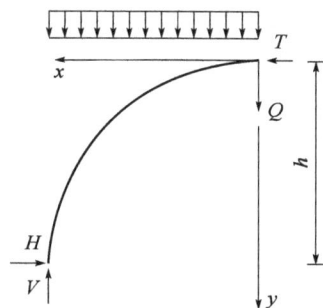

图 3-27 普氏平衡拱计算示意图

由式(3-84)可见,该质点拱为二次抛物线形拱。当 $x = b$,$y = h$ 时:

$$T = \frac{pb^2}{2h} \tag{3-85}$$

式中:b——塌落拱半跨宽度(m);

h——塌落拱高度(m)。

要使拱脚保持稳定,则需要 $H \geq T$ 或:

$$H = T + \Delta \tag{3-86}$$

Δ 为拱脚保持稳定所需要的安全值。由于拱越平缓,推力越大,因此,普氏认为 Δ 是拱高 h 的函数,普氏将这个函数以水平力 τh 表示,代入式(3-86)可得:

$$H = T + \tau h \tag{3-87}$$

拱脚横推力 $H = f_{kp}bp$,代入式(3-87)得:

$$f_{kp}bp = T + \tau h \tag{3-88}$$

即:

$$\tau h = f_{kp}bp - \frac{pb^2}{2h} \tag{3-89}$$

令 $\dfrac{d\tau}{dh} = 0$,可得 h 的极值为:

$$h = \frac{b}{f_{kp}} \tag{3-90}$$

式中:h——处在平衡状态时拱的高度,即平衡拱高(m);

b——平衡拱跨度的一半(m);

f_{kp}——普氏岩石坚固性系数,也称为似摩擦系数,可参考表3-10取值。

普氏岩石坚固性系数分类表 表3-10

围岩类别	岩石名称	f_{kp}	$\gamma(kN/m^3)$	内摩擦角 $\varphi_k(°)$
极坚硬	最坚硬的、致密的及坚韧的石英石和玄武石,非常坚硬的其他岩石	20	28~30	87.0
	极坚硬的花岗岩、石英斑岩、砂质片岩,最坚硬的砂岩及石灰岩	15	26~27	85.0
	致密的花岗岩、极坚硬的砂岩及石灰岩、坚硬的砾岩、很坚硬的铁矿	10	25~26	82.5
坚硬	坚硬的石灰岩、不坚硬的花岗岩、坚硬的砂岩、大理岩、黄铁矿及白云岩	8	25	80.0
	普通砂岩、铁矿	6	24	75.0
	砂质片岩、片岩状砂岩	5	25	72.5
中等坚硬	坚硬的黏土质片岩、不坚硬的砂岩,石灰岩、软的砾岩	4	26	70.0
	不坚硬的片岩、致密的泥灰岩、坚硬的胶结黏土	3	25	70.0
	软的片岩、石灰岩、冻土、普通的泥灰岩、破碎的砂岩、胶结的卵石和砂砾、掺石的土	2	24	65.0
	碎石土、破碎的片岩、卵石和碎石、硬黏土、坚硬的煤	1.5	18~20	60.0
	密实的黏土、普通煤、坚硬冲击土、黏土质土、混有石子的土	1.0	18	45.0
	轻砂质黏土、黄土、砂砾、软煤	0.8	16	40.0
松软	湿砂、砂土壤、种植土、泥炭、轻砂壤土	0.6	15	30.0
不稳定	散砂、小砂砾、新堆积土、开采出的煤	0.5	17	27.0
	流砂、沼泽土、含水的黄土及其他含水的土	0.3	15~18	9.0

作用在支护结构上的围岩压力,可由抛物线形拱内的围岩重量来决定,将其考虑为均布围岩压力 q 作用在支护结构上时:

$$q = \gamma h \tag{3-91}$$

式中:q——作用在支护结构上的均布围岩压力(kPa);

γ——围岩天然重度(kN/m³);

h——平衡拱高(m)。

要注意的是,b 为平衡拱跨度的一半,在坚硬岩层中(一般 $f_{kp} > 3 \sim 4$),因侧壁较稳定,平衡拱跨度取坑道跨度 B_t,当 $f_{kp} \leqslant 3 \sim 4$ 时,因侧壁松弛,平衡拱跨度为:

$$B_1 = B_t + 2H_t \tan \left(45° - \varphi_g/2 \right) \tag{3-92}$$

式中:H_t——坑道高度(m);

B_t——坑道跨度(m);

B_1——平衡拱跨度(m);

φ_g——围岩计算摩擦角(°),其值见表3-6。

当侧壁不稳定时($f_{kp} \leqslant 3 \sim 4$),拱还受侧压力作用,某一深度 y 处的侧压力为:

$$e_y = (q + \gamma y) \tan^2(45° - \varphi_g/2) \tag{3-93}$$

式中:e_y——距拱顶 y 处侧压力大小(kPa);

q——垂直均布围岩压力(kPa),由式(3-91)计算得到;

γ——围岩天然重度(kN/m³);

φ_g——围岩计算摩擦角(°);

y——由拱顶至计算截面的纵坐标。

当侧压力视为均布时,可按下式求得:

$$e = (q + 1/2\gamma y) \tan^2(45° - \varphi_g/2) \tag{3-94}$$

3. 毕尔鲍曼方法

毕尔鲍曼方法在国外应用比较普遍,毕尔鲍曼认为在松散岩层中修筑浅埋隧道时,岩层中形成的滑动面可用两条水平线呈($45° + \varphi/2$)的直线 AC 与 BD 来代替,如图3-28所示。当洞顶平面以上的岩体 $EFGH$ 向下移动时,将受到两侧三棱体 AEH 和 BFG 的牵制,于是作用在支护衬砌的垂直围岩压力为:

$$P = W - 2E\tan\varphi \tag{3-95}$$

式中:W——$EFGH$ 岩体的总重量(kN),其值为 $W = 2(a + b)H\gamma$,而 $a = h_t\tan(45° - \varphi/2)$;

E——作用在 EH、FG 面上的侧向总压力,其值为 $E = 1/2\gamma H^2 \tan^2(45° - \varphi/2)$;

φ——岩层的内摩擦角(°)。

故:

$$P = 2(a + b)\gamma H \left[1 - \frac{H}{2(a + b)}\tan\varphi \tan^2(45° - \varphi/2) \right] \tag{3-96}$$

若令 $\tan\varphi \tan^2(45° - \varphi/2) = K$,则作用于洞顶 HG 平面上的垂直围岩压力为:

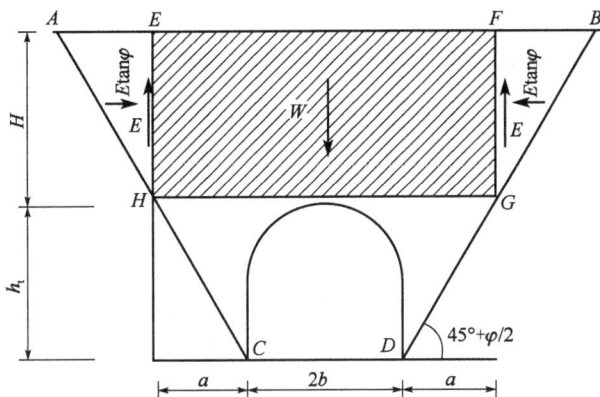

图 3-28　利用毕尔鲍曼法计算围岩压力

$$P = \frac{p}{2(a+b)} = \gamma H\left[1 - \frac{KH}{2(a+b)}\right] \tag{3-97}$$

同一深度处的侧向压力为:

$$e = P\tan^2(45° - \varphi/2) \tag{3-98}$$

但是,当隧道埋深 H 较大时,隧道两侧滑动面并不会延伸至地表,因而式(3-97)所表达的 $P \sim H$ 变化规律并未完全为实践所证实,因此可以认为当埋深 H 超过一定值后,洞顶压力应保持为常数。

这种方法与我国工程技术规范所用方法的区别如下:

①计算图式有所不同;②牵制力取了较大值(相当于 $\theta = \varphi$),这意味着把洞顶岩体 $EFGH$ 的两个侧面也按极限平衡状态考虑了;③反映不出洞顶岩体下沉对侧向压力的影响,所以比采用我国铁路部门的方法算得的侧向压力小;④计算较为简便。

4. 利特方法

如图 3-29a)所示,利特方法认为支护衬砌上的垂直围岩压力是由洞顶某一曲线拱范围内松动岩块重量引起的,而并不是由洞顶整个岩体重量引起的。垂直围岩压力在数值上等于拱内松动岩体重量减去使拱内岩块与周围岩体脱离的力:

$$P = W - J \tag{3-99}$$

式中:W——拱内松动岩块的重量(kN);

J——拱内岩块与周围岩体脱离的力(kN),其值由围岩的断裂强度决定。

由图 3-29b)可知,若围岩的断裂强度为 $\sigma_u = \gamma j$ (径向),则其垂直分量为 $j\cos\alpha ds\gamma$ 。j 在这里是抗裂系数,即 $j = \sigma_u/\gamma$,j 值的大小反映了围岩抵抗断裂的能力。

沿拱周围岩体抵抗断裂的垂直力总和为:

$$J = \int_0^{2b} \gamma j\cos\alpha ds = \int_0^{2b} j\gamma dx \tag{3-100}$$

拱内松动岩块的重量为:

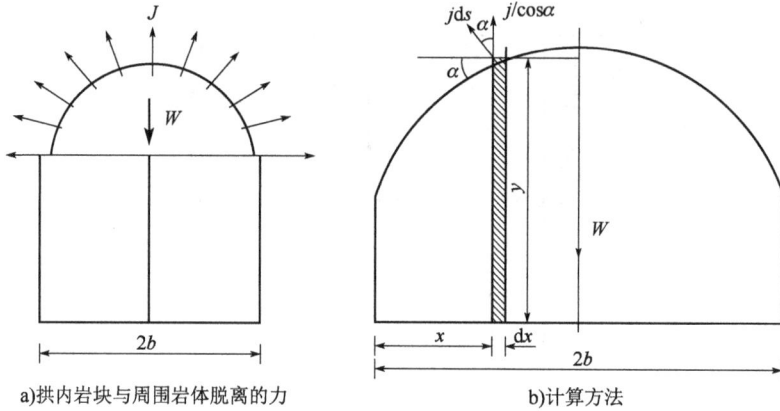

a)拱内岩块与周围岩体脱离的力   b)计算方法

图 3-29 利用利特方法计算围岩压力

$$W = \int_0^{2b} \gamma y \mathrm{d}x \tag{3-101}$$

将 J 和 W 代入式(3-99)得:

$$P = \gamma \int_0^{2b} y \mathrm{d}x - \gamma j \int_0^{2b} \mathrm{d}x \tag{3-102}$$

若视拱为一抛物线形,其方程为:

$$y = \frac{x}{4j}(2b - x) \tag{3-103}$$

侧压力系数可按下式计算:

$$\lambda = \tan^2(45° - \varphi_n/2) \tag{3-104}$$

式中:φ_n——对应岩层的计算摩擦角(°)。

将式(3-103)代入式(3-102)可得:

$$P = \gamma \int_0^{2b} \frac{x}{4j}(2b - x)\mathrm{d}x - \gamma j \int_0^{2b} \mathrm{d}x \tag{3-105}$$

当 $x = b$ 时,由式(3-103)求得拱的矢高为:

$$y_{\max} = \frac{b^2}{4j} \tag{3-106}$$

由上式可知,当 $j = 0$ 时(即 $\sigma_u = 0$,围岩毫无抵抗断裂的能力),$y = +\infty$,此时将洞顶的整个岩柱重量作为计算荷载。

当 $j \geqslant b^2/4j$ 时,$P \leqslant 0$,这显然不合乎实际,另外式(3-106)已经通过 j 考虑到了围岩的抗裂强度,因此,在计算拱顶垂直围岩总压力时,仅考虑拱内松动岩块的重量更为合理,则拱顶垂直围岩总压力可由下式计算:

$$P = \frac{2}{3}2b \frac{b^2}{4j}\gamma = \frac{\gamma b^3}{3j} \tag{3-107}$$

这个公式通常用于坚硬围岩。如果洞的侧壁岩体不稳,同样用以上各式中的 b 代以 b_1,其值 $b_1 = b + b_t \tan(45° - \varphi/2)$。

3.4 地层弹性抗力的计算

3.4.1 常用计算模型和计算方法

1. 常用的计算模型

1)主动荷载模型

当地层结构刚度较小且质地软弱,以至于难以对结构变形形成约束时,需要忽略围岩对结构产生的弹性反力作用。这种模型就是主动荷载模型。该模型适用于饱和含水地层中的自由变形圆环、软基础上的闭合框架等情形,在初步设计阶段也适用。

2)假定弹性反力模型

首先预设弹性反力的作用范围和分布规律,然后通过计算结构内力和变形来验证所做假定的合理性。例如,布加耶娃法可应用于圆形和曲墙拱形结构的计算。

3)计算弹性反力模型

将围岩对衬砌的连续约束进行离散化处理,认为其存在有限个弹性支承节点,通过迭代方法计算并确定弹性反力作用的大小与范围,这种方法被称为计算弹性反力图形法,例如弹性地基上闭合框架弹性支承法。

2. 与结构形式相适应的计算方法

1)矩形框架结构

矩形框架结构多用于浅埋且采用明挖施工的地下结构,在此情况下不考虑侧向弹性反力。对于底板基底反力的分布规律,需依据实际情况做出不同假设。

当底面宽度较小且结构底板相对于地基刚度较大时,可以采用直线分布假定。当底面宽度较大且结构底板较为柔软时,则需要考虑地基变形,可采用弹性支承法或共同变形理论来进行计算。矩形框架结构一般运用超静定问题的求解方法,比如力法、位移法及其衍生方法(如挠度法、力矩分配法等)。结合实际工况,要综合考虑荷载性质、结构形式以及地基因素,以此来决定是否采用弹性地基计算。

2)圆形装配式衬砌

圆形装配式衬砌主要应用于通过盾构法或矿山法修建的隧道工程。依据接头刚度的不同,其可被视为整体结构或多铰结构,并根据周围地层条件来选择合适的计算方法。在松软含水地层中,可以依据标准贯入度来判断是否需要考虑弹性反力的影响,进而选择自由变形圆环计算、假定弹性反力图形计算或者弹性约束法计算。对于装配式衬砌而言,虽然其接缝刚度不足,但是可以通过错缝拼装的方式提高接缝刚度,并近似将其看作均质结构进行整体结构计算。在设计时,应当充分考虑接头位置对结构刚度和内力分布的影响,合理进行布局,从而充分发挥地层承载能力并改善结构受力状态。对于圆形结构,有以下较为适用的方法。

①整体结构计算方法,对接头刚度或计算弯矩进行修正。基于缪尔伍德经验公式决定有效惯性矩为:

$$I_e = I_j + \left(\frac{4}{n}\right)^2 I_0 \tag{3-108}$$

式中：I_j——接头惯性矩，通常视作零值；

$\quad I_0$——管片的惯性矩；

$\quad n$——圆环衬砌中接头的数量。

按我国《盾构隧道工程设计标准》(GB/T 51438—2021)中规定，当采用均质圆环模型计算时，衬砌环整体刚度需折减，其计算刚度为：

$$(EI)_{\text{计}} = \eta(EI)_0 \tag{3-109}$$

式中：η——弯曲刚度有效系数，取值可参考表 3-11；

$\quad (EI)_0$——管片的原有抗弯刚度。

《盾构隧道工程设计标准》还规定，根据 $(EI)_{\text{计}}$ 求得衬砌中内力 $M_{\text{计}}$、$N_{\text{计}}$、$Q_{\text{计}}$ 后，需按 $(1 + \xi)M_{\text{计}}$ 与 $N_{\text{计}}$ 进行管片设计，需按 $(1 - \xi)M$ 与 N 进行管片接头连接件的设计。其中的 ξ 为弯矩增大系数，采用弯矩增大系数的原因是接头不能传递全部弯矩，其中一部分要通过错缝拼装的相邻管片传递。

η 与 ξ 的建议值　　　　　　　　　　　　表 3-11

隧道外径(m)	拼装方式	η	ξ
<5	—	1.0	0
5~8	—	0.6~0.8	0.3~0.5
8~14	通缝	0.5~0.7	0.2~0.4
	错缝	0.6~0.8	
>14	通缝	0.5~0.6	0.2~0.4
	错缝	0.6~0.7	

②按多铰圆环结构计算。若实际衬砌接缝刚度远小于断面，可将其视为单个"铰"来处理，这样圆环就转变为多铰圆环。多铰圆环结构(铰数量大于 3 个时)，就结构本身而言，是一个不稳定结构，必须利用圆环外围的土层介质给圆环结构提供附加约束，这种约束常随着多铰圆环的变形而提供相应的弹性反力，于是多铰圆环就处于稳定状态，这也是多铰圆环结构形式的适应条件。在地层较好的情况下，衬环按多铰圆环计算是十分经济合理的。当按多铰圆环计算时，必须根据工程的使用要求，对圆环变形量有一定的限制，并对施工要求提出必要的技术措施。

③按弹性铰模型计算。管片接头应等效为可承担弯矩的弹性铰，弹性铰的转动刚度大小通常与接头转角成正比。弹性铰模型(图 3-30)一般适用于管片衬砌采用通缝拼装方式的隧道。

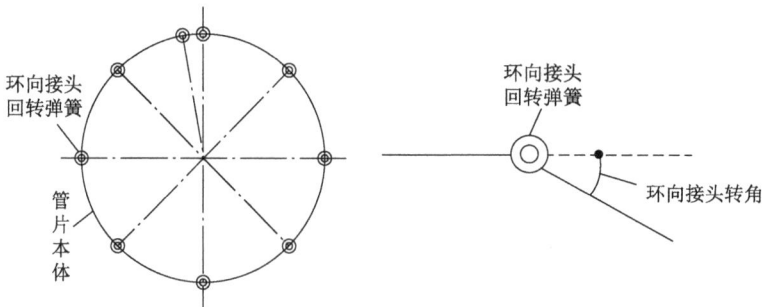

图 3-30　弹性铰模型

④按梁-弹簧模型计算。如图 3-31 所示,沿隧道纵向取出相邻两个半环或一个整环 + 两个半环管片,每环管片采用弹性铰模型,衬砌环环向接头应采用回转弹簧模拟,衬砌环纵向接头应采用剪切弹簧模拟。

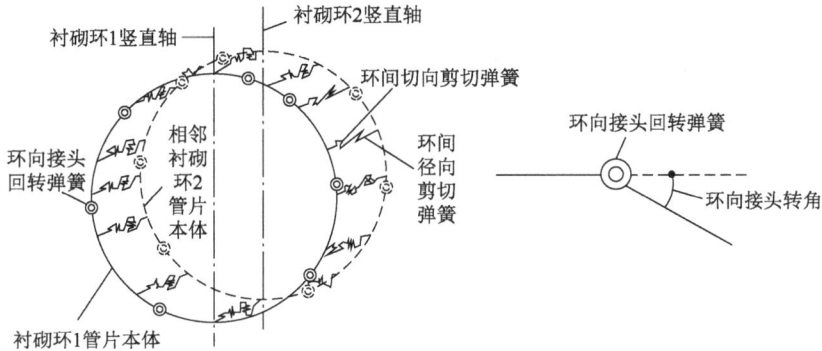

图 3-31 梁-弹簧模型

3)拱形结构

无论何种形状的拱形结构,由于半衬砌拱脚或边墙直接坐落于岩层之上,可假设其底端为弹性固定无铰拱。因地面宽度较大,其与围岩间摩擦力显著,通常认为墙底平面不会产生明显位移,所以在设计时,该位置及方向需施加刚性约束,仅允许基底产生转动和切线方向的位移。

半拱结构的拱矢高与跨度之比较小,在竖向荷载作用下,拱圈一般向衬砌内部变形,因此对于半拱结构,通常不考虑弹性反力的影响,而是将其视作弹性固定无铰拱,采用结构力学的方法即可进行计算。

对于直边和曲边墙拱形衬砌,因其在主动荷载作用下会朝地层方向变形,所以需要考虑弹性反力的影响,并认为该弹性反力与主动荷载共同导致结构产生变位。鉴于此,可以将边墙和拱圈作为一个整体结构,视为支承在弹性地基上的拱来处理。通过求出最大弹性反力值以及相应的反力分布规律,便能够确定朝地层变形部分的弹性反力分布范围。因此,曲边墙衬砌在进行结构力学计算时,除了计算拱脚弹性变位外,还需要确定最大弹性反力值。最大弹性反力值可通过添加两个关于最大弹性反力点处变位的方程来求解。最后,通过将主动荷载与弹性反力共同产生的内力进行叠加,从而得到结构内力。

直边墙衬砌与曲边墙存在一定区别,直边墙的拱圈和边墙作为结构的两个独立部分分别计算。拱圈支撑在可能产生变位的两边墙顶部,边墙被视作竖直弹性地基梁,其底部支承于弹性地基之上(与半拱情况类似)。在计算拱圈时,需要将拱圈朝地层变形引起的弹性反力(其分布也需假定)以及拱脚(墙顶)的支承情况一并考虑。计算时,边墙被视为具有初始位移(基底弹性变位)的双向弹性地基梁,而拱圈则是受到弹性反力作用的弹性固定无铰拱。边墙与拱铰之间的变位和相互作用是连续的,可通过边墙的弹性特性计算得到墙顶变位,进而分别求解边墙和拱圈的内力。

当对称结构受到对称荷载时,仅需对一般衬砌进行计算,且两边墙(半拱)的竖直下沉位移往往相同。均匀下沉本身不会引起结构附加应力,但衬砌下沉会改变其与围岩的接触状态,使边界条件发生变化,从而改变结构内力。然而,目前的计算仅考虑了基底弹性固定的转动和切向位移水平分量对内力的影响,并未考虑上述情况。

3.4.2 不考虑弹性反力的计算方法

1. 弯矩分配法

1)概述

矩形结构多用于浅埋、明挖法施工的地下结构,对于底宽不大、底板相对地层有较大刚度的矩形框架,一般地基反力按直线分布,可以由静力平衡方程求出。其上承受的主动荷载如图 3-32a)所示,图中荷载 q、e、p_w 为竖直、水平土压力和水压力。由于埋深较浅,为达到防护要求,常考虑有特载作用[图 3-32a)所示的荷载 p_{oz}、p_{oz1}、p_{oz2}]。在计算顶板上的均布荷载时,要计算顶板的自重。计算图示如图 3-32b)所示。

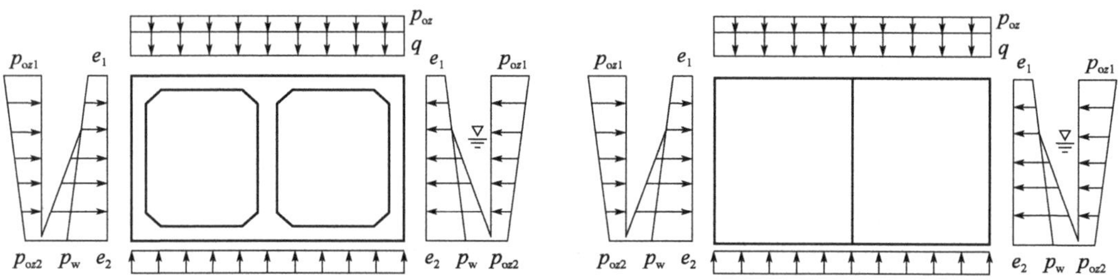

a)实际结构   b)计算图示

图 3-32 矩形框架主动荷载模型

在一般工程实践中,框架结构的顶板和底板厚度通常远大于中隔墙的尺寸,这使得中隔墙相对于整个结构体系而言具有较小的刚度。因此,在进行计算时,可以合理地将中隔墙视为只承受轴向力(即拉力或压力)作用的二力构件,这样处理带来的误差相对较小。在这种假设下,矩形框架结构的简化计算模型如图 3-33a)所示。为了简化分析过程,通常认为矩形框架的所有横截面是等截面的,并且在此阶段不考虑支托的影响。当用纵梁和柱子替代中隔墙时,可以将纵梁视为内部承重结构,柱子则视为支撑纵梁的支座。此时,纵梁可按连续梁的原理来计算,其两端支承在柱子上,荷载分布如图 3-33b)所示,该连续梁承受的均布荷载即为图 3-33a)所求得的中间支座反力值。而柱子则按照两端简支的承压柱来设计和计算,其受力状态和变形情况如图 3-33c)所示。通过这样的简化处理,可以有效地对矩形框架结构进行力学性能分析和内力计算。

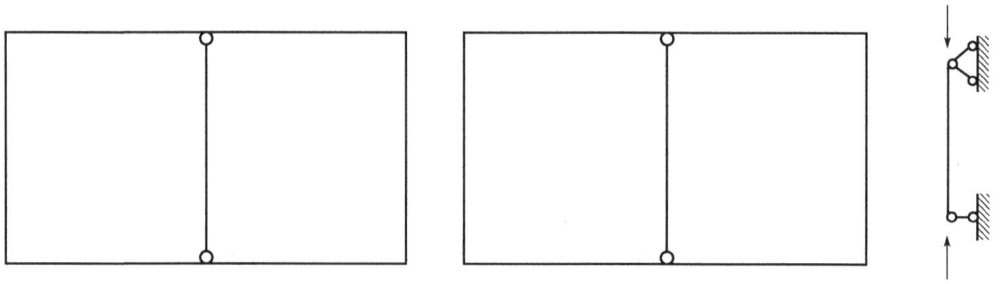

a)框架计算   b)梁的计算   c)柱的计算

图 3-33 计算图示

因矩形框架埋深较浅,且截面一般较宽,为避免结构在地下水的浮力作用下浮起,故要进行抗浮计算。

$$K = Q_{重} / Q_{浮} \geqslant 1.0 \tag{3-110}$$

式中:K——抗浮安全系数;

$Q_{重}$——结构自重,也即设备及上部覆土重力之和;

$Q_{浮}$——地下水浮力。

当箱体已经施工完毕,但未安装设备和回填土时,计算 $Q_{重}$ 时应只考虑结构自重,若抗浮不能满足要求,不应过早地撤除人工降水。

2)利用力矩分配法计算矩形框架内力

力矩分配法是一种在不考虑结构线位移影响的情况下,计算矩形闭合框架结构内力的有效方法,尤其适用于多层框架结构分析,能避免求解复杂的多元联立方程组,简化计算过程。其基本原理和假定与位移法类似,都是基于结构的平衡条件和变形协调关系进行计算。步骤如下:

①假设框架各节点为刚性固定,计算各杆件固定端弯矩。

②选一个节点放松约束,将该节点约束释放产生的不平衡力矩取反号,按各杆件在该节点的劲度系数分配给相交杆件近端,得到分配弯矩,使该节点暂时平衡。

③把近端分配弯矩按传递系数向远端传递,得到远端传递弯矩。

④保持当前节点平衡,对下一个未处理节点重复上述操作,直到所有节点经过多次分配和传递后收敛到稳定弯矩分布状态。

⑤将固端弯矩和分配、传递得到的弯矩累加,得到各杆件两端最终弯矩。

在整个过程中,关键是要确定每个节点的不平衡弯矩、分配系数以及传递系数,这些参数对于正确应用力矩分配法至关重要。

①节点的不平衡弯矩 M^G。

$$M^G = \sum M^F \tag{3-111}$$

式中:M^F——交会于该点各杆件的固定弯矩,查相关文献可得。

②分配系数 μ_{ij}。

$$\mu_{ij} = s_{ij} / \sum s \tag{3-112}$$

式中:s_{ij}——ij 杆件的劲度系数;

$\sum s$——交会于该点各杆件劲度系数之和。

同一节点各杆件分配系数之和应为 1。

③传递系数 C_{AB}:从杆件的 A 端传到 B 端。

$$C_{AB} = M_{BA} / M_{AB}^G \tag{3-113}$$

式中:M_{BA}——由杆件 A 端传递到 B 端的传递弯矩;

M_{AB}^G——杆件 A 端的分配弯矩,$M_{AB}^G = M^G \mu_{ij}$。对于截面均匀的等截面直杆,传递系数等于 0.5;对于变截面或曲线杆件,应另行计算此项系数。如前所述,一般情况下,矩形框架不考虑角隅处截面的变化,而按等截面直杆计算。

在地下结构中,对称性有着较为广泛的应用。对于作用在对称结构上的任意荷载,均可分解为正对称荷载和反对称荷载两个部分,然后分别针对这两部分荷载进行计算,最后将所得结果相加,其总和便是该任意荷载作用下的最终结果。在正对称荷载作用下,结构的弯矩图和轴力图呈现正对称的特性,而剪力图则是反对称的;当处于反对称荷载作用下,弯矩图和轴力图表现为反对称,剪力图却是正对称的。借助这一规律特性,在进行相关计算时,可以只取结构的一半来开展计算工作。实际上,这种对称性的运用并非局限于力矩分配法当中,而是能够应用在其他任何一种计算方法里,从而达到简化计算过程、提高计算效率等目的。

在地下结构中,变截面杆件较为常见,特别是在角隅部分。其中,有些变截面情况是为了满足使用方面的需求,不过大部分是为了适应内力分布状况。在弯矩和剪力较大的角隅处增大截面尺寸,能够减少用钢量、降低该截面的剪应力,使配筋更加便捷,并且能在一定程度上改变内力的分布状态。

变截面刚架的计算方法与等截面结构的计算方法相同,形变法和力矩分配法都可使用,不过变截面刚架的分配系数、传递系数以及固定弯矩的计算要比等截面结构的相关计算更为烦琐。

3)截面强度计算

地下结构的截面选择和强度计算,一般以《混凝土结构设计标准》(GB/T 50010—2010)为准。构件的强度安全系数在特载与其他荷载共同作用下,取 $K = 1.0$;当不包括特载时,则 K 值按一般规范中的规定取值。当考虑其他荷载与特载的共同作用时,需要考虑动荷载下材料作用强度的提高,通过剪力与扭矩强度验算时,认为强度不提升。由于矩形框架一般为浅埋明挖结构,由特载引起的截面轴力要根据不同的部位乘以一个折减系数(顶板为 0.3,底板和侧墙为 0.6)来计算。

对于框架结构的角隅部分和梁柱交叉节点处,为了考虑柱宽的影响,一般采用如图 3-34所示的方法来计算配筋的弯矩和剪力。计算配筋的弯矩如图 3-34b)所示,计算配筋的剪力如图 3-34c)所示。

$$Q_{配} = Q_{计} - qb/2 \tag{3-114}$$

式中符号如图 3-34c)所示。

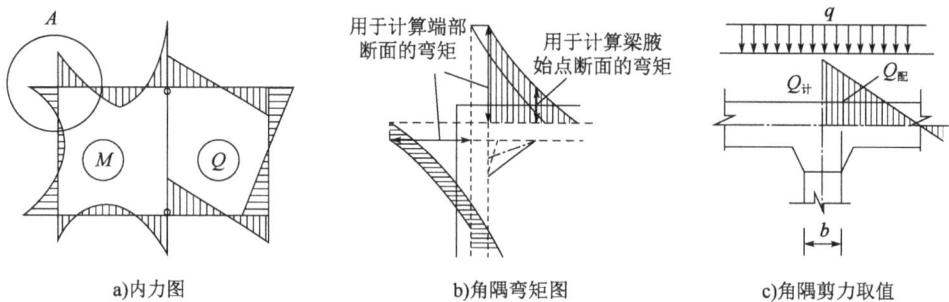

a)内力图　　　　　　　　b)角隅弯矩图　　　　　　　　c)角隅剪力取值

图 3-34　计算配筋弯矩和剪力

在设有支托的框架结构中,进行截面强度验算时,杆件两端的截面计算高度采用 $d + S/3$(图 3-35),其中 d 为截面的高度,S 为平行于构件轴线方向的支托长度。同时,$d + S/3$ 的值不得超过杆件端截面的高度 d_1,即:

$$d + S/3 \leqslant d_1 \tag{3-115}$$

框架的顶板、底板、侧墙均按偏心受压构件验算截面强度。

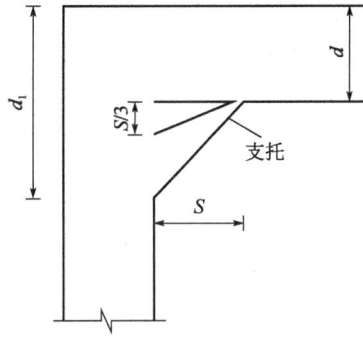

图 3-35 截面计算高度示意图

2. 自由变形圆环的计算

1) 围岩压力作用下自由变形圆环的计算

在使用阶段自由变形圆环上的荷载分布如图 3-36a) 所示。采用弹性中心法,取如图 3-36b) 所示的基本结构。由于结构及荷载对称,拱顶剪力等于零,故整个圆环为二次超静定结构。基于结构力学的力法原理可以得到:

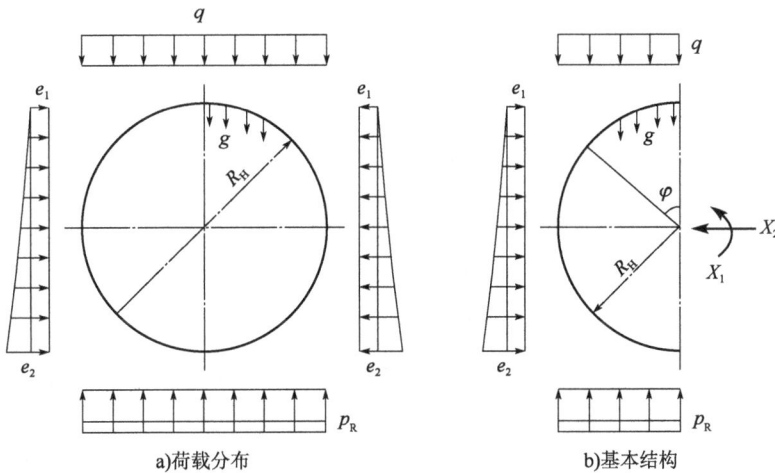

图 3-36 使用荷载自由变形圆形衬砌计算简图

$$\begin{cases} X_1\delta_{11} + \Delta_{1P} = 0 \\ X_2\delta_{22} + \Delta_{2P} = 0 \end{cases} \tag{3-116}$$

式中符号详细见图 3-37,其中:

$$\delta_{11} = \frac{1}{EI}\int_0^\pi \bar{M}_1^2 R_H \mathrm{d}\varphi = \frac{1}{EI}\int_0^\pi R_H \mathrm{d}\varphi = \frac{\pi R_H}{EI}$$

$$\delta_{22} = \frac{1}{EI}\int_0^\pi \bar{M}_2^2 R_H \mathrm{d}\varphi = \frac{1}{EI}\int_0^\pi (-R_H\cos\varphi)^2 R_H \mathrm{d}\varphi = \frac{R_H^3\pi}{2EI}$$

$$\Delta_{1P} = \frac{R_H}{EI}\int_0^\pi M_P \mathrm{d}\varphi$$

$$\Delta_{2P} = -\frac{R_H^2}{EI}\int_0^\pi M_P\cos\varphi \mathrm{d}\varphi$$

其中,M_P 为基本结构中外荷载对圆环任意截面产生的弯矩;φ 为计算截面处的半径与竖直轴的夹角;R_H 为圆环的计算半径;EI 为圆环截面抗弯刚度。

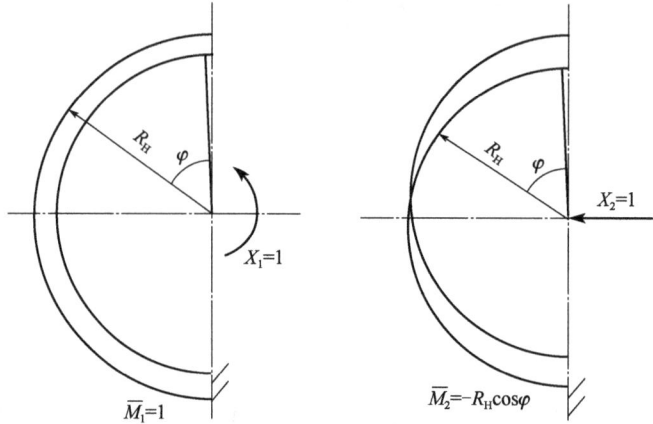

图 3-37　单位力作用下的内力

将上述各系数代入式(3-116),可得:

$$\begin{cases} X_1 = -\dfrac{\Delta_{1P}}{\delta_{11}} = -\dfrac{1}{\pi}\int_0^\pi M_P \mathrm{d}\varphi \\ X_2 = -\dfrac{\Delta_{2P}}{\delta_{22}} = \dfrac{2}{\pi}\int_0^\pi M_P \mathrm{d}\varphi \end{cases} \tag{3-117}$$

由式(3-117)求出赘余力 X 后,圆环中任意截面的内力可由下式计算:

$$\begin{cases} M = X_1 - X_2 R_H \cos\varphi + M_P \\ N = X_2 \cos\varphi + N_P \end{cases} \tag{3-118}$$

对于自由变形圆环,在图 3-36 所示的各种荷载作用下求任意截面中的内力,可以将每一种单一的荷载作用在圆环上,利用式(3-118)即可推导出表 3-12 中的计算公式。

断面内力系数表　　　　　　　　　　　　　　　表 3-12

荷载	截面位置	内力		底部反力
		$M(\mathrm{kN \cdot m})$	$N(\mathrm{kN})$	
自重	$0 \sim \pi$	$wR_H^2(1 - 0.5\cos\varphi - 0.5\sin\varphi)$	$wR_H(\varphi\sin\varphi - 0.5\cos\varphi)$	πw
竖向均布荷载	$0 \sim \dfrac{\pi}{2}$	$qR_H^2(0.193 + 0.106\cos\varphi - 0.5\sin^2\varphi)$	$qR_H(\sin^2\varphi - 0.106\cos\varphi)$	q
	$\dfrac{\pi}{2} \sim \pi$	$qR_H^2(0.693 + 0.106\cos\varphi - \sin\varphi)$	$qR_H(\sin\varphi - 0.106\cos\varphi)$	
底部反力	$0 \sim \dfrac{\pi}{2}$	$p_R R_H^2(0.057 - 0.106\cos\varphi)$	$0.106 p_R R_H \cos\varphi$	$q + \pi w$
	$\dfrac{\pi}{2} \sim \pi$	$p_R R_H^2(-0.443 + \sin\varphi - 0.106\cos\varphi - 0.5\sin^2\varphi)$	$p_R R_H(\sin^2\varphi - \sin\varphi + 0.106\cos\varphi)$	

荷载	截面位置	内力		底部反力
		$M(\mathrm{kN \cdot m})$	$N(\mathrm{kN})$	
均布侧压	$0 \sim \pi$	$e_1 R_\mathrm{H}^2(0.25 - 0.5\cos^2\varphi)$	$e_1 R_\mathrm{H}\cos^2\varphi$	0
三角形侧压	$0 \sim \pi$	$e_1 R_\mathrm{H}^2(0.25\sin^2\varphi + 0.083c^3\varphi - 0.063\cos\varphi - 0.125)$	$e_2 R_\mathrm{H}\cos\varphi(0.063 + 0.5\cos\varphi - 0.25\cos^2\varphi)$	0

注:表中的弯矩 M 以内缘受拉为正,外缘受拉为负;轴力 N 以受压为正,受拉为负。表中所示各项荷载均为(纵向)单位环宽上的荷载。

若在圆环的左半部分(或右半部分)中取 9 个截面(分 8 等段),将各截面对应的 φ 值代入表 3-12 中的公式即可得到单一荷载作用下的内力计算简式。

计算圆环各截面的内力时要将必要的荷载值计算出来,代入表 3-12 中的简式,再将计算结果叠加在一起即为圆环的内力值。

2)装配阶段自重作用下衬砌的计算

盾构法施工时隧道衬砌是在盾尾外壳的保护下进行拼装的,在盾壳与正在拼装的衬砌间设有垫块,阻止衬砌自由变形。但当衬砌自盾构中推出后,向衬砌背后压注灰浆的工序又有某些落后,这样衬砌就可以自由变形,因此装配阶段的衬砌就可按在自重作用下的自由变形圆环进行计算。其计算图式如图 3-38 所示。

衬砌被推出盾壳后直接支承在地层弧面上,其弧面的夹角为 $2\varphi_0$,按上述的自由变形圆环进行计算,可以得出衬砌任意截面的弯矩及轴向力的计算公式:

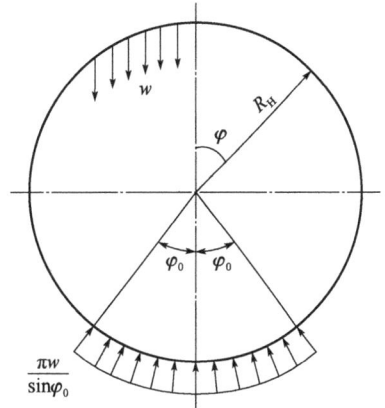

图 3-38 装配阶段衬砌计算简图

当 $0 \leq \varphi \leq \pi - \varphi_0$ 时:

$$\begin{cases} M = \dfrac{wR_\mathrm{H}^2}{\sin\varphi_0}\left[\varphi_0 - \varphi\sin\varphi\sin\varphi_0 - (1.5\sin\varphi_0 - \varphi_0\cos\varphi_0)\cos\varphi\right] \\ N = \dfrac{wR_\mathrm{H}}{\sin\varphi_0}\left[\varphi\sin\varphi_0 + (0.5\sin\varphi_0 - \varphi_0\cos\varphi_0)\cos\varphi\right] \end{cases} \tag{3-119}$$

当 $\pi - \varphi_0 < \varphi \leq \pi$ 时:

$$\begin{cases} M = \dfrac{wR_\mathrm{H}^2}{\sin\varphi_0}\left\{(\pi - \varphi)\sin\varphi\sin\varphi_0 - (\pi - \varphi_0) - \left[1.5\sin\varphi_0 + (\pi - \varphi_0)\cos\varphi_0\right]\cos\varphi\right\} \\ N = \dfrac{wR_\mathrm{H}}{\sin\varphi_0}\left\{(\varphi - \pi)\sin\varphi\sin\varphi_0 + \pi + \left[0.5\sin\varphi_0 + (\pi - \varphi_0)\cos\varphi_0\right]\cos\varphi\right\} \end{cases} \tag{3-120}$$

式中:w——衬砌自重荷载;

R_H——衬砌计算半径;

φ_0——支承弧面长度一半所对中心角;

φ——任一截面与竖直轴夹角。

如果支承弧面所对的中心夹角 $2\varphi_0 = 80°$,即 $\varphi_0 = 40°$,则可将式(3-119)和式(3-120)写成如下形式:

$$\begin{cases} M = AwR_H^2 \\ N = BwR_H \end{cases} \tag{3-121}$$

式中系数 A、B 可自表 3-13 中查得,此表给出了半圆环中 9 个截面结构内力的 M 及 N。

弯矩与轴力系数

表 3-13

截面		作用在衬砌上的荷载						装配阶段中衬砌支承在 $2\varphi_0 = 80°$ 地层上自重的作用 ($\times wR_H^2$)
		自重 w ($\times wR_H^2$)	垂直均布荷载 q ($\times qR_H^2$)	均布侧压 e_1 ($\times e_1 R_H^2$)	三角形侧压 e_2 ($\times e_2 R_H^2$)	底部反力 P_R ($\times P_R R_H^2$)	三角形弹性抗力 P_k ($\times P_k R_H^2$)	
	荷载图式							
弯矩	0°	+0.5000	+0.2990	−0.2500	−0.1050	−0.0490	−0.1190	+0.4181
	22.5°	+0.3897	+0.2177	−0.1768	−0.0811	−0.0409	−0.0921	+0.3187
	45°	+0.0914	+0.0180	0	−0.0152	−0.0180	−0.0154	+0.0584
	67.5°	−0.2792	−0.1932	+0.1768	+0.0811	+0.0164	+0.0913	−0.2580
	90°	−0.5700	−0.3070	+0.2500	+0.1250	+0.0570	+0.1513	−0.4847
	112.5°	−0.6218	−0.2714	+0.1768	+0.1079	+0.0947	+0.0913	−0.4723
	135°	−0.3177	−0.0891	0	+0.0152	+0.0891	−0.0154	−0.1076
	167.5°	+0.4150	+0.2124	−0.1768	−0.0956	−0.0356	−0.0921	+0.4251
	180°	+1.5000	+0.5870	−0.2500	−0.1450	−0.3370	−0.1190	+0.6107
截面		w ($\times wR_H$)	q ($\times qR_H$)	e_1 ($\times e_1 R_H$)	e_2 ($\times e_2 R_H$)	P_R ($\times P_R R_H$)	P_k ($\times P_k R_H$)	自重的作用 ($\times wR_H^2$)
轴力	0°	−0.5000	−0.1060	+1.0000	+0.3130	+0.1060	+0.3536	+0.3320
	22.5°	−0.3117	+0.0485	+0.8536	+0.3116	+0.0979	+0.3267	−0.1565
	45°	+0.2015	+0.4250	+0.50000	+0.2062	+0.0750	+0.2500	+0.3206
	67.5°	+0.8965	+0.8130	+0.1464	+0.0833	+0.0406	+0.1353	0
	90°	+1.5700	+1.0000	0	0	0	0	+1.5708
	112.5°	+2.0045	+0.9644	+0.1464	+0.0631	−0.1109	+0.1353	+1.9411
	135°	+2.0188	+0.7821	+0.5000	+0.2938	−0.2821	+0.2500	+1.9008
	167.5°	+1.5134	+0.4806	+0.8536	+0.5657	−0.3342	+0.3267	+1.5849
	180°	+0.5000	+0.1060	+1.0000	+0.6870	−0.1060	+0.3536	+1.4754

注:弯矩 M 以内缘受拉为正,轴力 N 以受压为正,R_H 为圆环计算半径;相应的底部反力 P_R 见表 3-12;此表中加入了装配阶段及三角形弹性反力作用下的衬砌内力,因此,此表可得出自由变形圆环和考虑三角形弹性反力两种计算方法的衬砌内力值。

3. 半拱形结构计算

1）计算图式、基本结构及典型方程

弹性固定拱脚情况下的无铰拱计算与结构力学中的固端无铰拱相似,其位移区别为两者的支承情况不同。前者支承于弹性支座而后者则为刚性支座,支承于弹性围岩上的无铰拱会使得围岩表面产生弹性变形,从而导致拱脚产生角位移及线位移,并且影响拱圈受力。但由于拱脚截面剪力水平较低,且围岩与拱脚间摩擦较大,可假设拱脚仅存在切向位移,并用径向刚性支撑链杆来进行表示,其计算图示如图 3-39 所示。在结构与荷载均对称的情况下,两拱脚切向位移的竖直分位移是相等的,此时拱圈受力状态不变,计算中仅需考虑转角 β_a 和切向位移的水平位移 μ_a,且其正方向如图 3-39 所示。基于结构力学力法原理进行求解,在结构与荷载均对称的情况下 $X_3 = 0$,与此相应的 δ_{33}、Δ_{3p} 为零。由于剪力方向无多余力,结构可视为二次超静定结构,并可取基本结构如图 3-40 所示。以拱顶截面的弯矩和法向力为赘余力,用 X_1、X_2 表示。则可列出下列典型方程式:

$$\begin{cases} X_1\delta_{11} + X_2\delta_{12} + \Delta_{1p} + \beta_a = 0 \\ X_1\delta_{21} + X_2\delta_{22} + \Delta_{2p} + f\beta_a + \mu_a = 0 \end{cases} \tag{3-122}$$

式中:δ_{ik}——单位位移,即基本结构中由于 $\overline{X}_k = 1$ 作用,在 X_i 方向产生的位移;

$\quad \Delta_{ip}$——荷载位移,即基本结构中由于外荷载作用,在 X_i 方向所产生的位移;

$\quad f$——拱轴的矢高;

β_a、μ_a——拱脚截面的最终转角和水平位移。

以上的变位值可用结构力学的公式求得:

$$\begin{cases} \delta_{ik} = \int \dfrac{\overline{M}_i \overline{M}_k \mathrm{d}s}{EI} \cong \dfrac{\Delta s}{E} \sum \dfrac{\overline{M}_i \overline{M}_k}{I} \\ \Delta_{ip} = \int \dfrac{\overline{M}_i \overline{M}_p^0 \mathrm{d}s}{EI} \cong \dfrac{\Delta s}{E} \sum \dfrac{\overline{M}_i \overline{M}_p^0}{I} \end{cases} \tag{3-123}$$

式中:Δs——拱轴分段的长度(即辛普森积分公式中的微分段长),分为偶数段。式中右上角加"0"符号系指基本结构的内力。

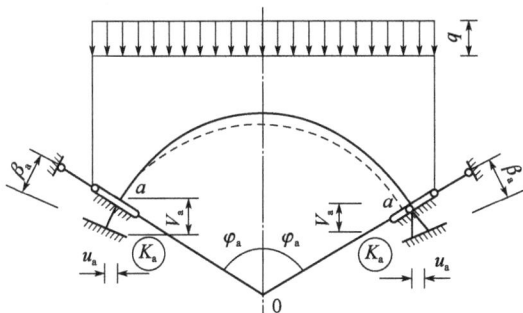

图 3-39 半拱形衬砌计算图示　　　　　图 3-40 基本结构

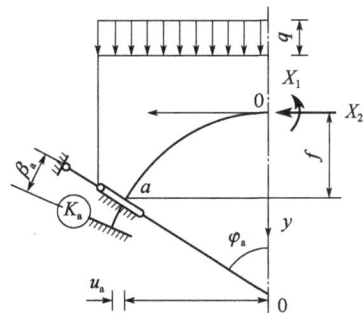

通过力法进行该结构内力计算的主要难点是求解拱脚支承面(围岩表面)a 处的 3 个反力(M_a、H_a、V_a)的数值,因此无法直接通过围岩的弹性反力来求出 β_a 和 μ_a。但可以通过与求解拱圈弹性位移 δ_{ik} 的相似方法先求出拱脚 a 点处,分别在 $\overline{M}_a = 1$、$\overline{H}_a = 1$ 和 $\overline{V}_a = 1$ 作用下的弹性

位移:

当 $\overline{M}_a = 1$ 时,支承面绕 a 点产生的转角为 $\overline{\beta}_1$, a 点的水平位移为 $\overline{\mu}_1$;

当 $\overline{H}_a = 1$ 时,支承面绕 a 点产生的转角为 $\overline{\beta}_2$, a 点的水平位移为 $\overline{\mu}_2$;

当 $\overline{V}_a = 1$ 时,支承面绕 a 点产生的转角为 $\overline{\beta}_3$, a 点的水平位移为 $\overline{\mu}_3$ 。

应用叠加原理,分别计算 X_1、X_2 及外荷载下的拱脚变位,如表 3-14 所列。由此可得:

$$\begin{cases} \beta_a = X_1\overline{\beta}_1 + X_2(\overline{\beta}_2 + f\overline{\beta}_1) + M_{ap}^0\overline{\beta}_1 + H_{ap}^0\overline{\beta}_2 + V_{ap}^0\overline{\beta}_3 \\ \mu_a = X_1\overline{\mu}_1 + X_2(\overline{\mu}_2 + f\overline{\mu}_1) + M_{ap}^0\overline{\mu}_1 + H_{ap}^0\overline{\mu}_2 + V_{ap}^0\overline{\mu}_3 \end{cases} \qquad (3\text{-}124)$$

式中:M_{ap}^0、H_{ap}^0、V_{ap}^0——基本结构在外荷载作用下 a 处的反力。

分解计算表   表 3-14

基本结构		
作用力	X_1、X_2、q	X_1
支承反力	M_{ap}、H_{ap}、V_{ap}	$M_a' = X_1$
支承面 a 处的位移	转角 β_a 水平位移 μ_a	$\beta_a' = X_1\overline{\beta}_1$ $\mu_a' = X_1\overline{\mu}_1$
基本结构		
作用力	X_2	q
支承反力	$M_a'' = X_2f_a \quad H_a'' = X_2$	M_{ap}^0、H_{ap}^0、V_{ap}^0
支承面 a 处的位移	$\beta_a'' = X_2f\overline{\beta}_1 + X_2\overline{\beta}_2$ $\mu_a'' = X_2f\overline{\mu}_1 + X_2\overline{\mu}_2$	$\beta_{ap}^0 = M_{ap}^0\overline{\beta}_1 + H_{ap}^0\overline{\beta}_2 + V_{ap}^0\overline{\beta}_3$ $\mu_{ap}^0 = M_{ap}^0\overline{\mu}_1 + H_{ap}^0\overline{\mu}_2 + V_{ap}^0\overline{\mu}_3$

设基本结构在外荷载作用下，a 处的位移为：$\begin{cases} \beta_{ap}^0 = M_{ap}^0 \bar{\beta}_1 + H_{ap}^0 \bar{\beta}_2 + V_{ap}^0 \bar{\beta}_3 \\ \mu_{ap}^0 = M_{ap}^0 \bar{\mu}_1 + H_{ap}^0 \bar{\mu}_2 + V_{ap}^0 \bar{\mu}_3 \end{cases}$，把式（3-124）中

的 β_a 和 μ_a 代入典型方程式（3-122），可得：

$$\begin{cases} X_1(\delta_{11} + \bar{\beta}_1) + X_2(\delta_{12} + \bar{\beta}_2 + f\bar{\beta}_1) + (\Delta_{1p} + \beta_{ap}^0) = 0 \\ X_1(\delta_{21} + \bar{\mu}_1 + f\bar{\beta}_1) + X_2(\delta_{22} + \bar{\mu}_2 + f\bar{\mu}_1 + f\bar{\beta}_2 + f^2\bar{\beta}_1) + (\Delta_{2p} + f\beta_{ap}^0 + \mu_{ap}^0) = 0 \end{cases} \quad (3\text{-}125)$$

简写为：

$$\begin{cases} X_1 a_{11} + X_2 a_{12} + a_{10} = 0 \\ X_1 a_{21} + X_2 a_{22} + a_{20} = 0 \end{cases} \quad (3\text{-}126)$$

其中：

$$a_{11} = \delta_{11} + \bar{\beta}_1$$
$$a_{22} = \delta_{22} + \bar{\mu}_2 + f\bar{\mu}_1 + f\bar{\beta}_2 + f^2\bar{\beta}_1$$
$$a_{12} = \delta_{12} + \bar{\beta}_2 + f\bar{\beta}_1$$
$$a_{21} = \delta_{21} + \bar{\mu}_1 + f\bar{\beta}_1$$
$$a_{10} = \Delta_{1p} + \beta_{ap}^0$$
$$a_{20} = \Delta_{2p} + f\beta_{ap}^0 + \mu_{ap}^0$$

由此可看出，式中各系数及自由项都包括了拱圈弹性位移和支承面弹性位移的影响。

由式（3-126）可得赘余力：

$$\begin{cases} X_1 = \dfrac{a_{22}a_{10} - a_{12}a_{20}}{a_{12}^2 - a_{11}a_{22}} \\ X_2 = \dfrac{a_{12}a_{20} - a_{12}a_{10}}{a_{12}^2 - a_{11}a_{22}} \end{cases} \quad (3\text{-}127)$$

2）单位力作用下拱脚支承面的位移计算

赘余力 X_1 和 X_2 需通过在式（3-127）中考虑单位力（$\bar{H}_a$、$\bar{V}_a$、$\bar{M}_a$）作用在拱脚支承处围岩表面位移 $\bar{\beta}_i$ 和 $\bar{\mu}_i$ 进行求解，即弹性无铰拱计算的关键是计算得到 $\bar{\beta}_1$、$\bar{\beta}_2$、$\bar{\beta}_3$ 和 $\bar{\mu}_1$、$\bar{\mu}_2$、$\bar{\mu}_3$。基于地基局部变形理论中的温克勒假定，可以得到作用应力与围岩的弹性变形间的关系，得到拱脚截面各个反力对于围岩表面的作用力，从而推algebra得到 $\bar{\beta}_i$ 和 $\bar{\mu}_i$ 的数值。

① 如图 3-41 所示，单位力矩作用于 a 点时，支承面应力按直线分布，支承面产生按直线分布的沉陷，则其内外缘的最大应力 σ 和最大沉陷 δ 分别为：

$$\begin{cases} \sigma = \dfrac{\bar{M}_a}{W_a} = \dfrac{6}{bd_a^2} \\ \delta = \dfrac{\sigma}{K_a} = \dfrac{6}{K_a bd_a^2} \end{cases} \quad (3\text{-}128)$$

式中：d_a——拱脚截面厚度；

　　　b——拱脚截面纵向宽度，计算时 $b = 1$ m；

K_a——拱脚基底围岩弹性反力系数；

W_a——拱脚截面的截面抵抗矩。

此时,转角和水平位移分别为:

$$\begin{cases} \overline{\beta}_1 = \dfrac{2\delta}{d_a} = \dfrac{12}{K_a b d_a^3} = \dfrac{1}{K_a I_a} \\ \overline{\mu}_1 = 0 \end{cases} \quad (3\text{-}129)$$

式中:I_a——拱脚截面的惯性矩,$I_a = \dfrac{bd_a^3}{12}$。

②如图 3-42 所示,单位水平力作用于 a 点时,仅需考虑轴向分力($\cos\varphi_a$)的影响,均布应力与沉陷分别为:

$$\begin{cases} \sigma = \dfrac{\cos\varphi_a}{bd_a} \\ \delta = \dfrac{\sigma}{K_a} = \dfrac{\cos\varphi_a}{K_a b d_a} \end{cases} \quad (3\text{-}130)$$

式中:φ_a——拱脚截面与竖直面间的夹角。

此时,转角和水平位移分别为:

$$\begin{cases} \overline{\beta}_2 = 0 \\ \overline{\mu}_2 = \delta\cos\varphi_a = \dfrac{\cos^2\varphi_a}{K_a b d_a} \end{cases} \quad (3\text{-}131)$$

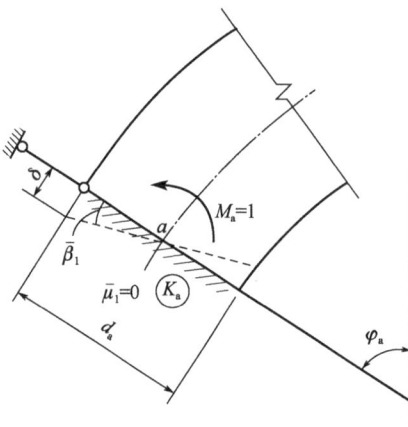

图 3-41　单位弯矩作用时拱脚变位　　　　图 3-42　单位水平力作用时拱脚变位

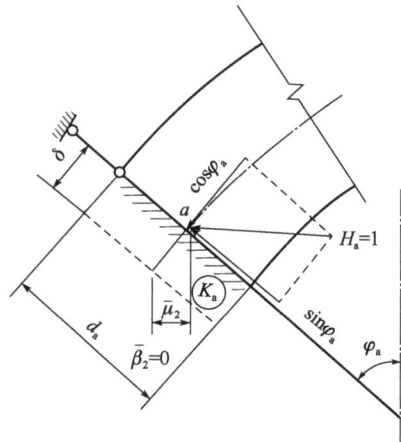

③如图 3-43 所示,单位竖向力作用于 a 点时与上述情况相似,也仅需考虑其轴向分力($\sin\varphi_a$)的影响,均布应力与沉陷分别为:

$$\begin{cases} \sigma = \dfrac{\sin\varphi_a}{bd_a} \\ \delta = \dfrac{\sigma}{K_a} = \dfrac{\sin\varphi_a}{K_a b d_a} \end{cases} \quad (3\text{-}132)$$

此时,转角和水平位移分别为:

$$\begin{cases} \overline{\beta}_3 = 0 \\ \overline{\mu}_3 = \delta\cos\varphi_a = \dfrac{\sin\varphi_a\cos\varphi_a}{K_a b d_a} \end{cases} \tag{3-133}$$

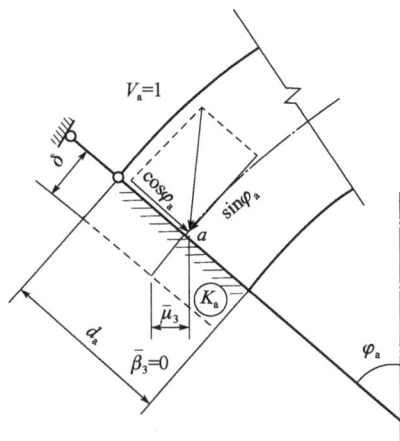

图 3-43　单位竖向力作用时拱脚变位

3)拱顶单位变位与荷载变位的计算

基于结构力学方法,当不考虑剪力作用时,可求得某一点在单位力作用下沿 k 方向的位移为:

$$\Delta_{kp} = \int_0^s \frac{M_p \overline{M}_k}{EI} ds + \int_0^s \frac{N_p \overline{N}_k}{EA} ds \tag{3-134}$$

将 X_1、X_2、X_3 及荷载作用下结构各截面内力(图3-44)代入式(3-134)可得:

$$\delta_{11} = \int_0^{\frac{s}{2}} \frac{\overline{M}_1^2}{EI} ds + \int_0^{\frac{s}{2}} \frac{\overline{N}_1^2}{EA} ds = \int_0^{\frac{s}{2}} \frac{1}{EI} ds$$

$$\delta_{12} = \delta_{21} = \int_0^{\frac{s}{2}} \frac{\overline{M}_1 \overline{M}_2}{EI} ds + \int_0^{\frac{s}{2}} \frac{\overline{N}_1 \overline{N}_2}{EA} ds = \int_0^{\frac{s}{2}} \frac{y}{EI} ds$$

$$\delta_{22} = \int_0^{\frac{s}{2}} \frac{\overline{M}_2^2}{EI} ds + \int_0^{\frac{s}{2}} \frac{\overline{N}_2^2}{EI} ds = \int_0^{\frac{s}{2}} \frac{y^2}{EI} ds + \int_0^{\frac{s}{2}} \frac{\cos^2\varphi}{EA} ds$$

$$\delta_{33} = \int_0^{\frac{s}{2}} \frac{\overline{M}_3^2}{EI} ds + \int_0^{\frac{s}{2}} \frac{\overline{N}_3^2}{EI} ds = \int_0^{\frac{s}{2}} \frac{x^2}{EI} ds + \int_0^{\frac{s}{2}} \frac{\sin^2\varphi}{EA} ds \tag{3-135}$$

$$\Delta_{1p} = \int_0^{\frac{s}{2}} \frac{\overline{M}_1 M_p}{EI} ds + \int_0^{\frac{s}{2}} \frac{\overline{N}_1 N_p}{EA} ds = \int_0^{\frac{s}{2}} \frac{M_p}{EI} ds$$

$$\Delta_{2p} = \int_0^{\frac{s}{2}} \frac{\overline{M}_2 M_p}{EI} ds + \int_0^{\frac{s}{2}} \frac{\overline{N}_2 N_p}{EA} ds = \int_0^{\frac{s}{2}} \frac{y M_p}{EI} ds + \int_0^{\frac{s}{2}} \frac{N_p \cos\varphi}{EA} ds$$

$$\Delta_{3p} = \int_0^{\frac{s}{2}} \frac{\overline{M}_3 M_p}{EI} ds + \int_0^{\frac{s}{2}} \frac{\overline{N}_3 N_p}{EA} ds = -\int_0^{\frac{s}{2}} \frac{x M_p}{EI} ds + \int_0^{\frac{s}{2}} \frac{N_p \sin\varphi}{EA} ds$$

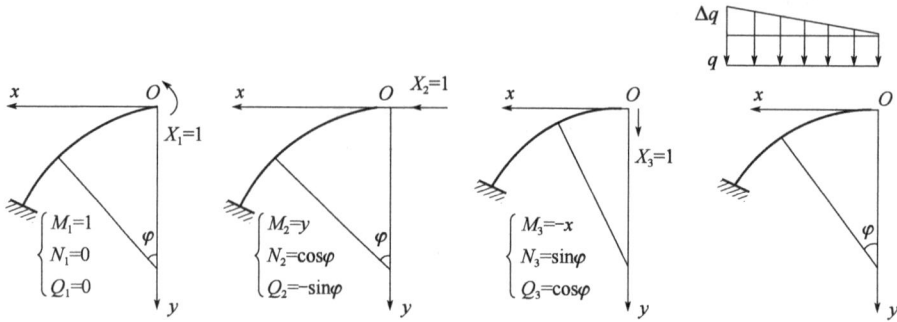

图 3-44　单位荷载及围岩压力引起基本结构的内力

轴对称情况下 $X_3 = 0$，δ_{33}、Δ_{3p} 为零。当半拱结构的轴线由多段圆弧组成时，可采用辛普森法计算拱顶单位变位和荷载变位。

辛普森（Simpson）积分法是通过抛物线来对函数进行近似处理，进而求得定积分的数值解。具体而言，该方法首先会将积分区间均匀地划分成若干个小区间段，随后针对被积函数在每一个小区间段上运用辛普森公式。其原理是依据被积函数在每一段小区间的两端点以及中点处的函数取值，将该段上的函数近似看作一条抛物线，接着对每一个小区间段分别进行积分计算，最后把这些小区间段积分所得的结果累加起来，如此便能够得到原定积分的数值解。

如图 3-45 所示，二次抛物线 $y = A + Bx + Cx^2$（A、B、C 为常数）上有 3 个点：$(-h, y_L)$、$(0, y_M)$、(h, y_R)，则有：

$$\begin{cases} y_L = A - Bh + Ch^2 \\ y_M = A \\ y_R = A + Bh + Ch^2 \end{cases} \longrightarrow \quad 2Ch^2 = y_L - 2y_M + y_R \tag{3-136}$$

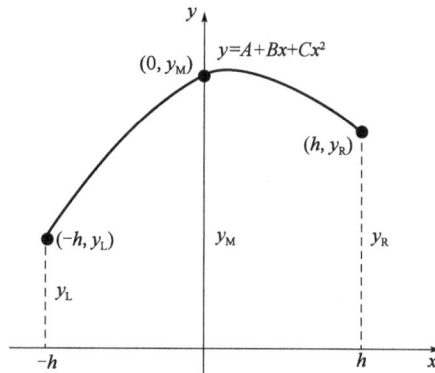

图 3-45　辛普森积分法

将以上所得代入，区间 $[-h, h]$ 积分：

$$\int_{-h}^{h} (A + Bx + Cx^2)\,\mathrm{d}x = \left(Ax + \frac{1}{2}Bx^2 + \frac{1}{3}Cx^3 \right)\Big|_{-h}^{h} = 2Ah + \frac{2}{3}Ch^3$$

$$= h\left[2y_M + \frac{1}{3}(y_L - 2y_M + y_R) \right] \tag{3-137}$$

$$= \frac{h}{3}(y_L + 4y_M + y_R)$$

应用辛普森方法可求得曲线 $f(x)$ 在 $[a,b]$ 上的曲边梯形的面积,如图 3-46 所示,将区间 $[a,b]$ n(偶数)等分,分别求出 n 个小段曲边梯形的面积(每 3 点组成的曲线用抛物线代替),并进行累加求和即可得到积分的数值结果:

$$S = \int_a^b f(x)\,\mathrm{d}s = \sum_{i=0}^n y_i \Delta s \tag{3-138}$$

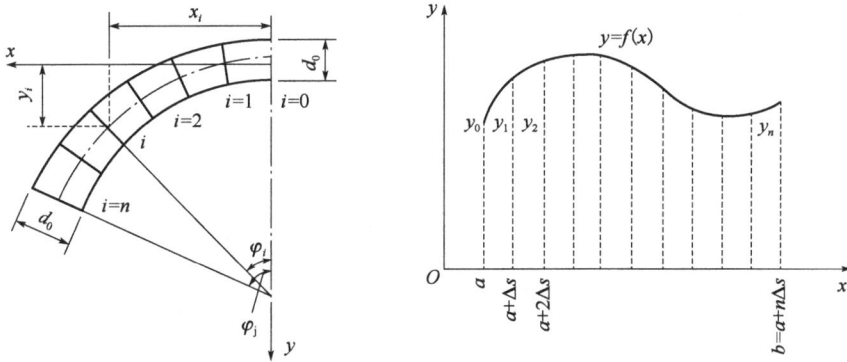

图 3-46 辛普森法计算变位

将各分点的坐标代入可得:

$$
\begin{aligned}
\sum_{i=0}^n y_i \Delta s &= \frac{1}{3}\Delta s \big[y_0 + 4(y_1 + y_3 + \cdots + y_{n-1}) + 2(y_2 + y_4 + \cdots + y_{n-2}) + y_n \big] \\
&= \frac{\Delta s}{3}\sum_{i=0}^n n_i y_i
\end{aligned}
\tag{3-139}
$$

式中:n_i——对应于 y_i 的积分系数。

式(3-139)即为辛普森公式。利用这个公式时,分段长度 $\Delta s = \dfrac{s}{n}$(s 为拱轴线长度)。

4)拱圈各截面内力的计算

通过式(3-127)可得拱顶截面赘余力 X_1 与 X_2,进而由下式得到拱圈中各界面的内力情况:

$$
\begin{cases}
M_i = M_{ip}^0 + X_1 + X_2 y_i \\
N_i = N_{ip}^0 + X_2 \cos\varphi_i
\end{cases}
\tag{3-140}
$$

式中:M_{ip}^0、N_{ip}^0——基本结构中由于外荷载作用,在 i 截面上产生的弯矩和轴向力;

　　　　y_i——该截面的 y 坐标(以拱顶为坐标原点);

　　　　φ_i——第 i 段与中轴线的夹角。

由各截面的 M_i 和 N_i 值,可绘出拱圈的弯矩图和轴力图,以及用偏心距 $e_i = \dfrac{M_i}{N_i}$ 表示的压力曲线图,如图 3-47 所示。

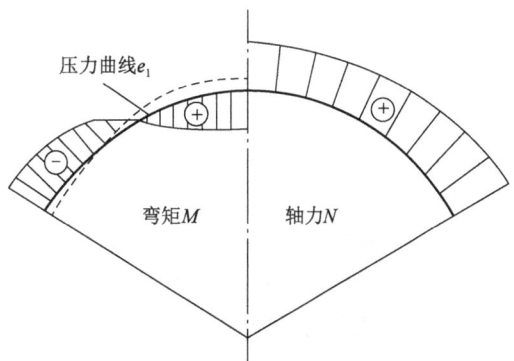

图 3-47 半拱内力图

3.4.3 假定弹性反力的计算方法

1. 假定弹性反力图形的圆形结构计算方法

1）日本修正惯用法

此法假定弹性反力分布为三角形,荷载分布如图 3-48 所示。

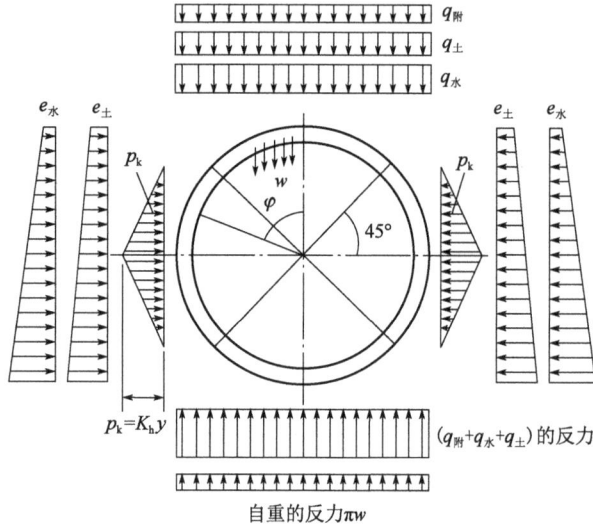

图 3-48 计算简图

（1）基本假定。

该方法认为地层弹性反力图形分布在与竖直成 45° ~ 135° 的范围内,分布规律如式(3-141)所示:

$$p_{ki} = p_k(1 - \sqrt{2}\,|\cos\varphi|) \tag{3-141}$$

式中:p_{ki}——抗力分布范围内任一点的弹性反力;

$\quad$ p_k——水平直径处的最大弹性抗力,$p_k = K_h y$;

$\quad$ φ——所讨论截面与竖直轴夹角,当 φ 为 45° 和 135° 时,$p_k = 0$。

水平直径处在主动和弹性反力作用下的变位 y 的计算公式如下:

$$y = \frac{(2q - 2e_1 - e_2 + \pi w)R_H^4}{24(\eta EI + 0.0454K_H R_H^4)} \tag{3-142}$$

式中:η——圆环刚度有效系数,其值可参考表 3-11;

$\quad$ R_H——衬砌的计算半径;

$\quad$ K_H——侧向地层弹性反力系数,$K_H = (0.67 \sim 0.90)K_v$;

$\quad$ K_v——竖向地层弹性反力系数,其值可参考表 3-15;

$\quad$ EI——圆环抗弯刚度。

地层垂直基床系数参考值 表3-15

地基土分类		I_L、e、N 范围	垂直地层基床系数 K_v （MN/m³）
黏性土	软塑	$0.75 < I_L \leq 1$	$3 \sim 9$
	可塑	$0.25 < I_L \leq 0.75$	$9 \sim 15$
	硬塑	$0 < I_L \leq 0.25$	$15 \sim 30$
	坚硬	$I_L \leq 0$	$30 \sim 45$
黏质粉土	稍密	$e > 0.9$	$3 \sim 12$
	中密	$0.75 \leq e \leq 0.9$	$12 \sim 22$
	密实	$e < 0.75$	$22 \sim 35$
砂质粉土	松散	$N \leq 7$	$3 \sim 10$
	稍密	$7 < N \leq 15$	$10 \sim 20$
	中密	$15 < N \leq 30$	$20 \sim 40$
	密实	$N > 30$	$40 \sim 55$
砾石、碎石、砾砂	密实	—	$50 \sim 100$
软岩、硬岩	强风化或中风化	—	$200 \sim 1000$
硬岩	微风化	—	$1000 \sim 15000$

注：I_L 为土的液性指数，e 为土的天然孔隙比，N 为标准贯入试验锤击数实测值。

（2）衬砌环水平直径处实际变位 y 的求法。

衬砌环直径处实际变位在数值上等于主动外荷载作用产生的衬砌变位 y_1 与侧向弹性反力作用引起的衬砌变位 y_2 的代数和：

$$y = y_1 + y_2 \tag{3-143}$$

y_1 及 y_2 均由结构力学中超静定变位计算方法求得，在结构力学中为简化起见，需忽略轴向力作用，在竖直与侧向荷载均为均布情况下，衬砌结构变位公式如下：

$$y_1 = (q - e)\frac{R_H^4}{12EI} \tag{3-144}$$

式中：q——竖直外荷载之和；

e——水平侧向荷载之和。

$$y_2 = -0.0454\frac{p_k R_H^4}{EI} \tag{3-145}$$

若考虑自重对结构变位的影响，则由此而引起的水平直径处的变位为：

$$y_g = \frac{\pi w R_H^4}{24EI} \tag{3-146}$$

如图 3-49 所示，梯形水平侧压力可被分解为两种形式，且两种形式圆环的内力值相同，反对称荷载 $e_2/2$ 引起的水平直径处的变位为零，使得水平直径处的变位与均布水平侧向荷载引起水平直径处的变位数值相等。将 $e = e_1 + e_2/2$ 及式（3-146）代入式（3-144），并考虑接头刚度影响系数对变位的影响，可得：

$$y_1 = \frac{(2q - 2e_1 - e_2 + \pi w)R_H^4}{24\eta EI} \tag{3-147}$$

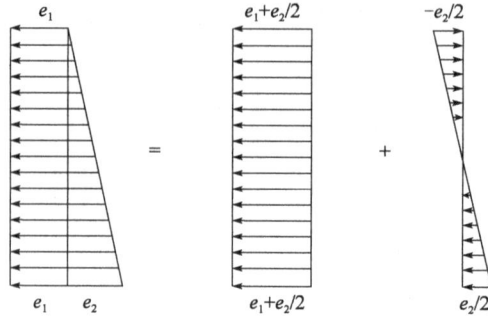

图 3-49　梯形的水平侧压力分解图

将式(3-145)、式(3-147)代入式(3-143),整理之后,即可得出式(3-142)。

求解得到的 y 值再与地层弹性反力系数 K_h 相乘,即可求得最大侧向弹性反力值,基于上述点及弹性反力为零的端点($\varphi = 45°$、$135°$),便可以求得弹性反力图形的形状与大小。

(3)衬砌环内力的计算。

由 p_k 引起的衬砌环的内力 M、N、Q 的计算公式参见表 3-16。和自由变形圆环一样,将 p_k 引起的衬砌环内力和其他外荷载引起的圆环内力进行叠加,形成最终的衬砌环内力。也可利用自由变形圆环中将衬砌半圆分成 9 个截面的内力计算简式,只需加上一项,就是三角形弹性反力作用的 9 个截面的内力计算简式(表 3-16),这样就可用一个共同的表格求出两种计算方法的结果,使其计算工作简化。

p_k 引起的衬砌环内力　　　　　　　　　　　　　　　　　表 3-16

内力	$0 \leqslant \varphi \leqslant \pi/4$	$\pi/4 \leqslant \varphi \leqslant \pi/2$
M	$(0.2346 - 0.3536\cos\varphi)p_k R_H^2$	$-0.3487 + 0.5\sin^2\varphi + 0.2357\cos^2\varphi)p_k R_H^2$
N	$0.3536\cos p_k R_H \varphi$	$(-0.707\cos\varphi + \cos^2\varphi + 0.707\sin^2\varphi\cos\varphi)p_k R_H$
Q	$0.3536 p_k R_H \sin\varphi$	$(\sin\varphi\cos\varphi - 0.707\cos^2\varphi\sin\varphi)p_k R_H$

2)布加耶娃法

假定当受到竖向荷载后,圆环顶部向衬砌内部产生变形,过程中无弹性反力产生,且会产生一部分脱离区,脱离区位于拱顶 90° 的范围内。其余部分的变形朝向地层且会产生弹性反力,这使得弹性反力分布图形呈现类似新月形。假定水平直径处的变形为 y_a、底部的变形为 y_b。圆环衬砌承受的荷载图形可见图 3-50。

弹性反力图形分布规律:

当 $\varphi = \pi/4 \sim \pi/2$ 时:

$$p_k = -Ky_a\cos 2\varphi \tag{3-148}$$

当 $\varphi = \pi/2 \sim \pi$ 时:

$$p_k = Ky_a\sin^2\varphi + Ky_b\cos^2\varphi \tag{3-149}$$

式中:p_k——弹性反力分布范围内,任意点的弹性反力值;

　　　φ——衬砌环上一点与竖直轴夹角;

　　　K——地层弹性反力系数。

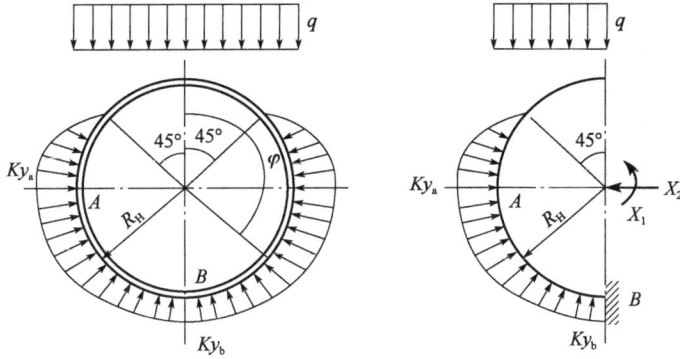

图3-50 计算简图

根据式（3-148）和式（3-149）以及下列4个联立方程解出圆环上的4个未知数 X_1、X_2、y_a 和 y_b。

$$\begin{cases} X_1\delta_{11} + \delta_{1q} + \delta_{1p_k} = 0 \\ X_2\delta_{22} + \delta_{2q} + \delta_{2p_k} = 0 \\ y_a = \delta_{aq} + \delta_{ap_k} + X_1\delta_{a1} + X_2\delta_{a2} \\ \sum Y = 0 \end{cases} \tag{3-150}$$

解方程后，可得各个截面上的 M 和 N 值为：

$$\begin{cases} M_\varphi = M_q + M_{pk} + X_1 - X_2 R_H\cos\varphi \\ N_\varphi = N_q + N_{pk} + X_2\cos\varphi \end{cases} \tag{3-151}$$

利用上述计算公式，由竖向荷载 q、自重 w 和静水压力引起的圆环各个截面的内力计算公式如式（3-152）、式（3-153）、式（3-154）所示。

在竖向荷载下：

$$\begin{cases} M_a = qR_H Rb[A\beta + B + Cn(1+\beta)] \\ N_a = qRb[D\beta + F + Gn(1+\beta)] \end{cases} \tag{3-152}$$

在圆环自重的作用下：

$$\begin{cases} M_a = wR_H^2 b(A_1 + B_1 n) \\ N_a = wR_H^2 b(C_1 + D_1 n) \end{cases} \tag{3-153}$$

在外静水压力作用下：

$$\begin{cases} M_a = -R^2 R_H \gamma_w b(A_2 + B_2 n) \\ N_a = -R^2 \gamma_w b(C_2 + D_2 n) + RHb\gamma_w \end{cases} \tag{3-154}$$

在内水压作用下：

$$\begin{cases} M_a = p_w r^2 R_H(A_2 + B_2 n) \\ N_a = p_w r^2(C_2 + D_2 n) \end{cases} \tag{3-155}$$

式中：M_a——任意截面的弯矩；

$\quad N_a$——任意截面的轴力；

β、n、m——$\beta = 2 - R/R_H$，$n = 1/(m + 0.06416)$，$m = EI/(R_H^3 RKb)$；

$\quad q$——竖向均布荷载；

  w——圆环的自重荷载；

  H——静水压头；

  p_w——内水压头；

  γ_w——水的重度；

  R_H、b——圆环计算半径及圆环(纵向)宽度，取 $b=1$ m；

  R、r——圆环外半径、内半径；

  EI——圆环断面抗弯刚度；

  K——土壤介质弹性反力系数。

系数 A、B、C、D、E、F、G，A_1、B_1、C_1、D_1，A_2、B_2、C_2、D_2 见表3-17~表3-19。

竖向荷载 q 引起的圆环内力系数   表3-17

截面位置 $\varphi(°)$	系数					
	A	B	C	D	F	G
0	1.6280	0.8720	−0.0700	2.1220	−2.1220	0.2100
45	−0.2500	0.2500	−0.0084	1.5000	3.5000	0.1485
90	−1.2500	−1.2500	0.0825	0.0000	10.0000	0.0575
135	0.2500	−0.2500	0.0022	−1.5000	9.0000	0.1380
180	0.8720	1.6280	−0.0837	−2.1220	7.1220	0.2240

自重 w 引起的圆环内力系数   表3-18

截面位置 $\varphi(°)$	系数			
	A_1	B_1	C_1	D_1
0	3.4470	−0.2198	−1.6670	0.6592
45	0.3340	−0.0267	3.3750	0.4661
90	−3.9280	0.2589	15.7080	0.1804
135	−0.3350	0.0067	19.1860	0.4220
180	4.4050	−0.2670	17.3750	0.7010

静水压力引起的圆环内力系数   表3-19

截面位置 $\varphi(°)$	系数			
	A_2	B_2	C_2	D_2
0	1.7240	−0.1097	−5.8385	0.3294
45	0.1673	−0.0132	−4.2771	0.2329
90	−1.9638	0.1294	−2.1460	0.0903
135	−0.1679	0.0036	−3.9413	0.2161
180	2.2027	−0.1312	−6.3125	0.3509

值得注意的是，布加耶娃法的使用条件必须满足 $y_a>0$，$y_b>0$，即衬砌水平直径处 A 点的变位：

$$\left[0.4167(1+\beta)q+0.1308\frac{R_H}{R}w\right]>0.0654\gamma_w R \tag{3-156}$$

衬砌环截面 B 点的变位：

$$\left\{1.5q+4.7124\frac{R_H}{R}w-\left[0.0122(1+\beta)q+0.0383\frac{R_H}{R}w\right]n\right\}>r_w R\left(\frac{3\pi}{4}0.0192n\right) \tag{3-157}$$

3）按多铰圆环计算圆环内力

在衬砌外围土壤介质能够明确地提供土壤弹性反力的情况下，装配式衬砌圆环可按照多铰圆环来计算。多铰圆环的接缝构造可以分为以下几种，设置防水螺栓，设置满足拼装施工要求的螺栓，或者不设置螺栓而代之以各种几何形状的槽。按多铰圆环计算的方法如下：

（1）日本的山本稳法。

该方法认为，在主动土压力与弹性反力的共同作用下，多铰衬砌圆环会产生形变，进而从不稳定结构转变为稳定结构。并且在圆环的变形过程中，铰不会出现突变现象，如此一来，多铰衬砌环在地层中便不会因变形失稳而遭受破坏，能够发挥稳定结构的功能。这种方法基于以下几个假定：

①仅适用于圆形结构。

②在衬砌环转动过程中，砌块及管片视为刚体。

③衬砌环外围弹性反力呈均匀变化，在计算地层弹性反力时需确保衬砌环的稳定性，且弹性反力的作用方向朝向圆心。

④不考虑地层与圆环之间的摩擦，这种处理方式对于满足结构稳定性而言是偏于安全的。

⑤地层弹性反力和变位之间的关系依据温克勒假定进行计算。

具体计算方法如下：

由 n 块管片组成的多铰圆环结构计算如图 3-51 所示，$n-1$ 个由地层约束，剩下一个为非约束铰，均位于主动土压力一侧，故可认为该结构为静定结构。衬砌各个截面处地层弹性反力方程为：

$$P_{k\alpha_i} = P_{ki-1} + \frac{(P_{ki} - P_{ki-1})\alpha_i}{\varphi_i - \varphi_{i-1}} \qquad (3\text{-}158)$$

式中：P_{ki-1}——铰 $i-1$ 处的土层弹性反力；

$\quad P_{ki}$——铰 i 处的土层弹性反力；

$\quad \alpha_i$——以 P_{ki} 为基轴的截面位置；

$\quad \varphi_i$——铰 i 与垂直轴的夹角；

$\quad \varphi_{i-1}$——铰 $i-1$ 与垂直轴的夹角。

各个约束铰的径向位移：

$$\mu = P_{ki}/K \qquad (3\text{-}159)$$

式中：K——地层弹性反力系数。

计算时可以把每一个构件作为分析的单元，列出 3 个静力平衡方程。这样可以列出 9 个方程，解出 9 个未知数：P_{k2}、P_{k3}、P_{k4}、H_1、H_2、H_3、H_4、V_1 和 V_3。

在上述几个未知数解出后，即可算出各个截面上的 M、N 和 Q 值。

计算时需注意以下几点：

①衬砌圆环各个截面上的 P_{ki} 与作用荷载叠加后总数值不能超过容许应力。

②需进行变形稳定验算。圆环破坏条件：以非约束铰为中心的 3 个铰 $i-1$、i、$i+1$ 的坐标系统排列在一直线上，则结构丧失稳定。

（2）苏联的多铰圆环内力计算。

苏联的这种多铰圆环计算方法与日本山本稳法最大的差异在于该方法认为衬砌与地层之间不产生相对的位移，而山本稳法则认为衬砌环与地层间能完全自由滑移，而忽视了地层弹性反力的切线部分(图 3-52)。这个问题显示在两种计算方法上对地层弹性反力图形假定图式的不同,而两者对多铰圆环的内力计算方法则完全一样。

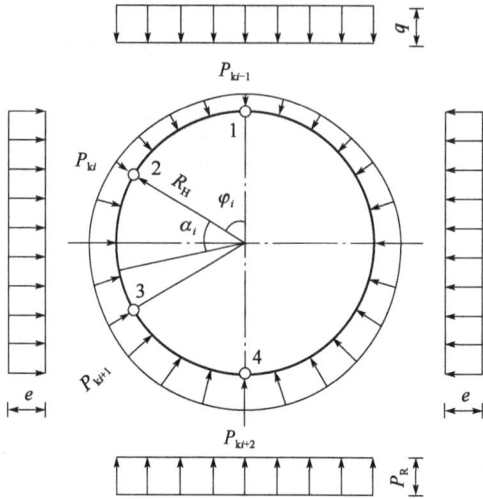

图 3-51 多铰圆环计算简图

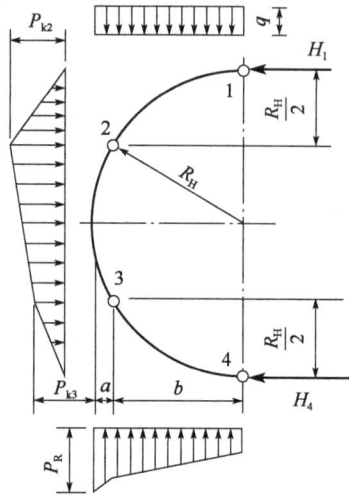

图 3-52 计算简图

从内力计算的结果来看,轴力 N 的两种计算方法较为相似,而弯矩 M 则出现了不同符号的结果。从实际情况来看,山本稔法似乎更接近实际一些,如图 3-53、图 3-54 所示。

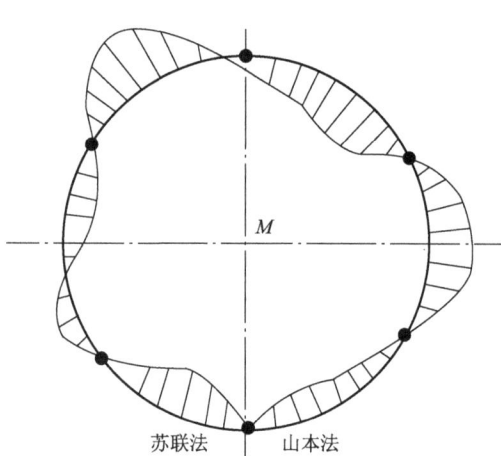

图 3-53 两种方法计算弯矩 M 的比较

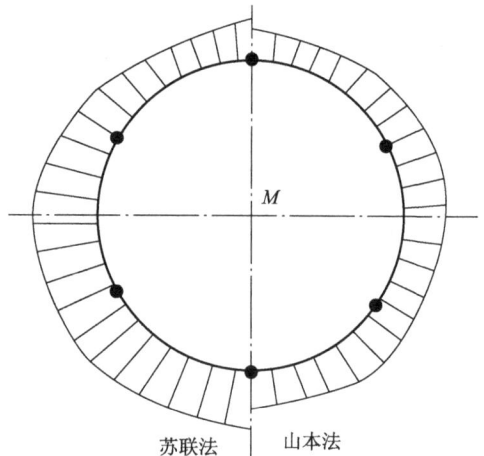

图 3-54 两种方法计算轴力 N 的比较

2. 曲墙拱形结构计算

1)计算原理

曲墙式衬砌由拱圈、曲边墙和仰拱或底板组成,能够承受较大竖向与水平荷载,以及向上隆起的底部压力,常用于Ⅳ~Ⅵ级围岩中。在计算中通常不考虑仰拱的影响,这是由于仰拱是在边墙、拱圈受力之后才修建而成的。因此可将拱圈和边墙看作一个整体,看作一个支承于弹性围岩上的高拱结构。若仰拱是在修建边墙之前修建的,则计算时应将仰拱和边墙及拱圈视为整体进行结构计算。

其计算简图如图 3-55 所示。计算时需要对弹性反力作用范围、分布规律(如抛物线形)、最大弹性反力点位置(最大跨度附近)进行假设。基于最大弹性反力点上的受力与位移成正比的关系,列出附加控制方程(局部变形理论)。求解出超静定结构假定弹性反力图形、赘余力以及最大弹性反力。在进行结构力学计算时,拱形结构的基础底面弹性约束条件(如转角 β_a)也需要纳入考量。

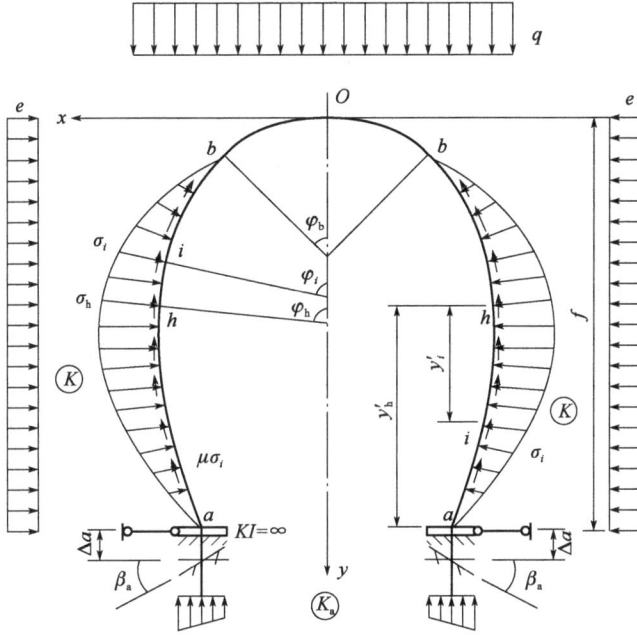

图 3-55 曲墙拱计算图式

通常在以竖向压力为主的主动荷载作用下,拱圈顶部向坑道内部产生的变形不受到围岩的约束,从而形成一定的"脱离区"。衬砌结构侧面位置向围岩施加一定压力从而形成"弹性反力区"。计算图式(图 3-55)的要点如下所示。

由于支承在弹性围岩之上,将墙基视为弹性固定端。由于结构底部摩擦较大,没有水平位移,认为结构是支撑在弹性地基上的高拱。同时基于结构变形特征来对侧面弹性反力分布图形进行假设。通常只需 3 个特征点对该分布进行控制:上零点 b(即脱离区的边界),其与对称轴线间的夹角一般采用 $\varphi_b = 40° \sim 60°$,也可通过逐步逼近法确定其精确位置;由于墙底处无水平位移,取该位置为下零点 a;最大弹性反力点 h,可假定在衬砌最大跨度处。实际计算时,简化起见,上零点和最大弹性反力点最好取在结构分块的接缝上。通常 $\overset{\frown}{ah} \approx \dfrac{2}{3}ab$。这样,弹性反力图形中各点力的数值与最大弹性反力 σ_h 有下述关系式:

在 $\overset{\frown}{bh}$ 段上,任一点的弹性反力强度为:

$$\sigma_i = \sigma_h \frac{\cos^2\varphi_b - \cos^2\varphi_i}{\cos^2\varphi_b - \cos^2\varphi_h} \tag{3-160}$$

在 $\overset{\frown}{ah}$ 段上,任一点的弹性反力强度为:

$$\sigma_i = \sigma_h \left[1 - \left(\frac{y'_i}{y'_h}\right)^2\right] \tag{3-161}$$

式中:φ_i——计算截面与竖直轴的夹角;

y_i'——计算截面(外缘点)至 h 点的垂直距离;

y_h'——墙底(外缘点)至 h 点的垂直距离。

这样,整个弹性反力是 σ_h 的函数,可将其视为一个外荷载。由于存在弹性反力,衬砌的变形还会在围岩与衬砌间产生相应的摩擦力:

$$S_i = \mu\sigma_i \qquad (3\text{-}162)$$

式中: μ ——衬砌与围岩间的摩擦系数。

摩擦力 S_i 的分布图形与弹性反力 σ_i 相同,也是 σ_h 的函数。

基于上述分析,曲墙式衬砌是拱脚为弹性固定而两侧受围岩约束的无铰拱,在对称条件下可从拱顶分开,取半结构进行分析,以一对悬臂曲梁作为基本结构,赘余力为 X_1 及 X_2,剪力 $X_3 = 0$。根据拱顶相对转角与水平位移为零的条件,可得到两个典型方程。但由于方程中还含有未知数 σ_h,可利用 h 点变形协调条件来增加一个方程。σ_h 是由衬砌的变形决定的,如图 3-56 所示。利用叠加原理,首先在主动荷载作用下,求解出衬砌截面的内力 M_{ip} 和 N_{ip},并求出 h 点处的位移,然后再以 $\sigma_h = 1$ 时的单位弹性反力图形作为外荷载,又可求出结构各截面的内力 $M_{i\sigma}^-$、$N_{i\sigma}^-$ 及相应的 h 点的位移 $\delta_{i\sigma}^-$。h 点的最终位移为:

$$\delta_h = \delta_{hp} + \sigma_h\delta_{h\sigma}^- \qquad (3\text{-}163)$$

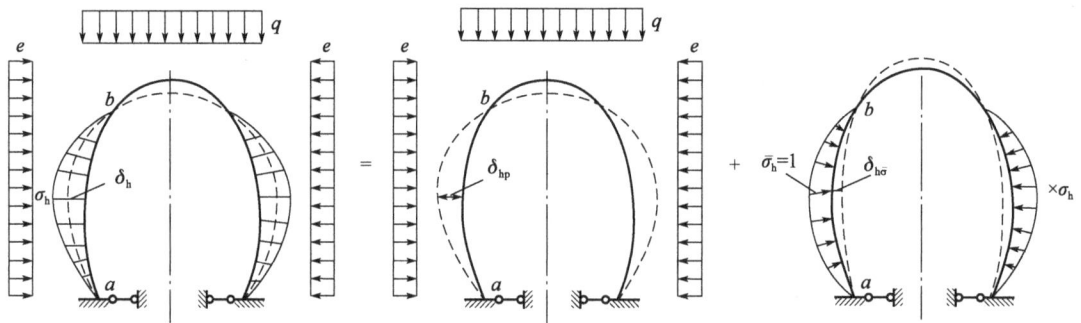

图 3-56　运用叠加法的分解图式

h 点的位移与该点的弹性反力存在下述关系: $\sigma_h = K\delta_h$,将其代入式(3-163)得:

$$\sigma_h = \frac{\delta_{hp}}{\dfrac{1}{K} - \sigma_{h\sigma}^-} \qquad (3\text{-}164)$$

2)求主动荷载作用下的衬砌内力

基本结构如图 3-57 所示,未知赘余力为 X_{1p} 及 X_{2p},典型方程为:

$$\begin{cases} X_{1p}\delta_{11} + X_{2p}\delta_{12} + \Delta_{1p} + \beta_{ap} = 0 \\ X_{1p}\delta_{21} + X_{2p}\delta_{22} + \Delta_{2p} + f\beta_{ap} + \mu_{ap} = 0 \end{cases} \qquad (3\text{-}165)$$

式中墙底的位移 β_{ap} 和 μ_{ap},可分别计算 X 和外荷载的各个影响,再按叠加原理相加得到:

$$\beta_{ap} = X_{1p}\overline{\beta_1} + X_{2p}(\overline{\beta_2} + f\overline{\beta_1}) + \beta_{ap}^0 \qquad (3\text{-}166)$$

由于不考虑拱脚的径向位移,此处仅 $\overline{\beta_1}$ 及 β_{ap}^0 有意义,代入式(3-165)整理后可得:

$$\begin{cases} X_{1p}(\delta_{11} + \overline{\beta}_1) + X_{2p}(\delta_{12} + f\overline{\beta}_1) + \Delta_{1p} + \beta^0_{ap} = 0 \\ X_{1p}(\delta_{21} + f\overline{\beta}_1) + X_{2p}(\delta_{22} + f^2\overline{\beta}_1) + \Delta_{2p} + f\beta^0_{ap} = 0 \end{cases} \tag{3-167}$$

式中:δ_{ik}——基本结构的主动荷载位移,可用前节方法求得;

Δ_{ip}——基本结构的主动荷载位移;

$\overline{\beta}_1$——墙底的单位转角,$\overline{\beta}_1 = 12/(bd_a^3 K_a) = 1/(K_a I_a)$;

β^0_{ap}——基本结构墙底的荷载转角,$\beta^0_{ap} = M^0_{ap}\overline{\beta}_1$;

f——曲墙拱轴线的矢高。

求解出 X_{1p} 和 X_{2p} 后,主动荷载作用下的衬砌内力可按下式求得:

$$\begin{cases} M_{ip} = X_{1p} + X_{2p}y_i + M^0_{ap} \\ N_{ip} = X_{2p}\cos\varphi_i + N^0_{ap} \end{cases} \tag{3-168}$$

3)求 $\overline{\sigma}_h = 1$ 弹性反力作用下的衬砌内力

在 $\overline{\sigma}_h = 1$ 的弹性反力单独作用下,也可用上述方法求得赘余力 $X_{1\overline{\sigma}}$ 及 $X_{2\overline{\sigma}}$,基本结构如图 3-58 所示,此时典型方程为:

$$\begin{cases} X_{1\overline{\sigma}}(\delta_{11} + \overline{\beta}_1) + X_{2\overline{\sigma}}(\delta_{12} + f\overline{\beta}_1) + \Delta_{1\overline{\sigma}} + \beta^0_{a\overline{\sigma}} = 0 \\ X_{1\overline{\sigma}}(\delta_{21} + f\overline{\beta}_1) + X_{2\overline{\sigma}}(\delta_{22} + f^2\overline{\beta}_1) + \Delta_{2\overline{\sigma}} + f\beta^0_{a\overline{\sigma}} = 0 \end{cases} \tag{3-169}$$

式中:$\Delta_{1\overline{\sigma}}$——以 $\overline{\sigma}_h = 1$ 单位弹性反力为荷载引起的基本结构在 $X_{1\overline{\sigma}}$ 方向的位移;

$\Delta_{2\overline{\sigma}}$——与上相同,只是在 $X_{2\overline{\sigma}}$ 方向的位移;

$\beta^0_{a\overline{\sigma}}$——由单位弹性反力引起基本结构墙底的转角,$\beta^0_{a\overline{\sigma}} = M^0_{a\overline{\sigma}}\overline{\beta}_1$。

由典型方程中解出赘余力 $X_{1\overline{\sigma}}$ 和 $X_{2\overline{\sigma}}$ 后,同样也可求得衬砌结构在单位弹性反力作用下的内力:

$$\begin{cases} M_{i\overline{\sigma}} = X_{1\overline{\sigma}} + X_{2\overline{\sigma}}y_1 + M^0_{i\overline{\sigma}} \\ N_{i\overline{\sigma}} = X_{2\overline{\sigma}}\cos\varphi_i + N^0_{i\overline{\sigma}} \end{cases} \tag{3-170}$$

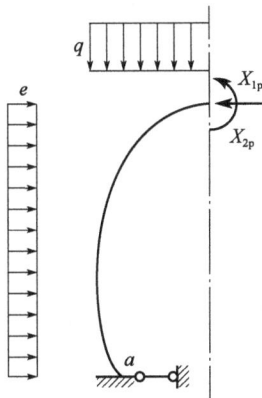

图 3-57 主动荷载作用下的基本结构   图 3-58 单位弹性反力作用下的基本结构

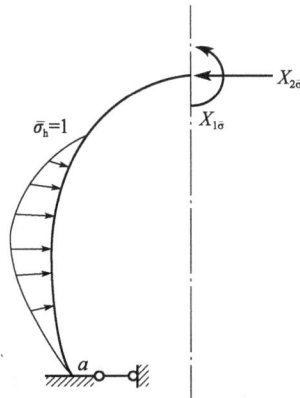

4)位移及最大弹性反力值的计算

根据结构力学原理,想要求得最大弹性反力值 σ_h,需通过考虑墙底转角的影响,求得 h 点

99

在主动荷载作用下的径向位移 δ_{hp} 及单位弹性反力作用下的径向位移 $\delta_{h\bar{\sigma}}$。如图 3-59a) 所示。在原有基本结构 h 点处,沿 σ_h 方向加一个单位力。此单位力作用下的弯矩图如图 3-59b) 所示,即在 h 点以下任意截面 i 的弯矩为 $\overline{M}_{ih} = y_{ih}$ (y_{ih} 为 i 点到最大弹性反力截面 h 的垂直距离)。

图 3-59c) 及 d) 分别为外荷载及单位弹性反力作用下的弯矩图,按结构力学方法可得:

$$\begin{cases} \delta_{hp} = \displaystyle\int \frac{M_{ip}\overline{M}_{ih}}{EI}ds + y_{ah}\beta_{ap} \cong \frac{\Delta s}{E}\sum \frac{M_{ip}\overline{M}_{ih}}{I} + y_{ah}\beta_{ap} \\ \delta_{h\bar{\sigma}} = \displaystyle\int \frac{M_{i\sigma}^-\overline{M}_{ih}}{EI}ds + y_{ah}\beta_{a\sigma}^- \cong \frac{\Delta s}{E}\sum \frac{Mi_{\sigma}^-\overline{M}_{ih}}{I} + y_{ah}\beta_{a\sigma}^- \end{cases} \quad (3\text{-}171)$$

式中:y_{ah}——墙脚中心至最大弹性反力截面的垂直距离;

β_{ap}——主动外荷载作用下墙底的转角,$\beta_{ap} = M_{ap}\overline{\beta}_1$;

$\beta_{a\sigma}^-$——单位弹性反力作用下墙底的转角,$\beta_{a\sigma}^0 = M_{a\sigma}^-\overline{\beta}_1$。

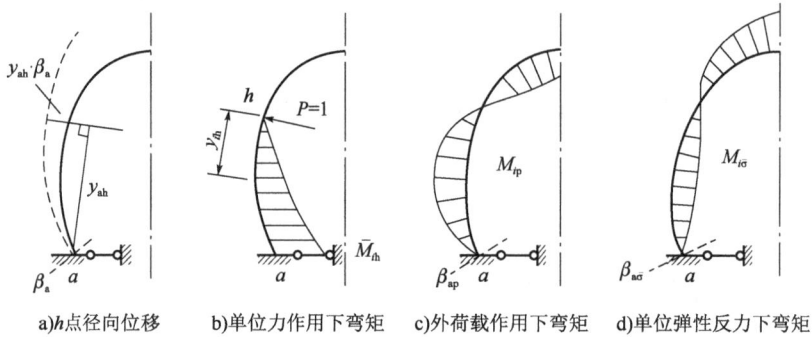

| a)h点径向位移 | b)单位力作用下弯矩 | c)外荷载作用下弯矩 | d)单位弹性反力下弯矩 |

图 3-59 δ_{hp} 及 $\delta_{h\bar{\sigma}}$ 计算的相关图示

为简化计算,当最大弹性反力截面与竖直轴夹角接近 90° 时,h 点的位移方向可近似视为水平方向,即对称情况下可认为拱顶无水平位移与转角。则 h 点相对拱顶而言的水平位移就等同于 h 点的实际水平位移。根据图 3-60 所示可求得 h 点相应的水平位移:

$$\begin{cases} \delta_{hp} = \displaystyle\int \frac{(y_h - y_i)M_{ip}}{EI}ds \cong \frac{\Delta s}{E}\sum \frac{(y_h - y_i)M_{ip}}{I} \\ \delta_{h\bar{\sigma}} = \displaystyle\int \frac{(y_h - y_i)M_{i\sigma}^-}{EI}ds \cong \frac{\Delta s}{E}\sum \frac{(y_h - y_i)M_{i\sigma}^-}{I} \end{cases} \quad (3\text{-}172)$$

式中:y_i、y_h——以拱顶为原点的计算点的竖直坐标和 h 点的竖直坐标。

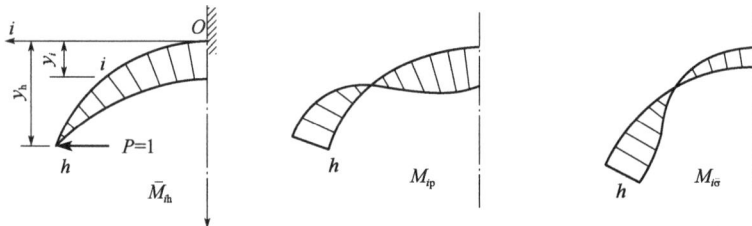

图 3-60 基本结构取拱顶为固定端时最大弹性反力的计算图示

5）衬砌内力计算及校核计算结果的正确性

利用叠加原理可以求出任意截面最终的内力值：

$$\begin{cases} M_i = M_{ip} + \sigma_h M_{i\sigma}^- \\ N_i = N_{ip} + \sigma_h N_{i\sigma}^- \end{cases} \tag{3-173}$$

拱脚截面最终转角：

$$\beta_a = \beta_{ap} + \sigma_h \beta_{a\sigma}^- \tag{3-174}$$

按变形协调条件，可以校核整个计算过程中有无错误。

$$\begin{cases} \text{拱顶转角：} & \int \frac{M_i \mathrm{d}s}{EI} + \beta_a \cong \frac{\Delta s}{E} \sum \frac{M_i}{I} + \beta_a = 0 \\ \text{拱顶水平位移：} & \int \frac{M_i y_i}{EI} \mathrm{d}s + f\beta_a \cong \frac{\Delta s}{E} \sum \frac{M_i y_i}{I} + f\beta_a = 0 \\ h \text{ 点位移：} & \int \frac{M_i y_{ih}}{EI} \mathrm{d}s + y_{ah}\beta_a \cong \frac{\Delta s}{E} \sum \frac{M_i y_{ih}}{I} + y_{ah}\beta_a = \frac{\sigma_h}{K} \end{cases}$$

零点 b 的变位 δ_b 可基于相似方法求得，从而对假定零点位置的正确性进行校核。在差异不大的情况下一般无须进行修正。

用同样方法求上零点 b 的变位 δ_b，可校核上零点假定位置的正确性。一般差异不大时可不加以修正。

6）曲墙拱结构的设计计算步骤

①几何尺寸计算及断面图绘制。

②衬砌结构主动荷载计算。

③分块图绘制。

④半拱轴长度计算。

⑤分段截面中心几何计算。

⑥基本结构的单位位移 δ_{ik} 计算。

⑦主动荷载在基本结构中产生的变位 Δ_{1p} 和 Δ_{2p} 计算。

⑧主动荷载下力法方程求解。

⑨主动荷载下截面内力计算及精度校核。

⑩弹性反力图及相应摩擦力作用下基本结构中产生的变位 $\Delta_{1\sigma}^-$ 和 $\Delta_{2\sigma}^-$ 计算。

⑪弹性反力与摩擦力作用下力法方程求解。

⑫弹性反力与摩擦力作用下内力计算及精度校核。

⑬最大弹性反力值计算。

⑭赘余力计算。

⑮总内力计算及精度校核。

⑯内力图绘制。

⑰衬砌截面强度验算。

3.4.4 弹性地基梁法

1. 直墙拱形结构计算

直墙式衬砌是目前我国铁路隧道中使用最为广泛的衬砌形式，主要应用于围岩比较稳定

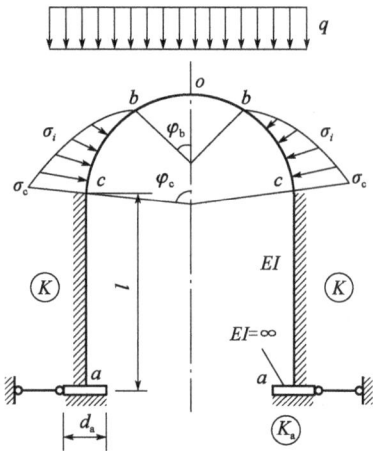

图 3-61 直墙式衬砌计算图式

且坚硬的环境中。

1）计算原理

如图 3-61 所示，采用纳乌莫夫创立的局部变形地基梁法，可把衬砌看作一个支承在两个竖直弹性地基上的拱圈。该方法把拱圈和边墙划分为两个单元分别进行计算，在计算过程中，将拱圈视作弹性固定无铰拱，边墙当作弹性地基梁，并通过力学方法考虑二者之间相互的影响。在计算拱圈时，拱脚的变位应取边墙墙顶的变位；计算边墙时，墙顶的初始条件应与拱脚的内力和变位保持一致。

弹性反力按照拱圈和边墙分为两种考虑方法，其中拱圈弹性反力仍然采用原有假定荷载图形，其零点位于拱顶两侧约 45°附近，最大弹性反力发生在墙顶，方向水平。拱圈任意截面弹性反力的作用方向为径向，荷载图形假设为二次抛物线，即：

$$\sigma_i = \sigma_c \frac{\cos^2\varphi_b - \cos^2\varphi_i}{\cos^2\varphi_b - \cos^2\varphi_c} \tag{3-175}$$

式中：σ_c——拱脚截面的弹性反力强度，按几何关系取 $\sigma_c = \sigma_h \sin\varphi_c$。

作用于墙身的弹性反力影响反应在弹性地基梁公式中，边墙无须假设反力图形。因此拱部弹性反力可表示为最大值 σ_c 的函数，同时增加相应的控制方程，即 c 点径向位移 $\delta_c = \sigma_c/K$。由此可见，直墙式衬砌拱圈计算与前述有侧面弹性反力的弹性固定的高拱结构的计算方法几乎完全相同。

厚度较小直边墙在拱圈拱脚的推力作用下，墙顶将压向侧面围岩。但边墙具有弹性变形能力，因此其变形和受力情况与弹性地基梁类似。因此可将边墙看作弹性地基上的直梁进行计算。为简化计算，一般按照局部变形理论认为弹性反力系数为 K。边墙底部与基岩间摩擦较大，可以认为墙底无水平位移，因此可将位于基底底面处墙底支承看作绝对刚性梁（$EI = +\infty$）。由于承压面积较小，基底的弹性反力系数 K_a 较侧面更大，一般取 $K_a = 1.25K$。

按换算长度 αl 的不同，弹性地基梁可分为 3 种。

①长梁。当 $\alpha l \geq 2.75$ 时，可近似地看作无限长梁（$\alpha l = \infty$），这种情况下梁的一端受力及变形对另一端的影响可以忽略不计，墙顶位移计算时可忽略墙底受力与变形影响。

②短梁。当 $1 < \alpha l < 2.75$ 时，梁的一端受力及变形会影响到另一端，即墙顶的位移计算要考虑墙底的受力和变形影响。

③刚性梁。当 $\alpha l \leq 1$ 时，可以近似地看作 $\alpha l = 0$（$EI = +\infty$）的绝对刚性梁。这种情况下不考虑边墙本身弹性变形，仅认为整个边墙沿垂直方向沉陷或是边墙绕墙角某一点产生刚性转动。

上述的 l 为梁的长度（即边墙高度），α 为弹性地基梁的弹性特征值：

$$\alpha = \sqrt[4]{\frac{Kb}{4EI}} \tag{3-176}$$

式中：b——边墙纵向计算宽度，取 1 m；

EI——边墙的刚度。

2）弹性地基梁在梁端荷载作用下的梁端位移计算

在弹性地基梁的 c 端作用有拱脚传来的外力 M_c 和 H_c，需求得其位移 β_c 和 μ_c（图 3-62）。为此先要求得 $\overline{M}_c = 1$ 和 $\overline{H}_c = 1$ 作用在 c 点时的单位位移 $\overline{\beta}_1$、$\overline{\mu}_1$ 和 $\overline{\beta}_2$、$\overline{\mu}_2$。根据上述换算长度 αl 不同，也可将墙顶单位位移以及边墙内力计算公式分为 3 种情况。

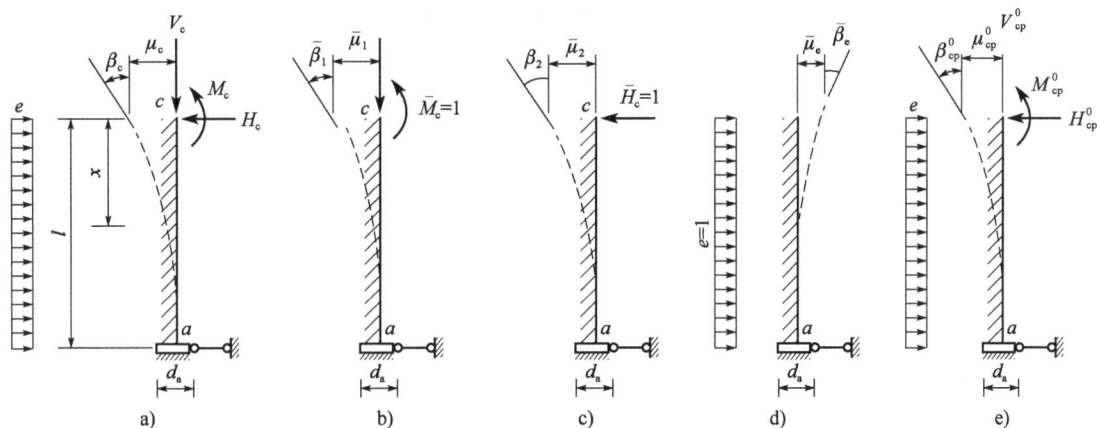

图 3-62　梁端位移计算

①短梁。边墙及墙顶单位位移的计算如图 3-62a）所示。由于墙角固定情况影响墙顶变形，因此计算形式较为复杂。

当墙顶作用一单位力矩 $\overline{M}_c = 1$ 时，墙顶所产生的转角 $\overline{\beta}_1$ 和水平位移 $\overline{\mu}_1$ 如图 3-62b）所示，应为：

$$\begin{cases} \overline{\beta}_1 = \dfrac{4\alpha^3}{bK}\left(\dfrac{\phi_{11} + \phi_{12}A}{\phi_9 + \phi_{10}A}\right) \\[3mm] \overline{\mu}_1 = \dfrac{2\alpha^2}{bK}\left(\dfrac{\phi_{13} + \phi_{11}A}{\phi_9 + \phi_{10}A}\right) \end{cases} \tag{3-177}$$

当墙顶作用一单位水平力 $\overline{H}_c = 1$ 时，墙顶转角 $\overline{\beta}_2$ 及水平位移 $\overline{\mu}_2$ 如图 3-62c）所示，应为：

$$\begin{cases} \overline{\beta}_2 = \overline{\mu}_1 = \dfrac{2\alpha^2}{bK}\left(\dfrac{\phi_{13} + \phi_{11}A}{\phi_9 + \phi_{10}A}\right) \\[3mm] \overline{\mu}_2 = \dfrac{2\alpha}{bK}\left(\dfrac{\phi_{10} + \phi_{13}A}{\phi_9 + \phi_{10}A}\right) \end{cases} \tag{3-178}$$

当主动侧压力 $e = 1$ 时，墙顶的转角 $\overline{\beta}_e$ 及水平位移 $\overline{\mu}_e$ 如图 3-62d）所示，应为：

$$\begin{cases} \overline{\beta}_e = -\dfrac{\alpha}{bK}\left(\dfrac{\phi_4 + \phi_3 A}{\phi_9 + \phi_{10}A}\right) \\[3mm] \overline{\mu}_e = -\dfrac{1}{bK}\left(\dfrac{\phi_{14} + \phi_{15}A}{\phi_9 + \phi_{10}A}\right) \end{cases} \tag{3-179}$$

以上各式中：

$$A = \frac{bK}{2K_a I_a \alpha^3} = \frac{6}{n d_a^3 \alpha^3}$$

$$n = \frac{K_a}{K}$$

$$\phi_9 = \phi_1^2 + \frac{1}{2}\phi_2\phi_4$$

$$\phi_{10} = \frac{1}{2}\phi_2\phi_3 - \frac{1}{2}\phi_1\phi_4$$

$$\phi_{11} = \frac{1}{2}\phi_1\phi_2 + \frac{1}{2}\phi_3\phi_4$$

$$\phi_{12} = \frac{1}{2}\phi_1^2 + \frac{1}{2}\phi_3^2$$

$$\phi_{13} = \frac{1}{2}\phi_2^2 - \phi_1\phi_3$$

$$\phi_{14} = \phi_1^2 - \phi_1 + \frac{1}{2}\phi_2\phi_4$$

$$\phi_{15} = \frac{1}{2}(\phi_2\phi_3 - \phi_1\phi_4) + \frac{1}{2}\phi_4$$

其中 $\phi_1 \sim \phi_4$、$\phi_9 \sim \phi_{15}$ 为以换算长度 αl 为自变量的双曲线函数的系数。由基本结构传来的拱部外荷载(包括围岩压力及弹性反力)作用在边墙顶中点的弯矩 M_{cp}^0、水平力 H_{cp}^0 及边墙主动侧压力使墙顶所产生的转角 β_{cp}^0 和水平位移 μ_{cp}^0 如图 3-62e)所示,即:

$$\begin{cases} \beta_{cp}^0 = M_{cp}^0 \overline{\beta}_1 + H_{cp}^0 \overline{\beta}_2 + e\overline{\beta}_e \\ \mu_{cp}^0 = M_{cp}^0 \overline{\mu}_1 + H_{cp}^0 \overline{\mu}_2 + e\overline{\mu}_e \end{cases} \tag{3-180}$$

②长梁。边墙为长梁且梁跨内无集中荷载时,墙角固定情况不影响墙顶的位移,这简化了计算的难度,仅需按照短梁方式计算均布侧向荷载即可。单位荷载作用下墙顶位移为:

$$\begin{cases} \overline{\beta}_1 = \dfrac{4\alpha^3}{bK} \\ \overline{\beta}_2 = \overline{\mu}_1 = \dfrac{2\alpha^2}{bK} \\ \overline{\mu}_2 = \dfrac{2\alpha}{bK} \end{cases} \tag{3-181}$$

$$\begin{cases} \overline{\beta}_e = -\dfrac{\alpha}{bK}\left(\dfrac{\phi_4 + \phi_3 A}{\phi_9 + \phi_{10} A}\right) \\ \overline{\mu}_e = -\dfrac{1}{bK}\left(\dfrac{\phi_{14} + \phi_{15} A}{\phi_9 + \phi_{10} A}\right) \end{cases} \tag{3-182}$$

③刚性梁。刚性梁仅产生刚性位移,不产生弹性变形。边墙所受的全部外力作用(边墙底部中点 a 点的 3 个合力 M_a、H_a 和 V_a)均用于使墙体产生竖向沉陷 Δ_a 和转角 β_a。摩擦力导致墙底水平位移极小,因此如图 3-63 所示,当边墙向围岩方向位移时,围岩对边墙弹性反力沿墙高呈现三角形分布,墙顶处弹性反力的最大值为 σ_c,墙脚处弹性反力为零。边墙底面的弹性反力按梯形分布,两边缘值分别为 σ_1 及 σ_2。根据平衡条件可得到墙顶位移。

根据边墙上所有外力和围岩弹性反力对墙底中点 a 的力矩和为零这一静力平衡条件,可得:

$$M_a - \left[\frac{\sigma_c l^2}{3} + \frac{(\sigma_1 - \sigma_2)d_a^2}{12} + \frac{Sd_a}{2}\right] = 0 \tag{3-183}$$

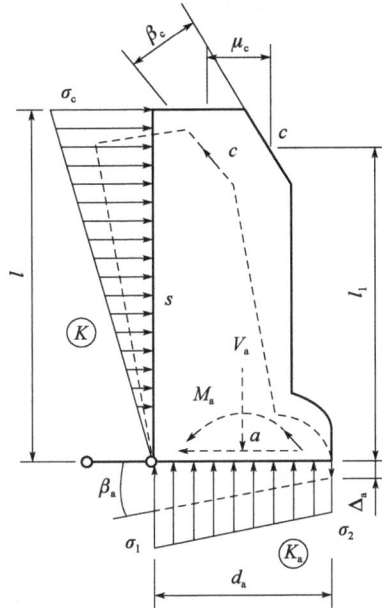

图 3-63 刚性梁计算图

式中：l——边墙侧面高度；

S——边墙外边缘由弹性反力所产生的摩擦力，$S = \mu \sigma_c L / 2$，其中 μ 为衬砌与围岩间的摩擦系数。

由于刚体转动底面和侧面有同一转角 β，则有下述关系：

$$\beta = \frac{\sigma_1 - \sigma_2}{K_a d_a} = \frac{\sigma_c}{Kl} \tag{3-184}$$

即：

$$\begin{cases} \sigma_1 - \sigma_2 = n \sigma_c d_a / l \\ n = K_a / K \end{cases} \tag{3-185}$$

将 S 及 $(\sigma_1 - \sigma_2)$ 值代入式（3-183）可得：

$$\sigma_c = \frac{12}{4l^3 + n d_a^3 + 3 \mu d_a l^2} M_a l = \frac{M_a l}{I'_a} \tag{3-186}$$

式中：I'_a——刚性墙的综合转动惯量。计算公式为：

$$I'_a = \frac{4l^3 + n d_a^3 + 3 \mu d_a l^2}{12} \tag{3-187}$$

将式（3-186）代入式（3-184）可得：

$$\beta = \frac{\sigma_c}{Kl} = \frac{M_a}{K I'_a} \tag{3-188}$$

根据式（3-188）可求得边墙顶端即拱脚处的单位位移及荷载位移。

当 $\overline{M}_c = 1$ 作用在 c 点，即 $M_a = 1$ 时，可得：

$$\begin{cases} \overline{\beta}_1 = \dfrac{1}{KI'_a} \\ \overline{\mu}_1 = \overline{\beta}_1 l_1 = \dfrac{l_1}{KI'_a} \end{cases} \quad (3\text{-}189)$$

式中：l_1——自拱脚 c 点至墙底的垂直距离。

当 $\overline{H}_c = 1$ 作用在 c 点，即 $M_a = l_1$ 时，可得：

$$\begin{cases} \overline{\beta}_2 = \dfrac{1}{KI'_a} \\ \overline{\mu}_2 = \overline{\beta}_2 l_1 = \dfrac{l_1^2}{KI'_a} \end{cases} \quad (3\text{-}190)$$

基本结构在主动荷载作用下，即 $M_a = M_{ap}^0$ 时，可得墙顶的位移：

$$\begin{cases} \beta_{cp}^0 = M_{ap}^0 \overline{\beta}_1 = \dfrac{M_{ap}^0}{KI'_a} \\ \mu_{cp}^0 = \beta_{cp}^0 l_1 = \dfrac{M_{ap}^0 l_1}{KI'_a} \end{cases} \quad (3\text{-}191)$$

3）拱圈内力计算

如图 3-64 所示，拱圈内力计算与曲墙式衬砌基本相似，可将基本结构于拱顶切开，通过赘余力及基本控制方程求得在主动荷载和弹性反力 $\overline{\sigma}_c = 1$ 作用下的内力及位移，再利用叠加原理计算总内力与位移。步骤和公式与曲墙式衬砌相似，但拱脚位移计算公式有一定差异。

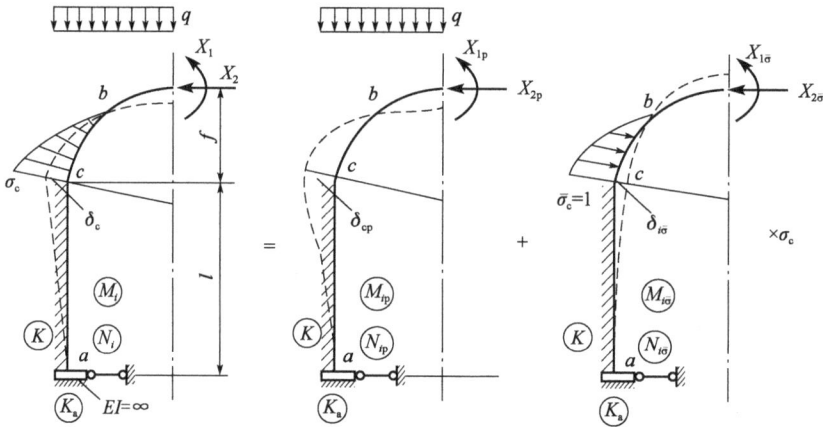

图 3-64　拱圈内力计算分解图

计算拱部在主动荷载作用下的典型方程为：

$$\begin{cases} X_{1p}\delta_{11} + X_{2p}\delta_{12} + \Delta_{1p} + \beta_{cp} = 0 \\ X_{1p}\delta_{21} + X_{2p}\delta_{22} + \Delta_{2p} + f\beta_{cp} + \mu_{cp} = 0 \end{cases} \quad (3\text{-}192)$$

式中 $\delta_{ik} + \Delta_{ip}$ 的计算公式与曲墙式衬砌相同。

拱脚位移：

$$\begin{cases} \beta_{cp} = (X_{1p} + fX_{2p})\overline{\beta}_1 + X_{2p}\overline{\beta}_2 + \beta_{cp}^0 \\ \mu_{cp} = (X_{1p} + fX_{2p})\overline{\mu}_1 + X_{2p}\overline{\mu}_2 + \mu_{cp}^0 \end{cases} \quad (3\text{-}193)$$

式中:β_{cp}^0、μ_{cp}^0——主动荷载在基本结构的拱脚 c 点产生的转角和水平位移。

$$\begin{cases} \beta_{cp}^0 = M_{cp}^0\,\overline{\beta}_1 + H_{cp}^0\,\overline{\beta}_2 \\ \mu_{cp}^0 = M_{cp}^0\,\overline{\mu}_1 + H_{cp}^0\,\overline{\mu}_2 \end{cases} \tag{3-194}$$

式中:M_{cp}^0、H_{cp}^0——主动荷载在基本结构的拱脚 c 点所产生的弯矩和水平力。

将式(3-193)代入式(3-192)可得:

$$\begin{cases} X_{1p}(\delta_{11}+\overline{\beta}_1) + X_{2p}(\delta_{12}+f\overline{\beta}_1+\overline{\beta}_2) + (\Delta_{1p}+\beta_{cp}^0) = 0 \\ X_{1p}(\delta_{21}+f\overline{\beta}_1+\overline{\mu}_1) + X_{2p}(\delta_{22}+\overline{\mu}_2+2f\overline{\beta}_2+f^2\overline{\beta}_1) + (\Delta_{2p}+f\beta_{cp}^0+\mu_{cp}^0) = 0 \end{cases} \tag{3-195}$$

由式(3-195)可解出赘余力 X_{1p} 和 X_{2p},然后按下式即可算出拱圈在主动荷载作用下的内力 M_{ip} 及 N_{ip}。

$$\begin{cases} M_{ip} = M_{ip}^0 + X_{1p} + X_{2p}y_i \\ N_{ip} = N_{ip}^0 + X_{2p}\cos\varphi_i \end{cases} \tag{3-196}$$

拱圈在拱部单位弹性反力作用下的计算公式与主动荷载的情况相似,不同之处在于需要另行计算 $\Delta_{1\sigma}$、$\Delta_{2\sigma}$、$\beta_{c\sigma}$ 和 $\mu_{c\sigma}$,并解出 $X_{1\sigma}$ 和 $X_{2\sigma}$,进而算出 $M_{i\sigma}$ 和 $N_{i\sigma}$。

从上述结果可求出拱部在主动外荷载和单位弹性反力作用下最后的内力 M_i 和 N_i。

4)边墙内力和位移计算

当边墙上无侧向压力 e 作用时,在墙顶 c 点的作用力 M_c、H_c 和位移 β_c、μ_c 求得后,以此4个值为初参数,可按下列弹性地基梁的初参数公式求得边墙各截面的内力和位移(图3-65)。

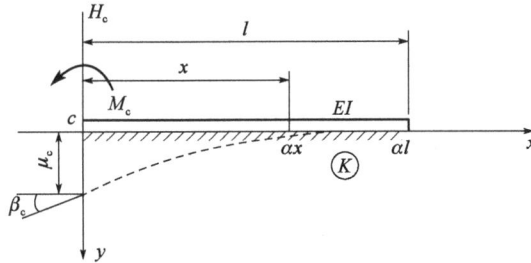

图3-65 弹性地基梁计算

①边墙为短梁时,距墙顶为 x 的任一截面的内力和位移的计算公式如下:

$$\begin{cases} M = -\mu_c\dfrac{K}{2\alpha^2}\phi_3 + \beta_c\dfrac{K}{4\alpha^3}\phi_4 + M_c\phi_1 + H_c\dfrac{1}{2\alpha}\phi_2 \\ H = -\mu_c\dfrac{K}{2\alpha}\phi_2 + \beta_c\dfrac{K}{2\alpha^2}\phi_3 - M_c\alpha\phi_4 + H_c\phi \\ \beta = \mu_c\alpha\phi_4 + \beta_c\phi_1 - M_c\dfrac{2\alpha^3}{K}\phi_4 - H_c\dfrac{2\alpha^2}{K}\phi_3 \\ \mu = \mu_c\phi_1 - \beta_c\dfrac{1}{2\alpha}\phi_2 + M_c\dfrac{2\alpha^3}{K}\phi_3 + H_c\dfrac{\alpha}{K}\phi_4 \end{cases} \tag{3-197}$$

式中:β_c、μ_c——拱脚(墙顶)最终位移值。计算公式为:

$$\begin{cases} \beta_c = M_c\overline{\beta}_1 + H_c\overline{\beta}_2 \\ \mu_c = M_c\overline{\mu}_1 + H_c\overline{\mu}_2 \end{cases} \tag{3-198}$$

根据地基局部变形理论,求得边墙各截面的抗力为:

$$\sigma = K\mu \tag{3-199}$$

②边墙为长梁时,距墙顶为 x 的任一截面的内力和位移的计算公式为:

$$\begin{cases} M = M_c\phi_1 + H_c\dfrac{1}{\alpha}\phi_8 \\[2mm] H = -M_c 2\alpha\phi_8 + H_c\phi_5 \\[2mm] \beta = M_c\dfrac{4\alpha^3}{K}\phi_6 + H_c\dfrac{2\alpha^2}{K}\phi \\[2mm] \mu = M_c\dfrac{2\alpha^2}{K}\phi_5 + H_c\dfrac{2\alpha}{K}\phi_6 \\[2mm] \sigma = K\mu \end{cases} \qquad (3\text{-}200)$$

式中:ϕ_5、ϕ_6、ϕ_8——以 αx 为自变量的双曲线三角函数。

2. 弹性半无限平面地基上闭合框架的计算方法

如图 3-66 所示,可以将位于弹性半无限平面地基上的闭合框架底板视为弹性地基梁。其边底、立柱底端以及梗肋均为刚度无限大的刚性梁,中间段底则被认定为有限长度或无限长度的弹性地基梁。由于立柱刚度较低,可将其看作是两端铰接的压杆。在进行结构力学求解时,需要考虑边墙基底沉陷 y_a、转角 β 以及立柱底端沉陷 y_b 所产生的影响。对于多层多跨结构,则需要采用弯矩分配法来求解。对于图 3-66 所示的闭合框架,在计算时沿纵向取一单位宽度作为计算单元,同时对地基也截取相同的单位长度,并将其看作一个弹性半无限平面。

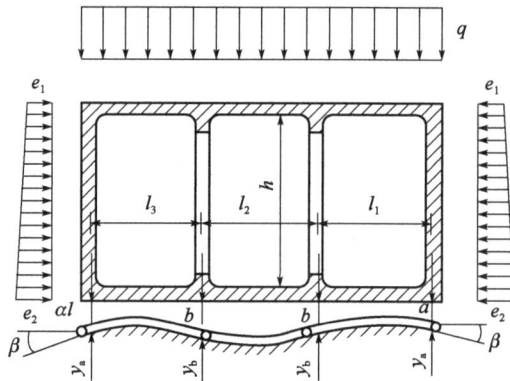

图 3-66 弹性半无限平面地基上的闭合框架计算模型

框架的内力分析可采用如图 3-67 所示的计算简图,与一般平面框架的区别在于底板受未知的地基弹性反力作用,使内力分析变得复杂。同样与拱形结构和圆形结构一样,闭合框架也可用弹性支承法(局部变形理论)来分析。

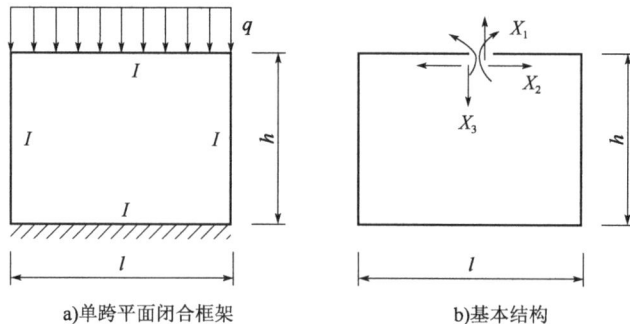

a)单跨平面闭合框架　　　　　b)基本结构

图 3-67　计算简图

内力计算仍然可以采用结构力学方法,但需将底板作为弹性地基梁进行考虑。图 3-67a)表示一单跨平面闭合框架,承受均布荷载 q,如图 3-67b) 所示,取半结构进行分析可得到结构的典型方程如下:

$$\begin{cases} X_1\delta_{11} + X_2\delta_{12} + X_3\delta_{13} + \Delta_{1p} = 0 \\ X_1\delta_{21} + X_2\delta_{22} + X_3\delta_{23} + \Delta_{2p} = 0 \\ X_1\delta_{31} + X_2\delta_{32} + X_3\delta_{33} + \Delta_{3p} = 0 \end{cases} \qquad (3-201)$$

系数 δ_{ik} 是指结构在 $\overline{X}_k = 1$ 作用下,沿 X_i 方向产生的位移,Δ_{ip} 是指在外力作用下沿 X_i 方向的位移,按下式计算:

$$\{\delta_{ik} = \delta'_{ik} + b_{ik} \quad \Delta_{ip} = \Delta'_{ip} + b_{ip} \qquad (3-202)$$

式中:δ'_{ik}——框架基本结构在单位力 $\overline{X}_k = 1$ 作用下,X_i 方向产生的位移(不包括底板),取值为

$$\delta'_{ik} = \int \frac{\overline{M}_i \overline{M}_k}{EI} \mathrm{d}s;$$

b_{ik}——底板按弹性地基梁在单位力 $\overline{X}_k = 1$ 作用下,切口处 X_i 方向产生的位移;

Δ'_{ip}——框架基本结构在外荷载作用下,X_i 方向产生的位移(不包括底板);

b_{ip}——底板按弹性地基梁在外荷载 q 作用下,切口处 X_i 方向的位移。

将所求得的系数及自由项代入典型方程,解出未知力 X_i,进而计算出内力。

3.5 结构自重及其他荷载

计算结构的静荷载时,结构自重必须计算在内。等直杆件,如墙梁、板、柱的自重计算简单,此处不详述。衬砌结构拱圈自重的计算方法如下。

1. 将衬砌结构自重简化为垂直均布荷载

当拱圈截面为等截面拱时,结构自重荷载为:

$$q = \gamma d_0 \qquad (3-203)$$

式中:γ——材料重度($\mathrm{kN/m^3}$);

d_0——拱顶截面厚度(m)。

2. 将衬砌结构自重简化为垂直均布荷载和三角形荷载

如图 3-68 所示,当拱圈为变截面拱时,结构自重荷载可选用如下 3 个近似公式:

$$\begin{cases} q = \gamma d_0 \\ \Delta q = \gamma(d_j - d_0) \end{cases} \qquad (3-204)$$

$$\begin{cases} q = \gamma d_0 \\ \Delta q = \gamma \left(\dfrac{d_j}{\cos\varphi_j} - d_0 \right) \end{cases} \qquad (3-205)$$

$$\begin{cases} q = \gamma d_0 \\ \Delta q = \dfrac{(d_0 + d_j)\varphi_j - 2d_0\sin\varphi_j}{\sin\varphi_j}\gamma \end{cases} \qquad (3-206)$$

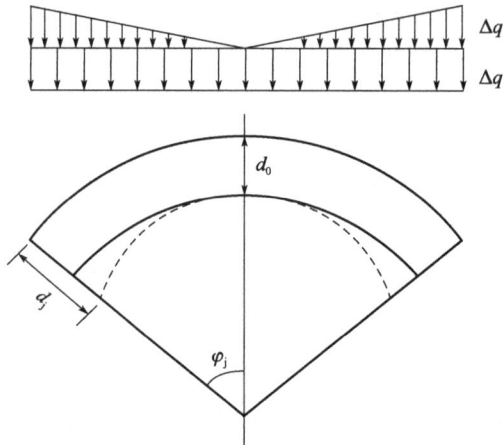

图 3-68　拱圈结构自重计算

　　地下结构除了岩土层压力、结构自重和弹性抗力等荷载外,还可能遇到其他形式的荷载,如灌浆压力、混凝土收缩应力、地下静水压力、温差应力及地震荷载等。

思考与练习题

　　1. 朗肯土压力理论与库仑土压力理论的基本原理有哪些相同点和不同点?

　　2. 什么是围岩压力? 形成围岩压力的原因有哪些? 根据成因,围岩压力可分为哪几类?

　　3. 深埋隧道和浅埋隧道围岩压力计算方法为何不同?

　　4. 在结构力学的计算模型中,常用的模型及其原理分别是什么?

　　5. 对于圆形结构,常用的计算方法有哪些?

第4章

地下结构设计方法

4.1 设计内容

地下结构设计的目的是合理选择结构参数,以此保证结构的安全性、耐久性、经济性和适用性,实现地下结构可靠性与经济性的协调统一。设计的内容主要涵盖结构的尺寸、材料、轴线形状、内轮廓尺寸以及构造等方面。例如,结构轴线形状与内轮廓尺寸要满足地下结构的净空要求;结构尺寸(如截面厚度)、材料及构造需符合承载力及稳定性要求。由于地下工程结构属于超静定结构,只有在确定了结构尺寸、材料和构造之后,才能计算结构内力。因此,地下结构设计需要如下的迭代过程:首先对结构控制指标进行假设,针对特定的荷载组合计算内力,进而验算结构的承载力与稳定性,如果满足要求,则设计完成;若不满足要求,则需要反复重复上述过程,直至满足设计要求。

4.2 设计计算理论与方法

地下工程建设前期基本依靠经验方法进行判断,19世纪初逐渐开始形成地下工程计算理论,用于指导地下结构物的设计与施工。地下结构设计计算理论的发展与围岩稳定和围岩压力理论、可靠度理论、钢筋混凝土结构基本理论以及工程数值计算理论等的发展紧密相关。

在初期的地下结构计算理论中,地下结构设计者是仿照地面建筑结构的计算方法开展的,这些方法都可归类为"荷载-结构"方法,该方法涵盖结构以及直墙拱结构的内力计算等内容。随着地下工程需求的持续扩大,这种方法的适用性出现了较多问题。因为地下结构所处的环境条件与地面结构不同,直接套用地面结构的设计方法无法正确描述地下工程中大量的力学现象。因此,基于长期的地下工程建设实践,出现了"地层-结构"设计方法,该方法认为在地下结构中,地层与结构是一个受力整体,地层对结构有着不可忽视的约束作用。这也表明设计者逐渐意识到地下和地面结构具有不同的受力与变形特点。到20世纪中期,随着新型支护(复合支护)结构的出现,以及岩土力学、可靠性理论、测试仪器、计算机技术和数值分析方法的发展,地下结构研究快速发展并形成了一门完善的学科。地下结构计算理论的发展大致可以分为4个阶段,如表4-1所示。

地下结构计算理论的发展阶段　　　　　　　　　　表 4-1

发展阶段	形成时间	形成背景	代表理论及观点	优缺点
刚性结构阶段	19世纪早期	地下结构大多为砖石材料拱形圬工结构,抗拉强度低,接缝较多,易产生断裂现象。设计中为维持稳定,截面积取值往往较大,结构弹性变形极小,结构近似于刚性	压力线理论:认为地下结构为刚性块体组成的拱形结构,主动荷载为地层压力;极限平衡状态下地下结构是由绝对刚体组成的三铰拱静定体系,可通过静力学原理计算,铰位于墙底与拱顶	无法考虑围岩自承能力,由于当时地下工程埋深较浅,也一度被认为是正确理论。计算方法缺乏理论依据,也较为保守,使得设计衬砌厚度过大
弹性结构阶段	19世纪后期至20世纪中期	钢筋混凝土材料被用于地下工程,地下结构整体性增强。认为地下结构为连续拱形框架,从而通过超静定结构力学方法进行内力计算。认为作用在结构上的荷载为主动地层压力,且考虑地层对结构的约束反力	松动压力理论:深埋地下结构上的围岩压力并不是上覆地层重力,而仅为围岩塌落体积内松动岩体的重力,也称松动压力	受施工水平影响,掘进与支护花费时间较长,使得支护与围岩无法及时紧贴,导致部分围岩破坏、塌落形成松动压力。但并未认识到该现象并不是围岩压力的唯一原因,且并非所有情况均会发生塌落。也并未认识到通过稳定围岩可以发挥围岩自身较强的承载能力
连续介质阶段	20世纪中期以来	逐渐认识到地层与地下结构是一个整体,通过连续介质理论计算地下结构内力的方法快速发展。逐渐出现围岩的弹性解、弹塑性解及黏弹性解	连续介质理论:以岩体力学原理为基础,认为坑道开挖后向洞室内变形释放的围岩压力由支护与围岩两者的共同体承受。围岩可以为支护结构提供一定的支护阻力,使得应力调整至新的平衡;由于支护结构可以限制围岩变形,其必然受到围岩给出的作用力,二者共同变形	较好反映支护与围岩共同作用,符合地下结构的力学行为。但由于难以准确获得地下岩土结构计算参数(初始地应力、岩体力学性质、施工材料),且对岩体本构关系及破坏时的失效准则的认识较为浅显,因此根据共同作用得到的计算结果仅可以作为设计的参考依据
现代支护理论阶段	20世纪中期以来	由于喷射混凝土与锚杆的出现,提出了一套新奥地利隧道设计施工方法,形成以岩土力学为基础,支护与围岩共同作用的现代支护理论	新奥法设计理论:围岩本身具有自承能力,仅需采取正确施工方法以最大限度地发挥围岩的自承能力,就可得到较佳的平衡结构可靠度与经济效果	新奥法需要先通过经验类比统计的事先设计,再通过不断对围岩应力与应变进行监测,通过应力-应变发展规律对支护结构进行调整,也就是说需要基于实测的动态反馈进行设计。在设计理论上还有发展空间

目前,地下结构设计主要采用工程类比设计法,且该方法正朝着科学与定量化方向不断发展。与之类似,在结构设计中应用可靠性理论和概率极限状态设计法也取得了一定进展。动态可靠度分析方法借助现场监测技术,依据现场反馈信息来推测地下结构的稳定可靠度,进而对支护结构进行优化设计,这也是完善地下结构的合理途径。由于各因素和准则具有随机性,判别方法也可引入可靠度范畴。在计算分析方法研究方面,随机有限元(包括摄动法、纽曼法、最大熵法和响应面法等)、蒙特-卡罗模拟、随机块体理论和随机边界元法等一系列新的地下工程支护结构理论分析方法都有了较大发展。

截至目前,地下结构设计理论仍处于持续发展的过程中。鉴于岩土体结构的复杂性,各种设计方法都需要不断改进和完善。新兴的设计计算方法并非对前期计算方法合理性与有效性的否定。在多种计算方法中,每种方法都有各自的适用性和局限性,设计者需要根据具体情况来选择设计计算方法。

4.3 设 计 模 型

自20世纪70年代以来,各国研究者在致力于研究地下结构计算理论的同时,着眼于对地下结构设计模型的探索。与地面结构不同,地下结构的设计往往不能完全依赖计算。这是因为岩土介质在经历复杂的地质构造运动以及外动力地质作用后,影响其物理力学性质的因素极为复杂,而且很多因素可能尚未被人类所认知。这就导致理论计算值与实际工程中的测量值往往存在较大差距,使得理论值难以成为确切的设计与计算依据。因此,目前的地下结构设计方法仍然需要依赖经验以及现场的测量反馈,难以建立较为完善的地下结构设计模型。如表4-2所示,国际隧道协会(ITA)于1978年将地下结构设计方法归纳为以下4种模型:

①经验设计法:即参照以往隧道工程实践经验进行类比设计。

②实用设计法:以现场或实验室量测数据为依据的实用设计方法,如以洞周位移量测值为依据的收敛-限制法。

③作用-反作用模型:例如针对弹性地基圆环和弹性地基框架建立的计算方法。

④连续介质模型:包括解析法和数值法,解析法中有封闭解,也有近似解。

各国采用的地下结构设计方法 表4-2

国家	盾构开挖的软土质隧道	锚喷钢拱支承的软土质隧道	中硬岩质的深埋隧道	明挖施工的框架结构
奥地利	弹性地基圆环	弹性地基圆环、有限元法、收敛-限制法	经验法	弹性地基框架
德国	覆盖层厚度小于2D,采用顶部无支承的弹性地基圆环;覆盖层厚度大于3D,采用全支承弹性地基圆环;有限元法	全支承弹性地基圆环、有限元法、连续介质模型和收敛-限制法	弹性地基框架(底部压力分布简化)
法国	弹性地基圆环、有限元法	有限元法、经验法、作用-反作用模型	连续介质模型、收敛-限制法、经验法	—
日本	局部支承弹性地基圆环	局部支承弹性地基圆环、经验法加测试、有限元法	弹性地基框架、有限元法、特征曲线法	弹性地基框架、有限元法
中国	自由变形或弹性地基圆环	初期支护:有限元法、收敛法;二次支护:弹性地基圆环	初期支护:经验法;永久支护:作用-反作用模型;大型洞室:有限元法	弯矩分配法解闭合框架
瑞士	—	作用-反作用模型	有限元法、收敛-限制法	—
英国	弹性地基圆环、缪尔伍德法	收敛-限制法	有限元法、收敛-限制法、经验法	矩形框架
美国	弹性地基圆环	弹性地基圆环、作用-反作用模型	弹性地基圆环、Proctor-White方法、有限元法、锚杆经验法	弹性地基上的连续框架

注:表中 D 表示隧道开挖宽度。

基于多年的地下结构设计经验,我国目前所采用的设计方法可分为以下4种设计模型。

1. 荷载-结构模型

该模型运用荷载-结构方法来计算衬砌结构的内力,并依据内力计算结果开展构件的截面设计。衬砌结构所承受的荷载主要是因洞室开挖导致松动的围岩自重所产生的地层压力。这种方法与地面结构设计方法类似,不过在计算衬砌内力时,需要考虑周围地层介质对结构变形的约束作用。

2. 地层-结构模型

此模型依据地层-结构计算理论,将衬砌与地层视为一个整体,通过变形协调条件来计算衬砌结构内力和地层压力,并对围岩稳定性进行验算,进而完成构件截面设计。

3. 经验类比模型

经验类比模型是完全依靠经验开展地下结构设计的模型。由于地下结构的受力状态极为复杂,在计算时会受到多种因素的影响,这使得即便运用严密的理论对衬砌结构进行分析,所得结果仍需通过经验类比来判断和完善其合理性。因此,经验设计法通常是必不可少的。

4. 收敛-限制模型

该模型的计算理论同样属于地层-结构理论,但其设计方法是收敛-限制法(或特征线法)。

我国目前常用前三种设计模型进行地下结构设计计算。我国工程界非常重视地下结构设计的理论计算,从衬砌与地层相互作用方式差异的角度来看,封闭解析解与数值计算方法都可归为荷载-结构法和地层-结构法。除了确实有经验可供类比的工程外,在地下结构设计过程中一般都要进行受力计算分析。其中,荷载-结构法仍然是我国目前广泛采用的一种地下结构计算方法,主要适用于软弱围岩中的浅埋隧道;地层-结构法虽仍处于发展阶段,但目前在一些重要或大型特定工程的研究分析中也被普遍应用。

4.4　荷载-结构法

荷载-结构法是一种最基本且传统的地下结构设计方法。实际上,其他地下结构设计方法通常需要与荷载-结构法相结合,才能更好地完成地下结构设计。例如,经验类比法在多数情况下是通过围岩分类来确定作用于地下结构上的荷载,而衬砌结构的最终设计依然采用荷载-结构法。

地下结构依据其在围岩中的条件可分为土层中的地下结构和岩石中的地下结构。

对于土层中的地下结构,其周围土质较为软弱,对地下结构的约束能力较弱。按照埋置深度,地下结构可划分为浅埋式和深埋式两类。浅埋式地下结构是指上覆土层较薄,无法满足压力拱形成条件,或者覆盖土层厚度小于结构尺寸的地下结构。影响地下结构选择浅埋式还是深埋式的因素众多,包括地下结构的使用要求、防护等级、地质条件、环境条件以及施工能力等。

岩石地下结构是指在岩体中人工开挖的地下洞室,或是利用溶洞修建的地下工厂、电站、储油库、掩蔽部等工业与民用建筑结构。在修建岩石地下结构时,首先要按照使用要求在地层中开挖洞室,然后沿着洞室周边修建永久性结构——衬砌。为满足生产和使用要求,在衬砌内部还需要修建必要的梁、板、柱、墙体等内部结构。因此,岩石地下结构包括衬砌部分和内部结构两部分。其中,衬砌结构是岩石地下结构的研究重点,它主要起承重和围护的作用,而内部结构与地面结构基本相同。

若在施工过程中无法保证支护与围岩始终紧密接触,不能最大限度降低围岩松弛变形产生的松动压力,就应该使用荷载-结构法对地下支护结构进行验算。不过,虽然荷载-结构法主要以岩体松动、崩塌导致的主动土压力为考虑因素,但在不同方法中对围岩与支护有着不同的处理方式。

1. 主动荷载模型

如图 4-1a) 所示,这种不考虑围岩与支护相互作用的模型被称为主动荷载模型。在该模型下,支护结构在荷载作用下将会产生与地面结构类似的自由变形。此模型适用于围岩与支护结构刚度相对较小的情况,原因在于当围岩条件较为软弱时,其缺乏约束衬砌变形的能力。

2. 主动荷载加围岩弹性约束模型

如图 4-1b) 所示,主动荷载加围岩弹性约束模型的核心观点是,围岩对支护结构不仅会施加主动荷载,还能够施加被动弹性抗力,这是由围岩与支护结构之间的相互作用导致的。在非均布主动荷载的作用下,部分支护结构必然会朝着围岩方向产生变形,而具有一定刚度的围岩在这种情况下就一定会对支护结构施加反作用力以约束其变形,这种反作用力就被称作弹性抗力。另外,还有一部分支护结构会背离围岩方向产生变形,这部分支护结构所在的区域被称为"脱离区",该区域不会引发弹性抗力。正是这两部分情况的共同作用,使得支护结构能够在主动荷载与围岩的被动弹性抗力共同作用下发挥作用。该模型可适用于任意围岩类型,不过不同类型的围岩所产生的弹性抗力大小与范围是各不相同的。

3. 实地测量模型

如图 4-1c) 所示,实地测量模型是通过实地测量所获取的荷载来替代主动荷载模型的一种细分类型。它能够综合反映围岩与支护结构之间的相互作用,其中既涵盖了弹性抗力,也包含了主动压力。在支护结构与围岩紧密接触的情况下,不仅径向荷载可以被测量到,切向荷载同样也能够被测量出来。然而,这种模型不仅与结构自身的刚度存在关联,更与支护结构的刚度以及支护背后回填质量密切相关。因此,实地测量所得到的荷载仅适用于与测量条件相同的状况。

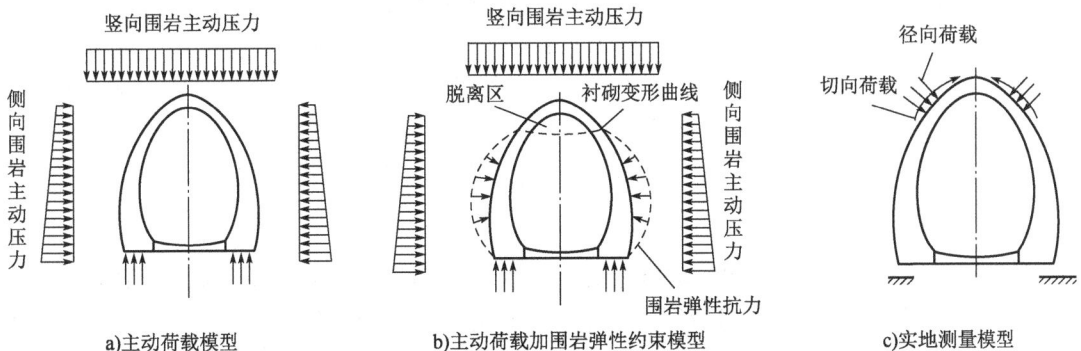

a)主动荷载模型　　　b)主动荷载加围岩弹性约束模型　　　c)实地测量模型

图 4-1　荷载结构模型

主动荷载模型仅需要确定作用在支护结构上的主动荷载,其求解问题可通过如力法、位移法、有限元法等的结构力学基本方法解决。主动荷载加围岩弹性约束模型需考虑围岩的弹性抗力问题。目前常用以"温克勒(Winkler)假定"为基础的局部变形理论,来确定在围岩上引起的弹性抗力的大小。该假定认为围岩的弹性抗力与围岩在该点的变形成正比,即:

$$\sigma_i = K\delta_i \tag{4-1}$$

式中:σ_i——围岩表面上任意一点所产生的弹性抗力(kPa);

   δ_i——围岩在同一点 i 的压缩变形(m);

   K——围岩的弹性抗力系数(kN/m^2)。

弹性抗力的大小与分布和支护结构变形相关,而支护结构变形又会影响弹性抗力,因此主动荷载加围岩弹性约束模型中的支护结构内力计算具有较强的非线性,必须通过线性假定或迭代方法进行求解。例如,假设弹性抗力的分布形状已知,或采用弹性地基梁的理论,或采用弹性支承代替弹性抗力等,将支护结构内力分析问题转化为超静定问题求解。

4.5　地层-结构法

地层-结构法将地下结构与地层视为一个整体来进行受力和变形分析,运用连续介质理论计算结构及周围地层的变形。其优势在于能够对衬砌结构内力以及周围土层应力进行计算,体现了周围地层与地下工程结构之间的相互作用。但由于两者相互作用情况的复杂性,该方法正处于发展阶段,目前在工程实际应用中常作为辅助手段。与荷载-结构法相比,该方法充分考虑了地下结构与周边地层的相互作用,能够结合施工过程充分模拟地下结构与周围地层在各工况下的内力与变形,更加贴近工程实际,后续发展前景广阔。

地层-结构法主要包括以下几部分内容:地层的合理模拟、结构模拟、施工过程模拟以及施工过程中结构与周围地层相互作用的模拟。现代隧道施工技术要求在隧道开挖后对围岩施加必要约束,以达到抑制变形、阻止围岩松动压力产生的目的。开挖隧道所释放的围岩应变能将由围岩和支护结构组成的结构体系共同承担,隧道结构体系会产生应力重分布并达到新的平衡状态。

在隧道结构体系中,因支护结构的支护力,围岩产生应力调整并趋于稳定;同时,由于支护结构可以限制围岩变形,其自身必然受到围岩反作用力,从而也会产生一定程度的变形。这种反作用力是支护结构和围岩共同变形过程中对支护施加的压力,它与围岩松动压力不同,一般被称为"形变压力"。其大小和分布显然不仅取决于围岩性质,还与支护结构的变形特性相关。因此,要研究这种情况下围岩的应力场以及支护结构中的内力和位移,就必须采用整体复合模型,即地层-结构模型,在该模型中,围岩是主要承载单元,支护结构是镶嵌在围岩孔洞上的加劲环。目前,这种方法有3种求解途径,分别是解析法、数值法、特征曲线法。

1. 解析法

假定围岩满足连续介质假设,在半无限空间内进行圆形(对于非圆形情况可转换成等效圆形)开挖与支护,同时假定支护结构与围岩紧密贴合,也就是其外径与隧道的开挖半径相等,并且支护结构是与开挖同时瞬间完成的。基于弹塑性力学的相关假定以及给定的边界条件,尝试直接对该问题涉及的平衡方程、几何方程和物理方程进行求解。不过,由于该问题具有高度的非线性特点,往往很难得出具体的解答,通常只能针对一些简化后的问题(比如均布应力场这类情况)给出具体解答。

2. 数值法

数值方法主要适用于几何形状和应力状态较为复杂的隧道情况,特别是需要考虑围岩非线性力学特性时。其主要方式是将围岩和支护结构都划分为有限单元,再依据能量原理建立整个系统的虚功方程(也称为刚度方程),进而求出系统各节点的位移以及单元的应力。隧道结构体系有限元分析的一般步骤如下:对结构体系进行离散化(包括对荷载的离散化)—开展单元分析—形成单元刚度矩阵—求解刚度方程—获取节点位移—计算单元应力。

3. 特征曲线法

特征曲线法也被称作收敛-限制法,它是通过围岩的支护需求曲线和支护结构的补给曲线来求解达到稳定状态时支护结构的内力。在无支护结构的隧道开挖时,围岩会向隧道内产生变形(即收敛)。而支护结构的设置约束了围岩的这种变形,使得围岩与支护结构共同承担围岩的形变压力。其基本原理是依据支护结构与隧道围岩的相互作用,求解支护结构在荷载作用下的变形和围岩在支护结构约束下的变形之间的协调平衡,也就是利用围岩特征曲线与支护结构的特征曲线相交的方法来确定支护体系的最佳平衡条件(图 4-2),从而求出维持隧道稳定所需的支护阻力,即作用在支护结构上的围岩的形变压力。在求出这些数据后,可以按照结构力学方法进行支护内力计算和强度校核。

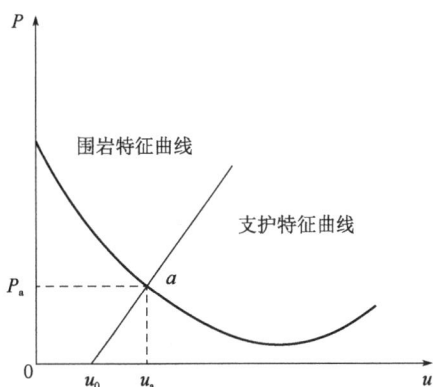

图 4-2 支护体系的最佳平衡条件

围岩特征曲线是在连续弹塑性介质假定及已知力学变形参数下求解结果,由于实际围岩状态的复杂性,计算结果与实际中的差距需通过施工信息来不断调整。

思考与练习题

1. 地下结构设计理论的发展历程可以划分为哪几个阶段?
2. 简要阐述荷载-结构法的基本思路以及荷载确定方法。
3. 简要叙述地层-结构法的主要内容。

第 5 章

地铁车站结构设计

5.1 概　　述

地铁车站结构设计至关重要且复杂,涉及多方面关键内容。要依据城市轨道交通网络的规划与功能需求,确定车站规模布局,合理设置站台、站厅、出入口等等,保障客流有序。结构选型时,要综合考量地质条件、地下水位和周边环境等,选用明挖、暗挖或盾构等合适形式,确保结构稳固安全,能承受土体、地下水和列车动荷载等。同时,还须防火、通风、照明、卫生等设施,打造安全舒适的环境。此外,也要重视与其他交通方式的衔接,优化通道和出入口等设计,实现无缝换乘,提升城市交通效率。设计还应兼顾城市形象与文化特色,塑造地标建筑,增强城市吸引力。并且,充分考虑经济性,优化设计降低建设成本,保障后期运营维护的便利性和低成本使地铁车站与城市的发展相融合,成为城市建设的重要组成部分。

5.1.1 地铁车站分类

地铁车站可以按所处位置、埋深、运营性质、站台形式、换乘方式等的不同进行分类。

1. 按所处位置分类

按车站与地面的相对位置可分为地下车站、地面车站和高架车站,如图 5-1、图 5-2 所示。

(1)地下车站。地下车站结构位于地下(地面以下),空间封闭狭长,站内噪声、湿度相对较大,对灾害的应对和补救能力较弱,需要对其空间采取机械通风、人工照明等措施,施工也较为复杂。不过,由于车站位于地下,具有良好的防护功能,且能有效节约城市用地。

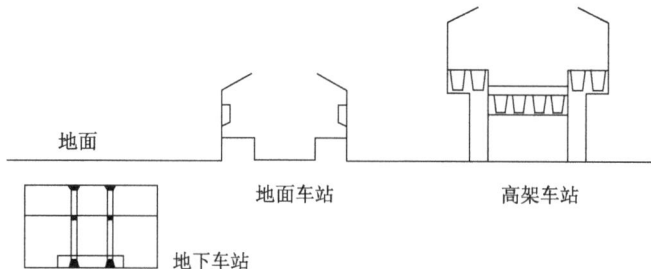

图 5-1　按车站与地面相对位置分类示意图

a)高架车站

b)地面车站

c)地下车站

图 5-2　按车站与地面相对位置分类示例

（2）地面车站。地面车站结构位于地面,其建造工程量相较于地下车站和高架车站要小,而且布局较为灵活,可依据周边建筑环境灵活安排。因为车站设置在地面,乘客进出车站无须经过过渡空间,一般在售票厅售检票后可直接进入站台空间,通常不设置楼梯、自动扶梯和无障碍电梯,更便于乘客使用,尤其方便行动不便者。此外,地面车站避免了地下车站的诸多缺点,通过建筑结构可保证室内正常通风与采光,既能节省机械通风成本,安全疏散也较为容易。

（3）高架车站。高架车站结构位于地面高架桥之上,不可避免地会受到行车噪声干扰,虽然占用城市用地较少,但会产生永久性阴影区。与地下车站相比,其施工相对容易且能节约工程造价。对于高架车站铺设的地面线路,应采取降低噪声、减少振动和降低对生态环境影响的措施,使其符合国家现行设计标准。

2. 按埋深分类

按埋深可将车站分为浅埋车站与深埋车站。一般而言,当车站的轨顶距地表在 20 m 以内时,该车站称为浅埋车站;当车站轨顶距地表超过 20 m 时,则称为深埋车站,如图 5-3 所示。

3. 按运营性质分类

按照运营性质的不同,车站可划分为始、终点站,中间站,区间站和换乘站等,如表 5-1 及图 5-4 所示。

图 5-3　重庆轨道交通 9 号线红岩站(埋深约 94 m)

地铁车站按运营性质分类　　　　　　　　　　　　　　表 5-1

序号	车站类型	说明
1	始、终点站	位于线路的两端,通常设在郊外,并设有线路折返线及相应设备。机车车辆可以在此折返,并可作为列车停留及临时检修用
2	中间站	供乘客中途上、下车之用。中间站的通过能力决定着整个线路的最大通行能力
3	区间站	因线路上的客流量分布是不均匀的,所以在客流量集中的线段两端的车站设置折返线,以便在客流高峰区段内增开区间列车,利于客流的疏散。该位置处的车站即为区间站
4	换乘站	位于地铁不同线路交叉点的车站。除供乘客上、下车之外,还可由此站经楼梯、地道等通道去其他站层,换乘另一条线路的列车

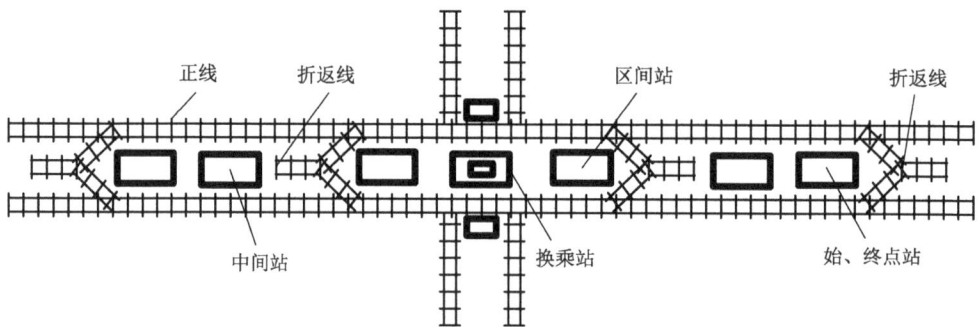

图 5-4　地铁车站按运营性质分类示意图

4. 按车站站台形式分类

地铁车站按站台与正线之间的位置关系,可分为岛式车站,侧式车站以及岛、侧混合式车站等 3 种基本类型。

1)岛式车站

岛式车站的站台位于上、下行车线路之间(图5-5)。设有岛式站台的车站被称为岛式站台车站(简称岛式车站),这是一种较为常用的车站形式。岛式车站便于乘客在车站上换乘不同方向的车次,具有站台利用率高、可灵活调剂客流、方便乘客使用等优点。

2)侧式车站

侧式车站的站台位于上、下行车线路的两侧(图5-6)。拥有侧式站台的车站称为侧式站台车站(简称侧式车站),这同样是一种常用的车站形式。侧式站台适用于轨道布置相对集中的情况,有利于在区间采用大隧道或双圆隧道实现双线通行,具有一定的经济性。不过,在城市地下工况复杂时,大隧道双线通行往往欠缺灵活性。此外,候车乘客在换乘不同方向的列车时,必须通过天桥来转换,这可能会对乘客的便利性和通行流畅性产生影响。

3)岛、侧混合车站

岛、侧混合式车站是将岛式站台和侧式站台共同设置在一个车站内(图5-7)。岛、侧混合式车站可实现乘客同时在路线两侧的站台上、下车。

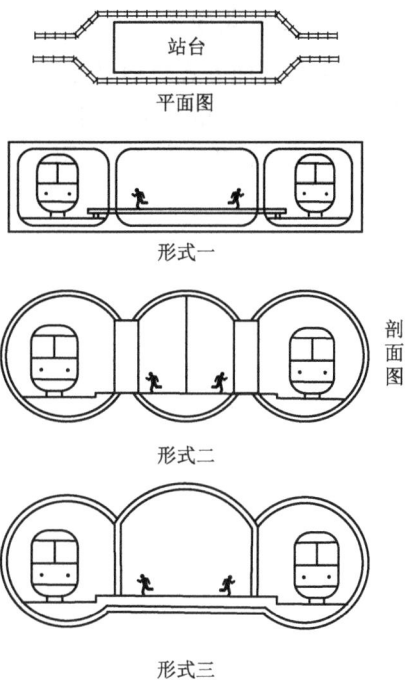

图5-5 岛式车站示意图

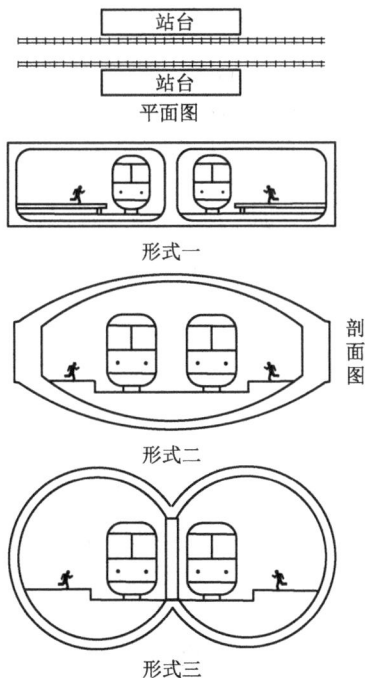

图5-6 侧式车站示意图

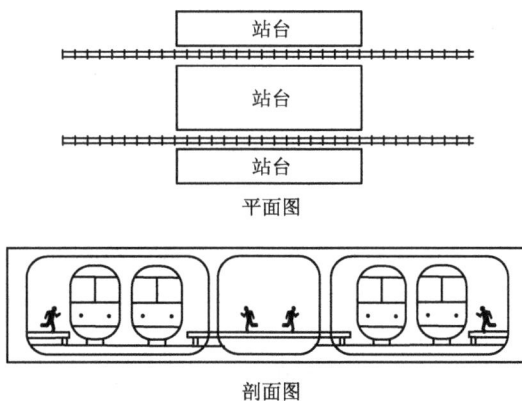

图5-7 岛、侧混合式车站示意图

5. 其他方式分类

也可按其他方式对地铁车站类型进行分类。例如,按结构类型将其分为矩形箱式结构[如按明挖法施工的框架结构,图 5-8a)]、圆形结构或椭圆形结构[如用喷锚暗挖法施工的车站和用盾构工法施工的车站,图 5-8b)]。

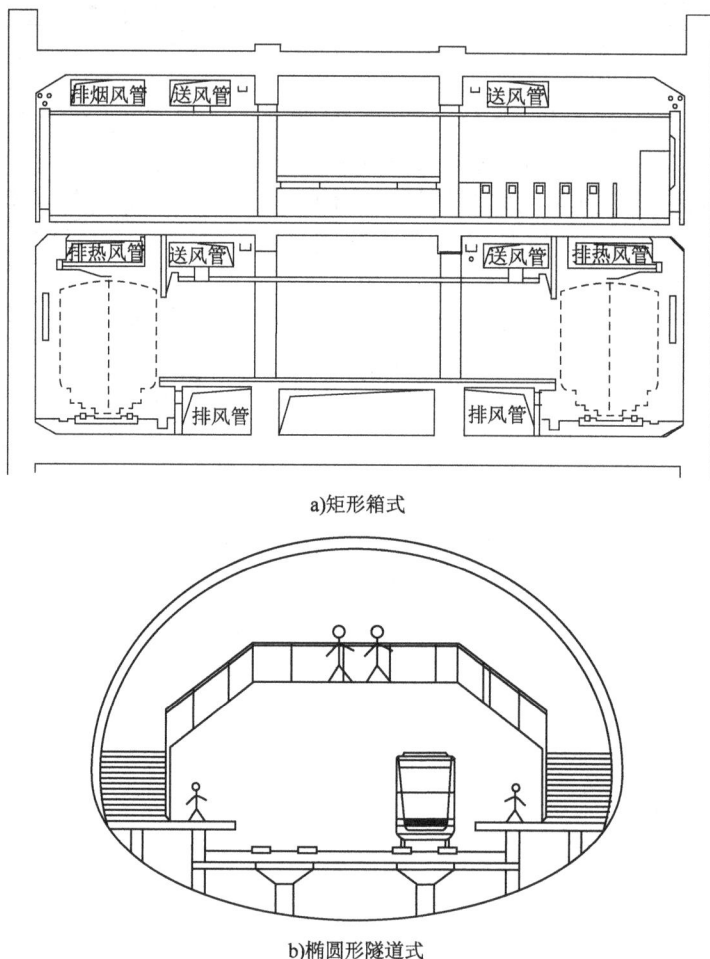

a)矩形箱式

b)椭圆形隧道式

图 5-8　矩形箱式和椭圆形隧道式结构车站

5.1.2　地铁车站与外部联系

由于轨道交通是为解决社区拥挤的交通问题应运而生的,因此地铁线路大多在市区内穿行。作为地铁链式结构中的节点,地铁车站不可避免地会受到已形成的建筑、道路等固有因素的影响,这些限制因素还包括规划、拆迁、投资、政治和人文等方面,正是这些限制导致了各类地铁车站类型的产生。

例如,若车站规划要求在交叉路口地下,其出入口往往要兼作过街通道,这会对车站的长度和宽度产生影响。此外,地铁车站与相关物业合建也会形成不同的车站形式。而且,个别规模较大、处理难度较高的市政设施(如管线)、自然条件(如河流)等,会对车站的站位及施工方法形成限制,从而导致暗挖车站的出现。

5.1.3 地铁车站内部空间组成

地铁车站由车站主体、出入口及通道、通风道及地面通风亭三大部分组成。车站主体是列车在线路上的停车点,其作用是供乘客集散、候车、换乘及上下车,同时它是地铁运营设备设置的中心和办理运营业务的场所。站厅是地铁车站用于售票、检票、布置部分设备用房的地方,其布置方式与售票、检票方式相关,应使付费区与非付费区有明显的分隔,形成不同的功能分区。站厅剖面位置一般位于站台上方,通过楼梯或电梯与站台相连。除售票、检票区域之外,站厅内通常还设有商业服务、休息、管理、设备等用房。出入口及通道是供乘客进出车站的建筑设施。通风道及地面通风亭的作用是保障地下车站有一个舒适的地下环境。地下车站必须具备以上 3 个部分。高架车站一般由车站主体、出入口及通道组成,地面车站一般仅设车站主体和出入口。

5.2 结 构 方 案

5.2.1 地铁车站结构选型的原则

地铁车站应依据规模、运行要求、地面环境、地质条件和技术经济指标等因素,来选择适宜的车站结构形式与施工方法。车站结构的净空尺寸要满足建筑、设备、使用以及施工工艺等方面的要求,同时要考虑施工误差、结构变形和后期沉降所带来的影响。

5.2.2 地铁车站结构形式

地铁车站的形式主要包括采用明挖法施工的车站结构、采用盖挖法施工的车站结构、采用矿山法施工的车站结构以及采用盾构法施工的车站结构。

1. 采用明挖法施工的车站结构

明挖法指的是在进行地铁施工时,先挖开地面,按照从上向下的顺序开挖土石方,直至达到设计高程,随后从基底开始,由下向上开展结构施工,待地下主体结构完工后,再回填基坑并恢复地面的施工方法。明挖法适用于地面具备敞口开挖条件且有足够施工场地的情形。当车站站位设置在现状道路范围之外,或者位于现状道路下方且施工能够暂时中断交通,又或者可结合地面及道路拓宽来疏散交通客流时,便可以采用明挖法施工。明挖车站可采用矩形框架结构或拱形结构,在选择车站结构形式时,既要满足功能方面的要求,又要兼顾经济性与美观性,使其能够与周边交通以及建筑相协调。

1)矩形框架结构

矩形框架结构是明挖车站中最为常见的形式,它能够依据功能要求被设计成单层、双层、单跨、双跨或者多层、多跨等多种形式。侧式车站通常采用双跨结构;岛式车站大多采用三跨结构,其站台宽度一般不超过 10 m,在站区也常常采用双跨结构,有时候则会采用单跨结构。在道路比较狭窄的地段修建地铁车站时,还可以考虑采用上下行线重叠的结构,具体可参照图 5-9、图 5-10 和图 5-11。

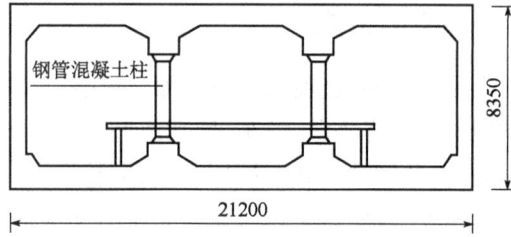

图 5-9　单层三跨矩形车站(尺寸单位:mm)

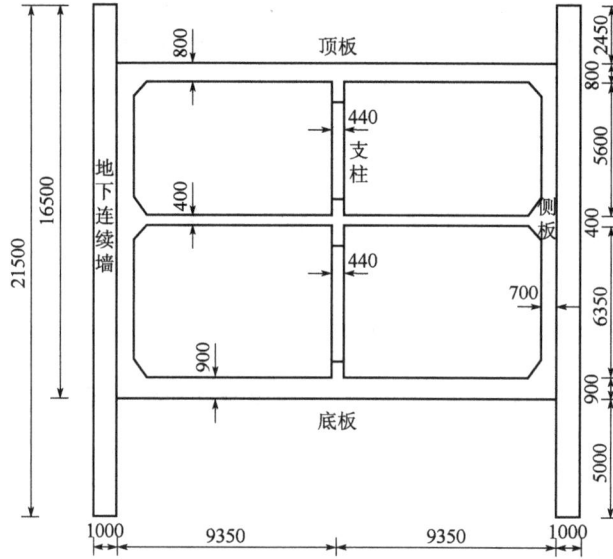

图 5-10　双层双跨矩形车站(尺寸单位:mm)

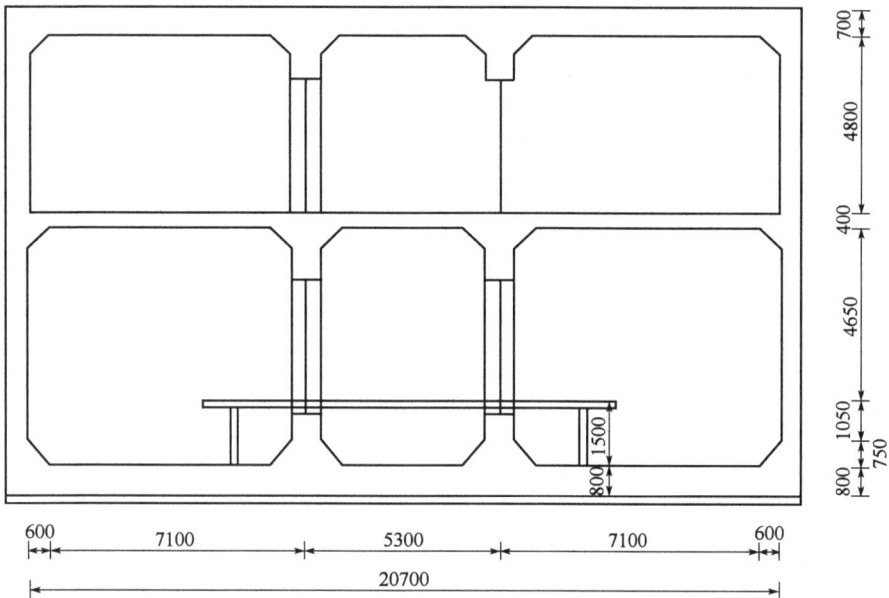

图 5-11　双层三跨矩形车站(尺寸单位:mm)

2）拱形结构

在站台较窄的单跨单层或单跨双层结构中可采用拱形结构,这样能获得较好的建筑艺术效果。莫斯科地铁在拱顶覆土较浅的车站采用了一种断面形式,其结构由拱形顶板的变截面单跨斜腿钢架和平底板组成,墙角与底板之间采用铰接设计,并且在外侧设置整体浇筑的挡墙,以此来抵御钢架的水平推力,如图 5-12 所示。

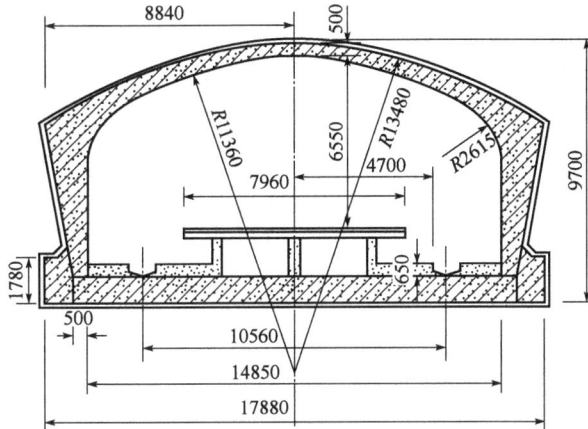

图 5-12 莫斯科地铁车站(尺寸单位:mm)

3）整体式结构与装配式结构

现浇钢筋混凝土结构具有优异的防水性和抗震性能,能够适应不同结构体系的变化,并且不需要大型起吊和运输设备,因此在我国地铁工程中得到了广泛应用。

装配式结构可通过批量生产构件,使质量控制更加容易,施工速度也会加快,尤其适用于定型车站的建设。不过,装配式结构的接头往往是防水效果的薄弱环节。后来发展出一种新的结构形式,即底板和边墙采用现浇构件,顶板及内部梁、板、柱等使用装配式构件,形成了部分装配式结构。

2. 采用盖挖法施工的车站结构

盖挖法是先在地面构筑临时或永久路面系统维持交通,然后进行地铁车站建设的一种方法。这种方法尤其适用于地质条件松散且隧道位于地下水位以上的区域。根据临时路面系统的构成和建造顺序,盖挖法可分为 3 种类型:盖挖顺作法、半逆作法和逆作法。盖挖顺作法在操作上类似于明挖法,而半逆作法和逆作法相似。

在盖挖车站的结构设计中,通常采用矩形框架,这和明挖车站的设计相同,但施工方法与顺序存在差异。一般而言,盖挖车站采用与围护墙结合的现浇成型方式。特别是在软土地区,车站的围护结构多采用地下连续墙或钻孔灌注桩。地下连续墙不仅可作为侧墙的主体部分,还能与内部的现浇钢筋混凝土共同形成双层衬砌结构;单层地下连续墙可独立作为侧墙。在选择单层或双层结构时,需要综合考虑工程成本、进度、整体结构的稳定性及防水性能等因素,并依据不同的地质和环境条件来决策。

单层侧墙和地下连续墙在施工阶段充当基坑的围护结构,建成后则成为主体结构的侧墙。内部的结构板直接与单层侧墙连接,同时可在地下墙中设置"锥螺纹钢筋连接器",保障连接处的强度和稳定性。在砂性土壤中,不建议使用单层侧墙。双层侧墙和地下墙在施工阶段作为围护结构使用,回填时在地下墙的内侧浇筑钢筋混凝土侧墙,使其与先前施工的地下墙共同承受使用阶段的水土侧压力,板与双层墙构成现浇的钢筋混凝土框架结构。

3. 采用矿山法施工的车站结构

在经过交通繁忙区域或其他不允许封闭路面,且地铁车站位于稳定岩石层、地下水不丰富的情况下,可以考虑采用矿山法施工。在设计阶段,必须对车站结构设计方案和施工方法的可行性进行论证,并通过技术经济比较确定最佳方案。

矿山地铁车站的结构断面形式需要综合考虑围岩条件、使用要求、施工工艺以及开挖断面的规模等因素,从围岩稳定性和环境保护等角度出发,合理选择断面形状,通常建议采用连接圆顺的马蹄形断面。若围岩条件较好,可以采用拱形与直墙或曲墙相结合的设计;而在软岩和砂土地层中,则需要设置仰拱或受力平底板以增强稳定性。

采用矿山法施工的地铁车站可设计为单拱、双拱或三拱结构,并可根据实际需要,灵活设置为单层或双层结构。

1)单拱车站隧道

这种结构形式由于可获得宽敞的空间和宏伟的建筑效果,在岩石地层中采用较多。近年来国外在第四纪地层中也有采用这种结构形式,但施工难度大、技术措施复杂、造价较高(图5-13)。另外,这种结构可作为单层岛式站台车站或单层侧式站台车站使用,不过这两种车站隧道均需另外设置客流进出站台的通道。

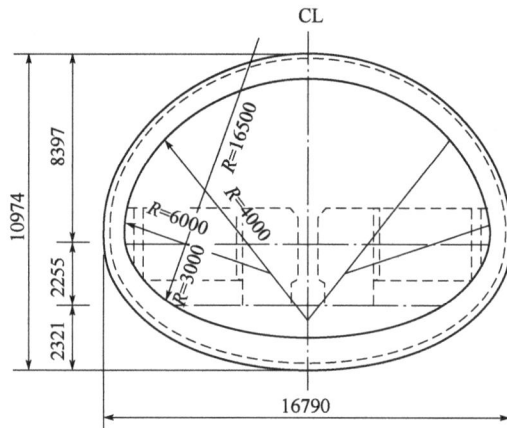

图5-13　日本横滨地铁三泽下街车站(尺寸单位:mm)

2)双拱车站隧道

双拱车站有两种基本形式,即双拱塔柱式和双拱立柱式(图5-14)。在两个主隧道之间,间隔一定距离设有横向联络通道,双层车站还可在其中设置楼梯间,两个主隧道的净距一般不小于主隧道开挖宽度的一倍。双拱立柱式车站早期多在石质较好的地层中采用,随着新奥法的出现,这种形式近年来在岩石地层中已逐渐被单拱车站取代。单层双拱式车站有岛式站台和侧式站台两种,需另规划进出站台的途径。

3)三拱车站隧道

三拱车站也有塔柱式和立柱式两种基本形式,但三拱塔柱式车站现已很少采用,土层中大多采用三拱立柱式车站,此种车站一般为岛式车站,如图5-15所示。

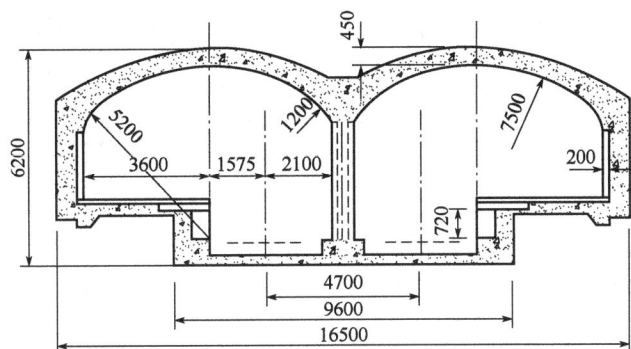

图5-14 双拱立柱式车站实例(尺寸单位:mm)

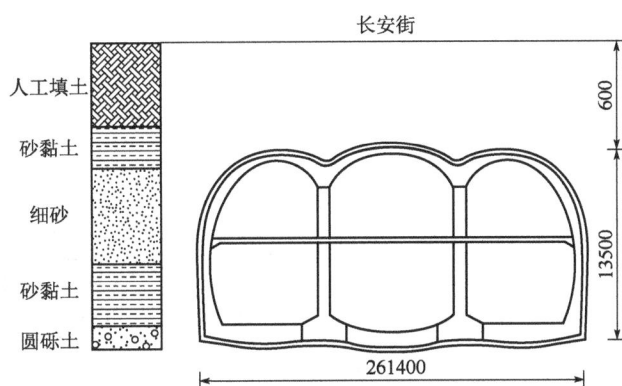

图5-15 三拱立柱式车站(尺寸单位:mm)

4.采用盾构法施工的车站结构

盾构车站的结构形式受到所选盾构机类型、施工方法和站台设计的影响。传统上,盾构车站常采用单元盾构或将其与半盾构及矿山法结合的方式进行构建。近年来,新型的多盾构技术进一步拓展了盾构车站的设计可能性。盾构车站的站台主要有3种基本形式:侧式站台、岛式站台及侧式与岛式的混合型。

1)两个并列的圆形隧道组成的侧式站台车站

侧式站台车站由两个并列的圆形隧道组成,每个隧道内部设有轨道和站台。隧道内径受到站台宽度、列车限界和供电方式的制约,适用于客流量较小且道路条件较紧凑的站点。其技术难点在于设计与施工横通道的方案。如图5-16所示。

2)由3个并列的圆形隧道组成的三拱塔柱式车站

三拱塔柱式车站由3个并列的圆形隧道构成,侧面为行车隧道,中间隧道作为集散厅,并通过横向通道连接所有隧道。乘客可通过中间隧道或车站中心的竖井进入集散厅。由于其宽度通常达到28~30 m,适用于客流量中等的车站,通常在较宽的道路段中建设。如图5-17所示。

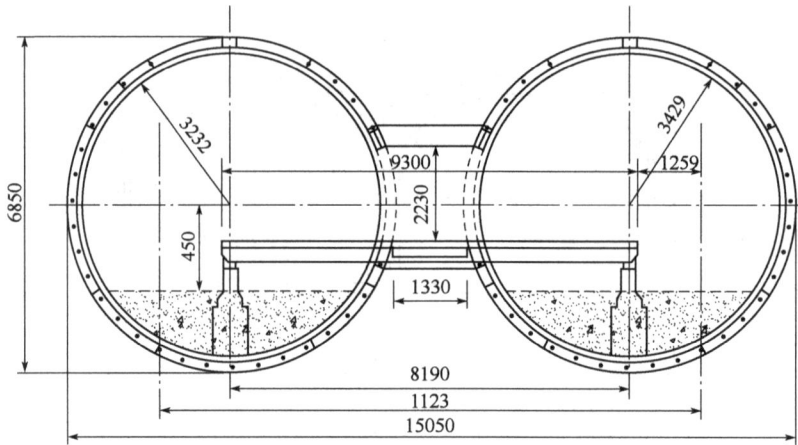

图 5-16 伦敦地铁盾构车站(尺寸单位:mm)

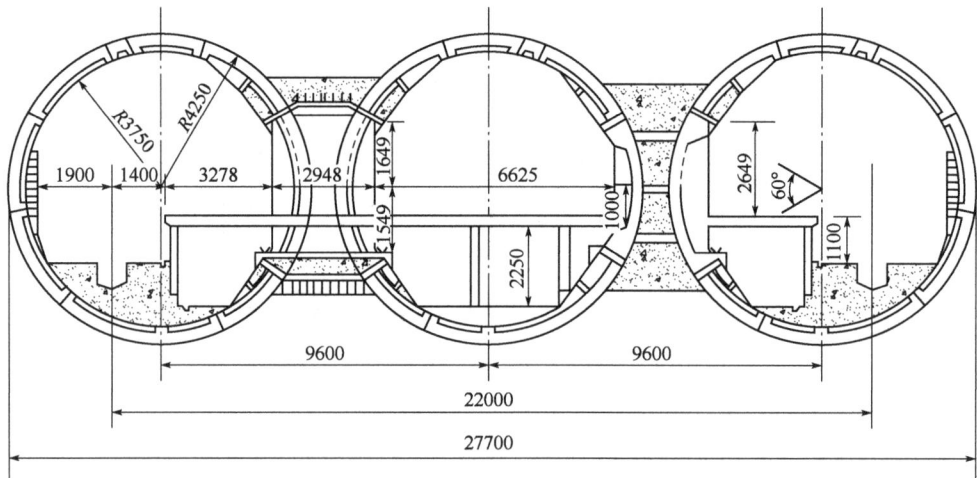

图 5-17 乌克兰基辅地铁三拱塔柱式车站(尺寸单位:mm)

3)立柱式车站

传统立柱式车站为三跨结构,选用单圆盾构开挖两旁侧隧道,然后施工中间站厅部分,将其连成一体。中部站厅根据施工方法的不同,可以为拱形或平顶的。两旁侧隧道的拱圈及中间隧道的拱圈支承于纵梁及立柱上。这种形式的车站也称为眼镜形车站,是一种典型的岛式车站,乘客从车站两端的斜隧道或竖井进入站台。站台宽度应满足客流集散要求,一般不小于10 m,站台边至立柱外侧的距离不小于2 m。

传统型的立柱式车站施工工序多、工程难度大、造价也高,但它具有总宽度较窄,能满足大客流量需求的优点,总宽度一般可以控制在 20 m 左右。如图 5-18 和图 5-19 所示。

日本针对传统盾构车站存在的不足,研发出了一种多圆形盾构,这种创新设计使得盾构在组装或拆卸后,能够同时适用于地铁区间隧道与车站隧道的施工,实现车站断面的一次性开挖成型。在以往的盾构施工中,承载结构一般是由球墨铸铁管片构成的装配式衬砌。不过,随着管片生产工艺的进步以及高强度混凝土的应用,深埋车站的衬砌逐渐被钢筋混凝土管片所取代,这些钢筋混凝土管片通常设置在相对稳定的地层中。即便如此,在受力较为复杂的区域,比如圆形结构的交会部位或浅埋车站,铸铁管片或钢板与钢筋混凝土复合管片仍然被广泛使用。对于盾构车站中采用矿山法施工的部分,通常会采用橡胶钢筋混凝土衬砌,而主隧道与横通道的结合部位也可以使用铸铁管道和钢板衬砌。

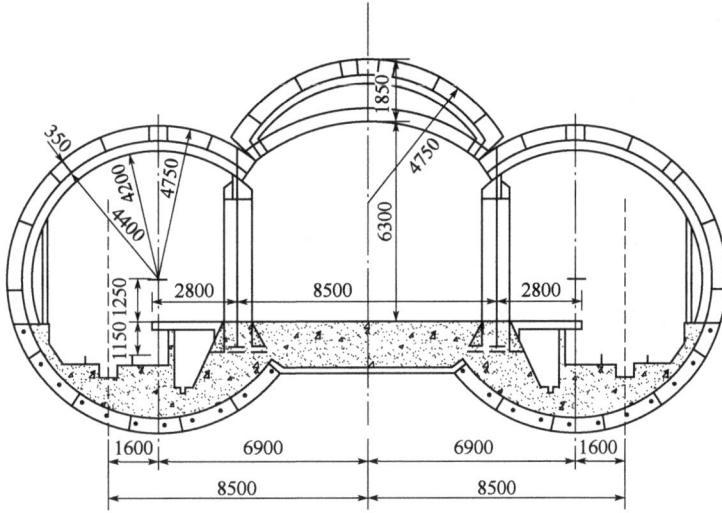

图 5-18 莫斯科地铁三拱立柱式车站(尺寸单位:mm)

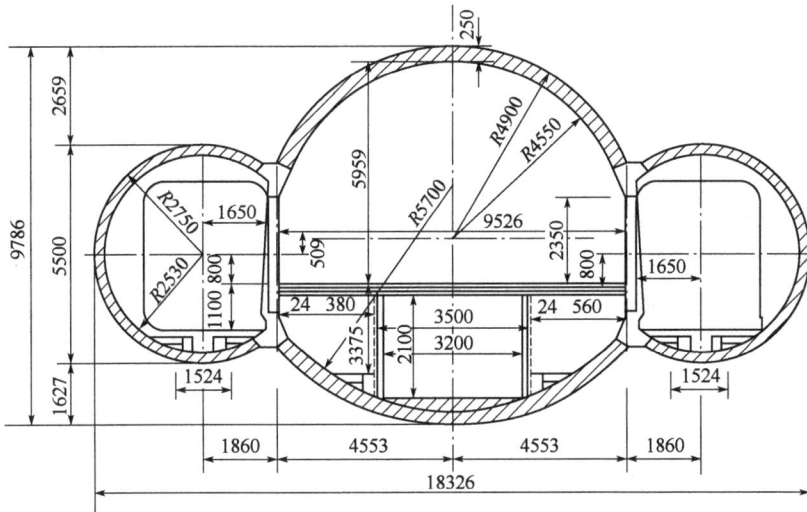

图 5-19 圣彼得堡地铁三拱立柱式车站(尺寸单位:mm)

5.3 明挖车站结构设计

5.3.1 地铁车站结构设计内容及流程

1.设计内容

地铁车站结构设计内容如下。

(1)围护结构设计。

（2）主体结构设计。

（3）结构防水设计、防灾监测、施工场地布置、管线迁拆、施工中的辅助措施等。

2．地铁车站结构设计的基本流程

（1）基础资料分析。分析车站周边环境、建筑地质、盾构施工筹划、总体设计院制定的技术要求和原则以及相关专业的资料。

（2）制订总体结构方案。确定施工方法及工况设定、墙体形式。

（3）围护结构设计。明确环境保护等级及安全性等级，进行围护结构方案设计、围护结构详细设计，并编制设计文件。

（4）主体结构设计。拟定结构尺寸、确定重要性等级、耐久性要求、缝的设置，确定分析模型及结构分析方法，进行结构配筋，并编制设计文件。

（5）防水设计。确定设计原则及防水等级、全包或半包形式，明确标准段、诱导缝处、施工缝处的防水设计。

5.3.2 车站围护结构设计

1．围护结构设计概述

明挖地铁车站需要进行基坑的支护与开挖，基坑工程的主要作用是为地下车站施工创造作业空间，并控制土方开挖和地下结构施工对周围环境可能产生的不良影响。因此，在车站结构设计过程中，设计人员需要学习土力学、基坑支护技术及相关技术规范，并能够灵活运用。基坑工程围护结构设计的基本要求如下：

（1）安全可靠。首先，要确保基坑工程自身的安全性，为地下结构施工营造安全的环境。其次，基坑施工必然会产生变形，这种变形可能会干扰周围建筑物、地下构筑物及管线的正常运行，甚至对周边环境安全构成威胁。因此，基坑工程必须保障周围环境的安全。

（2）经济合理。基坑围护结构属于临时性结构，在地下结构施工完成后其功能便结束。因此，在保证基坑自身安全和周围环境安全的前提下，应从工期、材料、设备、人工以及环境保护等多方面综合考虑，尽量降低工程成本，保证其经济合理性。

（3）技术可行。基坑围护结构设计不仅要遵循基本的力学原理，还要具有经济、便捷的可实施性。例如，设计方案是否与施工机械适配、施工机械是否有足够的施工能力以及费用是否合理等都是需要考量的因素。

（4）施工便利。基坑的主要功能是为地下结构施工提供空间，因此必须在确保安全、经济的基础上，最大限度地满足施工便利的要求，尽量采用合理的围护方案，减少对施工的影响，保障施工进度。

围护结构设计的内容包括依据设计原则和技术标准对比选择围护结构方案、拟定围护结构主要尺寸及参数、选定支撑体系、确定荷载图式及计算图式、对围护结构不同工况进行计算与验算、绘制车站围护结构设计图纸。

2．围护结构的类型及选择

在确定结构施工方法之后，车站建筑的经济性受围护结构的影响显著，因此选择合适的围护结构极为关键。对于软土地区的地铁车站而言，施工阶段通常采用地下连续墙、钻孔灌注桩、人工挖孔桩以及(水泥)土混和墙施工法(Soil Mixing Wall,SMW)作为围护结构。地下连续墙既可以作为主体侧墙的一部分,与内部现浇的钢筋混凝土共同构成双层衬砌结构,也可以单层地下连续墙形式充当主体侧墙。在选择单层墙还是双层墙时,需要综合考虑工程造价、结构整体性、防水性能以及施工处理等多种因素,以此来适应不同的地质条件和周边环境。

常用的围护结构,其优缺点如表5-2所示。

围护结构方案比较表 表5-2

围护结构形式	优点	缺点
地下连续墙	(1)技术相对成熟; (2)适用于各种地层,以及复杂周边环境工程;特别是止水要求严格的基坑支护	(1)工程投资高; (2)施工机具要求较高,施工工艺复杂; (3)施工技术要求高; (4)施工机具占用场地较大; (5)废弃泥浆等对环境有污染; (6)基坑开挖时需另设支撑
人工挖孔桩	(1)技术成熟,施工工艺简单,操作方便; (2)施工精度易控制; (3)占用场地小; (4)施工进度较快; (5)对周边环境影响较小	(1)与放坡开挖及土钉墙等相比,工程投资相对较大; (2)受地质条件的限制较大,一般不宜用于淤泥及含水砂层; (3)其适用范围受到严格限制,并有逐渐淘汰的趋势
钻孔灌注桩	(1)技术相对成熟,工艺相对简单; (2)适用于各种地层,受地质条件的限制较小; (3)单桩成孔时间短,施工进度快	(1)在含水地层使用还需配以止水措施,工程投资综合较高; (2)对环境有一定影响; (3)基坑开挖时需另设支撑
土钉墙	(1)技术成熟,施工工艺简单,操作简单,难度小; (2)施工精度易控制; (3)工程投资小; (4)由于不需设置支撑,对主体结构施工的影响小	(1)土钉锚杆的设置,对后续邻近工程可能有一定影响; (2)对砂层需降水处理; (3)土钉墙需按一定坡度设置,基坑施工场地相对较大
放坡开挖	(1)施工简单,施工难度小; (2)施工进度较快; (3)由于不须设置支撑,主体结构施工方便	(1)由于自然放坡的坡率大,若基坑较深则基坑开挖面积大,工程投资相对较大; (2)占用场地大,对环境有影响
套筒咬合钻孔灌注桩	(1)技术相对成熟,综合造价低; (2)适用于强风化、全风化及各类土层; (3)适宜地层中单桩成孔时间短,施工进度快; (4)与钻孔灌注桩相比,桩间咬合达到止水,不需另外设置止水桩; (5)与钻孔灌注桩相比,不须进行泥浆处理,对环境影响小	(1)须动用钻孔机具及套筒工具,施工工序较复杂; (2)在中、微风化及大粒卵石等地层施工困难; (3)混凝土配比技术要求高; (4)成桩精度要求高(特别是垂直度); (5)基坑开挖时需另外设置支撑
SMW工法桩	(1)技术相对成熟,综合造价低; (2)防渗、止水性能好,对内衬约束小; (3)与排桩相比,不需另外设置止水帷幕	(1)结构刚度小,适用于浅基坑; (2)受机具限制,成桩长度受限; (3)基坑开挖时需另外设置支撑; (4)不适用于硬塑以上的土层

我国地域辽阔,各地工程地质和水文地质条件差异巨大,因此各地地铁基坑工程的安全等级分级标准并不相同。在开展工程设计时,应当依据建筑场地的工程地质、水文地质条件以及基坑周围环境条件和环境保护要求,因地制宜地确定基坑工程的安全等级,一般以"技术要求"的形式对其进行定义。

我国各城市地铁所采用的基坑工程的安全等级标准详见表5-3、表5-4,表中 H 代表基坑开挖深度。

广州地铁2号线、南京地铁1号线基坑工程的安全等级　　　表5-3

基坑等级	地面最大沉降量及围护墙水平位移控制要求	环境保护要求
特级	(1)地面最大沉降量≤0.1%H; (2)围护结构最大水平位移≤0.1%H,或≤30 mm,两者取最小值	(1)离基坑0.75H位置周围有地铁、燃气管、大型压力总水管等重要建筑市政设施并且必须确保安全; (2)开挖深度≥18 m,且在1.5H范围内有重要建筑、重要管线等市政设施或在0.75H范围内有非嵌岩桩基础埋深≤H的建筑物
一级	(1)地面最大沉降量≤0.15%H; (2)围护结构最大水平位移≤0.2%H,且≤30 mm	(1)离基坑周围H范围内设有重要干线、在使用的大型构筑物、建筑物或市政设施; (2)开挖深度≥14 m且在3H范围内有重要建筑、管线等市政设施或在1.2H范围内有非嵌岩桩基础埋深≤H的建筑物
二级	(1)地面最大沉降量控制在≤0.3%H以内; (2)围护结构最大水平位移≤0.4%H,且≤50 mm	仅基坑附近H范围外有必须保护的重要工程设施
三级	(1)地面最大沉降量控制在≤0.6%H以内; (2)围护结构最大水平位移≤0.8%H,且≤100 mm	环境安全无特殊要求

上海地铁基坑工程的安全等级　　　表5-4

基坑等级	地面最大沉降量及围护墙水平位移控制要求	环境保护要求
一级	(1)地面最大沉降量≤0.1%H; (2)围护结构最大水平位移≤0.14%H	基坑周边0.7H范围内有地铁、共同沟、燃气管、大型压力总水管等重要建筑或设施
二级	(1)地面最大沉降量≤0.2%H; (2)围护结构最大水平位移≤0.3%H	离基坑周围0.7H范围内无重要管线或建(构)筑物;离基坑周边(0.7~2)H范围内有重要管线或在用管线、建(构)筑物
三级	(1)地面最大沉降量≤0.5%H; (2)围护结构最大水平位移≤0.7%H	离基坑周围2H范围内没有重要或较重要管线、建(构)筑物

基坑保护等级要求较高时,宜采用刚度大、止水性好的围护结构,根据以上比选,围护结构初步按如下原则选用。

(1)对于10 m以下基层(出入口、风道结构)。在场地条件允许时,优先考虑最经济的放坡开挖,不具备相应场地情况下,采用重力式挡土墙、土钉、SMW工法桩等支护形式。

(2)对于10~15 m基坑(单层站)。该类基坑可选用SMW工法桩、钻孔咬合桩、钻孔桩、人工挖孔桩、地下连续墙。

（3）对于 15～18 m 基层（双层站）。该类基坑可选用人工挖孔桩、钻孔灌注桩、地下连续墙围护。

3. 围护结构与主体结构的组合方式

将地下连续墙、灌注桩等基坑支护结构整合到主体结构中，不仅可以显著降低工程成本，而且能够有效减少资源浪费，符合可持续发展理念。在我国，许多明挖地铁车站的设计都采用了这一策略，围护结构的组合形式与防水方案紧密相关。主体结构的侧墙主要有 3 种形式：单一墙、叠合墙和复合墙。以地下连续墙为例，这种设计把围护结构和地下主体的外墙相结合，形成了更高效、经济的施工解决方案，如图 5-20 所示。

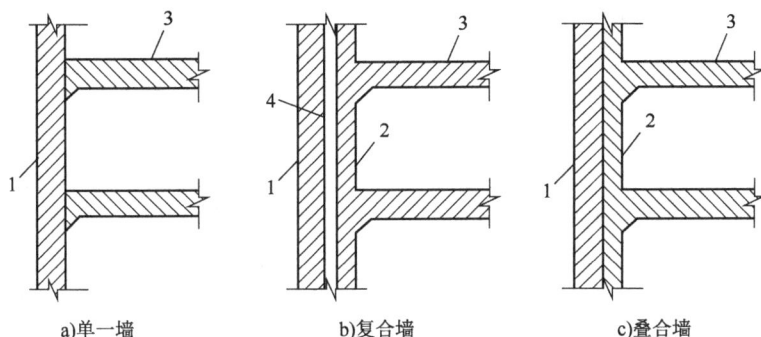

图 5-20　地下连续墙与地下结构外墙组合方式
1-地下连续墙；2-衬墙；3-楼盖；4-衬垫材料

1）单一墙结构

围护结构可直接作为主体结构的外墙，需借助构造措施保障其与各层板（水平构件）紧密结合。这种设计的主要优点是结构相对简单，内部无须额外的受力外墙，内外层钢筋能得到有效利用，在某些情形下可减少混凝土和钢筋用量。不过，该方法的节点构造比较复杂，需要在围护结构上预留接驳钢筋，并且对于防水措施，特别是节点部位的防渗，要进行专门处理。当采用单一墙结构时，围护结构宜选用连续墙，防水方案通常为半包防水，顶板需增加附加防水层。

2）叠合墙结构

叠合式结构的设计是在单一墙体结构的基础上，于围护结构内侧增设一层钢筋混凝土内墙，并保证围护结构与主体顶、中、底板节点处形成刚性连接。围护结构与内墙之间应全面凿毛或设置足够的连接筋，以确保二者形成一个整体结构。这种方式可增加墙体刚度，内墙的设置有效提高了防水性能，比单一式结构更具优势。然而，新旧混凝土的结合至关重要，因此内侧需要进行充分清理。此外，由于新旧混凝土干燥收缩不同，可能产生应变差异，进而引发较大的结构应力，增加内墙混凝土开裂的风险，并且此应力值也较难精确计算。采用叠合墙结构时，围护结构应选用连续墙，防水方案通常采用半包防水方式。

3）复合墙结构

在围护结构内部构建主体结构，并在二者之间添加隔离层（防水层）或其他支撑点，以此确保二者之间能传递压力，但不能传递拉力、剪力和弯矩。这种设计使主体结构的防水性能优于其他形式，且受力分析更清晰。在此情况下，围护结构一般选择柱列桩或连续墙，防水方案则实施全包防水，以确保整个结构的防水效果。

4. 内支撑系统

采用内支撑系统的深基坑工程一般由围护体、内支撑和竖向支撑 3 部分构成,其中内支撑与竖向支撑共同组成内支撑系统。该系统的优势在于无须占用基坑外部的地下空间,能增强整个支护结构的强度和刚度,并且支撑刚度较大,可有效控制基坑变形,因此在深基坑工程中得到了广泛应用。

1) 内支撑结构形式

内支撑的形式可从结构体系和材料这两方面来分类。从结构体系上看,主要分为平面支撑体系和竖向支撑体系;从材料方面来说,内支撑可采用钢支撑、钢筋混凝土支撑或者钢与混凝土的组合形式。内支撑系统的竖向支撑通常由钢立柱与立柱桩一体化施工而成,其主要功能是作为竖向承重结构,保障内支撑的纵向稳定,并提高支撑体系的空间高度。常用的钢立柱形式包括角钢格构柱、H 形钢以及钢管混凝土柱,立柱桩一般选择灌注桩。

2) 内支撑体系的选用

钢支撑因安装和拆卸速度快、能够通过施加预应力有效控制基坑变形,且可重复利用,在众多工程项目中广泛应用。通常,钢支撑适用于平面形状狭长的基坑。相比之下,钢筋混凝土支撑虽然承载能力较高,且可根据现场情况进行浇筑,能适应多种形状基坑的需求,但其造价高,且需要现场浇筑和养护。基坑施工完成后,钢筋混凝土支撑的拆除在经济性和工期方面不如钢支撑有优势。为节约工程造价和便于施工,一般情况下,深基坑的第一道支撑系统采用钢筋混凝土支撑,这对于减小围护体水平位移、保证围护体整体稳定有着重要作用。为加快施工速度和节约工程造价,第二级以下各道支撑系统可采用钢支撑。

5. 围护结构设计计算原理及方法

1) 围护结构计算方法对比

明挖车站围护结构设计计算方法与一般深基坑支护结构体系的计算方法是相同的。目前,主要运用两种方法来进行支护结构的受力计算:朗肯经典土压力法和弹性地基梁法。

朗肯法以传统的极限平衡理论为基础,它不考虑围护结构与土体之间的相互作用,通过经典土力学理论计算主动土压力和被动土压力,进而确定嵌固深度、最大弯矩及截面位置,最终完成支护结构设计。

而弹性地基梁法考虑了支护结构与周围土体之间的变形协调关系,将支护结构看作位于弹性支座上的梁,通过求解支护桩的变形和弹性抗力,进而计算最大弯矩值和最大弯矩截面位置,以此来进行设计。

总体而言,当前在支护结构受力计算方面,弹性地基梁法这种数值计算方法被广泛采用。相较于朗肯经典土压力法,它计算简便且结果更理想,在《建筑基坑支护技术规程》(JGJ 120—2012)中,推荐采用平面杆系结构弹性支点法(即弹性法)进行计算分析,计算过程如图 5-21 所示。

2) 弹性法分类

弹性法又分为 K 法、m 法和 c 法,这 3 种方法对弹性抗力系数采用了不同的假定,弹性抗力系数分别为定值(K 法)、随着深度线性变化(m 法)、随着深度非线性变化(c 法)。在《建筑基坑支护技术规程》中采用的是 m 法,其中土的水平反力系数的比例系数 m 值宜按桩的水平荷载试验及地区经验取值。在缺少经验或试验时可采用经验公式(5-1)计算。对于有经验的地区,可直接采用 m 值进行计算,但当水平位移大于 10 mm 时,则不能严格按照式(5-1)计算,应进行适当修正。

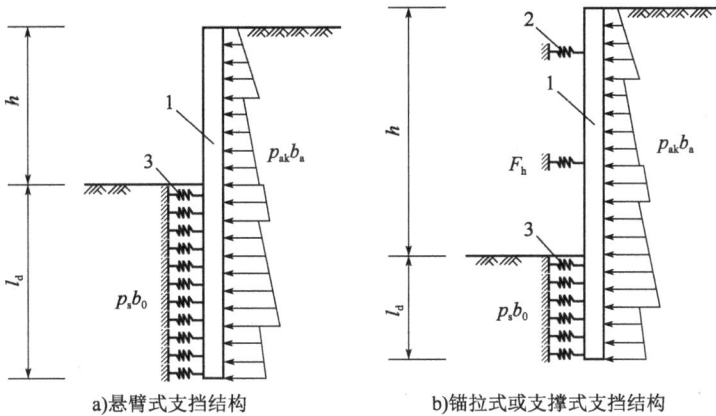

图 5-21 弹性支点法计算图

a)悬臂式支挡结构 　　 b)锚拉式或支撑式支挡结构

$$m = \frac{0.2\phi^2 - \phi + c}{v_b} \tag{5-1}$$

式中:m——土的反力系数的比例系数(MN/m^4);

　　　c、ϕ——土的黏聚力(kPa)和内摩擦角($°$);

　　　v_b——挡土结构在坑底处的水平位移量(mm)。

6. 围护结构受力分析方法

目前,围护结构的计算普遍采用弹性法。该方法的核心是将围护墙当作竖向弹性地基上的结构,运用具有压缩刚度的等效弹簧来模拟地层对墙体变形的约束。通过这种方式,可以有效地对施工进展进行追踪,并开展阶段性计算。

弹性法的优势在于它能够充分体现基坑开挖和回填过程中,诸如加撑、拆撑和预加轴力等各种因素对围护结构受力产生的影响。此外,在逐步计算过程中,这种方法还考虑了结构体系受力的连续性,因此在国内工程界,它被广泛视作一种优秀的深基坑围护结构计算方案。

当围护结构属于主体结构的一部分时,弹性法还能有效模拟围护墙刚度和结构组成在施工过程中发生变化的复杂情况,尤其适用于地铁结构的受力分析。在竖向弹性地基梁模型的基础上,依据内部结构的施工顺序,可以将其转化为弹性地基上的框架模型,进而求出地铁车站结构在施工至长期使用各个阶段的内力与变形。这种方法为工程设计提供了更准确、更详尽的依据。根据加载方式的差异,当前国内分析地下车站结构的基本方法有"总和法"和"增量法"。

1)总和法

其典型实例是围护结构仅作为临时结构,即明挖基坑在开挖和加撑阶段对围护墙的受力分析。此时,在这一模型中,水平构件(如支撑、锚杆及主体结构的各层板)被简化为仅具拉压刚度的弹簧。通过已知的外荷载,包括各施工阶段实际施加在结构上的土压力和其他荷载,可以在支撑位置考虑设置支撑前墙体已产生的水平位移。这一方法允许直接计算当前施工阶段完成后结构的实际位移和内力,从而为后续的设计和施工提供可靠的依据。计算图式如图 5-22所示。

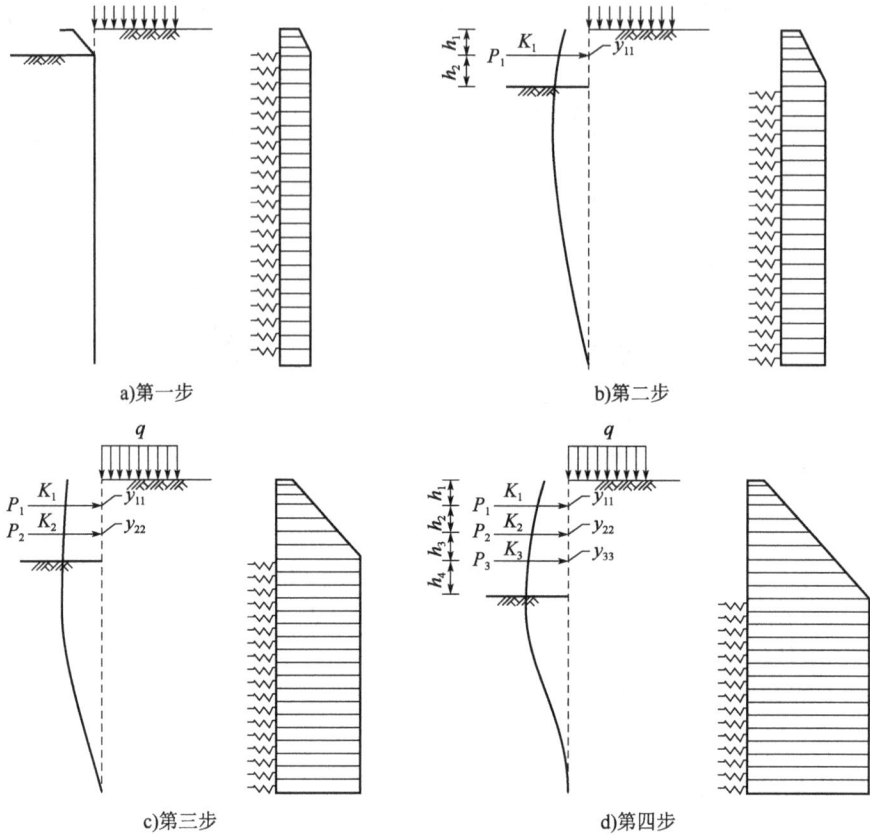

a)第一步　　　　　　　　　　　b)第二步

c)第三步　　　　　　　　　　　d)第四步

图 5-22　总和法计算简图

图 5-22 中,每步算出的内力、位移均为当前结构的内力、位移,无须与上、下步工况叠加。

2)增量法

其典型实例包括逆筑法结构、叠(复)合结构。在运用增量法开展计算时,外荷载以及所求得的结构位移和内力都是以相对于前一个施工阶段完成后的增量作为基础。本阶段的增量内力和位移需要与之前所有阶段的增量内力和位移进行叠加,这样才可以获取当前施工阶段完成后结构的实际位移和内力。这种方法保障了对各个施工阶段的变形和受力情况进行全面考量,进而提升了计算的精确性和可靠性。增量法的计算图式可参考图 5-23。

工况一:第一步计算所得内力、位移;

工况二:第一步 + 第二步所得内力、位移;

工况三:第一步 + 第二步 + 第三步所得内力、位移;

工况四:第一步 + 第二步 + 第三步 + 第四步所得内力、位移。

3)计算方法的选用

上述两种方法在地铁设计中均可使用,它们适用于不同的施工工法和结构形式。在明确这两种工法各自的适应性之前,首先要对地铁结构的受力特点加以分析。

地铁结构受力通常具有以下特点:

①结构的主要受力构件一般同时具备临时和永久功能,其形式、构件组合、刚度、支撑条件以及荷载状况在施工过程中会持续变化。

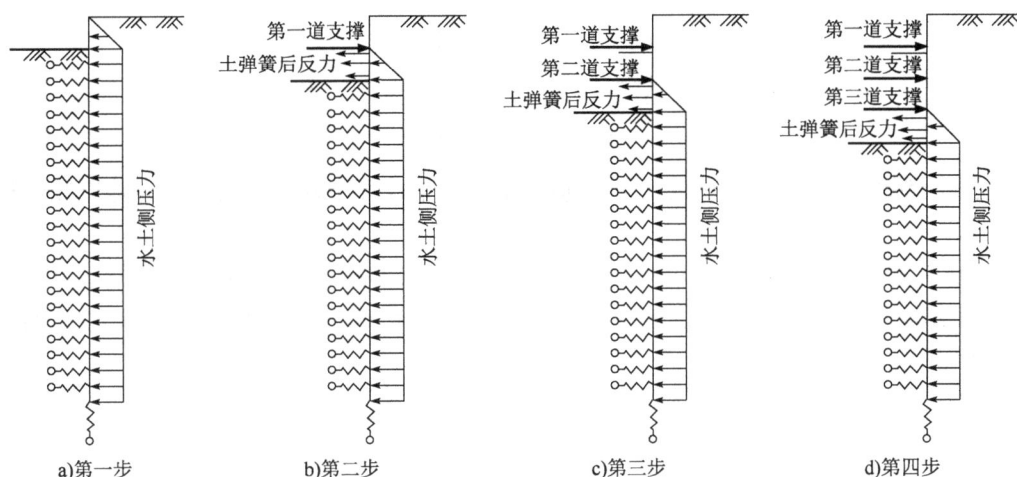

图 5-23 增量法计算图式

②结构的受力特性与施工方法、开挖步骤以及相关工程措施紧密相关。在施工期间,开挖、支撑、主体施工和倒撑等环节交替开展,使得结构体系内的应力转换频繁且复杂。

③此外,新施作的构件是在现有结构体系已经产生变形和应力的基础上进行的,因此其荷载效应具有连续性。这就要求在设计和计算过程中充分考虑前期阶段对后续阶段的影响,以此保障整体结构的稳定性和安全性。同时,这也意味着在施工过程中需要实时监测和调整,以应对可能出现的变化。

上述特点决定了结构体系中某些关键部位受力的最不利情形,往往并非出现在结构完工后的使用阶段。因此,传统的不考虑施工过程影响、在结构完成后一次性加载的计算模式,或者虽考虑施工阶段和荷载变化影响,但忽略结构受力连续性的分析方法,都无法反映结构的实际受力状况,依据此类方法进行的设计也未必安全。根据地铁相关规范,上述两种方法均可应用于地铁结构设计。但总和法从原理上看各个施工阶段都是独立计算的,在考虑结构体系变形连续性方面存在不足,虽说在开挖阶段于支撑处考虑了以前各阶段"先期位移"的影响,近似满足这一条件,然而在地铁车站的回筑阶段,要考虑主体结构的"先期位移"则极为困难,因此总量法一般仅用于开挖阶段,在回筑阶段通常考虑采用增量法进行计算。

基于上述论点,根据计算模型的正确性以及计算方法的难易程度来确定各种组合形式:

①叠合墙结构:采用增量法计算。

②复合墙车站:采用增量法计算。

③放坡开挖、临时结构:按总量法计算,此时侧向水压力应为全部水土荷载,通过总量法一次加载完成。

④单一墙车站:按增量法计算。加载方式与叠合墙基本相同,只是没有内衬墙,侧墙结构刚度保持不变。

⑤纵梁及其他构件:由于上述方法均采用平面计算,能够得出板、墙、柱等横向构件的内力、位移,但无法得出纵梁这种纵向构件的计算结果,因此纵梁需要另行单独计算。国内常采用连续梁法进行计算,如图 5-24 所示。

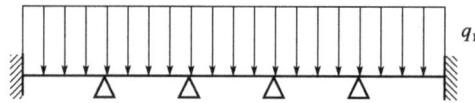

图 5-24 纵梁计算图示

上图中,纵梁计算的均布荷载 q_1 等于横向平面框架计算中柱子的最大轴力除以纵向框架的跨长。

除边柱(墙)之外,其他各柱仅对梁起竖向支承作用;边柱(墙)与梁之间的关系可根据不同的构造情况选用刚接、铰接分别进行计算,当采用刚接模式时,对边跨跨中、第一边支座的配筋应稍有放大。

其他如楼梯、站台板等自成体系的构件,按使用年限 50 年进行耐久性设计,与一般民用建筑计算无异,其与主体的连接采用刚接。

7. 基坑稳定性验算

基坑稳定性验算是指分析基坑周围土体或者土体与围护结构体系保持稳定的能力。依据《地铁设计规范》(GB 50157—2013),基坑工程稳定性验算的内容需根据围护结构的类型确定,具体可见表 5-5。

基坑工程稳定性验算内容 表 5-5

支护类型	整体失稳	抗滑移	抗倾覆	内部失稳	抗隆起（一）	抗隆起（二）	抗管涌或渗流	抗承压水突涌
放坡	Δ	—	—	—	—	—	—	0
土钉支护	Δ	Δ	Δ	Δ	—	—	—	0
重力式围护结构	Δ	Δ	Δ	—	Δ	—	Δ	0
桩、墙式围护结构	0	—	Δ	—	Δ	Δ	Δ	0

注:Δ 表示应验算;0 表示必要时验算。

5.3.3 车站主体结构设计

1. 结构设计原则

(1)结构设计须满足城市规划、行车运营以及施工要求,同时兼顾防水、防火和防腐蚀等要素,以保证在施工和使用期间拥有足够的强度、刚度和稳定性。

(2)地下结构的设计应以地质勘察资料为基础,参照国家标准《城市轨道交通岩土工程勘察规范》(GB 50307—2012),依据不同设计阶段的任务明确勘察内容和范围,并考虑不同施工方法对地质勘探的特殊要求,同时在施工过程中借助对地层的观察与监测加以验证。

(3)地下车站结构设计应减少施工过程中及建成后对环境产生的负面影响,同时要考虑城市规划可能导致的周边环境变化。位于城市主干道下方的顶板覆土厚度不得小于 3 m;位于次干道下方的车站顶板覆土厚度不得小于 2.5 m;对于特殊地段,经规划部门批准后,覆土厚度可适当调整。

(4)地下车站主体结构设计需依据沿线不同地段的工程地质和水文地质条件以及城市总体规划要求,结合周围既有建筑物、管线和交通状况,开展技术、经济、环境影响及使用效果的综合评估,从而合理选择施工方法和结构形式。在含水层中,应采取有效的地下水处理与防治措施。

（5）地下车站主体结构应按照100年设计使用年限开展耐久性设计,并遵守现行《混凝土结构设计标准》(GB/T 50010—2010)和《地铁设计规范》的相关规定。

（6）地下车站结构设计需根据施工方法、结构或构件类型、使用条件及荷载特性,选用相应的现行结构设计规范和设计方法,并结合施工监测实施信息化设计。

（7）地下车站的净空尺寸应符合建筑限界及其他使用和施工工艺要求,同时要考虑施工误差、测量误差、结构变形和位移带来的影响。

（8）结构设计应分为施工阶段和使用阶段,按照承载能力极限状态及正常使用极限状态的要求,依据荷载最不利组合,对承载力、稳定性、变形、抗浮、抗裂、裂缝宽度、挠度等进行检算。

（9）车站结构依据当地的地震烈度开展抗震计算,其设防分类为乙类,抗震等级一般不低于三级。在结构设计过程中采取相应的构造处理措施,以增强结构的整体抗震能力。

（10）地下车站必须具备战时防护功能,在规定的设防部位结构设计要按照六级（或五级）人防的抗力标准进行验算,并设置相应的防护措施。

（11）地下结构应依据现行《地铁杂散电流腐蚀防护技术标准》(CJJ/T 49—2020)采取防止杂散电流腐蚀的措施,钢结构及钢连接件应进行防锈处理。

2. 荷载种类

进行荷载计算时,应按照施工阶段和使用阶段分开考虑。明挖车站结构荷载分类见表5-6。

荷载分类表   表5-6

荷载分类		荷载名称
永久荷载		结构自重
		结构上部和破坏棱体范围内的设施及建筑物压力
		地层压力
		水压力及浮力
		混凝土收缩及徐变影响
		预加应力
		设备荷载
		地基下沉影响
可变荷载	基本可变荷载	地面车辆荷载及其引力作用
		地面车辆荷载及其动力作用
		人群荷载
	其他可变荷载	温度变化影响
		施工荷载
偶然荷载		地震作用
		沉船、抛锚或河道疏浚产生的撞击力等灾害性荷载
		人防荷载

3.荷载计算

1)结构自重

计算结构自重时,各种材料重度应根据《建筑结构荷载规范》(GB 50009—2012)及相关标准确定。

2)地层压力

地层压力主要是土压力,是地铁结构所承受的主要荷载,包括垂直土压力与水土侧向压力,其选用是否得当关系到结构的安全度。

(1)垂直土压力。

垂直土压力按结构顶板上的全部土柱进行计算,不考虑折减。

(2)水土侧压力。

①合算的规定。

施工阶段:对黏性土层采用水土合算,对砂层采用水土分算。

使用阶段:一律采用水土分算。

②侧压力的选用。

当基坑等级较低,对控制变形没有严格要求时,应选用主动土压力计算。

当基坑等级较高,对控制变形有严格要求时,应选用静止土压力计算。

③侧压力计算。

迎土面常用的水土侧压力选用以下 3 种模式:矩形土压力、三角形土压力和经验土压力。其中,矩形和三角形土压力模式如图 5-25 所示,按朗肯土压力理论求得。其中三角形土压力很少采用,多数采用的是矩形土压力和经验土压力。

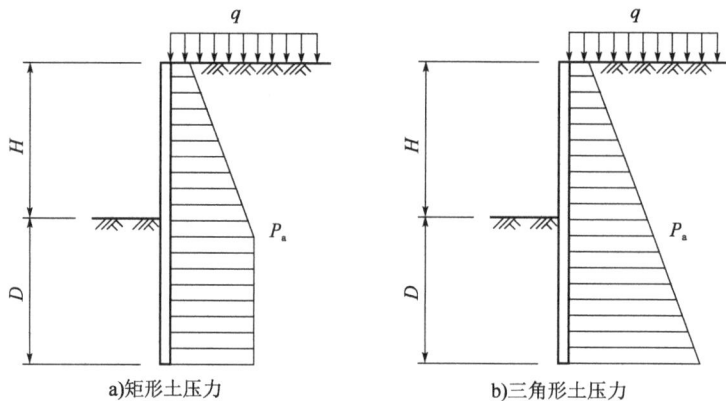

a)矩形土压力   b)三角形土压力

图 5-25   土压力计算图示

矩形土压力模式:作用于基坑挡土结构外侧的主动土压力,按朗肯土压力理论计算。

经验土压力模式:土压力 = 经验土压力系数 × 土体竖向应力。

3)直接承受地铁车辆荷载的楼板

对于换乘站中直接承受地铁车辆荷载的楼板等构件,地铁车辆竖向荷载应按实际轴重和编组计算,并考虑动力作用的影响,同时应根据线路通过的重型设备运输车辆的荷载进行验算。

4)人群荷载

车站站台、楼板和楼梯等部位的人群均布荷载的标准值应采用 4.0 kPa。

5）设备荷载

设备用房楼板的计算荷载应根据隔墙布置以及设备安装、检修和正常使用的实际情况进行确定,其标准值不得小于 8.0 kPa。

6）结构上部和破坏棱体范围内的设施和建筑物压力

在计算结构上部和破坏棱体范围内的设施与建筑物压力时,对于已有或已经批准待建的建筑物压力在结构设计中均应考虑。

7）施工荷载

施工荷载一般可按 20 kPa 计算,在端头井附近由于盾构隧道施工时堆放管片及其他特殊情况下,其值应按相关专业要求确定。

8）地面车辆荷载

地面车辆荷载及其引力作用:当覆土厚度大于 3 m 时,可按 10 kPa 均布荷载计算,且不考虑动力影响;当覆土厚度小于 3 m 时,其地面超载则按有关规范的规定确定;当覆土厚度小于 2 m 时,还需考虑相应的动力影响。

9）混凝土收缩及徐变影响

外露的超静定结构及覆土小于 1 m 或截面厚度大的结构应考虑混凝土收缩的影响。混凝土收缩的影响可用假定降低温度的方法来计算。对于整体浇筑的混凝土结构相当于降低温度 20 ℃;对于整体浇筑的钢筋混凝土结构相当于降低温度 15 ℃;对于分段浇筑的混凝土或钢筋混凝土结构相当于降低温度 10 ℃;对于装配式钢筋混凝土结构相当于降低 5～10 ℃。

10）施工荷载组合

结构设计中应考虑下列施工荷载之一或可能发生的几种情况的组合:①设备运输及吊装荷载。②施工机具荷载。③地面堆载、材料堆载。④采用盾构法施工时千斤顶的顶力。⑤盾构过车站的设备荷载。⑥注浆所引起的附加荷载。

荷载组合系数详见表 5-7。

荷载组合系数　　　　表 5-7

荷载种类	组合情况				
	1	2	3	4	5
自重	1	1.2	1.35	1.35	1.2
覆土	1	1.2	1.35	1.35	1.2
侧土压力	1	1.2	1.35	1.35	1.2
侧水压力	1	1.2	1.35	1.35	1.2
浮力	1	1.2	1.35	1.35	1.2
设备荷载	1	1.4	1.35	1.35	1.0
人群荷载	1	1.4	1	1.0	1.0
车辆荷载	1	1.4	1	1.0	1.0
地面超载	1	1.4	1	1.0	1.0
地震力	0	0	—	1	0
人防荷载	0	0	0	1	0
备注	用于结构构件抗裂检算	用于结构构件强度验算	用于结构构件强度验算	用于结构构件强度验算	用于结构构件强度验算

注:一般说来,除了埋深小于 3 m 外,经各荷载组合进行截面验算,两种偶然荷载的组合情况不起控制作用,配筋主要由裂缝开展宽度控制。

4. 车站主体结构计算理论与方法

1）明挖结构计算方法

作用在明挖结构底板上的地基反力,其大小及分布规律会因结构与基底地层相对高度的不同而改变。当地层刚度相对较软时,地基反力多接近于均匀分布;而在坚硬地层中,反力多集中分布在侧墙及柱的附近。为了体现底板受力的这种分布特性,可以运用底板支承在弹性地基上的框架模型进行计算。

当围护墙作为主体结构的一部分时,可在底板以下的围护墙上设置分布水平弹簧,并在墙底假定设置集中竖向弹簧,以此分别模拟地层对墙体水平变位和竖向变位的约束作用。此时,计算所得的墙趾竖向反力不应超过围护墙的竖直承载力。按照弹性地基上的框架模型考虑围护结构与主体结构的共同作用,依据长期使用工况(水土分算,土压力作用在围护结构上,水压力作用在主体结构侧墙上)下作用在结构上的荷载进行计算。

2）明挖结构计算图式

由于围护结构与主体结构之间的结合形式存在差异,因此应根据所设计的车站围护结构形式来选取不同的计算图式。鉴于目前国内许多地铁设计单位各自使用不同的计算软件,且计算习惯也有所不同,实际采用的计算图式存在一定的差别。图5-26展示的是常见的复合墙形式地铁车站结构计算图式。对于其他形式的明挖车站结构计算图式,应在该图式的基础上做相应的修改,也可以根据此计算简图,结合所采用计算软件的特点,对局部进行合理的调整和变化,从而用于主体结构的计算。

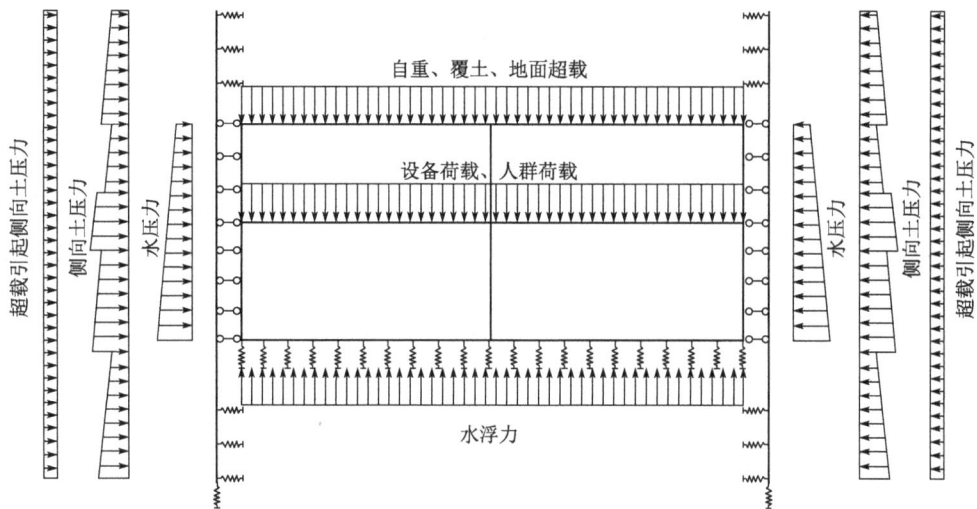

图5-26 复合墙地铁车站结构计算图式

3）平面问题的简化计算

地铁车站通过顶板将竖向荷载和集中荷载转化为线荷载,继而传递至纵梁。纵梁将荷载转换为集中力和弯矩,再通过柱将荷载传递至底板纵梁,最终将荷载传递至地基,实现竖向荷载的传递。由于地铁车站通常为长通道结构,其横向尺寸远小于纵向尺寸,因此在现行设计中,通常将其简化为平面问题进行分析。目前常用的计算方法为等代框架法与刚度等效法。

（1）等代框架法。等代框架法是选择一个柱跨 l 范围内的层梁、侧墙和立柱,将它们组合成平面框架,在计算过程中忽略纵梁的影响。完成内力计算后,利用板带分配系数把框架计算得到的弯矩分配到各个板带,以此确定各板带的内力。板带分为跨中板带和柱上板带,根据分配后的内力结果分别进行配筋。

在初步设计阶段,可以不考虑板带的划分,按柱跨内同一构件中的内力沿纵向为等值来简化计算。在配筋计算时,把计算所得到的板、墙内力除以柱跨 l 换算成单位长度的板、墙内力值,一个柱跨长度内的荷载全部由单根柱承受,柱子的内力值直接用于配筋计算。

（2）刚度等效法。刚度等效法把车站结构视为平面应变问题,因而沿纵向以每延米为单位进行计算。鉴于中立柱在纵向不具有连续性,便把柱视为"中隔墙"并依据刚度等效原则进行换算。接着,用等效墙厚代替柱进行平面框架的有限元分析。最终得到的"墙"内力代表了柱的内力,这些数据用于配筋和强度计算。采用此方法时,对于板、墙直接用计算所得的内力值配筋,而对于柱则要将柱的计算内力乘以柱跨后再进行配筋。

抗压刚度等效原则即换算截面应和圆截面面积相等,比如假定柱的截面为圆形,则等效的墙厚计算公式为:

$$\frac{\pi d^2}{4} = bl \Rightarrow \frac{\pi d^2}{4l} \tag{5-2}$$

式中:d——柱的直径;

　　　l——柱距;

　　　b——等效墙厚。

5.4　暗挖车站结构设计

5.4.1　暗挖结构设计原则

①在运用暗挖法施工时,结构计算简图必须依据具体的工程地质条件、水文地质条件、衬砌构造特征以及施工工艺进行调整。在计算过程中,需要综合考虑衬砌与地层间的相互作用,即地层对衬砌变形所施加的约束力。

②对于浅埋暗挖隧道,应先进行初期支护,并结合必要的辅助方法来开展开挖与支护工作。设计参数要以工程类比为主,同时辅以理论计算,并依据现场监测结果进行反馈和必要的修正。

③车站隧道衬砌应采用复合衬砌,其初期支护要按主要承载结构进行设计,需满足刚度和强度要求。在设计和施工过程中,都要根据工程地质和水文地质条件做好施工组织设计,采取有效的工程技术措施,确保施工各个阶段以及最终支护和围岩的稳定,严格控制地面沉降量,尽早浇筑仰拱及全部二次衬砌。二次衬砌必须采用钢筋混凝土内衬,且要能够承受实际水压力。

④暗挖法施工引起的地表沉降量限制值,应根据车站站址周围的条件来确定,一般情况下,该限制值为 30 mm。地面隆起量应控制在 10 mm 以内;若车站站址内有重要地下管线或重要建（构）筑物,则应根据实际情况确定相应的限制值。

5.4.2 荷载及其组合

暗挖结构荷载分类见表 5-8。

暗挖结构荷载分类表　　　　　　　　　　表 5-8

荷载分类		荷载名称
主要荷载	恒载	结构自重
		围岩压力
		水、土压力
		混凝土收缩和徐变的影响
	活载	列车活载
		公路活载
		渡槽流水(立交明洞时)
		冲击力
		地面车辆荷载引起的土压力
附加荷载		制动力
		温度变化的影响
		灌浆压力
		施工荷载
特殊荷载		地震作用
		人防荷载

5.4.3 结构计算

暗挖法依据埋置深度的不同,可将隧道分为深埋隧道和浅埋隧道,二者的设计方法及理念都不相同。采用暗挖法施工的地下车站结构通常都属于浅埋类型,因此应按照浅埋暗挖法原理来进行设计。

1. 暗挖结构常用的计算方法

隧道设计模型分为以下 4 种:经验类比模型;荷载-结构模型;地层-结构模型;收敛-限制模型。这 4 类衬砌结构设计模型都有各自的适用条件、优点和缺点,其中荷载-结构模型是地下工程结构设计中使用最多的一种模型,苏联、美国、澳大利亚、英国、意大利、德国、日本等国家普遍使用这种设计方法,我国现行的《地铁设计规范》(GB 50157—2013)和《铁路隧道设计规范》(TB 10003—2016)也都推荐采用。使用这种设计模型,受力概念明确,安全系数评价方法清晰。在暗挖车站中,一般采用这种模型来分析二次衬砌的内力。

2. 常用的分析方法及选用标准

在地下结构设计中,隧道设计通常依靠几种常用的计算模型。除了可参考的工程经验外,还需要进行受力分析。目前,我国铁路隧道规范所推荐的主要计算模型是荷载-结构模型。依据地层对结构变形的约束能力,该模型可进一步划分为 3 种模型:自由变形法、径向反力法及径向和切向反力法。这 3 种模型各自有着不同的适用情形和分析特点,能帮助设计人员更好地对隧道结构的稳定性和安全性进行评估。3 种模型计算图式如图 5-27 所示。

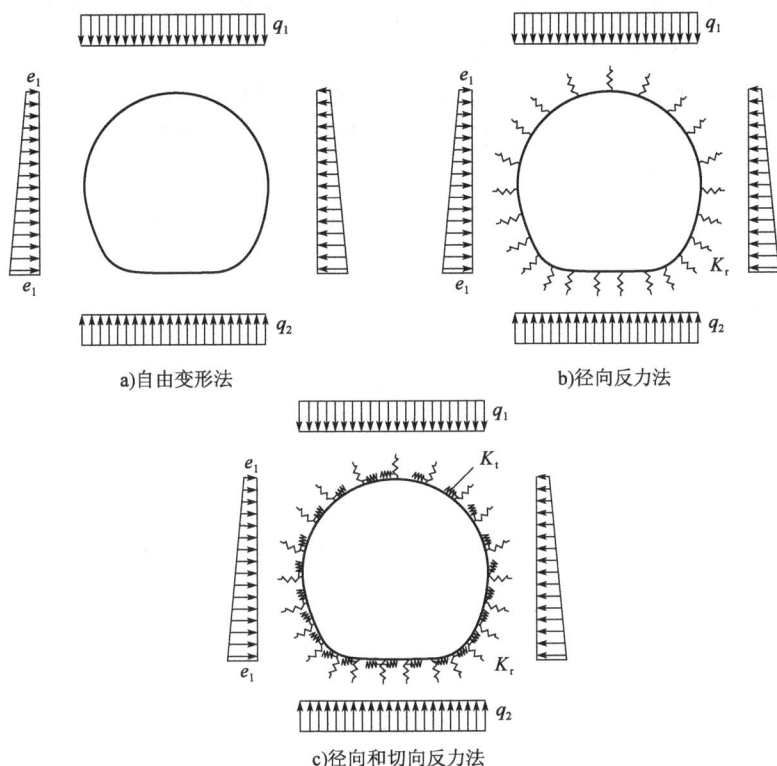

图 5-27 3 种荷载结构模型计算图式

（1）自由变形法。此方法假定结构处于自由变形状态,仅考虑土体施加的水平与垂直压力、结构自重以及均布的地基反力,而将地层对结构的弹性反力予以忽略。

（2）径向反力法。此方法认为在外荷载作用下,结构会朝着地层方向移动,地层会提供沿径向的弹性反力,不过不考虑切向摩擦力。在模型中,使用全环径向弹簧单元对结构外侧的地层反力进行模拟,且只考虑弹簧的受压情况,不考虑其受拉情况。

（3）径向和切向反力法。此方法在考虑地层对结构的径向反力时,也将切向摩擦力纳入考虑范围。地层对结构的径向和切向作用分别通过径向和切向弹簧来模拟。

这 3 种模型中自由变形法最为简单,径向和切向反力法最为复杂,不过从自由变形法到径向反力法再到径向和切向反力法,3 种模型的计算精度依次提高。

从图 5-27 能够看出,在隧道结构的内力计算中,合理假定地层的弹性反力对计算结果有显著影响,结合工程实际情况对地层弹性反力进行合理假定是计算结构内力的关键所在,因此在设计中应对该假定给予足够重视。

一般而言,可以按照以下方法进行选择:①均可采用总量法（一次加载）计算。②径向和切向反力法适用于所有地层。③在Ⅲ ~ Ⅴ级围岩中,推荐采用径向反力法计算模型。④在Ⅵ级围岩中,推荐采用自由变形法计算模型。

选取径向反力法或自由变形法并非因为它们更贴近实际情况,而是在这种地层条件下,它们的计算结果与径向和切向反力法极为接近,且相对保守,计算过程也更为简单。

3. 暗挖车站结构的受力特点

暗挖车站的建设一般分成多个阶段开展。在每个施工步骤中设置的初期支护会和前一步骤的支护以及周围岩土构成一个整体结构,共同承受因开挖过程中岩土松动或变形而产生的压力,初期支护所受荷载效应呈现出明显的继承性。

对于二次衬砌的施工,既可以在全断面完成开挖且初期支护完成后进行,也可以在部分断面完成开挖和初期支护完成后开展。施工方法的差异会使初期支护和二次衬砌所承受的荷载有所不同。

(1)若在施作二次衬砌时,部分初期支护被破除,导致其无法形成完整的结构体系,那么初期支护中的内力就会释放,并和后续施工的二次衬砌共同形成一个新的复合式结构,一起承受被释放的荷载。

(2)如果施工的二次衬砌未破坏初期支护结构体系,即车站二次衬砌结构是在全断面开挖后一次性施工的,那么车站二次衬砌结构将和初期支护共同构成一个结构体系,一起承受围岩的形变压力(依据地层-结构模型)或围岩的松动压力(依据荷载-结构模型)。当采用荷载-结构模型时,二次衬砌仅承受静水压力以及水位恢复后因围岩性质恶化所引发的后续荷载。

(3)对于暗挖车站结构而言,不管采用何种施工方法,都应该考虑二次衬砌和初期支护的受力转换问题,只有一点是明确的,那就是二次衬砌最终要承受全部水压。

5.4.4 矿山法车站结构设计

矿山法是一种通过开挖地下坑道来修建隧道的施工方法。它是传统的隧道施工技术,其基本原理是在隧道开挖后,由于爆破作用,岩体处于松弛状态,随时有坍塌的可能。因此,这种施工方法采用分部顺序的分割式开挖方式,每次只开挖一小部分,并且要求边挖掘边进行支撑,以此保障施工安全。这就使得支撑系统变得复杂,而且木材消耗量较大。随着锚喷支护技术的应用,分部开挖的次数得以减少,进而逐渐演变为新奥法。

浅埋暗挖法的核心技术可归纳为"管超前、严注浆、短开挖、强支护、快封闭、勤量测"这18字方针。该方法的主要技术特点如下:运用动态设计和施工的信息化手段,构建了一整套监测系统,用于实时跟踪变位和应力情况;着重强调小导管超前支护对于稳定工作面的关键作用;对劈裂注浆方法进行了创新性研究,以此强化地层;发展了复合式衬砌技术,并且首次设计并应用了钢筋网构拱架支护。

1. 设计特点

(1)工程类比是浅埋暗挖技术设计的主要依据之一。

(2)荷载结构模型计算方法所得结果与结构实际受力较为接近。

(3)浅埋暗挖设计与施工的核心问题是控制围岩变形。

(4)设计和施工应紧密结合,设计过程中需充分考虑施工措施。

(5)浅埋暗挖设计时若地质条件较为明确,预设计应尽可能准确,以尽量减少变更。

2. 设计规定

对于矿山法施工的结构,在预设计和施工阶段,应通过理论分析或工程类比的方法对初期支护的稳定性进行判别。

初期支护厚度一般不小于250 mm,常用的厚度有250 mm、300 mm、350 mm,少数情况下会用到400 mm。二次衬砌厚度一般在300~500 mm之间,对于大跨度结构,二次衬砌厚度会更大。拱部矢跨比一般为 $1/4 \sim 1/6$，仰拱矢跨比不小于 $1/12$；若强调仰拱的重要性，仰拱厚度应适当增大。

初期支护的一般要求如下：

（1）将初期支护和地层视为统一的承载体系，在计算过程中考虑辅助措施的作用。初期支护要做到及时施作、与围岩密贴、具有柔性和早强特性，并能与围岩共同变形。

（2）初期支护允许出现一定程度的变形，在不影响整体稳定性的前提下可出现裂缝。

（3）初期支护与二次衬砌共同承载，二者相互依赖、相互影响，二次衬砌起到安全储备的作用。

（4）初期支护背后要及时进行回填注浆，保证初期支护与二次衬砌紧密贴合。

（5）初期支护与二次衬砌间设置防水隔离层，使二者之间仅传递轴向压力，不传递切向荷载，以此减少二次衬砌裂缝的产生。

复合式衬砌的初期支护（包括围岩的支护作用）应被设计为主要承载结构，承担施工期间的全部荷载。设计参数可通过工程类比法确定，并在施工过程中依据监控量测结果进行修正。对于大跨度、围岩或环境条件复杂、结构形式特殊的工程，需要进行进一步的校核。同时，设计还需满足以下要求：①充分发挥围岩的自承能力；②在土质隧道中，需要增大初期支护刚度，并且要及时施作二次衬砌。

复合式衬砌中的二次衬砌设计需要综合考虑施工时段、荷载变化、地质和水文条件、结构埋深及耐久性要求，并遵循以下原则：

对于位于第四纪土层的浅埋结构，或者穿越流变性或膨胀性围岩的工程，初期支护必须具备足够的刚度和强度，并且应提前进行二次衬砌施工，以保证初期支护与二次衬砌共同承担外部荷载。设计时需考虑初期支护材料随时间推移出现性能退化、刚度降低，从而使外部荷载逐渐转移至二次衬砌的情况。对于不排水结构，设计时要确保二次衬砌能够有效承担外部水压力。在浅埋或 $V \sim VI$ 级围岩条件下，建议采用钢筋混凝土衬砌以提高结构强度，确保整体稳定性。当车站采用矿山法施工时，开挖分块的安排和步骤应合理设计，尽量减少分步开挖过程中导洞之间的相互干扰。

5.5 结 构 防 水

5.5.1 防水设计的一般规定

（1）地下结构的防水设计应综合考虑气候条件、工程地质和水文地质状况、结构特点、施工方法、使用要求等多种因素，以此保障结构的安全性、耐久性，满足使用要求。

（2）地下结构防水应遵循"以防为主、刚柔结合、多道防线、因地制宜、综合治理"的原则，并采取与之相适应的防水措施。

（3）围护结构体系应设置止水措施。

（4）地下车站结构的防水等级应符合以下规定：①地下车站主体结构、出入口通道以及机电设备集中区段应满足不渗水的要求，且结构表面不得出现湿痕，其防水等级为一级；②车站的风道、风井防水等级为二级，即结构不允许漏水，但其结构表面可有少量湿渍。

5.5.2 混凝土结构自防水

(1)地下结构应尽可能应用高性能防水混凝土,防水混凝土的设计抗渗等级应符合表5-9。

防水混凝土的设计抗渗等级　　　　　　　　　　　　　　　表5-9

结构埋置深度 h(m)	设计抗渗等级
$h < 10$	P6
$10 \leqslant h < 20$	P8
$20 \leqslant h < 30$	P10
$30 \leqslant h < 40$	P12

(2)防水混凝土的配合比应通过试验确定,并要求试配混凝土的抗渗等级比设计标准提升一级。

(3)防水混凝土不仅要满足抗渗要求,还需根据地下工程的环境和工作条件,满足抗压、抗裂、抗冻和抗侵蚀等耐久性要求。

(4)防水混凝土施工时,环境温度不得超过80 ℃。如果结构位于侵蚀性地层中,防水混凝土的氯离子扩散系数应不大于 4×10^{-12} m²/s;对于装配式钢筋混凝土结构,氯离子扩散系数不应超过 3×10^{-12} m²/s。

(5)对于防水混凝土结构的底板垫层,其强度等级不得低于C15,厚度应不小于100 mm;在软弱土层中,垫层厚度应不小于150 mm。

(6)防水混凝土结构还应符合以下规定:①结构厚度不得小于250 mm;②最大裂缝宽度和钢筋保护层的最小厚度应符合表5-10和表5-11的相关要求。

钢筋混凝土构件的最大裂缝计算宽度允许值　　　　　　　　表5-10

结构类型		允许值(mm)
盾构隧道管片		0.2
其他结构	水中环境、土中缺氧环境	0.3
	洞内干燥环境或潮湿环境	0.3
	干湿交替环境	0.2

注:①当设计采用的最大裂缝宽度的计算中保护层的实际厚度超过30 mm时,可将保护层厚度的计算取值为30 mm。
　　②厚度不大于300 mm的钢筋混凝土结构可不计干湿交替作用。
　　③洞内潮湿环境相对湿度为45%～80%。

一般环境作用下结构构件钢筋保护层最小厚度　　　　　　　表5-11

结构类别	地下连续墙		灌注桩	明挖结构						钢筋混凝土管片		采用矿山法施工的结构		
				顶板		楼板		底板				初期支护或喷锚衬砌		二次衬砌
	外侧	内侧		内侧	外侧		内侧	外侧	内侧	外侧	内侧	外侧	内侧	
保护层厚度(mm)	70	70	70	45	35	30	45	35	35	25	35	35	35

注:①采用顶管法和沉管法施工的隧道钢筋的保护层厚度可采用明挖结构的数值。
　　②对于采用矿山法施工的结构,当二次衬砌的厚度大于500 mm时,钢筋的保护层厚度应采用40 mm。
　　③当地下连续墙与内衬组成叠合墙时,其内侧钢筋的保护层厚度可采用50 mm。

5.5.3 附加防水层

附加防水层包括卷材防水层、涂料防水层、塑料防水板防水层、膨润土防水层等类型。附加防水层应设置于主体结构迎水面或复合式衬砌之间。

1. 卷材

卷材防水层需依据施工环境、结构构造形式、工程防水等级要求来选用,且应符合下列要求。

对于采用明挖法施工的单层双跨矩形隧道或多层多跨箱形结构车站,在主体钢筋混凝土结构施工完成后、回填覆土之前,需施作柔性防水卷材。结构混凝土自防水厚度和强度等级由结构设计确定,抗渗等级不应小于 P8,在混凝土中宜掺入微膨胀剂、密实剂、减水剂等。

卷材防水层的设置方式应符合下列规定:①卷材防水层的施工应按 1~2 层设计。②高聚物改性沥青防水卷材应采用双层做法,总厚度不得小于 7 mm。③自黏聚合物改性沥青防水卷材应采用双层施工。无胎基卷材的每层厚度应不小于 1.5 mm,聚酯胎基卷材的每层厚度应不小于 3.0 mm。④采用合成高分子卷材防水时,单层厚度应不小于 1.5 mm;若采用双层施工,总厚度应不小于 2.4 mm。⑤膨润土防水毯中天然钠基膨润土颗粒的净含量不得少于 5.5 kg/m²。⑥沥青基聚酯胎预铺防水卷材的厚度应不低于 4 mm,合成高分子预铺防水卷材厚度应不小于 1.5 mm。⑦塑料防水板的厚度不得小于 1.5 mm。⑧聚乙烯丙纶复合防水卷材应采用双层设计,芯材厚度应不低于 0.5 mm。⑨卷材及其胶黏剂应具有良好的耐水性、耐久性、耐穿刺性、耐腐蚀性和耐菌性,其胶黏剂的黏结质量应符合现行国家标准《地下工程防水技术规范》的有关规定。

若车站地下水位高、水头渗透压力大且车站防水等级高,则应采用全合成高分子防水卷材。卷材全外包防水宜采用"外防外贴"法,即将卷材直接粘贴在侧墙的结构混凝土外侧,并与混凝土底板下面的卷材防水层相连,形成整体封闭防水层,如图 5-28 所示。

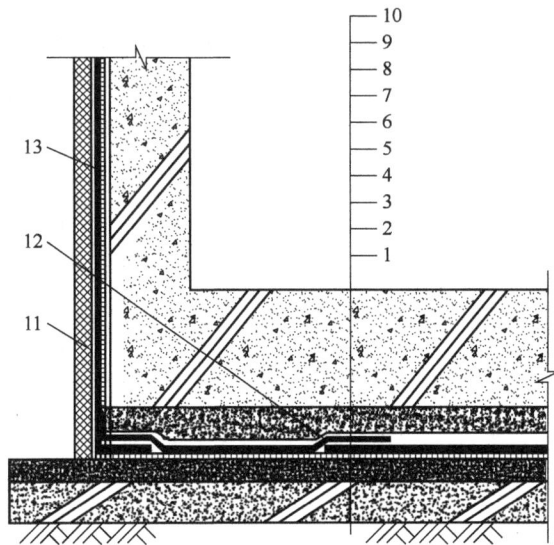

图 5-28　地铁工程卷材防水构造图

1-素土夯实;2-素混凝土垫层;3-防水砂浆;4-聚氨酯密封胶;5-基层胶黏剂;6-卷材搭接缝;7-卷材附加补强层;8-油毡保护隔离层;9-细石混凝土保护层;10-需防水结构;11-卷材附加层;12-嵌缝密封膏;13-5 mm 厚聚乙烯泡沫塑料保护层

2. 涂料

涂料防水层的选材需结合工程所在地的环境、气候、施工方式、结构特点以及防水等级要求来进行,并应遵循以下规定:

(1)对于潮湿基层,应优先选用与潮湿基面黏结力高的水泥基渗透结晶型防水材料、聚合物改性水泥基等无机涂料或有机防水涂料。此外,也可采用先涂一层水泥基无机防水涂料,再涂有机防水涂料的复合涂层形式,增强防水效果。

(2)在腐蚀性较强的地下环境中,应优先选用高耐腐蚀性能的反应型涂料。防水层的保护措施应依据具体部位需求设置。所选涂料不仅要具备良好的抗水、耐久和抗腐蚀能力,而且要确保无毒、阻燃,对环境污染小。

(3)无机防水涂料应具备优异的湿干黏结性和抗磨损能力,有机防水涂料则应具有良好的延展性,以适应基层变形。无机防水涂料厚度宜为 2~4 mm,有机涂料厚度宜在 1.2~2.5 mm 范围内。

防水涂料常采用“外防外涂”法进行施工。

5.5.4 常用防水措施

采用明挖法施工的地铁及地下结构防水设防包括结构主体防水和细部构造防水两部分。对于结构主体防水,目前是以防水混凝土自防水为主。当工程的防水等级为一级时,应增设一至两道其他防水层;当工程防水等级为二级时,可依据工程所处的地质条件、环境条件等不同情况,考虑增设一道其他防水层。之所以如此规定,是因为地铁地下结构长期受地下水浸湿、碳化等影响,而防水混凝土并非绝对不透水材料,有资料表明,即便其抗渗等级能达到 P12,渗透系数也只能达到 10^{-11} m/s。若在设计时能将有害物质与地下结构有效隔离,结构的耐久性将会提高。全包外防水层或者在主体结构外侧涂刷水泥基渗透结晶型涂料,能够有效阻止地下水的腐蚀性介质侵入地下结构,从而延缓碳化过程,提升其耐久性。对于施工缝、后浇带、变形缝,应根据不同的防水等级选用相应的防水措施,防水等级越高,设防道数越多。

采用明挖法与矿山法修建的地下结构防水措施应分别符合表 5-12 及表 5-13 的规定。

采用明挖法施工的地下结构防水措施 表 5-12

工程部位	主体					施工缝					后浇带				变形缝							
防水措施	防水混凝土	防水砂浆	防水卷材	防水砂浆	膨润土防水材料	遇水膨胀止水条(胶)	外贴式止水带	中埋式止水带	水泥基渗透结晶型防水材料	预埋注浆管	补偿收缩防水混凝土	外贴式止水带	预埋注浆管	防水涂料	遇水膨胀止水条(胶)	中埋式止水带	外贴式止水带	可卸式止水带	防水密封材料	外贴防水卷材	外涂防水涂料	预埋注浆管
防水等级 一级	必选	应选一至两种				应选两种					必选	应选两种			必选	应选两至三种						
防水等级 二级	必选	应选一种				应选一至两种					必选	应选一至两种			必选	应选一至两种						

采用矿山法施工的地下结构防水措施　　　　表5-13

工程部位		主体					内衬砌施工缝					内衬变形缝				
防水措施		防水混凝土	塑料防水板	防水卷材	膨润土防水材料	遇水膨胀止水条(胶)	外贴式止水带	中埋式止水带	水泥基渗透结晶型防水材料	预埋注浆管	防水涂料	中埋式止水带	外贴式止水带	可卸式止水带	防水嵌缝涂料	预埋注浆管
防水等级	一级	必选	应选一至两种				应选两种					必选	应选两种			
	二级	必选	应选一种				应选一至两种					必选	应选一至两种			

5.5.5　地下车站结构防水

1. 防水概念

地下车站结构防水以钢筋混凝土结构自防水为主,并辅以防水层,其中细部防水措施是设计重点。地面车站、高架车站及地面建筑可分期建设,然而地下车站的土建工程最好一次建成,因为地下工程若分期建设,会给防水工程的连续密封造成很大困难。

地下车站出入口的地面高程应高于室外地面,并满足当地防洪要求。对于单建的风亭,若城市环境有特殊要求而采用敞口低风井时,井底需设有排水设施,风井窗口最低高度应满足防淹要求。对于明挖敞口放坡施工的地下结构和侧墙为复合墙的地下结构,应采用防水混凝土和全包防水层构建双道防线。

2. 防水设计

1) 地下连续墙作为单层墙主体结构时的防水

地下连续墙在工程中既作为主体的支护结构,又兼作主体结构的内衬墙,这对于降低工程造价、缩短工期以及充分利用地下空间都极为有利。不过,由于地下连续墙的混凝土是在泥浆中浇筑,影响混凝土质量的因素众多,因此墙体混凝土的密实度通常不如整体现浇混凝土。连续墙幅间接缝、墙与板连接缝是防水的薄弱环节。因此,地下连续墙作为单层墙主体结构时,防水设计应遵循下列规定:

①车站顶板的迎水面应设置柔性防水层,同时妥善处理柔性与刚性连接区域的密封问题。

②当墙体间接缝出现渗漏时,可通过注浆或填充弹性密封材料等方法进行堵漏处理。

③连续墙体的接缝应采用经实践验证有效的防水接头。

④连续墙的表面应设置防水层,推荐采用水泥基渗透结晶型防水涂料、高渗透性改性环氧涂料以及聚合物水泥防水砂浆等材料。

⑤在地下连续墙施工过程中,应优先使用高分子泥浆进行护壁,并采用水下抗分散混凝土进行浇筑。

⑥连续墙墙板连接处的施工缝应加强密封,可使用水泥基渗透结晶型防水材料或高渗透性改性环氧涂料。

2）叠合墙的防水

叠合墙是借助钢筋接驳器来连接内衬墙和地下围护墙的,这种连接方式致使其无法实现全包防水。叠合墙结构的防水需遵循以下要求:

①当围护结构为地下连续墙时,应对支撑部位以及墙体上的裂缝、空洞等缺陷进行修补,修补材料建议选用防水砂浆或细石混凝土。同时,对于墙体间接缝处的渗漏问题,可通过注浆或者嵌填聚合物防水砂浆等方法来处理。

②在车站顶板的迎水面应设置柔性防水层,并妥善处理好刚性与柔性连接区域的密封问题。

③在浇筑内衬混凝土之前,必须将连续墙墙面清洗干净,并做好防水处理。

3）复合墙的防水

复合墙或复合衬砌之间的夹层防水层与混凝土二次衬砌是完全分离的。在防水层施工时需要立模板浇筑混凝土,在此过程中很难保证防水墙不出现破损情况,因为防水层只要有一处损坏,就会引发水的窜流,从而导致复合衬砌地段防水失败。

复合墙结构防水应符合以下规定:①不同防水层之间应保证良好的过渡,并实现黏结或焊接,从而形成一个连续的、整体的密封防水系统。②结构的顶、底板迎水面防水层应和侧墙防水层构成整体密封,以此确保防水效果,同时依据不同部位的特性设置相应的保护层。③在车站主体结构与人行通道、通风道以及区间隧道的连接部位,需根据具体的结构形式来选择适宜的防水措施。④应优先选择不易窜水的防水材料或防水系统。

4）暗挖车站的防水

暗挖车站防水以混凝土结构自防水为主,附加防水层为辅。

(1)矿山法施工隧道的防水设计应符合下列要求:①锚喷衬砌以自身的密实性防水。②复合式衬砌除以自身密实性防水之外,尚需做夹层防水层。③在车站与区间接口处,隧道防水应做收口处理。

(2)矿山法施工隧道的复合式衬砌宜在初期支护与二次衬砌之间设置防水层,并配合注浆防水,二次衬砌应采用防水混凝土,必要时可采用补偿收缩混凝土。

(3)初期支护施工时应预留注浆管,每当初期支护闭合成环一定长度后,随即进行初衬的背后注浆。当地层透水系数大,或引排水对周边环境不利(如地表沉陷等问题)时,需加大初期支护结构的厚度和背后注浆,初支拱背注浆固结应当深入围岩中 1~2 m 范围,而不仅仅是初支拱背充填注浆,从而使初支能最大限度地止住水。

(4)二次衬砌应考虑承受全部静水压力,根据计算结果确定二次衬砌的配筋,并且至少在侧墙的下部和仰拱部位配置必要的构造钢筋。另外在模注二衬混凝土时应预留注浆孔,当二次衬砌完成后压注水泥砂浆,填充空隙防止二衬渗漏水。

(5)车站与区间,以及区间分段采取措施隔断地下水通道,防止地下水沿隧道纵向连通。

5）细部防水

细部防水是地下车站防水设计、施工中的重点。主要包括施工缝、变形缝、诱导缝、后浇带、桩头、接头区等处的防水。

(1)施工缝。

建造长条形车站时,由于材料、设备、劳力的限制,不可能连续一次浇筑,一般分段、分层施工,两次间隔浇筑的混凝土之间有施工缝,施工缝防水应符合下列规定。

水平施工缝在浇灌混凝土前,需先清除表面的浮浆和杂物,然后铺设净浆或涂刷界面处理剂、水泥基渗透结晶型防水材料,接着再铺设 30～50 mm 厚的 1∶1 水泥砂浆,最后及时浇筑混凝土。对于垂直施工缝,浇筑前应凿毛并清理干净,并涂刷混凝土界面处理剂或水泥基渗透结晶型防水涂料,确保及时浇筑混凝土。盖挖逆做法施工的结构板下墙体水平施工缝应采用遇水膨胀止水条,并配合预埋注浆管以增强防水效果。

墙体的水平施工缝应设置在离底板表面不小于 300 mm 的位置。对于拱(板)墙结合的水平施工缝,应留在拱(板)墙接缝线以下 150～300 mm 处,同时施工缝距孔洞边缘不应小于 300 mm。复合墙结构的环向施工缝设置间距不宜超过 24 m,而叠合墙结构的环向施工缝则不得超过 12 m。

(2)变形缝。

为了防止混凝土在浇筑硬化过程中由于内外温度差异产生膨胀和收缩,在周围沿介质的约束下出现温度应力裂缝,一般沿纵向 30～50 m 设置一道变形缝。变形缝防水应符合下列规定:①变形缝处的混凝土厚度不应小于 300 mm,当遇有变截面时,接缝两侧各 500 mm 范围内的结构应进行等厚等强处理。②变形缝处采取的防水措施应能满足接缝两端结构产生的差异沉降及纵向伸缩时的密封防水要求。③变形缝部位设置的止水带,应为中孔型或者 Ω 型,宽度不宜小于 300 mm。顶板与侧墙的预留排水凹槽应贯通。

(3)后浇带。

后浇带防水应符合下列规定:①后浇带应设在受力和变形较小的部位,间距一般为 30～60 m,宽度为 700～1000 mm。②后浇带可做成平直缝、阶梯形或楔形缝;后浇带应采用补偿收缩防水混凝土浇筑,其强度等级不应低于两侧混凝土;后浇带应在两侧混凝土龄期达到 42 天后再施工。③后浇带两侧的接缝宜采用中埋式止水带、外贴式止水带、预埋注浆管、遇水膨胀止水条(胶)等方法加强防水。

5.6 地铁车站结构设计实例

5.6.1 明(盖)挖法施工的车站结构工程实例

1．工程概况

1)场地现状及周边环境

某地铁车站主体结构顶板覆土厚度为 3.0 m,地面设计高程为 21.8 m。根据盾构工程筹划方案,该车站西端设置盾构始发井,东端正线设置盾构接收井,出入段线设置盾构始发井。

2)主体结构方案

本站主体结构为地下二层岛式站台,箱形框架结构,车站长 364.066 m,标准段宽度为 19.0 m。车站标准段结构形式为地下两层两跨混凝土矩形框架结构,局部为双柱三跨,东端头出入线段部分为三柱四跨结构,沿车站纵向设梁。车站结构尺寸见表 5-14。

车站主要结构尺寸表 表 5-14

类别		尺寸(m)
主体结构(标准段)	顶板(顶纵梁)	0.8(1.0×2.0)
	中板(中纵梁)	0.4(1.0×1.0)
	底板(底纵梁)	0.9(1.0×2.4)
	内衬侧墙	负一层为0.6,负二层为0.7
	Z1	1.2×0.7
	Z2	1.2×0.8
	Z3	1.6×1.0
	Z4	1.2×0.6

注:Z表示柱,Z1、Z2、Z3、Z4分别为柱的四种型号。

2. 工程地质与水文地质情况

1)工程地质

勘察区域自上而下地层依次为①₂素填土、③₁粉质黏土、③₂细砂、③₃中砂、③₄粗砂、③₅砾砂、③₆圆砾、⑤₃₋₁强风化粉砂质泥岩、⑤₃₋₂中风化粉砂质泥岩。本车站从地面到基坑底主要穿越较厚的砂层,底板位于③₅砾砂层中,局部位于③₆圆砾层中。详见表5-15。

2)水文地质

车站场地勘察期间(枯水期)地下水位埋深为16.15~18.90 m,水位高程为3.14~4.51 m,根据环境监测总站的区内地下水监测资料,该段水位年变化幅度在1~3 m之间。

地层物理力学参数表 表 5-15

地层物理力学参数序号	项目								
	天然重度 γ(kN/m³)	含水率 ω(%)	孔隙比 e	固结快剪		基床系数(MPa/m)		静止侧压力系数 k_0	地基土承载力特征值 f_{ak}(kPa)
				黏聚力 c(kPa)	内摩擦角 φ(°)	K_V	K_H		
①₂	18.5	—	—	5	10	—	—	—	80
③₁	19.4	24.5	0.749	55.0	22.0	30	45	0.4	220
③₂	19.5	—	—	0	30	33	50	0.35	160
③₃	19.6	—	—	0	32	37	55	0.35	220
③₄	20.2	—	—	0	35	40	60	0.32	300
③₅	19.5	—	—	0	36	43	65	0.32	350
③₆	20.5	—	—	0	38	47	70	0.30	380
⑤₃₋₁	19.8	—	—	—	—	100	150	—	320
⑤₃₋₂	23.5	—	—	—	—	250	350	—	1600

3. 计算图式

1)计算模型

车站结构的标准段在纵向上按单位长度进行分析,底板支承于弹性地基上,并对横断面方向的受力情况进行计算。这种情况下结构可简化为平面框架问题,在此过程中需考虑立柱、楼板的压缩变形以及斜托的影响。在分别完成施工阶段和使用阶段的内力计算后,通过最不利内力组合求出内力和变形的包络值。

对于围护结构与内衬墙,采用复合墙设计方式,其中水压力由内衬墙承担,侧向土压力由围护结构和内衬墙共同承担。为了对两者之间的关系进行模拟,在围护结构与内衬墙之间设置仅传递压力的铰接链杆。

主体结构计算模型如图5-29所示。

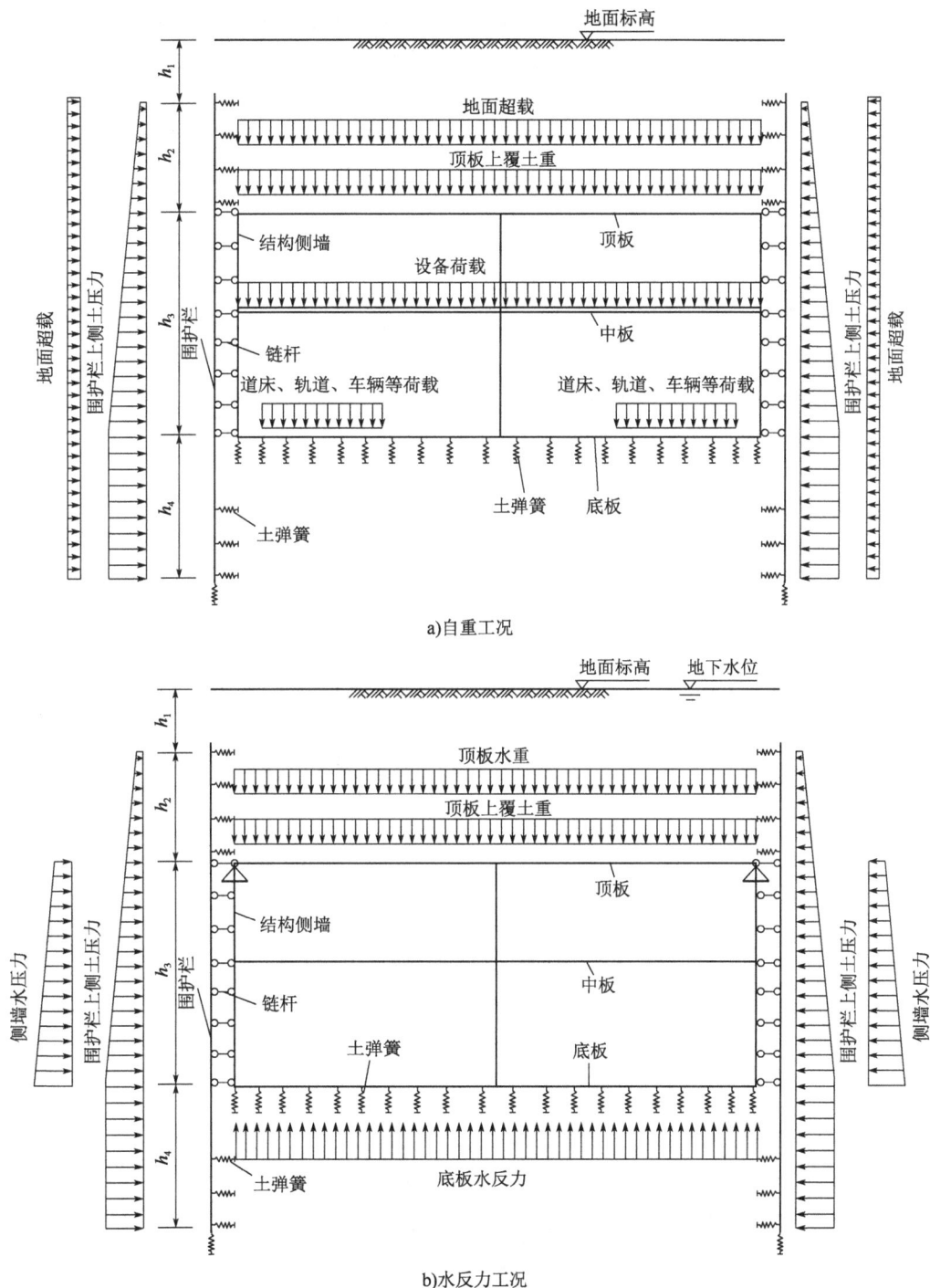

a)自重工况

b)水反力工况

图5-29　主体结构计算图式

2）荷载分类

（1）永久荷载。

结构自重：按结构构件的设计尺寸与材料重度计算，钢筋混凝土重度取 25 kN/m³。

侧向水土压力：施工阶段作用在围护结构的土压力采用朗肯主动土压力理论计算，黏性土层采用水土合算方式，其他土层采用水土分算方式。使用阶段则采用水土分算方式：静止土压力作用在围护结构上，静水压力作用在内衬墙上。底板下土模拟成土弹簧。覆土重度取各土层重度。

设备荷载：设备区按 8 kN/m² 考虑，并考虑设备吊装及运输路径的影响。

水压力和浮力：水重度为 10 kN/m³，使用阶段计算时水头取至地面。

混凝土收缩的影响：对于整体浇筑的钢筋混凝土结构相当于降低温度 15 ℃；对于分段浇筑的混凝土或钢筋混凝土结构相当于降低温度 10 ℃。

（2）可变荷载。

地面超载：标准段取 20 kPa，端头井附近取 30 kPa。

人群荷载：站台、站厅、楼梯、管理用房等部位按 4 kPa 考虑。

施工活载：考虑施工时可能情况的组合。

列车活载：根据车辆实际轴重、排列计算，并考虑动力作用的影响。

温度变化影响：因温度变化引起的内力，应根据该地区的温度情况及施工条件确定。

（3）偶然荷载。

人防荷载：按 6 级设防。

地震作用：按地震烈度 6 度设防。采取必要的构造措施，提高结构和接头处的整体抗震能力。

荷载分类与取值见表 5-16。

荷载分类与取值 表 5-16

荷载类型		荷载名称	荷载取值
永久荷载		结构自重	按实际重量计算
		地层压力	土重度按 18～20 kN/m³ 计算
		侧水、土压力	施工阶段按主动侧土压力计算，使用阶段按静止侧土压力计算
		水浮力	取地面水位计算
		设备重量	设备区荷载按 8 kPa 计算，当设备荷载大于 8 kPa 时按实际荷载计算
		地基下沉影响力	—
可变荷载	基本可变荷载	地面超载	20 kPa 均匀活载
		地面超载引起的侧向土	
		地铁车辆荷载及其动力	列车荷载按列车满载条件确定
		人群荷载	公共区人群荷载按 4 kPa 计算
	其他可变荷载	温度变化影响	—
		施工荷载	一般施工荷载按 4 kPa 计算
偶然荷载		地震荷载	地震荷载按 7 度地震基本烈度考虑
		人防荷载	人防按 X 级人防抗力考虑

注：①设计中要求考虑的其他荷载，可根据其性质分别列入上述 3 类荷载中。

②表中所列荷载本节未加说明者，可按国家有关规范或根据实际情况确定。

③施工荷载包括设备运输及吊装荷载、施工机具及人群荷载、施工堆载、相邻隧道施工的影响、盾构法的千斤顶顶力及压浆荷载等荷载。

3）荷载组合

（1）基本组合：永久荷载 + 可变荷载。

（2）偶然组合：重力荷载代表值 + 地震荷载；永久荷载 + 人防荷载。

（3）荷载组合分项系数见表5-17。

荷载组合分项系数　　　　　　　　　　表5-17

序号	荷载组合验算工况	永久荷载	可变荷载	偶然荷载	
				地震荷载	人防荷载
1	基本组合构件强度计算	1.35（1.0）	1.4	—	—
2	构件裂缝宽度计算	1.0	1.0	—	—
3	构件变形计算	1.0	1.0	—	—
4	抗震荷载作用下构件强度验算	1.2（1.0）	—	1.3	—
5	人防荷载作用下构件强度验算	1.2（1.0）	—	—	1.0
6	构件抗浮稳定验算	1.0	—	—	—

注：括号内数值表示该荷载在对结构有利时的分项系数取值。

4. 板、墙内力计算

在设计中考虑了地震和人防等荷载的偶然组合，基本组合中考虑了水位为0%（施工阶段）与水位为100%（运营阶段）这两种情况，它们分别对应自重和水反力两种工况。根据以往设计计算经验，对于设防烈度为6度的地下车站，地震荷载不控制配筋设计；对于按6级人防荷载设防的地下车站，人防荷载也不控制配筋设计，配筋设计是由水位为100%（运营阶段）或水位为0%（施工阶段）时的强度或裂缝验算所控制。

选取4个典型断面，即标准段、三跨段、四跨段、盾构井段，依据两种工况，也就是自重工况和水反力工况（分别对应施工阶段水位为0%和使用阶段水位为100%的情况），按照承载能力极限状态和正常使用极限状态的要求，SAP2000 9.0，对结构分别进行计算分析。

其中标准段荷载计算参数见表5-18。

标准段钻孔资料　　　　　　　　　　表5-18

层次	岩土名称	层厚（m）	天然密度（g/cm³）	基坑基床系数（MPa/m）		侧压力系数
				竖向 K_V	水平 K_H	
①₂	素填土	2.30	1.85	—	—	0.5
③₁	粉质黏土	5.30	1.94	30	45	0.4
③₂	细砂	6.20	1.95	33	50	0.35
③₄	粗砂	1.20	2.02	40	60	0.32
③₅	砾砂	3.60	2.00	43	65	0.32
③₆	圆砾	12.10	2.05	47	70	0.30
⑤₃₋₁	强风化粉砂质泥岩	0.50	—	100	150	—
⑤₃₋₂	中风化粉砂质泥岩	8.80	—	250	350	—

标准段荷载计算如下。

1)自重工况

(1)结构顶板荷载。

土压：$T = 2.3 \times 18.5 + 0.7 \times 19.4 = 55.5$ kPa；

地面超载：$T = 20$ kPa。

(2)结构侧墙荷载见表5-19。

侧向土压力计算

表5-19

序号	土层名称	重度 γ (kN/m³)	土层厚度 h (m)	γh (kN/m²)	竖向均布土压力 $q = \Sigma \gamma_i h_i$ (kN/m²)	地面超载 (kPa) (=20)	侧压力系数 k_0	侧向土压力 (kN)	
								锯齿顶长	锯齿底长
1	素填土	18.5	2.3	42.55	42.55	10	0.5	—	21.3
2	粉质黏土	19.4	5.3	102.82	145.37	10	0.4	17.1	58.2
3	细砂	19.5	6.2	120.9	266.27	10	0.35	43.6	93.2
4	粗砂	19.5	1.2	23.4	289.67	10	0.32	85.2	92.7
5	砾砂	20.0	3.6	72	361.67	10	0.32	92.7	115.7
6	圆砾	20.5	12.1	248.05	609.72	10	0.3	108.5	182.9
7	强风化粉砂质泥岩	19.8	0.5	9.9	619.62	10	0.35	213.4	216.9

(3)结构底板荷载。

底板下土模拟成土弹簧,地质报告中弹簧系数：$K_V = 86000$ kPa/m, $K_H = 13000$ kPa/m。

(4)结构中板荷载。

人群荷载：4 kPa；设备荷载：8 kPa。

2)水反力工况

(1)结构顶板荷载。

土压：$T = 3 \times 8.5 = 25.5$ kPa；

水压：$T = 3 \times 10 = 30$ kPa。

(2)结构侧墙荷载见表5-20。

侧向土压力计算

表5-20

序号	土层名称	重度 γ (kN/m³)	土层厚度 h (m)	γh (kN/m²)	竖向均布土压力 $q = \Sigma \gamma_i h_i$ (kN/m²)	地面超载 (kPa) (=20)	侧压力系数 k_0	侧向土压力 (kN)	
								锯齿顶长	锯齿底长
1	素填土	8.5	2.30	19.6	19.6	0	0.5	—	9.8
2	粉质黏土	9.4	5.30	49.8	66.4	0	0.4	7.84	26.6
3	细砂	9.5	6.20	58.9	125.3	0	0.35	23.2	43.9
4	粗砂	10.2	1.20	12.24	137.5	0	0.32	40.1	44
5	砾砂	10.0	3.60	36	173.5	0	0.32	44	55.5
6	圆砾	10.5	12.10	127.1	300.6	0	0.3	52.1	90.2
7	强风化粉砂质泥岩	9.8	0.50	4.9	305.5	0	0.35	105.2	106.9

（3）结构底板荷载。

底板下土仍然模拟成土弹簧,但不允许出现拉力,若出现拉力,则删除该弹簧。地质报告中弹簧系数: $K_V = 86000 \text{ kPa/m}$, $K_H = 13000 \text{ kPa/m}$。

5. 板、墙配筋计算

顶板按照纯弯构件计算,中、底板计入轴向力,按压弯构件计算。根据承载能力极限状态的基本组合值进行承载力计算,以及按照正常使用极限状态下的标准组合值进行裂缝宽度验算,比较配筋结果,最终确定标准组合为控制工况。车站主体结构板、墙配筋计算,结果见表5-21。

标准段内力表及配筋

表5-21

构件名称	结构部位	结构尺寸（mm）	弯矩（最大值）（kN·m）		轴力（最小值）（kN）	配筋（mm）	配筋率（%）	裂缝宽度（mm）	分布筋（mm）
			基本组合	标准组合					
顶板	侧墙支座（迎水面）	800	434.3	434.3	318.9	B28@150 + B20@100	0.85	0.06	B20@150
	柱支座（迎水面）		1435.4	763.8		B28@150 + B28@150	0.92	0.186	
	跨中（背水面）		654	459.9		B28@100	0.77	0.22	
中板	侧墙支座	400	150	136.7	1564.1	B18@100	0.64	0.19	B14@150
	柱支座		117	124		B18@100 + B18@150	1.02	0.17	
	跨中		87	63.9		B18@100	0.64	0.05	
底板	侧墙支座（迎水面）	900	1010.8	1010.8	1098.9	B28@150 + B20@100	0.76	0.177	B20@150
	柱支座（迎水面）		1062.2	739.8		B28@150 + B28@150	0.82	0.174	
	跨中（背水面）		986.1	664		B28@150	0.41	0.276	
负一层侧墙	顶板边（迎水面）	600	649.7	434.3	667.7	B20@150 + B28@150	0.93	0.10	B18@150
	中板边（迎水面）		220.3	148.4	780.6	B20@100	0.52	0.175	
	跨中（背水面）		41.1	27.7	725.9	B18@100	0.42	0.1	
负二层侧墙	外侧（中板边）	700	300.7	202.5	841.9	B20@100	0.45	0.165	B18@150
	外侧（底板边）		1500.9	1010.7	1032.4	B20@100 + B28@150	0.98	0.19	
	内侧（跨中）		331.4	223.2	925.4	B20@150	0.27	0.03	

主体结构根据《混凝土结构设计标准》（GB/T 50010—2010）按正常使用极限状态进行裂缝验算,裂缝宽度允许值迎水面不大于0.2 mm,背水面不大于0.3 mm,结构满足强度和正常使用要求。

6. 梁内力计算

车站纵向框架体系按多跨连续梁计算,并进行内力和变形计算。

7. 柱内力计算

柱子计算采用立柱最大轴力工况:计入水土侧压力、自重、覆土、超载、地板下作用水反力。

水位取地面高程 21.80 m,水的重度为 10 kN/m³,钢筋混凝土重度为 25 kN/m³,土的重度为 20 kN/m³,土的浮重度为 10 kN/m³;地面超载取 20 kPa;柱子采用 C45 混凝土,梁采用 C35 混凝土;中板上的设备和人群以及装修荷载总计为 11 kN/m³。其中顶梁、中梁的线荷载向下,底梁的线荷载向上。1-2 轴之间为第 1 跨,2-3 轴之间为第 2 跨,以此类推。

计算时考虑两种组合:①标准组合 $q_1 = 1.0 \times ($ 覆土 + 水 + 自重 + 超载 + 设备人群及装修 $)$;②基本组合 $q_2 = 1.1 \times 1.35 \times ($ 覆土 + 水 + 自重 + 超载 + 设备人群及装修 $)$。

5.6.2 暗挖法结构工程实例

1. 工程概况

某车站主要包括主体结构暗挖隧道工程、北站厅明挖工程、南站厅明挖工程、出入口通道及风亭风道等。

南站厅为地面两层、地下五层框架结构,其中地下一层至地下三层为铁城地下车库预留井,地下四层(通道层)和地下五层(站台层)位于铁城地下车库底板下,明挖竖井深约 17 m,面积约 992.3 m²。

北站厅为地下两层明挖结构,结构总长 73 m,宽 29 ~ 43 m,深 12 m 左右,建筑面积 2316 m²。

左、右线站台层隧道位于火车东站南站房及铁路站场的下方,埋深 25 m 左右,右线站台隧道为双层单跨暗挖结构,左线站台隧道为单洞暗挖结构,开挖跨度分别为 12.3 m 和 8.85 m,左、右线线间距为 22.2 m,隧道间岩柱净宽为 6.85 m。

站台层共设 7 个横通道连通左、右线站台层隧道,横通道均为拱顶直墙形单洞隧道。

2. 工程地质与水文地质条件

1)工程地质条件

本站地势略呈北高南低,地面高程为 13.74 ~ 21.13 m。钻孔露岩土层自上而下有人工填土层〈1〉、冲 ~ 洪积土层〈4-1〉、红层可塑状的残积土〈5-1〉、红层硬塑 ~ 坚硬状的残积土层〈5-2〉、红层全风化带〈6〉、红层强风化带〈7〉、红层中风化带〈8〉、红层微风化带〈9〉。

2)水文地质条件

车站范围内地下水位埋深为 2.4 ~ 4.0 m,平均埋深为 3.21 m,主要补给来源为大气降水。素(杂)填土和全风化带孔隙水、基岩强-中风化带裂隙水为本站主要含水层。

3. 结构设计方案选取与计算

1)主体结构方案

东站主体的左、右线站台层由双线暗挖隧道构成,采用岛侧式设计,站台宽度(包括楼梯扶手)分别为 3.8 m 和 7.0 m,线路间距为 22.2 m。该隧道位于火车东站南站房及铁路站场下方,埋深约 25 m,处于微风化岩层中。隧道结构为两单洞暗挖形式,右线开挖跨度为 12.3 ~ 13.1 m,左线开挖跨度为 7.05 ~ 10.65 m。初期支护采用 C20 喷射钢纤维混凝土,用于承担施工期间的围岩压力,二次衬砌采用 C30(S8)钢筋混凝土,承载使用期间的全部荷载。在站台层,左、右线隧道通过 7 个横通道相连,横通道宽度为 3.5 m、6 m 和 6.3 m 不等,均为暗挖结构。此外,初期支护与二次衬砌之间设有全包防水层,是由土工布和 2.0 mm 的防水板组合而成。

2)主体结构计算

(1)主要尺寸的拟定。

暗挖法的结构形式和尺寸需依据工程地质、水文地质条件、埋置深度、结构工作特点、施工条件等,通过工程类比和结构计算来确定。

结构主要尺寸的拟定要根据承载力极限状态和正常使用极限状态的要求,选取各自最不利组合,分别开展承载力计算、稳定验算、变形验算以及裂缝宽度验算。

在结构计算中,应考虑施工过程中所形成支护结构的作用。主体结构的主要尺寸如下:初期支护采用 C20 钢纤维喷射混凝土,厚度为 200 mm;二次衬砌采用 C30 钢筋混凝土,右线隧道拱部厚度 600 mm、侧墙厚度 600 mm、仰拱厚度 750 mm、中板厚度 400 mm;左线隧道梁拱厚度500 mm、侧墙厚度 500 mm、仰拱厚度 600 mm。

(2)计算图式。

主体结构按底板置于弹性地基上的平面框架,采用平面杆系单元模拟,按荷载-结构模型进行计算,如图 5-30 所示。

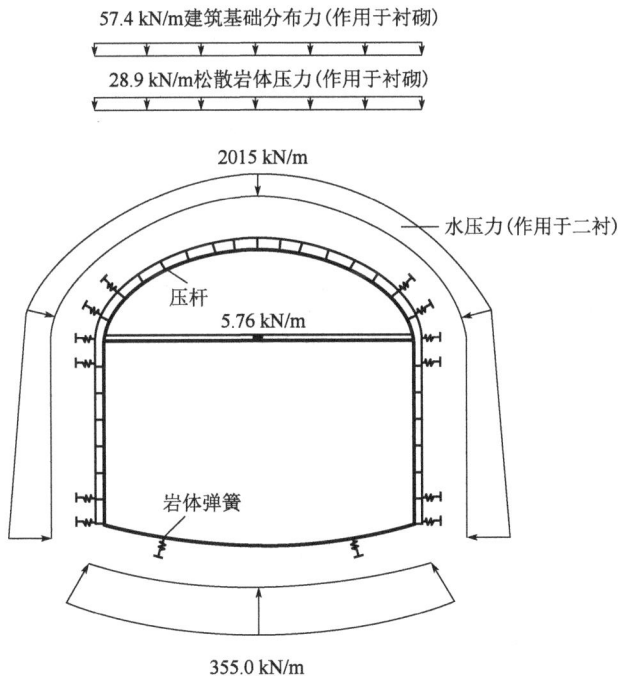

图 5-30　计算图式

施工阶段依据各工况的受力特性运用增量法进行解析,并将构件先期受力变形对后续工况的影响考虑在内,围岩压力作用于初期支护。使用阶段使用全量法开展结构分析,围岩压力作用于初期支护,水压力作用于二次衬砌,初期支护与二次衬砌之间通过压杆连接,二者相互作用。地层反力采用土弹簧来模拟。

3）计算荷载

结构计算荷载类型和计算取值见表 5-22 和表 5-23。结构设计时应根据结构类型，按结构整体和单个构件可能出现的最不利组合，依据相应的规范要求进行计算，并考虑施工过程中荷载变化情况分阶段计算。

车站结构荷载表　　　　　　　　　　　　　表 5-22

荷载类型	荷载名称		荷载计算及取值
永久荷载	结构自重		按构件实际重量计算
	地层压力		按《铁路隧道设计规范》（TB 10003—2016）采用
	侧向地层土压力		按《铁路隧道设计规范》（TB 10003—2016）采用
永久荷载	静水压力及水反力		按最不利地下水位计算静水压力及反力
	上部建筑基础超载		按基础竖向荷载作用于地层上的分布力计算
	混凝土收缩和徐变的影响		混凝土收缩的影响按降低温度的方法计算，对于整体浇筑的钢筋混凝土结构相当于降低温度 15 ℃。混凝土徐变的影响按提高温度的方法计算
	设备荷载		设备区一般按 8 kPa 考虑，对于重要设备按实际设备重量考虑，对于动力设备则考虑动力系数
	侧向地层抗力及地层反力		按结构形式及其在荷载作用下的变形、结构与地层刚度、施工方法及地层性质等情况，根据所采用的结构计算简图和计算方法加以确定
可变荷载	基本可变荷载	人群荷载	按 4 kPa 计算
	其他可变荷载	施工荷载	施工机具、地面材料堆载按 20 kPa 考虑
		温度荷载	使用阶段温度变化按 15 ~ 46 ℃考虑。施工期间按混凝土内部峰值温度 75 ℃考虑
偶然荷载	地震作用		按 7 度地震基本烈度考虑
	人防荷载		按 6 级人防荷载考虑

内力计算结果表　　　　　　　　　　　　　表 5-23

构件				计算内力			构件尺寸（mm）	配筋率（%）	裂缝宽度（mm）	备注
				弯矩（kN·m）	剪力（kN）	轴力（kN）				
右线隧道	初期支护	拱部		17.8	71.8	748	200	—	—	每延米
		侧墙		15.1	17.9	418	200	—	—	每延米
	二次衬砌	拱部	内侧	19.4	128.8	2056	600	0.2	0.11	每延米
			外侧	387.6	277.8	1702		0.33	0.19	
		侧墙	内侧	563.2	72.7	1836	600	0.44	0.29	每延米
			外侧（角点）	1344.4	1213.3	1943		1.34	0.19	
		仰拱	内侧	615.1	172.3	2498	750	0.29	0.25	每延米
			外侧（角点）	1344.4	832.2	2601		0.88	0.19	
		中板	上侧	208.5	99.8	725	400	0.48	0.27	每延米
			下侧	71.7	0	725		0.20	0.12	

续上表

构件			计算内力			构件尺寸(mm)	配筋率(%)	裂缝宽度(mm)	备注
			弯矩(kN·m)	剪力(kN)	轴力(kN)				
左线隧道	初期支护	拱部	7.1	28	370	200	—	—	每延米
		侧墙	9.3	13.3	257	200	—	—	每延米
	二次衬砌	拱部 内侧	34.3	119	1267	500	0.25	0.27	每延米
		拱部 外侧	81.8	347	1327		0.2	0.16	
		侧墙 内侧	97.4	160	1357	500	0.2	0.15	每延米
		侧墙 外侧(角点)	570	767	1411		0.7	0.19	
		仰拱 内侧	309	199	1500	600	0.35	0.18	每延米
		仰拱 外侧(角点)	570	614	1561		0.5	0.18	

4)附属结构方案

本站共设置5个出入口和3处风亭。Ⅰa出入口、Ⅰb出入口与北站厅相连,为明挖框架结构;Ⅱa出入口位于南站厅竖井内,和南站厅结合布置;Ⅱb出入口、Ⅱc出入口连接右线隧道通道层,Ⅱb出入口穿过一号线车站底板和站台层,接入一号线站台实现换乘,Ⅱc出入口穿过铁路南站房地下一层底板,与一号线站厅层付费区连通完成换乘,这两个出入口均采用矿山法施工。

5)结构抗浮

南站厅为地面二层、地下五层结构,共设置12根φ1500 mm抗拔桩用于抗浮。北站厅位于地下二层,与待建铁路北站房相结合设置。考虑到铁路北站房与北站厅无法连续施工,初期按回填设计,后期铁路北站房施工时需要开挖回填,因此北站厅设置15根φ1500 mm抗拔桩用于抗浮。

6)结构防水

本站结构防水设计遵循"以防为主,防、排、截、堵相结合,多道设防,因地制宜,综合治理"的原则,并依据《地下工程防水技术规范》(GB 50108—2008)、《地铁设计规范》(GB 50157—2013)进行设计,车站结构防水标准为一级。

主要防水施工要求和措施如下:

①结构以自防水为主,二次衬砌混凝土抗渗标号不低于S8。

②暗挖结构初期支护防水等级不低于S6,初期支护完成后,对衬砌背后松动土体采用注浆填充,形成第一道截水帷幕。

③在初期支护和二次衬砌之间设置防水板,实现全包防水;对于二次衬砌与防水板间的渗水,采用透水盲沟引排至轨道侧沟。

④拱部二次衬砌背后采用预埋管注浆,填充因模筑混凝土未捣实和混凝土干缩产生的空隙,并加强封堵,浆液采用1:1水泥浆。

⑤站台层隧道采用环向和纵向防水分区系统,防水分区依据施工缝位置,通过设置背贴式止水带进行分区。环向施工缝设置间距一般不大于9 m,纵向施工缝设置在结构弯矩值较小处。施工缝采用镀锌钢板止水带,环向施工缝在拱、墙处设置接水槽。

⑥车站主体结构与南站厅竖井、区间隧道、风道等接头处设置变形缝,变形缝内设置中置

式 PVC 止水带,两侧设置背贴式止水带止水,并在拱、墙处设置接水槽。

⑦穿墙管的防水一般采用主管直接埋入混凝土内的固定式防水法,埋入前,主管应加止水环。

⑧所有防水构件、附加防水层、混凝土外加剂都应同时满足防腐要求。

⑨所有防水系统的施工工艺,必须严格按照《地下工程防水技术规范》(GB 50108—2008)以及有关防水材料生产商提供的说明书和技术要求进行施工。

7)施工方法与地下管线、交通疏解的处理

主体站台层左、右线隧道采用台阶法施工。局部地段岩层风化较重,属于Ⅲ类围岩,采用 CRD 法施工,右线隧道分 6 步开挖支护,左线隧道分 4 步开挖支护。

南站厅竖井采用明挖法施工,同时进行锚喷支护。

北站厅采用明挖法施工,采用人工挖孔桩围护,并设置 3 道锚杆代替内支撑。

本站除北站厅范围内有少量电力、排水管需要改迁外,其他位置无地下管线。

本站不占用市政道路,无须进行交通疏解。

思考与练习题

1.地铁车站结构选型的原则是什么?其结构选型有哪些特点?

2.地铁车站按照不同的分类方式可以分为哪些类型?

3.地铁车站主要由哪些部分组成?站厅有哪些布置方式?

4.明挖车站结构的荷载包括哪些?这些荷载的计算方法是什么?

5.3 种荷载-结构模型有什么区别?在实际应用中应该如何选择?

6.地铁车站结构防水措施包括哪些?这些防水措施应如何选择?

第 6 章

明挖和暗挖隧道结构设计

6.1 明挖与浅埋式地下结构设计

6.1.1 明挖与浅埋式地下结构

根据埋置深度,建筑物可分为深埋式和浅埋式结构。本节将重点介绍浅埋式矩形结构的设计与计算。浅埋式结构指覆盖土层较薄,无法满足形成压力拱的条件 $[H \leqslant (2 \sim 2.5)h_1, h_1$ 为压力拱高],或在软土地层中,覆盖厚度小于结构尺寸的地下结构。其主要形式通常包括直墙拱形结构、矩形闭合框架结构、梁板式结构,或这些形式的组合。

1. 直墙拱形结构

浅埋式直墙拱形结构在小型地下通道和早期的人防工程中有广泛应用,通常适用于跨度在 1.5 ~ 4 m 之间的结构。其墙体多采用砖或块石砌筑,而拱体部分则根据跨度的不同,可以选用砖砌拱、预制钢筋混凝土拱或现浇钢筋混凝土拱。其中,前两种主要用于跨度较小的通道部分,而后者适用于跨度较大的工程。

从受力分析来看,拱形结构主要承受轴向压力,弯矩和剪力相对较小。因此,砖、石和混凝土等材料在拱形结构中能够充分发挥其良好的抗压性能,尽管其抗拉性能较差。拱顶部分根据轴线形状可分为多种形式,如半圆拱、割圆拱和抛物线拱等。图 6-1 展示了几种常见的直墙拱形结构。

2. 矩形闭合框架结构

随着地下结构跨度及其复杂程度的不断增加,对其整体性和防水性能的要求也愈发严格,混凝土矩形闭合框架结构在地下建筑中的应用日益广泛。这种结构特别适用于车行立交地道、地铁通道以及车站等场所。浅埋式矩形闭合框架结构不但空间利用率高,而且具有挖掘断面经济、施工便捷等显著优势。矩形闭合框架的顶板和底板属于水平构件,其承受的弯矩与拱形结构相比更为突出,因此通常采用钢筋混凝土结构。在地铁工程中,依据使用要求、荷载大小以及跨度大小,闭合框架可以是单跨、双跨或者多跨的形式;在车站部分,有时还需要做成多层多跨的形式。

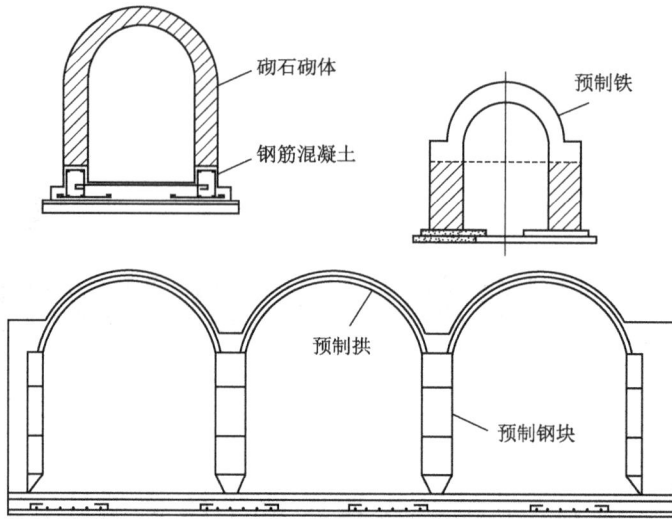

图 6-1　直墙拱形结构

1）单跨矩形闭合框架

当跨度较小时（一般小于 6 m），可采用单跨矩形闭合框架。图 6-2a）为地铁车站（或大型人防工程）的出入口通道。

2）双跨和多跨的矩形闭合框架

当结构的跨度较大时，或由于使用和工艺的要求，结构可设计成双跨或多跨。

图 6-2b）为双跨通道。为了改善通风条件和节约材料，中间隔墙还可开设孔洞，如图 6-3 所示。这样，不但可以改善通风、节约材料，而且能够使结构更为轻巧、美观。

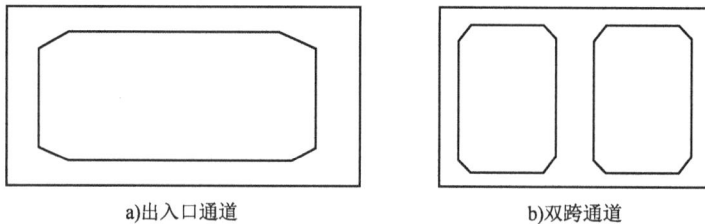

a)出入口通道　　　　　　　　b)双跨通道

图 6-2　单层矩形闭合框架

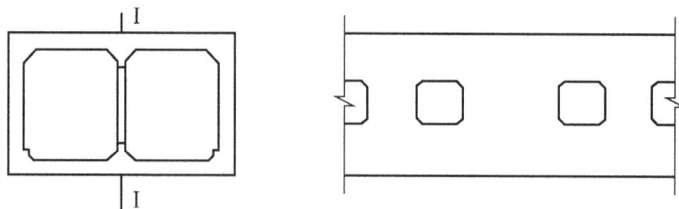

图 6-3　双跨开孔矩形闭合框架

中间隔墙还可以用梁、柱代替。事实上，当隔墙上的孔洞开设较大时，隔墙的作用即变成梁、柱的传力体系，如图 6-4 所示。

3）多层多跨的矩形闭合框架

在浅埋地下工程中，梁板式结构的应用也十分普遍，例如地下医院、教室、指挥所等。这种工程适用于地下水位较低的地区或有防护等级要求的情况。有些地下厂房（如地下热电站）

因工艺要求必须设计成多层多跨的结构。在地铁车站部分,为了实现换乘目的,局部也会做成双层多跨的结构,如图6-5所示。

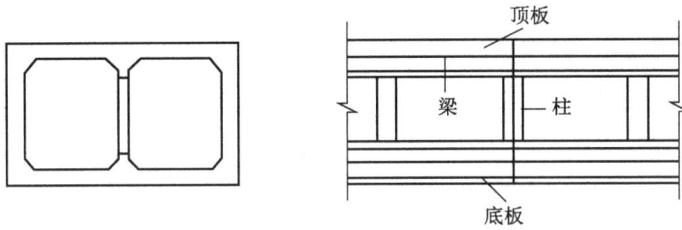

图6-4 双跨开孔梁、柱矩形闭合框架

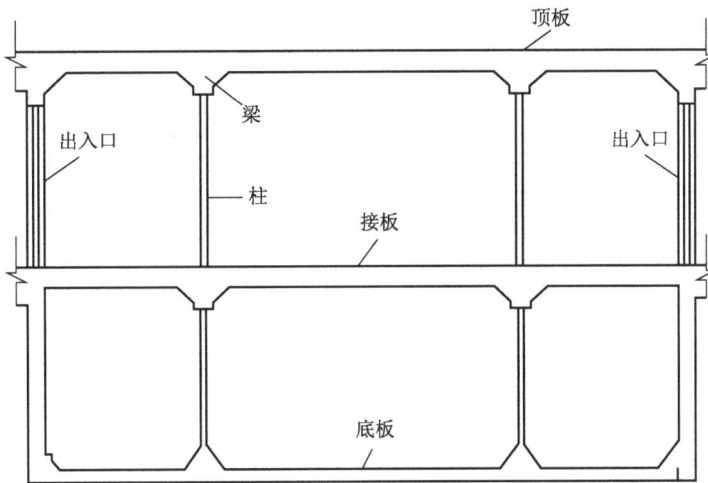

图6-5 双层多跨的矩形闭合框架

3. 梁板式结构

在地下水位较低或防护等级要求较低的工程中,顶、底板做成现浇钢筋混凝土梁板式结构,而围墙和隔墙则为砖墙;在地下水位较高或防护等级要求较高的工程中,一般除内部隔墙之外,均做成箱形闭合框架钢筋混凝土结构。图6-6为一地下教室的平面图。除上面所述的3种形式之外,对于一些大跨度的建筑物,如地下礼堂、地下仓库等还可以采用壳体结构或折板结构。

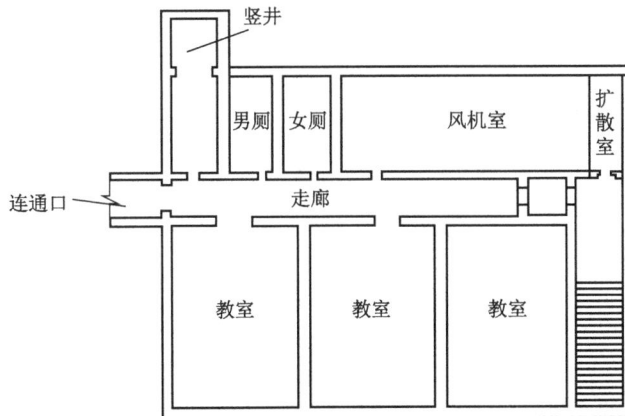

图6-6 梁板式结构地下教室平面图

167

6.1.2 矩形闭合框架的计算

在城市地下空间结构中,常见的地铁车站通道形式多为矩形闭合框架,本节将针对图 6-2 所示的单层矩形闭合框架,说明其计算过程。结构计算通常包括 4 个方面的内容,即荷载计算、内力计算、抗浮验算、截面设计。

1. 荷载计算

地下结构所承受的荷载可分为 3 类:恒载、活载以及偶然荷载(表 6-1)。恒载指长期作用于结构上的不变荷载,包括结构自重、土压力和地下水压力等。活载则是指在结构使用期间或施工阶段可能存在的变动荷载,例如人群、车辆、设备以及施工期间堆放的材料和机械等。偶然荷载包括特殊结构荷载、车辆爆炸荷载、地震荷载等。特殊结构荷载主要包括常规武器(如炮火、炸弹)或核武器爆炸所产生的荷载。针对特殊结构荷载的大小,应依据不同的防护等级进行设计,这在与人防工程相关的规范中已有明确规定。此外,位于地震区的结构还需考虑地震荷载。

荷载类型 表 6-1

序号	荷载类型	类别
1	水土压力、结构自重	恒载
2	地面超载	活载
3	特殊结构荷载	偶然荷载
4	车辆爆炸荷载	偶然荷载
5	地震荷载	偶然荷载

1)顶板荷载

作用于顶板上的荷载,包括顶板以上的覆土压力、水压力、顶板自重、路面超载以及特载。

(1)覆土压力。

因为是浅埋结构,所以计算覆土压力时,只要将结构范围内顶板以上各层土壤(包括路面材料)的重量之和求出来,然后除以顶板的承压面积即可。如果某层土壤处于地下水中,则它的重度 γ_i 要采用浮重度 γ';计算覆土压力 $q_\pm$(kN/m^2)时可用下式表示:

$$q_\pm = \sum_i \gamma_i h_i \tag{6-1}$$

式中:γ_i——第 i 层土壤(或路面材料)的重度;

h_i——第 i 层土壤(或路面材料)的厚度。

(2)水压力。

计算水压力 $q_水$(kN/m^2)时可用下式表示:

$$q_水 = \gamma_w h_w \tag{6-2}$$

式中:γ_w——水重度;

h_w——地下水面至顶板表面的距离。

(3)顶板自重。

顶板自重 q(kN/m^2)可用下式表示:

$$q = \gamma d \tag{6-3}$$

式中:γ——顶板材料的重度;

d——顶板的厚度。

（4）顶板所受的特载为 $q_{顶}^{t}$。

（5）地面超载为 $q_{超}$。

将上面的结果总和起来即可得到顶板上所受的荷载：

$$q_{顶} = q_{土} + q_{水} + q + q_{顶}^{t} + q_{超}$$
$$= \sum_{i} \gamma_i h_i + \gamma_w h_w + \gamma d + q_{顶}^{t} + q_{超} \tag{6-4}$$

2）底板上的荷载

一般情况下，人防工程中的结构刚度都较大，而地基相对来说较松软，所以假定地基反力为直线分布。作用于底板上的荷载可按下式计算：

$$q_{底} = q_{顶} + \frac{\sum P}{L} + q_{底}^{t} \tag{6-5}$$

式中：$\sum P$——结构顶板以下、底板以上的两边墙及中间柱等重量；

L——结构横断面的宽度，如图6-7所示；

$q_{底}^{t}$——底板上所受的特载。

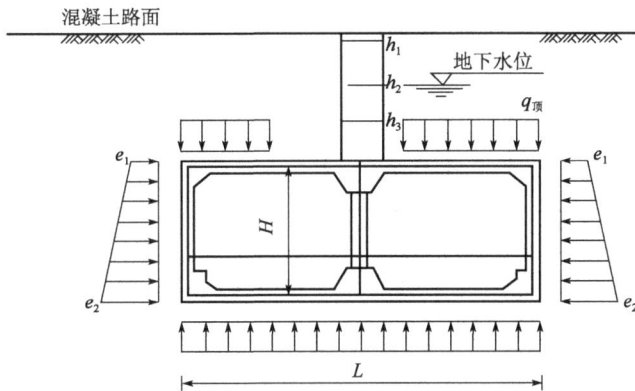

图6-7 计算简图

3）侧墙上的荷载

侧墙上所受的荷载包括土层的侧向压力、水压力及特载。

（1）土层侧向压力计算公式如下：

$$e = \left(\sum_{i} \gamma_i h_i \right) \tan^2 (45° - \varphi/2) \tag{6-6}$$

式中：φ——结构埋置处土层的内摩擦角。

此外，针对处于地下水中的土壤，其中 γ_i 要用浮重度。

（2）侧向水压力计算公式如下：

$$e_w = \psi \gamma_w h \tag{6-7}$$

式中：ψ——折减系数，其值依据土壤的透水性来确定，其中砂土的 $\psi = 1$，黏土的 $\psi = 0.7$；

h——从地下水表面至考察点的距离。

因此，作用于侧墙上的荷载为：

$$q_{侧} = e + e_w + q_{侧}^{t} \tag{6-8}$$

式中：$q_{侧}^{t}$——作用于侧墙上的特载。

除上面所述的荷载之外,由于温度变化、沉陷不匀、材料收缩等因素也会使结构产生内力,但要精确地考虑它是很困难的,通常只在构造上采取适当措施,例如,加配一些构造钢筋、设置伸缩缝和沉降缝等。对于处于地震区的地下结构,还可能受到地震荷载的作用。

2. 内力计算

矩形闭合框架在静荷载作用下,可将地基视作弹性半无限平面,作为弹性地基上的框架进行分析。为了简化,本节将弹性地基上的反力作为荷载作用在闭合框架底部,按照一般平面框架计算。

1)计算简图

通常浅埋地下结构中的闭合框架的横向断面比纵向短得多,且沿纵向受到的荷载基本不变,如纵向长度为 L,横向宽度为 B,当 $L/B > 2$ 时,因端部边墙相距较远,对结构内力影响很小,因此不考虑结构纵向不均匀变形,所以可以把结构受力问题视为平面应变问题。计算时取纵向单位长度上荷载按杆件为等截面的矩形闭合框架进行计算,可以得到如图 6-8a)所示计算简图。

一般情况下,框架的顶板、底板厚度都比内隔墙大得多,中隔墙的刚度相对较小,一般将中隔墙视为只承受轴力的二力杆,这样可以用图 6-8b)代替图 6-8a)。当中间为纵向梁和柱时,纵向梁可以看作框架的内部支承,柱则视为梁的支承,此时可以采用图 6-8c)的计算简图,计算纵向梁和柱时采用图 6-9 所示的计算简图。

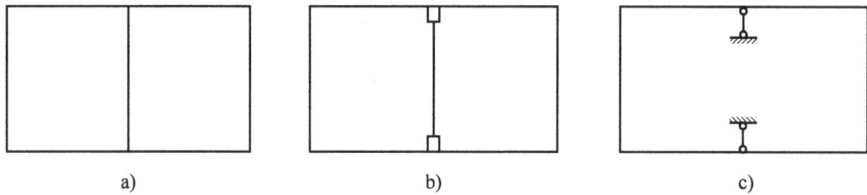

图 6-8　计算简图及简化

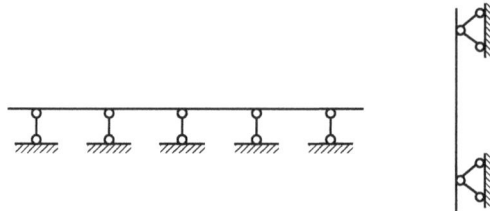

图 6-9　纵向梁和柱计算简图

如果矩形闭合框架的横向宽度和纵向长度接近,就不能忽略两端部墙体影响,因而应将其视为空间的箱形结构。当采用近似方法对箱形结构进行计算时,顶板、底板和侧墙均可视为弹性支承板。

2)截面选择

在超静定结构的内力计算过程中,依据结构力学理论,需要事先确定各杆件的截面尺寸,或者至少要知晓它们的截面惯性矩比。但是,截面尺寸的选择又取决于内力的计算,如此便形成了一个循环矛盾问题。为解决这一问题,一般采用以下方式:在计算内力之前,凭借经验或者运用近似方法来设定杆件的截面尺寸;完成内力计算后,要对这些尺寸的适用性进行评估;若发现尺寸不合适,则需要重新调整尺寸并再次进行计算,直至找到符合要求的截面为止。

3)计算方法

当不考虑线位移影响时,可按图 6-10 所示的简化计算模型以力矩分配法进行计算。在静荷载作用下,地层中的闭合框架一般采用弹性地基模型进行计算,弹性地基可依据温克勒地基理论进行分析,或将其视为弹性半无限平面。本节将重点介绍弹性地基上闭合框架的计算方法。在浅埋地下建筑中,闭合框架通常面临平面变形问题,如图 6-11 所示。计算时,可以沿纵向选择一单位宽度作为计算单元,并对地基进行相应的截取,将其视为一个弹性半无限平面。

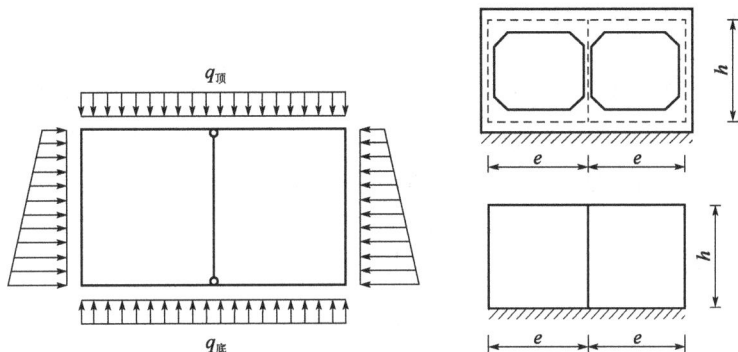

图 6-10　简化计算模型　　　　图 6-11　计算简图

框架的内力分析可采用如图 6-12 所示的计算简图,与一般平面框架的区别在于底板承受未知的地基弹性反力而使内力分析更为复杂。

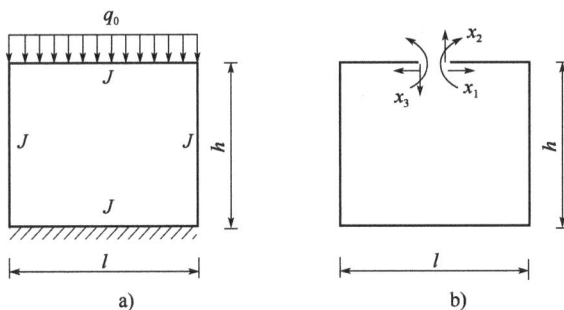

图 6-12　计算简图及基本结构

弹性地基上平面框架的内力计算仍可采用结构力学中的力法,只是需要将底板按弹性地基梁来考虑。如图 6-12a)所示为一平面闭合框架,承受均布荷载 q_0,采用力法计算内力时,可将横梁在中央切开,如图 6-12b)所示,并写出典型力法方程:

$$\begin{cases} \delta_{11}x_1 + \delta_{12}x_2 + \delta_{13}x_3 + \Delta_{1P} = 0 \\ \delta_{21}x_1 + \delta_{22}x_2 + \delta_{23}x_3 + \Delta_{2P} = 0 \\ \delta_{31}x_1 + \delta_{32}x_2 + \delta_{33}x_3 + \Delta_{3P} = 0 \end{cases} \tag{6-9}$$

式中:δ_{ij}——在多余力 x_j 作用下,沿 x_i 方向的位移;

Δ_{iP}——外荷载作用下沿 x_i 方向的位移,按下式计算:

$$\begin{cases} \delta_{ij} = \delta'_{ij} + b_{ij} \\ \Delta_{ij} = \Delta'_{iP} + b_{iq} \\ \delta'_{ij} = \sum \int \dfrac{M_i M_j}{EJ}\mathrm{d}s \end{cases} \tag{6-10}$$

式中:δ'_{ij}——框架基本结构在单位力作用下产生的位移(不包括底板);

b_{ij}——底板按弹性地基梁在单位力 x_j 作用下算出的切口处 x_i 方向的位移;

Δ'_{iP}——框架基本结构在外荷载作用下产生的位移(不包括底板);

b_{iq}——底板按弹性地基梁在外荷载 q 作用下算出的切口处 x_i 方向上的位移。

将所求到的系数及自由项代入力法方程,解出未知力 x_i,进而绘出内力图。

4)设计弯矩、剪力及轴力的计算

(1)设计弯矩。

根据计算简图求解超静定结构时,直接求得的是节点处的内力(即构件轴线相交处的内力),然后利用平衡条件可以求得各杆任意截面处的内力。由图 6-13 可以看出,节点弯矩(计算弯矩)虽然比附近截面的弯矩大,但其对应的截面高度是侧墙的高度,所以,实际不利的截面(弯矩大而截面高度小)则是侧墙边缘处的截面,对应这个截面的弯矩称为设计弯矩。根据隔离体平衡条件,可以按下面的公式计算设计弯矩:

$$M_i = M_P - Q_P \frac{b}{2} + \frac{q_0}{2}\left(\frac{b}{2}\right)^2 \tag{6-11}$$

式中:M_i——设计弯矩;

M_P——计算弯矩;

Q_P——计算剪力;

b——支座宽度;

q_0——作用于杆件上的均布荷载。

简便起见,式(6-11)可近似地用下式代替:

$$M_i = M_P - Q_P \frac{b}{2} \tag{6-12}$$

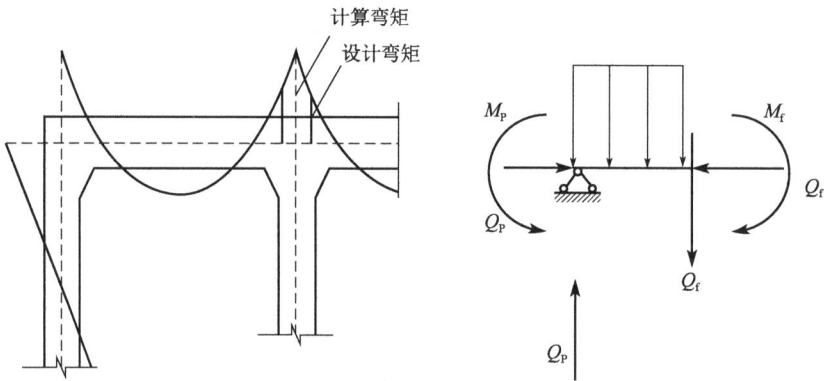

图 6-13 设计弯矩计算简图

(2)设计剪力。

同上面的理由一样,对于剪力,不利截面仍然处于支座边缘处(图 6-13),根据隔离体条件,设计剪力按下式计算:

$$Q_i = Q_P - b \frac{q}{2} \tag{6-13}$$

(3)设计轴力。

由静载引起的设计轴力按下式计算:

$$N_i = N_P \tag{6-14}$$

式中: N_P——由静载引起的计算轴力。

由特载引起的设计轴力按下式计算:

$$N_i^t = N_P^t \zeta \tag{6-15}$$

式中: N_P^t——由特载引起的计算轴力;

ζ——折减系数,对于顶板 ζ 可取 0.3,对于底板和侧墙可取 0.6。

将上面两种情形求得的设计轴力加起来即可得各杆件的最后设计轴力。

3. 抗浮验算

为保证结构不因为地下水的浮力而浮起,在设计完成后,尚需按下式进行抗浮计算:

$$K = \frac{Q_重}{Q_浮} \geqslant 1.05 \sim 1.10 \tag{6-16}$$

式中: K——抗浮安全系数;

$Q_重$——结构自重、设备重量及上覆土重量之和;

$Q_浮$——地下水浮力。

当箱体已经施工完毕,但未安装设备和回填土时,计算 $Q_重$ 时只应考虑结构自重。

4. 截面设计

地下结构的截面选择和强度计算,除特殊要求之外,一般以《混凝土结构设计规范》(GB 50010—2010)为准。在特殊荷载作用情况下,弯矩与轴力方法强度验算需考虑活载下材料的强度提高问题,而剪切和扭转方法强度验算则无须考虑。

在设有支托的框架结构中,进行构件截面验算时,杆件两端的截面计算高度采用 $h + S/3$(h 为构件截面高度,S 为平行于构件轴线方向的支托长度)。同时,$h + S/3$ 的值不得超过杆件截面高度 h_1,即 $h + S/3 \leqslant h_1$,如图 6-14 所示。地下矩形闭合框架结构的构件(顶板、侧墙、底板)常按偏心受压构件进行截面验算。

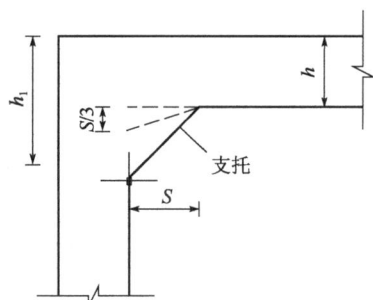

图 6-14 支托框架结构

6.1.3 构造要求

1. 配筋形式

图 6-15 表示闭合框架的配筋形式,它由横向受力钢筋和纵向分布钢筋组成。为便于施工,也可将钢筋制成焊网,如某地铁通道将顶、底板的纵向分布钢筋和侧墙的横向受力钢筋均制成焊网。为改善闭合框架的受力条件,一般在角部设置支托,并配置支托钢筋。当荷载较大时,需验算抗剪强度,并配置钢箍和弯起筋,如图 6-15 所示。对于考虑活载作用的地下结构物,为提高构件的抗冲击动力性能,构件断面上宜配置双筋。

2. 混凝土保护层

地下结构的特点是外侧与土、水相接触,内侧相对湿度较高。因此,受力钢筋的保护层最

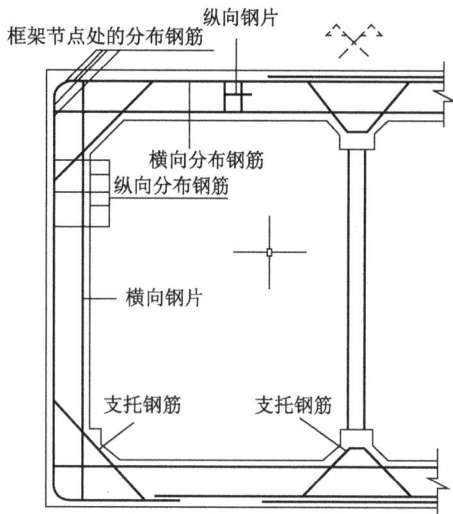

图 6-15　闭合框架配筋形式

小厚度(从钢筋的外边缘算起)比地面结构增加 5 ~ 10 mm,应满足表6-2规定。

3.横向受力钢筋

横向受力钢筋的配筋比例应符合表6-3的要求。计算钢筋比例时,混凝土的面积须根据计算面积进行确认。对于受弯构件及大偏心受压构件,受拉主筋的配筋率一般不应超过1.2%,最大不得超过1.5%,且应确保受力钢筋分布均匀且密集。为了简化施工,在同一结构中选用的钢筋直径和型号不宜过多。通常情况下,受力钢筋的直径应控制在 $d \leqslant 32$ mm;对于以受弯为主的构件,钢筋直径应在 10 ~ 14 mm 之间;而以受压为主的构件则应选择直径在 12 ~ 16 mm 范围内的钢筋。

混凝土保护层最小厚度(mm)　　　　　表6-2

构件名称	钢筋直径 d	保护层厚度
墙板及环形结构	$d \leqslant 10$	15 ~ 20
	$12 \leqslant d \leqslant 14$	20 ~ 25
	$14 \leqslant d \leqslant 20$	25 ~ 30
梁柱	$d < 32$	30 ~ 35
	$d \geqslant 32$	$d + (5 \sim 10)$
基础	有垫层	35
	无垫层	70

钢筋的最小配筋百分率(%)　　　　　表6-3

受力类型		最小配筋百分率
受压构件	全部纵向钢筋	0.6
	一般纵向钢筋	0.2
受弯构件、偏心受拉、轴心受拉构件一侧的受拉钢筋		0.2 和 $45f_t/f_y$ 中的最大值

注:表中 f_t 表示混凝土抗拉强度值;f_y 表示混凝土抗压强度值。

4.分布钢筋

由于考虑混凝土的收缩、温差影响、不均匀沉陷等因素的作用,必须配置一定数量的构造钢筋。

纵向分布钢筋的截面面积,一般应不小于受力钢筋截面积的10%,同时,纵向分布钢筋的配筋率:对顶、底板不宜小于0.15%;对侧墙不宜小于0.20%。例如,某地铁通道顶、底板厚50 cm,其内或外侧采用 $\frac{1}{2} \times 0.15\% \times 100 \times 50 = 3.75$ cm^2 的分布筋,选用 $\phi 12@250$ 的钢筋,其面积为 4.52 cm^2。

纵向分布钢筋应沿框架周边各构件的内、外两侧布置,其间距可采用100 ~ 300 mm。对于框架角部,分布钢筋应适当加强(如加粗或加密),其直径不小于12 ~ 14 mm,如图6-16所示。

图 6-16　分布钢筋布置图

5. 箍筋

地下结构断面厚度较大,一般可不配置箍筋,如计算需要时,可参照表 6-4,按下述规定配置。

(1)框架结构的箍筋间距在绑扎骨架中不应大于 $15d$,在焊接骨架中不应大于 $20d$(d 为受压钢筋中的最小直径),同时不应大于 400 mm。

(2)在受力钢筋非焊接接头长度内,当搭接钢筋为受拉钢筋时,其箍筋间距不应大于 $5d$,当搭接钢筋为受压钢筋时,其箍筋间距不应大于 $10d$(d 为受力钢筋中的最小直径)。

(3)框架结构的箍筋一般采用直钩槽形箍筋,这种钢筋多用于顶、底板,其弯钩必须配置在断面受压一侧。L 形箍筋多用于侧墙。

箍筋的最大间距(mm)　　　　　　　　　　　　　　　　　　　表 6-4

项次	板和墙厚 h	$V > 0.7fbh$	$V \leqslant 0.7fbh$
1	$150 < h \leqslant 300$	150	200
2	$300 < h \leqslant 500$	200	300
3	$500 < h \leqslant 800$	250	350
4	$h > 800$	300	400

注:V 为梁上作用剪力大小;f 为混凝土抗压强度;b 为梁的宽度;h 为梁的截面高度。

6. 刚性节点构造

框架转角处的节点构造应保证整体性,即应有足够的强度、刚度及抗裂性,除满足受力要求之外,还要便于施工。

当框架转角处为直角时,应力集中较严重,如图 6-17a)所示。为缓和应力集中现象,在节点处可加斜托,如图 6-17b)所示,斜托的垂直长度与水平长度之比以 1:3 为宜。斜托的大小视框架跨度大小而定。

框架节点处钢筋的布置原则如下:

(1)沿节点内侧不可将水平构件中的受拉钢筋随意弯曲[图 6-18a)],而应沿斜托另配直线钢筋[图 6-18b)],或将此钢筋直接焊在侧墙的横向焊网上。

(2)沿着框架转角部分外侧的钢筋,其弯曲半径 R 必须为所用钢筋直径 d 的 10 倍以上,即 $R \geqslant 10d$。

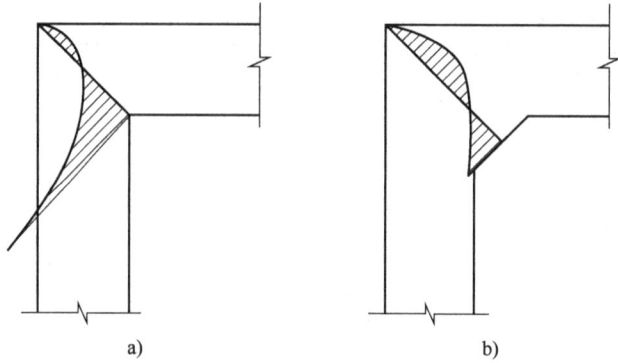

图 6-17　刚性节点构造图

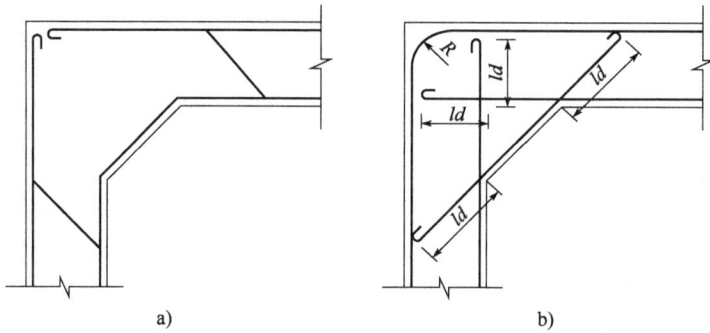

图 6-18　框架节点钢筋布置图

（3）为避免在转角部分的内侧发生拉力时,内侧钢筋与外侧钢筋无联系,使表面混凝土容易剥落,最好在角部配置足够数量的箍筋,如图 6-19 所示。

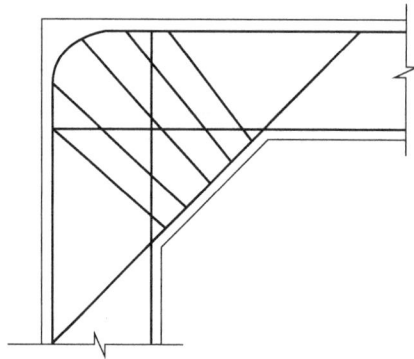

图 6-19　角部箍筋图

7. 变形缝的设置及构造

为防止因不均匀沉降、温度变化和混凝土收缩等因素导致结构损坏,需在结构纵向上每隔一定距离设置变形缝,通常间距约为 30 m。变形缝主要分为两种类型:一是伸缩缝,旨在防止因温度变化或混凝土收缩造成的结构损害;二是沉降缝,用于应对不同结构类型或相邻部分承载力差异引起的不均匀沉降。为满足伸缩和沉降的需求,变形缝的宽度一般设定在 20 ~ 30 mm之间,缝内填充富有弹性且具备防水功能的材料。变形缝的构造方式多样,主要可分为 3 类:嵌缝式、贴附式和埋入式。

1)嵌缝式

图 6-20 展示了嵌缝式变形缝,常用材料包括沥青砂板和沥青板。为避免板材与结构物之间产生缝隙,可在结构内部的槽中填充沥青胶或环煤涂料(即环氧树脂与煤焦油的混合涂料),以减少渗水的风险。此外,也可在结构外部贴一层防水层,如图 6-20b)所示。嵌缝式变形缝的优点在于造价较低且施工方便。然而,在有压水环境下,其防水效果较差,因此不适合用于地下水较多或对防水要求较高的工程中。

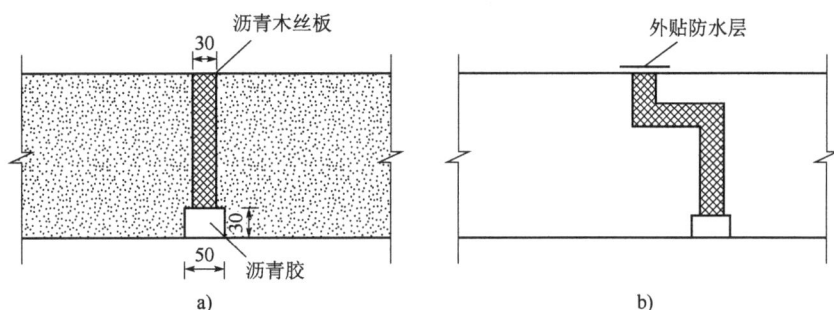

图 6-20 嵌缝式变形缝(尺寸单位:mm)

2)贴附式

图 6-21 展示了贴附式变形缝,采用 6 ~ 8 mm 厚的橡胶平板,通过钢板条和螺栓固定在结构上。这种方式也称为可卸式变形缝,其优点在于随着橡胶平板的老化,可以方便地进行更换。然而,这种构造的缺点是难以确保橡胶平板与钢板之间的紧密贴合。因此,贴附式变形缝适用于一般的地下工程中。

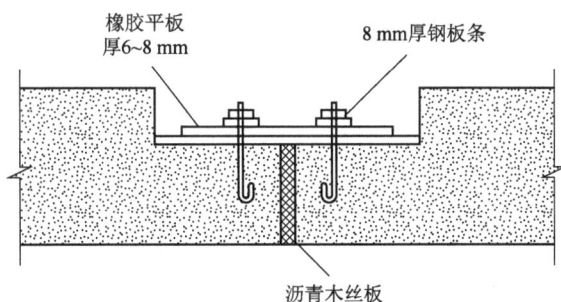

图 6-21 贴附式变形缝

3)埋入式

图 6-22 展示了埋入式变形缝,埋入式是指在混凝土浇筑过程中,将橡胶或塑料止水带嵌入结构中。这种方式的防水效果可靠,但存在橡胶老化问题,该方法在大型工程中得到了广泛应用。在存在水压且表面温度高于 50 ℃,或者在受到强氧化和油类等有机物质侵蚀的环境中,可在中间埋设紫铜片,以增强防水性能,但这一做法成本较高,如图 6-23 所示。当防水要求较高且需承受较大的水压力时,可以采用上述 3 种方法的组合,其被称为混合式变形缝,此法虽然可以实现更好的防水效果,但施工过程较为复杂且成本较高。

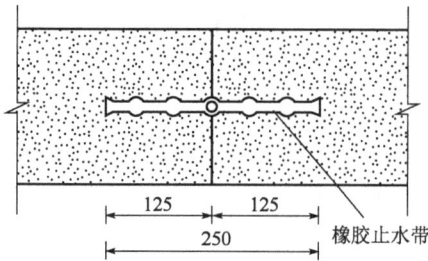

图 6-22 埋入式变形缝(尺寸单位:mm)

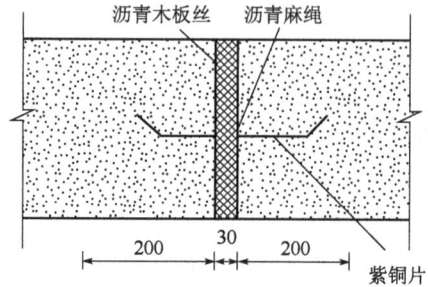

图 6-23 特殊变形缝(尺寸单位:mm)

6.1.4 弹性地基上矩形闭合框架设计计算

作为平面框架的力学解法,当地下结构的纵向长度与跨度比值 $L/l \geq 2$ 时为平面变问题,可沿纵向取 1 m 宽的单元进行计算。当结构跨度较大、地基较硬时,可将封闭框视为底板,按地基为弹性半无限平面的框架进行计算。这种假定称为弹性地基上的框架。此种力学解法比底板按反力均匀分布计算要经济,也更能反映实际的受力状况。

1.框架与荷载对称结构

1)单层单跨对称框架

单层单跨对称框架结构见图 6-24a),其假定的弹性地基上的框架的力学解可建立如图 6-24b)所示的计算简图,将上部结构与底板之间视为铰接,加一个未知力 x_1,原封闭框架成为两铰框架。由变形连续条件可列出如下力法方程:

$$\delta_{11} x_1 + \Delta_{1P} = 0 \qquad (6-17)$$

式(6-17)中的 δ_{11} 为框架与基础梁 A 两端角变的代数和[图6-24c)],δ_{11}、Δ_{1P} 可按下述方法求出。

由于是对称的荷载框架,先求框架点 A 处的角变,再求出底板(基础梁)A 处的角变,A 处两角变的代数和即是 Δ_{1P}[图 6-24d)]。

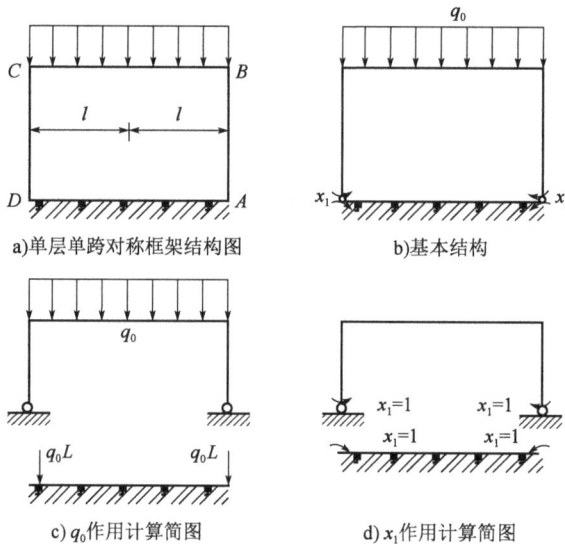

a)单层单跨对称框架结构图

b)基本结构

c)q_0作用计算简图

d)x_1作用计算简图

图 6-24 单跨对称框架

单层单跨的计算过程可分为如下几个步骤：

(1)列出力法方程。将闭合框架划分为两铰框架和基础梁，根据变形连续条件列出力法方程。

(2)求解力法方程中的自由项和系数。求解两铰框架与基础梁的有关角变和位移，基础梁与两铰框架的角变和位移可查表计算，这样可简化计算过程，两铰框架的角变和位移见下文中的表6-5。

(3)求框架的内力图。解力法方程，求解两铰框架的弯矩可采用力矩分配法等，求基础梁的内力及地基反力可采用查表法进行计算。

2)双跨对称框架

图6-25a)为双跨对称框架，求该框架内力时，可建立图6-25b)的基本结构 A、D 两节点为铰节点，加未知力 x_1，中间竖杆在 F 点断开，加未知力 x_2，此杆由于对称关系仅受轴向力。根据 A、D 和 F 各截面的变形连续条件，建立如下力法方程：

$$\begin{cases} \delta_{11}x_1 + \delta_{12}x_2 + \Delta_{1P} = 0 \\ \delta_{21}x_1 + \delta_{22}x_2 + \Delta_{2P} = 0 \end{cases} \quad (6\text{-}18)$$

式(6-18)中的各系数及自由项可按下述方法求得。

Δ_{1P} 是框架与基础梁 A 处两角变的代数和；Δ_{2P} 是框架 F 点的竖向位移与基础梁中点的竖向位移的代数和再除以2，如图 6-25c)所示。

δ_{11} 是框架与基础梁 A 两端角变的代数和，如图6-25d)所示；δ_{22} 是框架 F 点的竖向位移与基础梁中点的竖向位移的代数和再除以2，如图6-25e)所示；δ_{12} 是框架与基础梁 A 端角变的代数和，如图6-25e)所示；δ_{21} 是框架 F 点与基础梁中点的竖向位移的代数和再除以2。

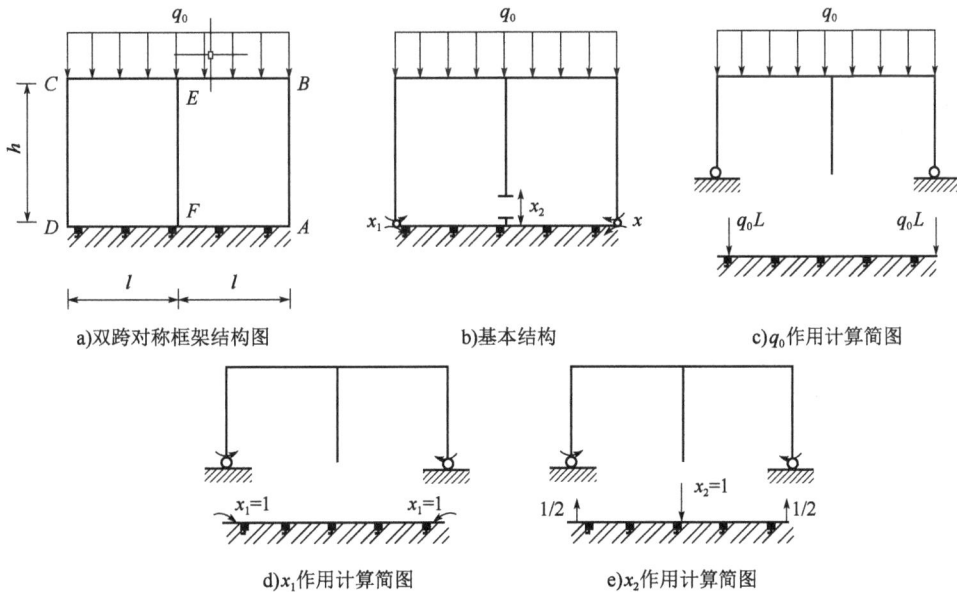

a)双跨对称框架结构图　　　b)基本结构　　　c)q_0作用计算简图

d)x_1作用计算简图　　　e)x_2作用计算简图

图6-25　双跨对称框架

由位移互等定理可得：

$$\delta_{12} = \delta_{21} \tag{6-19}$$

上述各系数与自由项可查表计算,框架角变和位移可查表 6-5 计算,基础梁可查有关基础梁系数表。

3) 三跨对称框架

图 6-26a) 为三跨对称框架,图 6-26b) 为该三跨对称框架的基本结构图,A、D 两节点改为铰节点并且未加未知力 x_1,中间两根竖杆在 H、F 点断开,加未知力 x_2,根据 A、D、F 和 H 各截面的变形连续条件,并注意对称关系,有如下力法方程:

$$\begin{cases} \delta_{11}x_1 + \delta_{12}x_2 + \delta_{13}x_3 + \delta_{14}x_4 + \Delta_{1P} = 0 \\ \delta_{21}x_1 + \delta_{22}x_2 + \delta_{23}x_3 + \delta_{24}x_4 + \Delta_{2P} = 0 \\ \delta_{31}x_1 + \delta_{32}x_2 + \delta_{33}x_3 + \delta_{34}x_4 + \Delta_{3P} = 0 \\ \delta_{41}x_1 + \delta_{42}x_2 + \delta_{43}x_3 + \delta_{44}x_4 + \Delta_{4P} = 0 \end{cases} \tag{6-20}$$

式(6-20)中各系数及自由项的意义可按下述方法求得。

Δ_{1P} 是框架与基础梁在截面 A 的相对角变;Δ_{2P} 是截面 F 的相对竖向位移;Δ_{3P} 是截面 F 的相对角变;Δ_{4P} 是截面 F 的相对水平位移,如图 6-26a) 所示。

δ_{11} 是框架与基础梁在截面 A 的相对角变,δ_{21} 是截面 F 的相对竖向位移,δ_{31} 是截面 F 的相对角变,δ_{41} 是截面 F 的水平位移,如图 6-26b) 所示。同上述原理相似,δ_{12} 为 A 处的相对角变,δ_{22} 为 F 处的相对竖向位移,δ_{32} 为 F 处的相对角变,δ_{42} 为 F 处的水平位移,如图 6-26c) 所示。δ_{13} 为 A 处的相对角变,δ_{23} 为 F 处的相对竖向位移,δ_{33} 为 F 处的相对角变,δ_{43} 为 F 处的相对水平位移,如图 6-26d) 所示。δ_{14} 为 A 处的相对角变,δ_{24} 为 F 处的相对竖向位移,δ_{34} 为 F 处的相对角变,δ_{44} 为 F 处的相对水平位移,如图 6-26e) 所示。

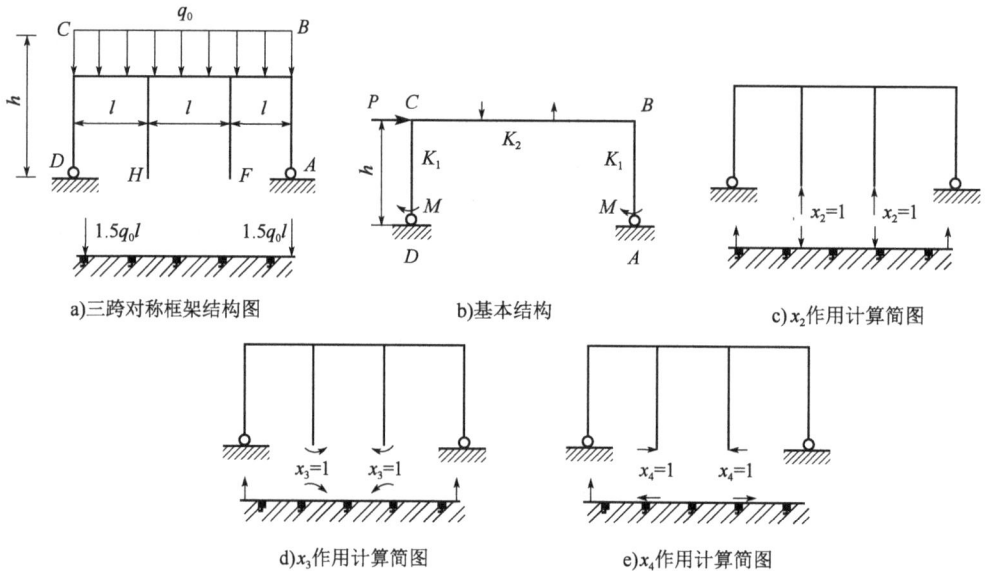

a) 三跨对称框架结构图　　　b) 基本结构　　　c) x_2 作用计算简图

d) x_3 作用计算简图　　　e) x_4 作用计算简图

图 6-26　三跨对称框架

根据位移互等定理得:

$$\begin{cases} \delta_{12} = \delta_{21} \\ \delta_{13} = \delta_{31} \\ \delta_{14} = \delta_{41} \\ \delta_{23} = \delta_{32} \\ \delta_{24} = \delta_{42} \\ \delta_{34} = \delta_{43} \end{cases} \quad (6\text{-}21)$$

在地下工程中,中间竖杆的刚度往往比两侧墙的刚度小得多,因此,可假定中间竖杆不承受弯矩与剪力,其基本结构图可简化为中间竖杆上下两端为铰接的形式。两铰框架的角度和位移的计算公式见表 6-5。

两铰框架的角变和位移的计算公式　　　　　　　　表 6-5

编号	简图	位移及角变的计算公式
1		$\theta_A = \dfrac{M_{BA}^F + M_{BC}^F - \left(2 + \dfrac{K_2}{K_1}\right)M_{AB}^F}{6EK_1 + 4EK_2}$
2		$\theta_A = \left[\left(\dfrac{3K_2}{3K_1} + \dfrac{1}{2}\right)hP - M_{BC}^F + \left(\dfrac{6K_2}{K_1} + 1\right)M\right]\dfrac{1}{6EK_2}$
3		$\theta = \dfrac{q_0}{24EI}\left(l^3 + 6lx^2 + 4x^3\right)$ $y = \dfrac{q_0}{24EI}\left(l^3 x - 2lx^3 + x^4\right)$
4		荷载左段 $\theta = \dfrac{P}{EI}\left[\dfrac{b}{6l}(l^2 - b^2) - \dfrac{bx^2}{2l}\right]$ $y = \dfrac{P}{EI}\left[\dfrac{bx}{6l}(l^2 - b^2) - \dfrac{bx^3}{6l}\right]$ 荷载右段 $\theta = \dfrac{P}{EI}\left[\dfrac{(x-a)^2}{2} + \dfrac{b}{6l}(l^2 - b^2) - \dfrac{bx^2}{2l}\right]$ $y = \dfrac{P}{EI}\left[\dfrac{(x-a)^3}{6} + \dfrac{bx}{6l}(l^2 - b^2) - \dfrac{bx^3}{6l}\right]$

181

编号	简图	位移及角变的计算公式
5		荷载左段 $$\theta = \frac{m}{EI}\left(\frac{x^2}{2l} - a + \frac{l}{3} + \frac{a^2}{2l} \right)$$ $$y = \frac{m}{EI}\left(\frac{x^3}{6l} - ax + \frac{lx}{3} + \frac{a^2 x}{2l} \right)$$ 荷载右段 $$\theta = \frac{m}{EI}\left(\frac{x^2}{2l} - x + \frac{l}{3} + \frac{a^2}{2l} \right)$$ $$y = \frac{m}{EI}\left(\frac{x^3}{6l} - \frac{x^2}{2} + \frac{lx}{3} + \frac{a^2 x}{2l} - \frac{a^2}{2} \right)$$
6		$$\theta = \frac{m}{EI}\left(\frac{x^2}{2l} - x + \frac{l}{3} \right)$$ $$y = \frac{m}{EI}\left(\frac{x^3}{6l} - \frac{x^2}{2} + \frac{lx}{3} \right)$$
7		$$\theta = \frac{m}{EI}\left(\frac{l}{6} - \frac{x^2}{2l} \right)$$ $$y = \frac{m}{6EI}\left(lx - \frac{x^3}{l} \right)$$
8		$$\theta_F = \frac{mh}{EI}（下端的角变）$$ $$y_F = \frac{mh^2}{2EI}（下端的水平位移）$$
9		$$\theta_F = \frac{Ph^2}{2EI}（下端的角变）$$ $$y_F = \frac{Ph^3}{3EI}（下端的水平位移）$$

续上表

编号	简图	位移及角变的计算公式
说明	角变 θ 以顺时针方向为正,固端弯矩 M^F 以顺时针为正,$K = \dfrac{I}{l}$	
	对称情况求铰 A 处的角变 θ_A 时用编号 1 的公式	
	反对称情况求解铰 A 处的 θ_A 时用编号 2 的公式。但应注意,M^F_{BA} 必须为零,否则不能使用该公式。图中所示的 M 和 P 为正方向	
	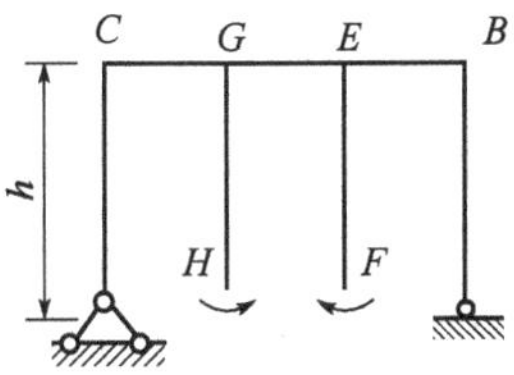 图A 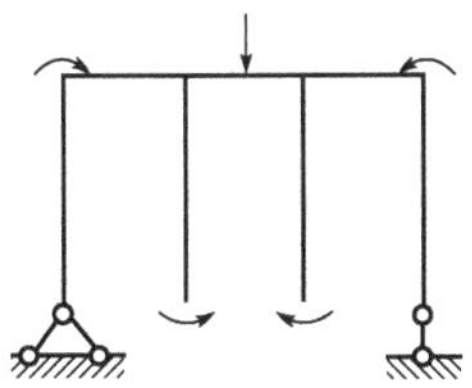 图B	假设欲求图 A 所示两铰框架截面 F 的角变,首先求出此框架的弯矩图,然后取出杆 BC 作为简支梁,如图 B 所示。按编号 4 ~ 7 算出截面 E 的角变 θ_E。按编号 3 算出截面 F 的角变 θ_F,截面 F 的最终角变 θ 为: $$\theta = \theta_E + \theta_F$$

2. 框架与荷载反对称结构

框架与荷载反对称结构的运算步骤与前述对称情况相同。需要注意的是,在基本结构中所取未知力亦为反对称,在计算力法方程中的自由项和系数时,求角变和位移时仍可查表进行计算。

6.2 暗挖隧道结构设计

6.2.1 整体式隧道结构设计

1. 概述

整体式衬砌不考虑围岩的承载作用,主要通过衬砌的结构刚度承受围岩的压力,抵抗地层变形。通常按照等截面或变截面要求,就地整体模筑混凝土衬砌,在隧道内架立模板、拱架,然后浇灌混凝土而成。根据隧道建筑物的作用,可将其分为主体建筑物和附属建筑物,前者包括洞身衬砌和洞门;后者包括通风、照明、防排水、通信、消防安全设备等。隧道衬砌结构不仅要承受围岩压力、地下水压力和支护结构自身重力,阻止围岩向隧道内变形和防止隧道围岩风化,有时还要承受化学物质的侵蚀,地处高寒地区的隧道还要承受冻害的影响。

隧道结构是地下结构的重要组成部分,它的结构形式可根据地层的类别、使用功能和施工技术水平等进行选择。按照衬砌结构形式的不同,整体式隧道结构一般可分为半衬砌结构、厚拱薄墙衬砌结构、直墙拱衬砌结构、曲墙拱衬砌结构、锚喷衬砌结构、复合衬砌结构和连拱隧道结构等形式。

1)半衬砌结构

半衬砌结构通常用于坚硬岩层,侧壁不易发生坍塌,仅顶部岩石可能存在局部滑落的风险,因此可以选择只进行顶部衬砌而省略边墙。在这种情况下,顶部需喷涂厚度不小于 2 cm的水泥砂浆护面,参见图 6-27a)。该结构适用于岩层稳定性较好、完整性较强的场合,特别适用于没有水平压力且顶部稳定性不足的围岩环境。

2)厚拱薄墙衬砌结构

在中硬岩层中,拱顶的力通过拱脚主要传递给岩体,从而充分利用岩石的强度。这种设计显著降低了边墙的受力,进而减少了边墙的厚度,如图 6-27a)所示。厚拱薄墙衬砌结构尤其适用于水平压力较小且稳定性较差的围岩条件。在稳定或基本稳定的围岩中,当面临大跨度、高边墙洞室的施工挑战时,若锚喷结构的设备条件不足,或者其防水性能无法满足标准,也可以考虑采用这种结构方案。

3)直墙拱衬砌结构

直墙拱衬砌结构是指一种由拱圈和侧墙作为承重构件的地下结构,被广泛应用于隧道结构,如铁路隧道等,如图 6-27b)所示。直墙拱衬砌结构的组成除了拱圈和侧墙外,还有底板。结构与周围岩体不紧密相贴,施工时,衬砌与岩壁间的超挖部分应密实回填,回填方式有干砌块石、浆砌块石、压力灌浆以及混凝土回填等,一般根据工程要求、地质状况及施工条件而定。直墙拱衬砌结构的拱圈和侧墙是整体浇筑的,底板和侧墙分开浇筑,只有在地质条件很差或地下水压较大情况下才与侧墙整体浇筑。直墙拱衬砌结构的整体性和受力性能比较好,由于结构与围岩紧密相贴,所以能有效地阻止围岩继续风化和坍落,毛洞开挖量也小。但是,直墙拱衬砌结构存在排水防潮处理比较困难、不易检修、超挖回填工作量大等缺点。

4)曲墙拱衬砌结构

曲墙拱衬砌结构通常用于岩层条件较差的区域,尤其是岩体松散且易于发生坍塌的情况下。该结构通常由曲线形的拱圈侧墙和仰拱底板构成。这种衬砌结构在受力性能上表现较好,但其施工技术要求较高,在公路隧道中宜采用曲墙拱衬砌结构,如图 6-27c)所示。

5)锚喷衬砌结构

锚喷衬砌结构由喷射混凝土和锚杆两种支护形式构成,如图 6-27d)所示。喷射混凝土是指利用空压机的高压空气作为动力,把混凝土混合料直接喷射到隧道围岩表面上。曲墙拱衬砌结构通过封闭界面、防止风化和松动、填充坑凹及裂隙,来维护并增强围岩的整体性。其设计旨在发挥围岩的承载能力,并调整应力分布,防止应力集中和控制围岩变形,从而有效防止掉块和坍塌等问题。

锚杆作为一种锚固在岩体内部的钢筋,能够与岩体紧密结合,实现对围岩的加固和稳定。通过利用锚杆的悬吊作用、组合拱作用、减跨作用以及挤压加固作用,锚杆将围岩中的节理和裂隙连接成一体,从而提高其整体性并改善力学性能,增强围岩的自承载能力。这种支护方式不仅适用于硬质围岩,对软质围岩也同样有效。

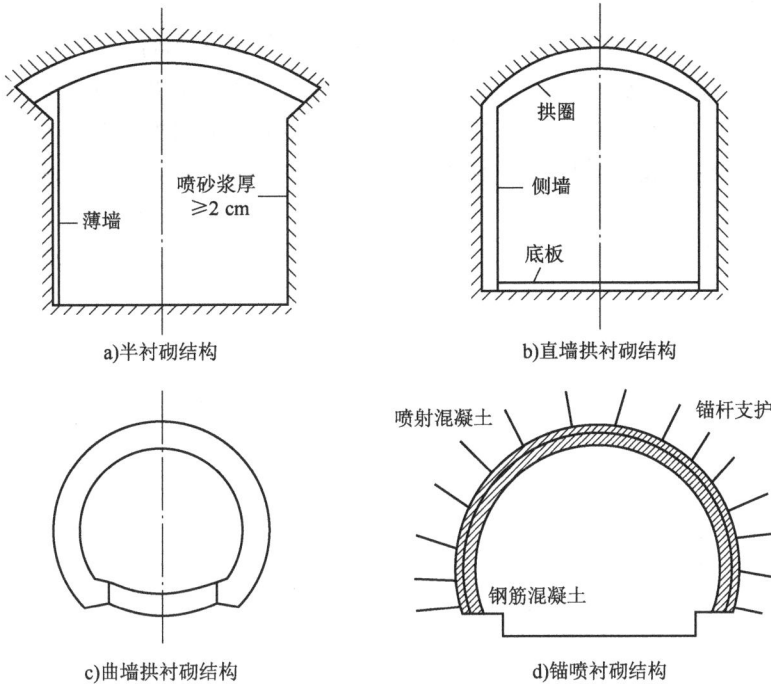

a)半衬砌结构

b)直墙拱衬砌结构

c)曲墙拱衬砌结构

d)锚喷衬砌结构

图 6-27 隧道结构形式

6)复合衬砌结构

复合衬砌结构基于围岩的自承载能力,主要作用在于加固和稳定围岩,使其能力得以充分发挥。这一设计允许围岩发生一定的变形,从而减小支护的厚度。在施工过程中,通常首先在洞壁施作一层柔性薄喷混凝土,并在必要时配合设置锚杆,通过重复喷射增厚喷层或增设网筋以稳定围岩。当围岩变形趋于稳定后,再施加永久内衬支护。

复合衬砌结构通常由初期支护和二次衬砌组成。如果防水要求较高,则会在两者之间增设防水层,如图 6-28 所示。初期支护多采用锚喷支护,具备支护及时和柔性的优点,能够随围岩的变形而调整,从而有效发挥围岩的自承载能力。二次衬砌则应采用刚度较大、整体性良好且外观平顺的模筑(钢筋)混凝土衬砌,衬砌截面应设计为连接圆顺、等厚,且仰拱厚度与拱墙厚度应保持一致。初期锚喷支护和二次衬砌共同构成复合衬砌结构的洞周承载环。这种结构形式适应多种地质条件,并且技术成熟,是目前公路隧道中最优良的衬砌结构类型。

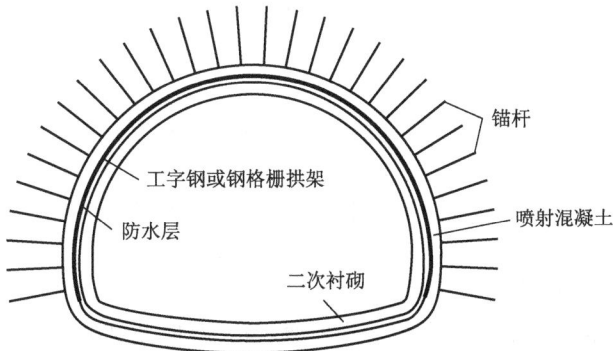

图 6-28 复合衬砌结构

185

7）连拱隧道结构

在隧道设计中，除了工程地质和水文地质等基本条件外，还需综合考虑线路要求、其他约束条件，以及安全、经济、技术等多个方面的因素。因此，对于长度在 100~500 m 之间，特别是在地质和地形条件复杂或征地受限的小型公路隧道中，连拱结构形式被广泛采用，如图 6-29 所示。连拱隧道结构一般用混凝土替代两隧道之间的岩体，或者将相邻隧道的边墙连接为一个整体，从而形成双洞拱墙相连的结构形式。这种设计不仅适用于洞口地形狭窄的情况，也适合对两洞间距有特殊要求的中短隧道。根据中墙的不同结构形式，连拱隧道可分为整体式中墙和复合式中墙。

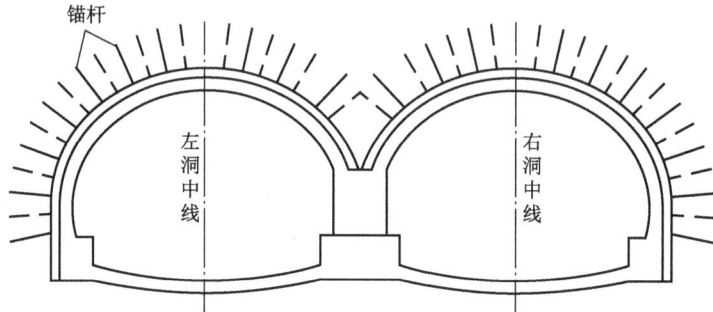

图 6-29　连拱隧道结构

隧道衬砌结构类型应根据隧道围岩地质条件、施工条件和使用要求确定。高速公路、一级公路、二级公路的隧道应采用复合式衬砌，汽车横通道、三级及三级以下公路隧道在Ⅰ、Ⅱ、Ⅲ级围岩条件下，除洞口段之外均可采用锚喷衬砌；隧道洞口段宜采用复合式衬砌或整体式衬砌。

2. 整体式隧道结构的一般技术要求

1）衬砌断面和几何尺寸

衬砌的断面和几何尺寸应根据使用要求、围岩级别、围岩地质和水文地质条件、隧道埋置位置、结构受力特点，并结合工程施工条件、环境条件，通过工程类比和结构计算综合分析确定。在施工阶段，还应根据现场围岩监控量测和现场地质跟踪调查调整支护参数，必要时可通过试验分析确定。另外，为了便于使用标准拱架模板和设备，确定衬砌方案时其类型要尽量少，且同一跨度的拱圈内轮廓应相同。一般采取调整厚度和局部加筋等措施来适应不同的地质条件。岩石地下结构中，拱圈一般采用割圆拱，有时也采用三心圆或其他形状；边墙则采用直墙形式。

（1）衬砌截面尺寸。

衬砌的断面尺寸，即衬砌的截面厚度，应满足构造要求。通常根据已有设计经验，并参考已建工程初步选定截面厚度，经过计算修正，最后确定所采用的截面尺寸。

不管初步选定或最终确定的截面尺寸怎样，从构造要求出发，均不得小于表 6-6 所规定的断面最小厚度。

（2）衬砌几何尺寸的计算。

当衬砌结构的内部净跨、净高、墙高以及拱轴形状、厚度及其变化规律确定以后，即可根据几何关系计算其余尺寸，常用的割圆拱、三心圆尖拱（图 6-30、图 6-31）的计算公式见表 6-7。

衬砌断面最小厚度（cm） 表6-6

工程部位	喷砂浆	喷混凝土	混凝土		钢筋混凝土		浆砌料石	浆砌乱毛石
			现浇	砌块	现浇	砌块		
拱圈	2	5	20	20	20	5	30	—
边墙	2	3	20	20	20	5	30	40

注：装配式钢筋混凝土衬砌的截面最小厚度是指槽形板的板厚。

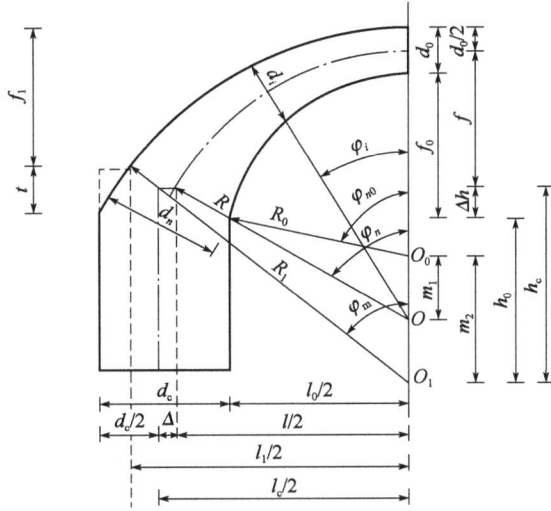

图6-30 割圆拱衬砌断面图

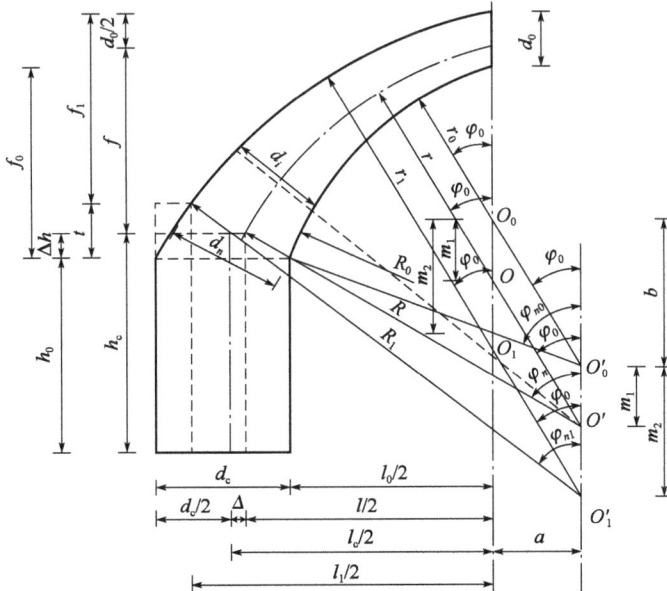

图6-31 三心圆尖拱衬砌断面图

衬砌几何尺寸计算公式汇总表　　　　　表 6-7

计算项目	三心圆尖拱	割圆拱		计算顺序		
	I	II	III	I	II	III
	已知:l_0、f_0、d_0、d_n、φ_0、r_0	已知:l_0、f_0、d_0、d_n	已知:l_0、f/l、d_0、d_n			
R_0	$\dfrac{\left(r_0-\dfrac{l_0}{2}\right)\left(r_0+\dfrac{l_0}{2}\right)-(r_0-f_0)^2}{l_0\sin\varphi_0+2(r_0-f_0)\cos\varphi_0-2r_0}+r_0$	$\dfrac{l_0^2}{8f_0}+\dfrac{l_0}{2}$		1	1	5
a	$(R_0-r_0)\sin\varphi_0$	0		2	—	—
b	$(R_0-r_0)\cos\varphi_0$	0		2	—	—
c	$(R_0-r_0)(1-\cos\varphi_0)$	0		3	—	—
m_1	$\dfrac{(d_n-d_0)[R_0-0.25(d_n-d_0)]}{2[f_0+c-0.5(d_n-d_0)]}$	$R-0.5d_n-R_0$		4	2	6
m_2	$\dfrac{(d_n-d_0)[R_0-0.5(d_n-d_0)]}{f_0+c-(d_n-d_0)}$	$R_1-d_n-R_0$		4	2	6
r	$r_0+0.5d_0+m_1$	—		5	—	—
r_1	$r_0+d_0+m_2$	—		5	—	—
R	$R_0+0.5d_0+m_1$	$\dfrac{l^2}{8f}+\dfrac{f}{2}$		5	3	4
R_1	$R_0+d_0+m_2$	$\dfrac{l_1^2}{8f_1}+\dfrac{f_1}{2}$		5	3	4
$\sin\varphi_{n0}$	$\dfrac{l_0}{2R_0}$			—	—	—
$\cos\varphi_{n0}$	$\dfrac{R_0-f_0}{R_0}$			—	—	—

计算项目	三心圆尖拱	割圆拱		计算顺序		
	I	II	III	I	II	III
	已知:l_0、f_0、d_0、d_n、φ_0、r_0	已知:l_0、f_0、d_0、d_n	已知:l_0、f/l、d_0、d_n			
$\sin\varphi_n$	$\dfrac{0.5l_0 + a}{R - 0.5d_n}$	$\dfrac{\dfrac{4f}{l}}{1 + 4\left(\dfrac{f}{l}\right)^2}$		6	4	1
$\cos\varphi_n$	$\dfrac{R_0 - f_0 - c + m_1}{R - 0.5d_n}$	$\dfrac{1 - 4\left(\dfrac{f}{l}\right)^2}{1 + 4\left(\dfrac{f}{l}\right)^2}$		6	4	1
$\sin\varphi_{n1}$	$\dfrac{(R_0 + 0.5d_n)\sin\varphi_n}{R_1}$			—	—	—
$\cos\varphi_{n1}$	$\dfrac{(R_0 + 0.5d_n)\cos\varphi_n + m_2 - m_1}{R_1}$			—	—	—
f_0	—	$f_0 - 0.5d_0 + 0.5d_n\cos\varphi_n$		—	—	4
f	$f_0 + 0.5d_0 - 0.5d_n\cos\varphi_n$	$l\dfrac{f}{l}$		7	5	3
f_1	$f_0 + d_0 - d_n\cos\varphi_n$ 或 $f + 0.5d_0 - 0.5d_n\cos\varphi_n$			7	5	4
l	$l_0 + d_n\sin\varphi_n$			7	5	2
l_1	$l_0 + 2d_n\sin\varphi_n$ 或 $l + d_n\sin\varphi_n$			7	5	2
d_i	$d_0 + m_2(1 - \cos\varphi_i)$			—	—	—
t	$f + d_0 - f_1$ 或 $d_n\cos\varphi_n$			7	5	2
Δh	$f_0 + d_0/2 - f$ 或 $t/2$			7	5	2
Δ	$1/2(d_c - d_n\sin\varphi_n)$ 或 $1/2(l_0 + d_c - l)$			7	5	2
校核	$d_n = \sqrt{R_1^2 - (m_2 - m_1)^2\sin\varphi_n} - \sqrt{R_0^2 - m_1^2\sin\varphi_n} - m_2\cos\varphi_n$			8	6	7

表 6-7 中各符号的意义如下:f_0、f、f_1 分别为拱圈内缘、轴线及外缘的矢高;l_0、l、l_1 分别为拱圈内缘、轴线及外缘的弦长;R_0、R、R_1 分别为割圆拱圈及三心圆大圆拱圈内缘、轴线与外缘的半径;r_0、r、r_1 分别为三心圆小圆拱圈内缘、轴线及外缘的半径;φ_0 为三心圆小圆拱圈圆心角的一半;φ_i 为拱圈任意截面与竖直线间夹角;φ_{n0}、φ_n、φ_{n1} 分别为拱脚截面处的内缘、轴线及外缘圆弧半径与竖直线间夹角;m_1、m_2 分别为拱圈内缘圆心至轴线圆心、外缘圆心的距离;a、b 分别为三心圆拱圈内缘、轴线及外缘大小圆的圆心间的水平距离及竖直距离;d_c 为拱脚截面的厚度;d_i 为拱圈任意截面的厚度;Δ、Δh 分别为拱脚截面中心至边墙轴线与拱脚内缘的距离;t 为拱脚内外缘间的竖直距离;h_0 为拱脚内缘至墙脚的竖直距离;d_0、d_n 分别为拱顶及拱脚截面的厚度。

2）衬砌材料的选择

隧道衬砌材料应具有足够的强度、耐久性和防水性，在特殊条件下，还要求具有耐腐蚀性和抗风化及抗冻性等。此外，还要满足经济、就地取材、易于机械化施工等要求。衬砌材料选用时，要根据工程地质和水文地质、衬砌材料条件、使用要求、衬砌结构、施工技术条件以及施工期限等因素综合考虑。

（1）隧道衬砌材料种类。

①混凝土与钢筋混凝土。

混凝土的优点：整体性和抗渗性较好，既能在现场浇筑，也可以在加工场预制，而且能采用机械化施工。若在水泥中掺入密实性的附加剂，可以提高混凝土的强度，此外，还可根据施工需要而加入其他外加剂。

现浇混凝土的缺点：混凝土浇筑后需要养护而不能立即承受荷载，需要达到一定强度后才能拆模，占用和耗用较多的拱架及模板，化学稳定性（耐侵蚀性能）较差。

钢筋混凝土主要在明洞衬砌及地震区、偏压、通过断层破碎带或淤泥、流砂等不良地质地段的隧道衬砌中使用，其强度等级不低于 C20。

②喷射混凝土。

采用混凝土喷射机，将掺有速凝剂的混凝土干拌混合料和水高速喷射到清洗干净的岩石表面上并充填围岩裂隙而凝结成的混凝土保护层，能很快起到支护围岩的作用。

喷射混凝土早期强度和密实性较高，其施工过程可以全部机械化，且不需要拱架和模板。在石质较软的围岩，还可以与锚杆、钢丝网等配合使用，是一种理想的衬砌材料。

③锚杆和钢架。

锚杆是用专门机械施工加固围岩的一种材料，通常可分为机械型锚杆和黏结型锚杆，也可以分为非预应力锚杆和预应力锚杆。

钢架是为了加强支护刚度而在初期支护或二次衬砌中放置的型钢支撑或格栅钢支撑。

④片石混凝土。

针对岩层较好地段的边墙衬砌，为了节省水泥，可采用片石混凝土（片石的掺量不应超过总体积的20%）。此外，当起拱线以上 1 m 以外部位有超挖时，其超挖部分也可用片石混凝土进行回填。选用的石料要坚硬，其抗压强度不应低于 MU40，严禁使用风化和有裂隙的片石，以保证其质量。

⑤块石混凝土。

块石强度等级不低于 MU60，混凝土块强度等级不低于 MU20。

优点：能就地取材，大量节约水泥和模板，可保证衬砌厚度并能较早地承受荷载。

缺点：整体性和防水性差，施工进度慢，要求砌筑技术高。

⑥装配式材料。

对于软土地区的地铁隧道，常用盾构法施工，衬砌可采用装配式材料，如钢筋混凝土预制块、加筋肋铸铁预制块等。

（2）隧道衬砌材料的选用。

隧道衬砌材料的强度等级除了不应低于表 6-8 所示的规定值，还应符合表 6-9 中的规定。

隧道衬砌建筑材料强度等级 表 6-8

工程部位	材料种类			
	混凝土	片石混凝土	钢筋混凝土	喷射混凝土
拱圈	C20	—	C25	C20
边墙	C20	—	C25	C20
仰拱	C20	—	C25	C20
底板	C20	—	C25	—
仰拱填充	C10	C10	—	—
水沟沟身、电缆槽身	C25	—	C25	—
水沟盖板、电缆槽盖板	—	—	C15	—

隧道洞门建筑材料强度等级 表 6-9

工程部位	材料种类			
	混凝土	钢筋混凝土	片石混凝土	砌体
端墙	C20	C25	C15	M10 水泥砂浆砌片石、块石镶面或混凝土预制块镶面
顶帽	C20	C25	C25	M10 水泥砂浆砌粗料石
翼墙和洞口挡土墙	C20	C25	C25	M7.5 水泥砂浆砌片石
侧沟、截水沟	C15	—	—	M5 水泥砂浆砌片石
护坡等	C15	—	—	M5 水泥砂浆砌片石

注：①护坡材料可采用 C20 喷射混凝土。

②最冷月份平均气温低于 – 15 ℃的地区，表中水泥砂浆强度应提高一级。

隧道衬砌材料选用时还应考虑以下因素：①隧道衬砌部位选用的材料，应当符合结构强度和耐久性的要求，并考虑其抗冻、抗渗性和抗侵蚀性的需要；②当有侵蚀性的水作用时，衬砌结构物的混凝土或砂浆均应选用具有抗侵蚀性能的特种水泥；③在寒冷及严寒地区，当隧道衬砌受冻害影响时，宜采用整体式混凝土衬砌，且混凝土强度等级应适当提高。

3）衬砌结构的一般构造要求

在隧道结构的设计中，除合理地选择结构形式、材料及确定衬砌截面的尺寸之外，尚应根据地下结构与地面结构的差异，在构造方面满足以下要求。

（1）混凝土的保护层。

在钢筋混凝土衬砌结构中，受力钢筋的混凝土保护层厚度通常为：装配式衬砌最小为 20 mm；现浇衬砌的内层为 25 mm，外层为 30 mm。在存在侵蚀性介质的情况下，保护层厚度可增加至 50 mm。对于钢筋网喷混凝土，保护层一般设置为 20 mm。随着截面厚度的增加，保护层的厚度也应适当增加。

（2）衬砌的超挖或欠挖。

在隧道施工过程中，洞室的开挖尺寸往往无法与衬砌设计的毛洞尺寸完全一致，从而引发超挖或欠挖的问题。超挖通常会增加回填工作量，而欠挖则会影响衬砌的截面尺寸，因此对这两种情况都有一定的限制。衬砌的允许超挖和欠挖均需按设计毛洞进行计算。

现浇混凝土衬砌通常不允许出现欠挖。如果在个别点出现欠挖，欠挖部分的深度不得超过衬砌截面厚度的 1/4,并且不得大于 15 cm,且其面积应限制在 1 m² 以内。对于隧道衬砌结构,平均超挖的允许值一般不得超过 10～15 cm。对于洞室的一些关键部位,例如穹顶的环梁岩台、厚拱薄墙衬砌的拱座岩台、岔洞周边等,超挖的允许值应更加严格控制,通常不应超过 15 cm。

（3）变形缝的设置。

为了减小衬砌所承受的变形压力,应允许围岩产生一定程度的变形,从而释放部分能量。因此在施工过程中,需预留适当的变形缝。变形缝主要分为沉降缝和伸缩缝;沉降缝的设置旨在防止因局部不均匀下沉引发的变形或断裂,而伸缩缝则用于防止因温度变化或湿度波动造成的裂缝。因此,沉降缝旨在满足结构在垂直和水平方向上的变形需求,而伸缩缝则是为了应对结构轴线方向的变形。变形缝的尺寸应根据围岩的地质条件及工程类比法进行确定。若缺乏类比资料,可以参考相关标准（表 6-10）,并结合现场测量数据进行调整。缝内通常填充沥青木板和沥青麻丝。伸缩缝和沉降缝应竖向设置,与隧道轴线垂直。

变形缝缝宽（mm） 表 6-10

围岩级别	两车道隧道	三车道隧道
I	—	—
II	—	10～50
III	20～50	50～80
IV	50～80	80～120
V	80～120	100～120

4）隧道结构的计算方法

整体式隧道结构计算方法见表 6-11。

整体式隧道结构的计算方法 表 6-11

理论	方法	名称	抗力分布形式	边墙类型	计算简图	结构图示	主要未知数	备注
局部变形理论	力法	朱-布法	假定抗力分布	曲墙	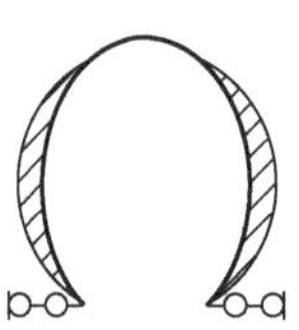	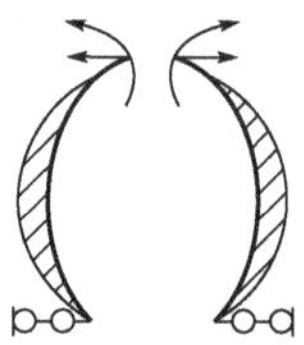	（1）拱顶力矩和推力; （2）弹性抗力最大值	边墙为直墙时一般不采用
		纳乌莫夫法	弹性地基梁（巴斯捷尔纳克）	刚性梁短梁		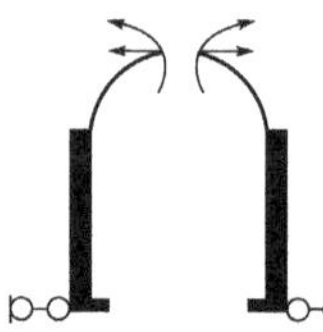	（1）拱顶力矩和推力; （2）拱脚弹性抗力强度; （3）边墙为短梁时,增加墙脚弯矩和剪力	隧道中长梁较少

续上表

理论	方法	名称	抗力分布形式	边墙类型	计算简图	结构图示	主要未知数	备注
局部变形理论	力法	矩阵力法	集中反力链杆	曲墙直墙			（1）各链杆中内力；（2）与链杆数目相应的内力矩；（3）拱顶力矩及推力	此法即为链杆法，采用杆件系统矩阵力学计算，故称矩阵力法
	位移法	角变位移法、不均衡力矩及侧力传播法	弹性地基梁（初参数法）	刚性梁短梁			拱脚（即墙顶）处的角变及侧移	计算单层单跨衬砌（单跨双层、单层双跨连拱结构）较方便
共同变形理论	力法	达魏多夫法	弹性地基梁（日莫契金法）	刚性梁弹性墙			（1）弹性中心的弯矩和推力；（2）边墙侧面和底部各5个链杆内力；（3）固定边墙下端的链杆内力；（4）边墙脚的角位移	在地道式结构中，因仰拱构造设置，不考虑仰拱对结构的影响

注：①表中各方法均是指衬砌结构和荷载均匀对称情况下的计算方法，不对称时，也有相应的方法。

②基本结构图示中，主动荷载均未表示出来。

3.半衬砌结构

1）半衬砌结构的计算简图

半衬砌结构一般是指隧道开挖后，只在拱部构筑拱圈，而侧壁不构筑侧墙（或仅砌筑构造墙）的结构，如图6-32所示，该种结构适合应用于围岩比较稳定、完整性较好的岩层（Ⅳ、Ⅴ类围岩）中。用先拱后墙法施工时，在拱圈已做好，但下台阶尚未开挖前，拱圈也处于半衬砌工作状态。

半衬砌结构包括半衬砌结构和厚拱薄墙衬砌结构。其中半衬砌结构为仅做拱圈，不做边墙的衬砌结构；厚拱薄墙衬砌结构为拱脚直接放在岩石上起维护

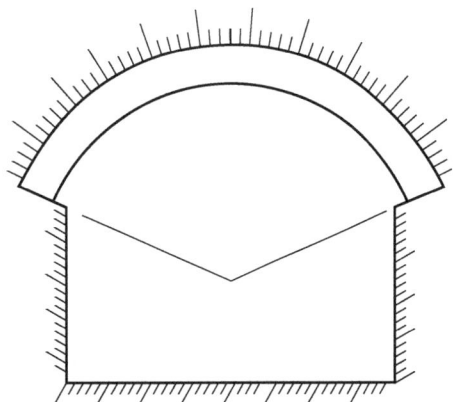

图6-32 半衬砌拱示意图

作用,与薄墙基本互不联系的衬砌结构。

半衬砌结构宜用在无水平压力且顶部稳定性较差的围岩中,对于稳定或基本稳定的围岩

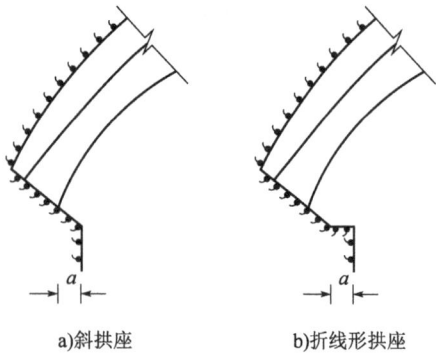

中的大跨度、高边墙洞室,如锚喷结构达不到要求时,也可考虑采用。

半衬砌结构的关键部位就是拱座,拱座应采取受力明确的合理形式,通常采用斜拱座和折线形拱座(图6-33)。

台阶的宽度尺寸 a 与地质条件、施工方法、隧道尺寸等因素有关,一般为 $0.3 \sim 1.2$ m,具体可参考相关规范。

a)斜拱座　　b)折线形拱座

图6-33　合理拱座形式

根据半衬砌结构的特点和受力特征,其内力计算的基本假定如下。①拱脚处的约束特性既非铰接式,也非完全刚性固定,而是呈现出一种"弹性固定"状态。这种状态允许拱脚发生转动及沿拱轴切线方向产生位移,同时岩层也会随着拱脚的变形而变化,假设其变形遵循温克勒(E. Winkler)理论。②在各种垂直荷载作用下,半衬砌结构中大部分的拱圈位于脱离区,因此弹性抗力的影响可以忽略。这种考虑方式在安全性上是相对保守的。③尽管半衬砌结构实际为空间结构,但由于其纵向尺寸远大于跨度方向,受力特性符合平截面假设,因此在计算时可将其视作平面应变问题。④在半衬砌结构中,墙体与拱脚之间几乎没有直接联系,因此拱圈对薄墙的影响可以忽略。在进行内力计算时,可以将厚拱薄墙衬砌视作半衬砌结构。

基于上述基本假定,半衬砌结构的计算简图如图6-34所示,该力学模型为弹性固定无铰拱三次超静定结构。根据结构力学的最基本方法——力法,可求解结构内力。

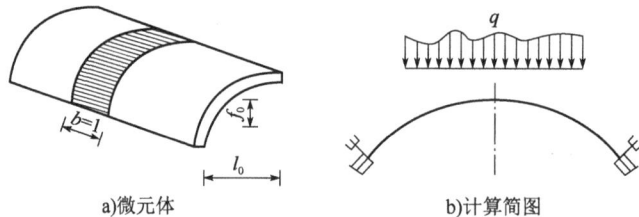

a)微元体　　b)计算简图

图6-34　半衬砌结构

2)半衬砌结构的内力计算方法

半衬砌结构的内力计算可归结为一个弹性无铰拱的力学问题,按荷载可分为对称和非对称两个问题进行讨论。

需要说明的是,这里的对称问题是结构和荷载均为对称的情况;非对称问题是结构对称而荷载不对称的情况。

(1)对称问题的解。

根据结构力学的力法,在拱顶截面切开,以多余未知力 X_1(弯矩)、X_2(轴力)、X_3(剪力)代替半拱之间的作用力,如图6-35所示。规定图中所示未知力方向为正,拱脚截面的转角以向拱外转动为正,水平位移以向外移动为正,反之为负。值得注意的是,在对称问题中 $X_3 = 0$,左、右拱脚具有对称弹性变位。

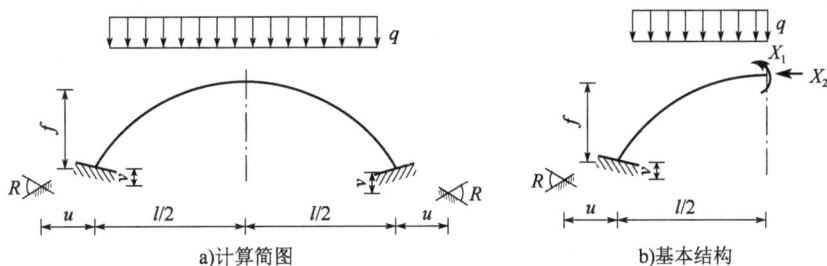

图6-35 对称问题的计算简图及基本结构

根据拱顶截面相对转角和相对水平位移为零的条件,可建立变形协调方程为:

$$\begin{cases} X_1\delta_{11} + X_2\delta_{12} + \Delta_{1p} + \beta_0 = 0 \\ X_1\delta_{21} + X_2\delta_{22} + \Delta_{2p} + u_0 + \beta_0 f = 0 \end{cases} \tag{6-22}$$

式中:δ_{ik}——拱顶截面处的单位变位,即在基本结构中,拱脚为刚性固定时,悬臂端在 $X_k = 1$ 作用下,沿未知力 X_i 方向产生的变位($i,k = 1,2$),由位移互等定理知 $\delta_{ik} = \delta_{ki}$;

Δ_{ip}——拱顶截面处的载变位,即在基本结构中,拱脚为刚性固定时,在外荷载作用下,沿未知力 X_i 方向产生的变位($i = 1,2$);

β_0——拱脚截面总弹性转角;

u_0——拱脚截面总水平位移。

根据计算简图6-35的关系和变位叠加原理,可以得到 β_0 和 u_0 的表达式为:

$$\begin{cases} \beta_0 = X_1\beta_1 + X_2(\beta_2 + f\beta_1) + \beta_p \\ u_0 = X_1 u_1 + X_2(u_2 + fu_1) + u_p \end{cases} \tag{6-23}$$

式中:β_1、u_1——拱脚截面处作用有单位弯矩 $M_A = 1$ 时,该截面的转角及水平位移;

β_2、u_2——拱脚截面处作用有单位水平推力 $H_A = 1$ 时,该截面的转角及水平位移,由位移互等定理知 $\beta_2 = u_1$;

β_p、u_p——外荷载作用下,基本结构拱脚截面的转角及水平位移;

f——拱轴线矢高;

其余符号含义同前。

这里的 β_1、u_1、β_2、u_2、β_p、u_p 均称为拱脚弹性固定系数。

将式(6-22)和式(6-23)联立,并注意到 $\delta_{12} = \delta_{21}$、$\beta_2 = u_1$,经整理可得求解多余未知力 X_1、X_2 的方程组为:

$$\begin{cases} a_{11}X_1 + a_{12}X_2 + a_{10} = 0 \\ a_{21}X_1 + a_{22}X_2 + a_{20} = 0 \end{cases} \tag{6-24}$$

解此方程,可得拱顶截面的多余未知力为:

$$\begin{cases} X_1 = \dfrac{a_{20}a_{12} - a_{10}a_{22}}{a_{11}a_{22} - a_{12}^2} \\ X_2 = \dfrac{a_{10}a_{12} - a_{20}a_{11}}{a_{11}a_{22} - a_{12}^2} \end{cases} \tag{6-25}$$

式中,$a_{ik}(i,k = 1,2)$ 的物理意义是基本结构为弹性固定悬臂梁时的单位变位;$a_{i0}(i = 1,2)$ 为载变位;若令式中的 $\beta_1 \sim \beta_p$、$u_1 \sim u_p$ 为零,则所得的结果即为刚性固定时的单位变位。例如,$a_{11} = \delta_{11} + \beta_1$,当 $\beta_1 = 0$ 时,$a_{11} = \delta_{11}$,则为刚性固定时的单位变位,其余类似。因此,刚性固定无铰拱结构仅是弹性固定无铰拱结构的一个特例。

（2）非对称问题的解。

图 6-36 是非对称问题的计算简图和基本结构,取全拱作为基本计算结构。拱的内力和拱脚变位的正负号规定与对称问题相同。

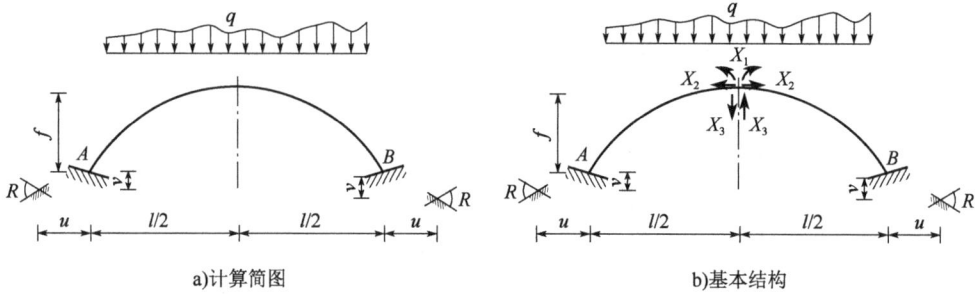

a)计算简图   b)基本结构

图 6-36　非对称问题的计算简图及基本结构

根据拱顶截面处的相对转角、相对水平位移和垂直位移为零的条件,可建立变形协调方程式为:

$$\begin{cases} X_1\delta_{11} + X_2\delta_{12} + \Delta_{1p} + (\beta_{0L} + \beta_{0R}) = 0 \\ X_1\delta_{21} + \delta_2 X_{22} + \Delta_{2p} + (u_{0L} + u_{0R}) + f(\beta_{0L} + \beta_{0R}) = 0 \\ X_3\delta_{33} + \Delta_{3p} + (v_{0L} + v_{0R}) + \dfrac{l}{2}(\beta_{0R} - \beta_{0L}) = 0 \end{cases} \tag{6-26}$$

式中,拱脚截面的总弹性转角、总水平位移、总垂直位移分别为 β_{0L}、u_{0L}、v_{0L}（左拱脚）和 β_{0R}、u_{0R}、v_{0R}（右拱脚）。其中 $\delta_{13} = \delta_{31} = \delta_{23} = \delta_{32} = 0$,其余符号含义同式（6-22）。

根据变位叠加原理,可求得 β_{0L}、u_{0L}、v_{0L} 及 β_{0R}、u_{0R}、v_{0R} 的表达式为:

$$\begin{cases} \beta_{0L} = X_1\beta_{1L} + X_2(\beta_{2L} + f\beta_{1L}) + X_3\left(\beta_{3L} - \dfrac{l}{2}\beta_{1L}\right) + \beta_{pL} \\[2mm] \beta_{0R} = X_1\beta_{1R} + X_2(\beta_{2R} + f\beta_{1R}) + X_3\left(\beta_{3R} - \dfrac{l}{2}\beta_{1R}\right) + \beta_{pR} \\[2mm] u_{0L} = X_1 u_{1L} + X_2(u_{2L} + f u_{1L}) + X_3\left(u_{3L} - \dfrac{l}{2}u_{1L}\right) + u_{pL} \\[2mm] u_{0R} = X_1 u_{1R} + X_2(u_{2R} + f u_{1R}) + X_3\left(u_{3R} - \dfrac{l}{2}u_{1R}\right) + u_{pR} \\[2mm] v_{0L} = X_1 v_{1L} + X_2(v_{2L} + f v_{1L}) + X_3\left(v_{3L} - \dfrac{l}{2}v_{1L}\right) + v_{pL} \\[2mm] v_{0R} = X_1 v_{1R} + X_2(v_{2R} + f v_{1R}) + X_3\left(v_{3R} - \dfrac{l}{2}v_{1R}\right) + v_{pR} \end{cases} \tag{6-27}$$

式中:v_{1L}、v_{2L}、v_{3L}——左拱脚截面处作用有（M_A,H_A,V_A）= 1 时,该截面的垂直位移;

$\qquad v_{1R}$、v_{2R}、v_{3R}——右拱脚截面处作用有（M_B,H_B,V_B）= 1 时,该截面的垂直位移;

$\qquad v_{pL}$、v_{pR}——外荷载作用下,基本结构左、右拱脚截面的垂直位移;

$\qquad u_{pL}$、u_{pR}——外荷载作用下,基本结构左、右拱脚截面的水平位移;

其余符号含义同前。

同样的，$\beta_{1L} \sim \beta_{pL}$、$\beta_{1R} \sim \beta_{pR}$、$u_{1L} \sim u_{pL}$、$u_{1R} \sim u_{pR}$被称为左、右拱脚的弹性固定系数。

联立式(6-26)和式(6-27)，并利用位移互等定理，经整理后可得到求解多余未知力 X_1、X_2和 X_3 的方程组为：

$$\begin{cases} a_{11}X_1 + a_{12}X_2 + a_{13}X_3 + a_{10} = 0 \\ a_{21}X_1 + a_{22}X_2 + a_{23}X_3 + a_{20} = 0 \\ a_{31}X_1 + a_{32}X_2 + a_{33}X_3 + a_{30} = 0 \end{cases} \tag{6-28}$$

式中，系数 a_{ik} 等的物理含义同前。

解方程组式(6-28)，可得拱顶截面的多余未知力为：

$$X_1 = \frac{\begin{vmatrix} -a_{10} & a_{12} & a_{13} \\ -a_{20} & a_{22} & a_{23} \\ -a_{30} & a_{32} & a_{33} \end{vmatrix}}{\begin{vmatrix} a_{11} & a_{12} & a_{13} \\ a_{21} & a_{22} & a_{23} \\ a_{31} & a_{32} & a_{33} \end{vmatrix}}$$

$$X_2 = \frac{\begin{vmatrix} a_{11} & -a_{10} & a_{13} \\ a_{21} & -a_{20} & a_{23} \\ a_{31} & -a_{30} & a_{33} \end{vmatrix}}{\begin{vmatrix} a_{11} & a_{12} & a_{13} \\ a_{21} & a_{22} & a_{23} \\ a_{31} & a_{32} & a_{33} \end{vmatrix}}$$

$$X_3 = \frac{\begin{vmatrix} a_{11} & a_{12} & -a_{10} \\ a_{21} & a_{22} & -a_{20} \\ a_{31} & a_{32} & -a_{30} \end{vmatrix}}{\begin{vmatrix} a_{11} & a_{12} & a_{13} \\ a_{21} & a_{22} & a_{23} \\ a_{31} & a_{32} & a_{33} \end{vmatrix}}$$

(3)拱圈任意截面的内力表达式。

拱顶截面的多余未知力求出后，按静力平衡条件即可计算出拱圈任意截面 i 的内力(图6-37)，即：

$$\begin{cases} M_i = X_1 + X_2 y_i \pm X_3 x_i + M_{ip}^0 \\ N_i = X_2 \cos\varphi_i \pm X_3 \sin\varphi_i + N_{ip}^0 \\ Q_i = \pm X_2 \sin\varphi_i + X_3 \cos\varphi_i + Q_{ip}^0 \end{cases} \tag{6-29}$$

式中:M_{ip}^0、N_{ip}^0、Q_{ip}^0——基本结构在外荷载作用下,截面 i 处产生的弯矩、轴力和剪力;

　　　　φ_i——截面 i 与竖直线间的夹角。

求出截面弯矩和轴力后,即可绘出内力图,如图 6-38 所示,并确定出危险截面。请注意,弯矩 M_i 以截面内缘受拉为正,轴力 N_i 以截面受压为正,剪力 Q_i 以使曲梁顺时针转动为正;公式(6-29)为非对称问题的表达式,公式中的正负号分别对应左半拱和右半拱,计算对称问题时可令 $X_3 = 0$。

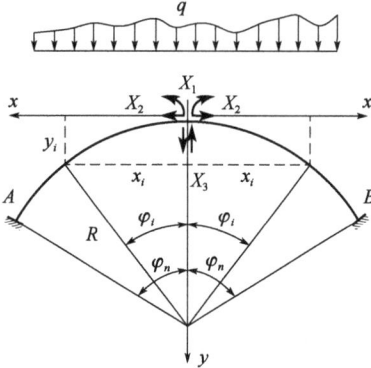

图 6-37　拱圈任意截面内力计算图　　　　图 6-38　半衬砌结构弯矩和轴力示意图

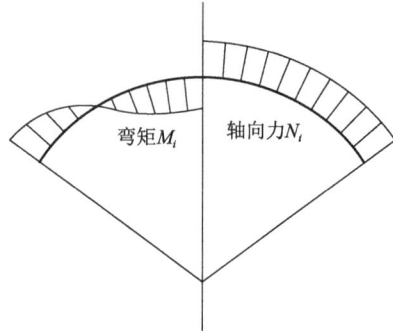

3)拱脚弹性固定系数的确定

求得单位变位和载变位后,由拱顶截面变形协调方程可获得多余未知力的解,尚需求出拱脚弹性固定系数。

根据局部变形理论和支承面仍为平面的假定,并认为拱脚与支承面间的摩擦力足够大,可以平衡该面上的剪力,即不产生沿该面方向的变位。

①当单位弯矩作用在拱脚地层上时,地层支承面便绕中心点转动 β 角,如图 6-39a)所示,拱脚边缘处地层应力为:

$$\sigma = \frac{M}{W} = \frac{6}{bd_n^2} \tag{6-30}$$

式中:b、d_n——拱脚截面宽度和厚度。

又由局部变形理论 $\sigma = Ky$ 及 $\tan\beta = \dfrac{y}{d_j/2} \approx \beta$ 可得:

$$\beta = \frac{1}{KI_n} \tag{6-31}$$

式中:I_n——拱脚截面的惯性矩;

　　K——围岩弹性抗力系数;

　　其余符号含义同前。

在单位弯矩作用下,因拱脚处无线位移,故水平及垂直位移均为零,这时的拱脚弹性固定系数为 $u = v = 0$。

②当单位轴力作用在拱脚岩层上时,拱脚截面只产生沿轴向的沉陷,如图 6-39b)所示,这时地层的正应力为:

$$\sigma = \frac{1}{bd_n} \tag{6-32}$$

198

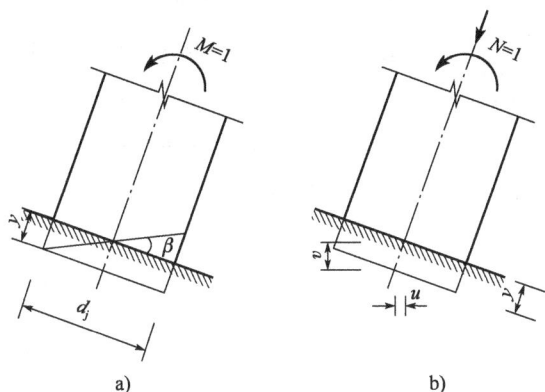

图 6-39 拱脚截面单位变位计算

由局部变形理论：

$$y = \frac{\sigma}{K} = \frac{1}{Kbd_n} \tag{6-33}$$

可知：

$$\begin{cases} u = \dfrac{\cos\varphi_n}{Kbd_n} \\[3mm] v = \dfrac{\sin\varphi_n}{Kbd_n} \end{cases} \tag{6-34}$$

在单位轴力作用下，这时的弹性固定系数 $\beta = 0$。

③当外荷载作用下产生的弯矩和轴力作用在拱脚岩层上时，若基本结构拱脚处的弯矩和轴力分别为 M_p^0 和 N_p^0，利用叠加原理，这时的拱脚弹性固定系数为：

$$\begin{cases} \beta_p = M_p^0\beta = \dfrac{M_p^0}{KI_n} \\[4mm] u_p = M_p^0 u + \dfrac{N_p^0\cos\varphi_n}{Kd_n b} = \dfrac{N_p^0\cos\varphi_n}{Kd_n b} \\[4mm] v_p = M_p^0 v + \dfrac{N_p^0\sin\varphi_n}{Kd_n b} = \dfrac{N_p^0\sin\varphi_n}{Kd_n b} \end{cases} \tag{6-35}$$

4）拱圈变位值的计算

根据结构力学中的位移法，曲梁某一点在单位力作用下的变位计算基本公式为：

$$\begin{cases} \delta_{ik} = \int \dfrac{M_i M_k}{EI}\mathrm{d}s + \int \dfrac{N_i N_k}{EA}\mathrm{d}s \quad (f/l \leqslant 1/4) \\[4mm] \delta_{ik} = \int \dfrac{M_i M_k}{EI}\mathrm{d}s \quad (f/l > 1/4) \end{cases} \tag{6-36}$$

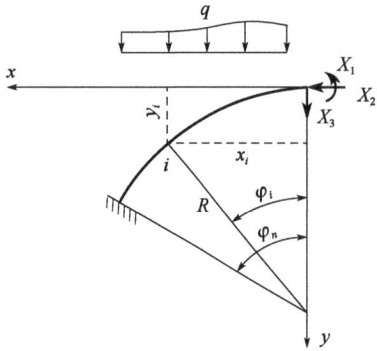

图 6-40 基本结构单位变位计算图

式中:f/l——拱的矢跨比;

EI、EA——拱圈的抗弯和抗压刚度;

E——拱圈材料的弹性模量;

I、A——拱圈截面的惯性矩和截面积;

其余符号含义同前。

图 6-40 为拱圈基本结构的单位变位计算图。

根据上述变位计算基本公式(6-36),在 X_1、X_2、X_3 单位荷载作用下,拱圈结构的单位变位及载变位的一般公式为:

$$\begin{cases} \delta_{11} = \int_0^{s/2} \frac{M_1^2}{EI}ds + \int_0^{s/2} \frac{N_1^2}{EA}ds = \int_0^{s/2} \frac{1}{EI}ds \\ \delta_{12} = \delta_{21} = \int_0^{s/2} \frac{M_1 M_2}{EI}ds + \int_0^{s/2} \frac{N_1 N_2}{EA}ds = \int_0^{s/2} \frac{y}{EI}ds \\ \delta_{22} = \int_0^{s/2} \frac{M_2^2}{EI}ds + \int_0^{s/2} \frac{N_2^2}{EA}ds = \int_0^{s/2} \frac{y^2}{EI}ds + \int_0^{s/2} \frac{\cos^2\varphi}{EA}ds \\ \delta_{33} = \int_0^{s/2} \frac{M_3^2}{EI}ds + \int_0^{s/2} \frac{N_3^2}{EA}ds = \int_0^{s/2} \frac{x^2}{EI}ds + \int_0^{s/2} \frac{\sin^2\varphi}{EA}ds \\ \Delta_{1p} = \int_0^{s/2} \frac{M_1 M_p}{EI}ds + \int_0^{s/2} \frac{N_1 N_p}{EA}ds = \int_0^{s/2} \frac{M_p}{EI}ds \\ \Delta_{2p} = \int_0^{s/2} \frac{M_2 M_p}{EI}ds + \int_0^{s/2} \frac{N_2 N_p}{EA}ds = \int_0^{s/2} \frac{y M_p}{EI}ds + \int_0^{s/2} \frac{N_p \cos\varphi}{EA}ds \\ \Delta_{3p} = \int_0^{s/2} \frac{M_3 M_p}{EI}ds + \int_0^{s/2} \frac{N_3 N_p}{EA}ds = -\int_0^{s/2} \frac{x M_p}{EI}ds + \int_0^{s/2} \frac{N_p \sin\varphi}{EA}ds \end{cases} \quad (6-37)$$

①当 $X_1 = 1$ 作用时,$M_1 = 1$,$N_1 = 0$;当 $X_2 = 1$ 作用时,$M_2 = y$,$N_2 = \cos\varphi$;当 $X_3 = 1$ 作用时,$M_3 = -x$,$N_3 = -\sin\varphi$;当 q 作用时为 M_p 和 N_p。

②当矢跨比 $f/l > 1/4$ 时,可不考虑轴力的影响,故式(6-37)中的含 $1/EA$ 项应舍去。

③根据式(6-37)计算基本结构的单位变位 δ_{ik} 及 Δ_{ip} 时,拱轴线、截面及荷载规律应能用数学形式表现。对于复杂情况,宜采用分段求和的近似积分方法。

④其余符号含义同前。

值得指出的是,拱圈变位值的计算归根到底是求定积分,但当拱轴线、截面及荷载的变化规律所用的数学表达式非常复杂时,求解积分会很困难。因此,实际工程中,此情况可采用数值积分法计算,拱的变位值通常采用辛普森公式近似计算,具体可参考有关文献。

4. 直墙拱形衬砌结构

直墙拱结构一般由拱圈、竖直侧墙和底板组成,如图 6-41 所示,该结构与围岩的超挖部分应密实回填,回填方式一般根据工程要求、地质状况等确定。采用直墙拱结构形式具有整体性和受力性能好的优点,但也存在防水防潮较为困难、超挖大、不易检修等缺点。

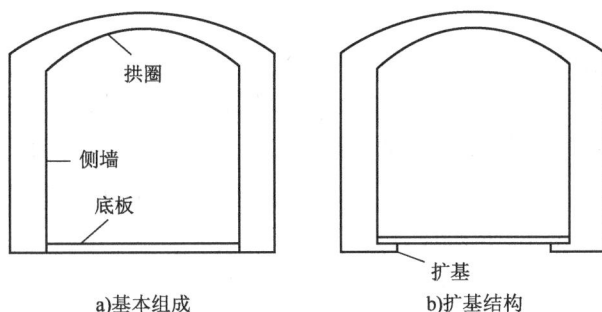

a)基本组成　　　　　b)扩基结构

图 6-41　直墙拱结构

1）直墙拱形衬砌结构的计算简图

直墙拱结构的关键受力构件包括拱圈和侧墙。在外荷载作用下，拱圈会发生变形，例如拱顶下凹和拱脚两侧外凸。计算内力和位移的关键在于如何考虑弹性抗力。以下4个方面是直墙拱结构计算简图的主要考虑因素。

（1）结构简化。直墙拱结构是一个长廊形空间结构，其断面形状、荷载大小及分布以及支撑情况沿纵向通常保持不变，并且满足纵向长度远大于跨度的条件，因此可以视为平面应变问题，可通过截取单位宽度的拱带进行计算。

（2）结构形状简化。在计算中，拱圈和侧墙可以用其轴线代替。需要注意的是，拱脚截面中心与墙顶截面中心不重合。施工时，拱脚与墙顶的连接处通常配置了一定数量的构造钢筋，且截面尺寸较大，因此可假设该连接段的刚度为无穷大。

（3）荷载简化。作用于拱圈结构的主要荷载包括地层压力、结构自重和弹性抗力。前两者呈梯形分布，而弹性抗力则呈抛物线分布。侧墙被视为弹性地基梁，弹性抗力依据局部变形理论进行确定。

（4）支座简化。

侧墙外侧和底面支承在地层上，墙顶承受拱脚传来的力，导致侧墙变形。地层提供水平和垂直支承反力，侧墙按弹性地基梁计算。墙底与地层之间的摩擦力大，采用刚性链杆代替水平位移。计算简图见图 6-42。

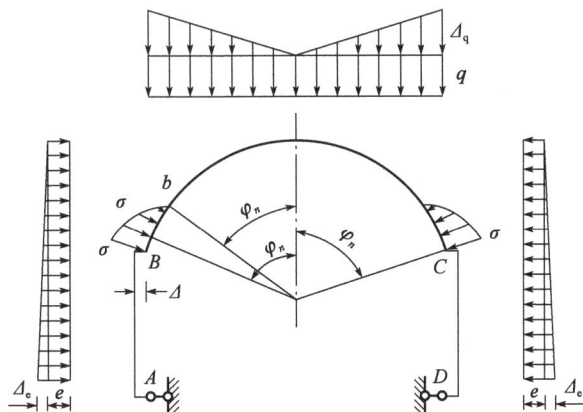

图 6-42　直墙拱结构的计算简图

在直墙拱结构的计算中，通常将拱圈与侧墙分开处理。拱圈被视为无铰拱，固定在墙顶上进行弹性计算；侧墙则按竖直弹性地基梁进行分析，但需考虑拱圈与侧墙之间存在相互制约的关系。

2)直墙拱形衬砌结构的内力计算方法

(1)拱圈的基本方程。基于结构力学中的力法计算直墙拱形结构,先从拱顶切开,去掉 3 个方向的多余联系,而以多余未知力 X_1(弯矩)、X_2(轴力)、X_3(剪力)来代替。对于结构和荷载均为对称的情况,反对称的剪力 $X_3 = 0$,这时基本结构可简化为弹性固定墙(弹性地基梁)上的悬臂曲梁。

根据拱顶切口处相对转角和相对水平位移为零的条件,可列出对称条件下拱圈的力法方程:

$$\begin{cases} X_1\delta_{11} + X_2\delta_{12} + \Delta_{1p} + \Delta_{1\sigma} + 2\beta_0 = 0 \\ X_1\delta_{21} + X_2\delta_{22} + \Delta_{2p} + \Delta_{2\sigma} + 2u_0 + 2\beta_0 f = 0 \end{cases} \tag{6-38}$$

式中:β_0、u_0——拱脚转角和水平位移;

$\Delta_{1\sigma}$、$\Delta_{2\sigma}$——弹性抗力 σ 引起的拱顶切口处的相对角变和相对水平位移;

其余符号含义同前。

由于拱脚的角变及水平位移等于墙顶的角变和水平位移,因此,拱脚转角 β_0 和水平位移 u_0 可用下式表达:

$$\begin{cases} \beta_0 = X_1\beta_1 + X_2(\beta_2 + f\beta_1) + (M_{np}^0 + M_{n\sigma}^0)\beta_1 + \\ \qquad (Q_{np}^0 + Q_{n\sigma}^0)\beta_2 + (V_{np}^0 + V_{n\sigma}^0 + V_c)\beta_3 + \beta_{ne} \\ u_0 = X_1 u_1 + X_2(u_2 + fu_1) + (M_{np}^0 + M_{n\sigma}^0)u_1 + \\ \qquad (Q_{np}^0 + Q_{n\sigma}^0)u_2 + (V_{np}^0 + V_{n\sigma}^0 + V_c)u_3 + u_{ne} \end{cases} \tag{6-39}$$

式中:β_1、u_1——墙顶在单位力矩作用下发生的角变和水平位移;

β_2、u_2——墙顶在单位水平力作用下发生的角变和水平位移;

β_3、u_3——墙顶在单位竖向力作用下发生的角变和水平位移;

β_{ne}、u_{ne}——梯形分布的水平力 e 引起的墙顶的角变和水平位移,即墙顶的载变位;

M_{np}^0、Q_{np}^0、V_{np}^0——基本结构中左半拱上的荷载引起的墙顶弯矩、水平力和竖向力;

$M_{n\sigma}^0$、$Q_{n\sigma}^0$、$V_{n\sigma}^0$——基本结构中左半拱上的弹性抗力引起的墙顶弯矩、水平力和竖向力;

V_c——边墙自重,但不包括下端加宽的一段。

将式(6-39)代入式(6-38),则有:

$$\begin{cases} a_{11}X_1 + a_{12}X_2 + a_{1p} = 0 \\ a_{21}X_1 + a_{22}X_2 + a_{2p} = 0 \end{cases} \tag{6-40}$$

解此方程,可得:

$$\begin{cases} X_1 = \dfrac{a_{2p}a_{12} - a_{1p}a_{22}}{a_{11}a_{22} - a_{12}^2} \\ \\ X_2 = \dfrac{a_{1p}a_{12} - a_{2p}a_{11}}{a_{11}a_{22} - a_{12}^2} \end{cases} \tag{6-41}$$

式(6-41)即为计算顶拱的力法方程的最终形式,其中:

$$a_{11} = \delta_{11} + 2\beta_1$$

$$a_{12} = a_{21} = \delta_{12} + 2(\beta_2 + f\beta_1)$$

$$a_{22} = \delta_{22} + 2u_2 + 4f\beta_2 + 2f^2\beta_1$$

$$a_{1p} = \Delta_{1p} + \Delta_{1\sigma} + 2(M_{np}^0 + M_{n\sigma}^0)\beta_1 + 2(Q_{np}^0 + Q_{n\sigma}^0)\beta_2$$
$$+ 2(V_{np}^0 + V_{n\sigma}^0 + V_c)\beta_3 + 2\beta_{ne}$$

$$a_{2p} = \Delta_{2p} + \Delta_{2\sigma} + 2(M_{np}^0 + M_{n\sigma}^0)u_1$$
$$+ 2(Q_{np}^0 + Q_{n\sigma}^0)u_2 + 2(V_{np}^0 + V_{n\sigma}^0 + V_c)u_3 + 2u_{ne} + 2f(M_{np}^0 + M_{n\sigma}^0)\beta_1$$
$$+ 2f(Q_{np}^0 + Q_{n\sigma}^0)\beta_2 + 2f(V_{np}^0 + V_{n\sigma}^0 + V_c)\beta_3 + 2f\beta_{ne}$$

(2)拱圈基本方程中各参数的确定。这里仅讨论单心圆拱的情况。

① 单位变位 δ_{ik} 的计算。

根据拱涵结构单位变位的计算公式可求得 δ_{ik} 的计算式,即:

$$
\begin{cases}
\delta_{11} = \dfrac{2R}{EI_0}(\varphi_n - \zeta K_0) \\[3mm]
\delta_{12} = \delta_{21} = \dfrac{2R^2}{EI_0}(k_1 - \zeta K_1) \\[3mm]
\delta_{22} = \dfrac{2R^3}{EI_0}(k_2 - \zeta K_2) + \dfrac{2R}{EA_0}(k_2' - \zeta' K_2') \\[3mm]
\delta_{33} = \dfrac{2R^3}{EI_0}(k_3 - \zeta K_3)
\end{cases}
\tag{6-42}
$$

其中:

$$K_0 = \frac{1 - \cos\varphi_n}{\sin\varphi_n}$$

$$k_1 = \varphi_n - \sin\varphi_n$$

$$K_1 = \frac{1}{\sin\varphi_n}\left(1 - \cos\varphi_n - \frac{1}{2}\sin^2\varphi_n\right)$$

$$k_2 = \frac{3}{2}\varphi_n - 2\sin\varphi_n + \frac{1}{2}\sin\varphi_n\cos\varphi_n$$

$$K_2 = \frac{1}{\sin\varphi_n}\left(\frac{1}{3} - \cos\varphi_n + \cos^2\varphi_n - \frac{1}{3}\cos^2\varphi_n\right)$$

$$k_2' = \frac{1}{2}(\varphi_n + \sin\varphi_n\cos\varphi_n)$$

$$K_2' = \frac{1}{8\sin^2\varphi_n}(\varphi_n - \sin\varphi_n\cos\varphi_n + 2\cos\varphi_n\sin^3\varphi_n)$$

$$k_3 = \frac{1}{2}(\varphi_n - \sin\varphi_n\cos\varphi_n)$$

$$K_3 = \frac{1}{\sin\varphi_n}\left(\frac{1}{3}\cos^3\varphi_n - \cos\varphi_n + \frac{2}{3}\right)$$

式中：φ_n——拱脚截面与竖直面的夹角；

R——拱轴线半径；

E——材料的弹性模量。

在地下结构中，一般采用变截面割圆拱。拱的截面积和惯性矩的变化规律可近似地按下式计算：

$$\begin{cases} \dfrac{1}{I} = \dfrac{1}{I_0}\left(1 - \zeta\dfrac{\sin^2\varphi}{\sin^2\varphi_n}\right) \\[3mm] \dfrac{1}{A} = \dfrac{1}{A_0}\left(1 - \zeta'\dfrac{\sin\varphi}{\sin\varphi_n}\right) \\[3mm] \zeta = 1 - \dfrac{I_0}{I} \\[3mm] \zeta' = 1 - \dfrac{A_0}{A_n} \end{cases} \tag{6-43}$$

式中：I_0——拱顶截面惯性矩；

I_n——拱脚截面惯性矩；

A_0——拱顶截面积；

A_n——拱脚截面积。

注意到式(6-42)是根据变厚度单心圆拱导出的，当等于等厚度的单心圆拱时，$\zeta = \zeta' = 0$。

②载变位 Δ_{ip} 的计算。

根据拱圈结构单位变位的计算式(6-37)同样可求得 Δ_{ip} 的计算式。

a. 竖向均布荷载 q 作用下的位移(图6-42)。

$$\begin{cases} \Delta_{1q} = -\dfrac{2qR^3}{EI_0}(a_1 - \zeta A_1) \\[3mm] \Delta_{2q} = -\dfrac{2qR^4}{EI_0}(a_2 - \zeta A_2) \end{cases} \tag{6-44}$$

其中：

$$a_1 = \frac{1}{4}(\varphi_n - \sin\varphi_n\cos\varphi_n)$$

$$A_1 = \frac{1}{6\sin\varphi_n}(2 - 3\cos\varphi_n + \cos^3\varphi_n)$$

$$a_2 = \frac{1}{2}\left(\frac{1}{2}\varphi_n - \frac{1}{2}\sin\varphi_n\cos\varphi_n - \frac{1}{3}\sin^3\varphi_n\right)$$

$$A_2 = \frac{1}{2\sin\varphi_n}\left(\frac{2}{3} - \cos\varphi_n + \frac{1}{3}\cos^3\varphi_n - \frac{1}{4}\sin^4\varphi_n\right)$$

b. 水平均布荷载 e 作用下的位移(图6-42)。

$$\begin{cases} \Delta_{1e} = -\dfrac{2eR^3}{EI_0}(a_3 - \zeta A_3) \\[3mm] \Delta_{2e} = -\dfrac{2eR^4}{EI_0}(a_4 - \zeta A_4) \end{cases} \tag{6-45}$$

其中：

$$a_3 = \frac{1}{4}(3\varphi_n - 4\sin\varphi_n + \sin\varphi_n\cos\varphi_n)$$

$$A_3 = \frac{1}{2\sin\varphi_n}\left(\frac{1}{3} - \cos\varphi_n + \cos^2\varphi_n - \frac{1}{3}\cos^3\varphi_n\right)$$

$$a_4 = \frac{1}{2}\left(\frac{5}{2}\varphi_n - 4\sin\varphi_n + \frac{3}{2}\sin\varphi_n\cos\varphi_n + \frac{1}{3}\sin^3\varphi_n\right)$$

$$A_4 = \frac{1}{8\sin\varphi_n}(7 - 4\cos\varphi_n - 6\sin^2\varphi_n - 4\cos^3\varphi_n + \cos^4\varphi_n)$$

c. 竖向三角形分布荷载 Δ_q 作用下的位移（图 6-42）。

$$\begin{cases} \Delta_{1\Delta_q} = -\frac{2\Delta_q R^3}{EI_0}(a_5 - \zeta A_5) \\[3mm] \Delta_{2\Delta_q} = -\frac{2\Delta_q R^4}{EI_0}(a_6 - \zeta A_6) \end{cases} \tag{6-46}$$

其中：

$$a_5 = \frac{1}{6\sin\varphi_n}\left(\frac{2}{3} - \cos\varphi_n + \frac{1}{3}\cos^3\varphi_n\right)$$

$$A_5 = \frac{1}{6\sin^2\varphi_n}\left(\frac{3}{8}\varphi_n - \frac{3}{8}\sin\varphi_n\cos\varphi_n - \frac{1}{4}\cos\varphi_n\sin^3\varphi_n\right)$$

$$a_6 = \frac{1}{6\sin\varphi_n}\left(\frac{2}{3} - \cos\varphi_n + \frac{1}{3}\cos^3\varphi_n - \frac{1}{4}\sin^4\varphi_n\right)$$

$$A_6 = \frac{1}{6\sin^2\varphi_n}\left(\frac{3}{8}\varphi_n - \frac{3}{8}\sin\varphi_n\cos\varphi_n - \frac{1}{4}\cos\varphi_n\sin^3\varphi_n - \frac{1}{5}\sin^5\varphi_n\right)$$

d. 水平分布荷载 Δ_e 作用下的位移（图 6-42）。

$$\begin{cases} \Delta_{1\Delta_e} = -\frac{2\Delta_e R^3}{EI_0}(a_7 - \zeta A_7) \\[3mm] \Delta_{2\Delta_e} = -\frac{2\Delta_e R^4}{EI_0}(a_8 - \zeta A_8) \end{cases} \tag{6-47}$$

其中：

$$a_7 = \frac{1}{6(1 - \cos\varphi_n)}\left(\frac{5}{2}\varphi_n - 4\sin\varphi_n + \frac{3}{2}\sin\varphi_n\cos\varphi_n + \frac{1}{3}\sin^3\varphi_n\right)$$

$$A_7 = \frac{1}{6\sin\varphi_n(1 - \cos\varphi_n)}\left(\frac{7}{4} - \cos\varphi_n - \frac{3}{2}\sin^2\varphi_n - \cos^3\varphi_n + \frac{1}{4}\cos^4\varphi_n\right)$$

$$a_8 = \frac{1}{6(1 - \cos\varphi_n)}\left(\frac{35}{8}\varphi_n - 8\sin\varphi_n + \frac{27}{8}\sin\varphi_n\cos\varphi_n + \frac{4}{3}\sin^3\varphi_n + \frac{1}{4}\sin\varphi_n\cos^3\varphi_n\right)$$

$$A_8 = \frac{1}{6\sin\varphi_n(1 - \cos\varphi_n)}\left(\frac{11}{5} - \cos\varphi_n - 2\sin^2\varphi_n - 2\cos^3\varphi_n + \cos^4\varphi_n - \frac{1}{5}\cos^5\varphi_n\right)$$

(3)弹性抗力引起的位移 $\Delta_{i\sigma}$ 的计算。顶拱的弹性抗力 σ 的分布规律可近似地用下式表示:

$$\sigma = \sigma_n \frac{\cos^2\varphi_b - \cos^2\varphi}{\cos^2\varphi_b - \cos^2\varphi_n} \tag{6-48}$$

式中: σ_n ——拱脚处的弹性抗力;

σ ——拱底 Bb 段上任意点的弹性抗力, σ_n 和 σ 的作用线与拱轴线上相应点的切线相垂直;

φ_b ——通常定为 $45°$。

通过积分求解,弹性抗力引起的变位为:

$$\begin{cases} \Delta_{1\sigma} = -\dfrac{2R^3}{EI_0}(a_9 - \zeta A_9)\sigma_n \\[2mm] \Delta_{2\sigma} = -\dfrac{2R^4}{EI_0}(a_{10} - \zeta A_{10})\sigma_n \end{cases} \tag{6-49}$$

其中:

$$a_9 = \frac{1}{3(1 - 2\cos^2\varphi_n)}\left(\frac{3}{2} - \sqrt{2}\sin\varphi_n - \sqrt{2}\cos\varphi_n + \sin\varphi_n\cos\varphi_n\right)$$

$$A_9 = \frac{1}{3\sin\varphi_n(1 - \cos^2\varphi_n)}\left(\frac{\sqrt{2}}{6} - \frac{\sqrt{2}}{8}\pi + \frac{\sqrt{2}}{2}\varphi_n + \cos\varphi_n - \frac{\sqrt{2}}{2}\sin^2\varphi_n - \right.$$
$$\left. \frac{\sqrt{2}}{2}\sin\varphi_n\cos\varphi_n - \frac{2}{3}\cos^3\varphi_n\right)$$

$$a_{10} = \frac{1}{3(1 - 2\cos^2\varphi_n)}\left(\frac{3}{2} + \frac{\sqrt{2}}{3} - \frac{\sqrt{2}}{8}\pi + \frac{\sqrt{2}}{2}\varphi_n - (1 + \sqrt{2})\sin\varphi_n - \sqrt{2}\cos\varphi_n - \right.$$
$$\left. \frac{\sqrt{2}}{2}\sin^2\varphi_n + \left(1 + \frac{\sqrt{2}}{2}\right)\sin\varphi_n\cos\varphi_n + \frac{2}{3}\sin^3\varphi_n\right)$$

$$A_{10} = \frac{1}{3\sin\varphi_n(1 - 2\cos^2\varphi_n)}\left(\frac{11}{24} + \frac{\sqrt{2}}{6} - \frac{\sqrt{2}}{8}\pi + \frac{\sqrt{2}}{2}\varphi_n + \cos\varphi_n - \frac{1}{2}(1 + \sqrt{2})\sin^2\varphi_n - \right.$$
$$\left. \frac{\sqrt{2}}{2}\sin\varphi_n\cos\varphi_n - \frac{\sqrt{2}}{3}\sin^3\varphi_n - \frac{1}{3}(2 + \sqrt{2})\cos^3\varphi_n + \frac{1}{2}\sin^4\varphi_n\right)$$

需要指出的是,式(6-49)仅适用于单心圆拱情形,若为三心圆拱,仍需基于数值积分求解。

(4)墙顶单位变位和墙顶载变位的计算。根据弹性地基梁理论,边墙可分为短梁、长梁和刚性梁3种形式,因此墙顶单位变位和载变位可按不同梁形式的计算公式确定。

①当边墙属于短梁时(图6-43)。

令 $M_0 = 1$、$Q_0 = 1$、$V_0 = 1$ 和梯形分布荷载分别单独作用在边墙上,根据弹性地基梁短梁的计算公式可求出墙顶单位变位及墙顶载变位为:

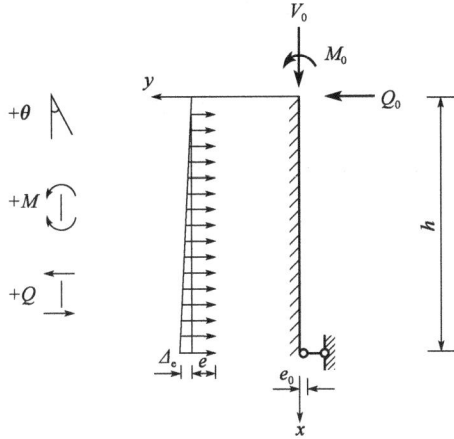

图 6-43 边墙为短梁示意图

$$\begin{cases}
\beta_1 = \dfrac{4\alpha^3}{K}\left(\dfrac{\varphi_{11} + \varphi_{12}A}{\varphi_9 + \varphi_{10}A}\right) \\[3mm]
u_1 = \beta_2 = \dfrac{2\alpha^2}{K}\left(\dfrac{\varphi_{13} + \varphi_{11}A}{\varphi_9 + \varphi_{10}A}\right) \\[3mm]
u_2 = \dfrac{2\alpha}{K}\left(\dfrac{\varphi_{10} + \varphi_{13}A}{\varphi_9 + \varphi_{10}A}\right) \\[3mm]
\beta_3 = \dfrac{2\alpha^3 e_0}{K}\left(\dfrac{\varphi_1 A}{\varphi_9 + \varphi_{10}A}\right) \\[3mm]
u_3 = \dfrac{\alpha^2 e_0}{K}\left(\dfrac{\varphi_2 A}{\varphi_9 + \varphi_{10}A}\right)
\end{cases} \tag{6-50}$$

$$\begin{cases}
\beta_e = -\dfrac{\alpha}{K}\left(\dfrac{\varphi_4 + \varphi_3 A}{\varphi_9 + \varphi_{10}A}\right)e - \dfrac{\alpha}{K}\left[\dfrac{\left(\varphi_4 - \dfrac{\varphi_{14}}{\alpha h}\right) + \left(\varphi_3 - \dfrac{\varphi_{10}}{\alpha h}\right)A}{\varphi_9 + \varphi_{10}A}\right]\Delta_e \\[5mm]
u_e = -\dfrac{1}{K}\left(\dfrac{\varphi_{14} + \varphi_{15}A}{\varphi_9 + \varphi_{10}A}\right)e - \dfrac{1}{K}\left(\dfrac{\dfrac{\varphi_2}{2\alpha h} - \varphi_1 + \dfrac{\varphi_4 A}{2}}{\varphi_9 + \varphi_{10}A}\right)\Delta_e
\end{cases} \tag{6-51}$$

$$A = \dfrac{6K}{\alpha^3 B^3 K_b} \tag{6-52}$$

其中：

$$\varphi_1 = \mathrm{ch}\alpha x \cos\alpha x$$

$$\varphi_2 = \mathrm{ch}\alpha x \sin\alpha x + \mathrm{sh}\alpha x \cos\alpha x$$

$$\varphi_3 = \mathrm{sh}\alpha x \sin\alpha x$$

$$\varphi_4 = \mathrm{ch}\alpha x \sin\alpha x - \mathrm{sh}\alpha x \cos\alpha x$$

$$\varphi_9 = 1/2(\mathrm{ch}^2\alpha x + \cos^2\alpha x)$$

$$\varphi_{10} = 1/2(\mathrm{sh}\alpha x \mathrm{ch}\alpha x - \sin\alpha x \cos\alpha x)$$

$$\varphi_{11} = 1/2(\text{sh}\alpha x \text{ch}\alpha x + \sin\alpha x \cos\alpha x)$$

$$\varphi_{12} = 1/2(\text{ch}^2\alpha x - \sin^2\alpha x)$$

$$\varphi_{13} = 1/2(\text{sh}^2\alpha x + \sin^2\alpha x)$$

$$\varphi_{14} = 1/2(\text{ch}\alpha x - \cos\alpha x)^2$$

$$\varphi_{15} = 1/2(\text{sh}\alpha x + \sin\alpha x)(\text{ch}\alpha x - \cos\alpha x)$$

式中：K——岩石的弹性压缩系数；

e、Δ_e——边墙的均布荷载与三角形荷载；

e_0——边墙中线对墙基底中线的偏心距；

K_b——边墙下端基岩处岩石的弹性压缩系数；

B——边墙下端基底宽度；

A——中间计算变量；

α——边墙弹性标准值，$\alpha = \sqrt[4]{\dfrac{K}{4EI}}$。

②当边墙属于长梁时（图6-44）。

图6-44的长梁仅墙顶作用有 M_0、Q_0、V_0，令 $V_0 = 0$，然后再令 $M_0 = 1$ 和 $Q_0 = 1$ 分别单独作用于墙顶，则可求得墙顶的单位变位为：

$$\begin{cases} \beta_1 = \dfrac{4\alpha^3}{K} \\[2mm] u_1 = \beta_2 = \dfrac{2\alpha^2}{K} \\[2mm] u_2 = \dfrac{2\alpha}{K} \end{cases} \tag{6-53}$$

需要说明的是，按长梁理论计算时，M_0 与 Q_0 不引起墙下端的位移与内力，但 V_0 与墙自重因有偏心距 e_0，会使墙下端产生弯矩和剪力，但对衬砌厚度影响较小，可以忽略不计。

③当边墙属于刚性梁时（图6-45）。

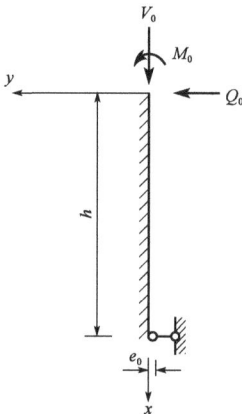

图6-44　边墙为长梁示意图　　　　图6-45　边墙为刚性梁示意图

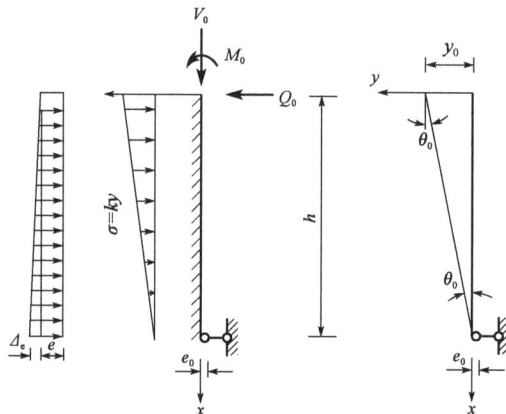

$$\begin{cases} \beta_1 = \dfrac{\beta_b}{G} \\[2mm] u_1 = \beta_2 = \dfrac{h\beta_b}{G} \\[2mm] u_2 = \dfrac{h^2\beta_b}{G} \\[2mm] \beta_3 = \dfrac{e_0\beta_b}{G} \\[2mm] u_3 = \dfrac{he_0\beta_b}{G} \end{cases} \tag{6-54}$$

$$\begin{cases} \beta_{ne} = -\dfrac{h^2\beta_b}{G}\left(\dfrac{e}{2} + \dfrac{\Delta_e}{6}\right) \\[3mm] u_{ne} = -\dfrac{h^3\beta_b}{G}\left(\dfrac{e}{2} + \dfrac{\Delta_e}{6}\right) \end{cases} \tag{6-55}$$

式中:β_b——中间计算变量,$\beta_b = \dfrac{12}{K_b B^3}$;

G——中间计算变量,$G = 1 + \dfrac{1}{3}\beta_b K h^3$;

h——边墙高度。

④弹性抗力 σ 引起的弯矩 $M_{n\sigma}^0$、水平力 $Q_{n\sigma}^0$、竖向力 $V_{n\sigma}^0$ 的计算。

假定弹性抗力的分布规律为式(6-48),则可知计算 $M_{n\sigma}^0$、$Q_{n\sigma}^0$、$V_{n\sigma}^0$ 的表达式为:

$$\begin{cases} M_{n\sigma}^0 = -\dfrac{R^2\sigma_n}{3(1 - 2\cos^2\varphi_n)}(\cos^2\varphi_n - \sin^2\varphi_n + \sqrt{2}\sin\varphi_n - \sqrt{2}\cos\varphi_n) \\[3mm] Q_{n\sigma}^0 = -\dfrac{R\sigma_n}{1 - 2\cos^2\varphi_n}\left(\dfrac{\sqrt{2}}{3} - \cos\varphi_n + \dfrac{2}{3}\cos^3\varphi_n\right) \\[3mm] V_{n\sigma}^0 = \dfrac{R\sigma_n}{1 - 2\cos^2\varphi_n}\left(\dfrac{\sqrt{2}}{3} - \dfrac{1}{3}\sin\varphi_n - \dfrac{2}{3}\sin\varphi_n\cos^2\varphi_n\right) \end{cases} \tag{6-56}$$

式中符号含义同前。

5. 曲墙拱衬砌结构

当结构的跨度较大时,为适应较大侧向土层压力的作用,改善隧道结构的受力性能,常采用曲墙拱衬砌结构,其计算方法是力法,抗力的分布是假定的,即表 6-11 中的朱-布法。

1)曲墙拱衬砌结构的计算简图

(1)假定抗力分布的计算原理。

曲墙拱衬砌可以看作是基础支承在弹性地基上的尖拱,仰拱一般在拱圈和边墙建成后浇筑,故在计算中可不考虑仰拱的影响。在垂直和侧向土层压力作用下,衬砌顶部向隧道内变形,而两侧向地层方向变形并引起地层对衬砌的弹性抗力,抗力的图形做如下假定:

①弹性抗力区上零点 a' 在拱顶两侧45°处(图6-46中 $\varphi_{a'} = 45°$),下零点 b' 在墙脚,最大抗

力 σ_h 发生在 h 点，$a'h$ 的垂直距离相当于 $\frac{1}{3}a'b'$ 的垂直距离。

②$a'b'$ 段上弹性抗力的分布如图 6-46 所示，各个截面上的抗力强度是最大抗力 σ_h 的二次函数，在 $a'h$ 段有：

$$\sigma = \sigma_h \frac{\cos^2\varphi_{a'} - \cos^2\varphi_i}{\cos^2\varphi_{a'} - \cos^2\varphi_h} \tag{6-57}$$

在 hb' 段有：

$$\sigma = \sigma_h \left(1 - \frac{y_i^2}{y_{b'}^2}\right) \tag{6-58}$$

式中：φ_i——所求抗力截面与竖直面的夹角；

　　y_i——所求抗力截面与最大抗力截面的垂直距离；

　　σ_h——最大弹性抗力值；

　　$y_{b'}$——墙底外边缘 b' 至最大抗力截面的垂直距离。

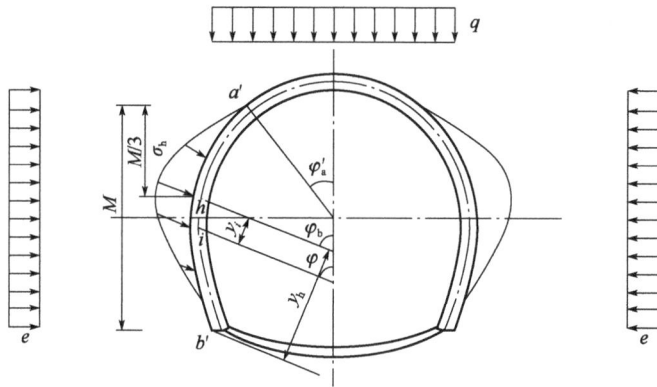

图 6-46　假定的抗力分布

以上是根据多次计算和经验统计得出的对均布荷载作用下曲墙拱衬砌弹性抗力分布的规律。

（2）计算简图。

曲墙拱衬砌可以看作拱脚弹性固定、两侧受地层约束的无铰拱。由于墙底摩擦力较大，不能产生水平位移，仅有转动和垂直沉陷，在荷载和结构均为对称的情况下，垂直沉陷对衬砌内力将不产生影响，一般也不考虑衬砌与介质之间的摩擦力，其计算简图如图 6-47a）所示。

对于图 6-47a）所示的结构，采用力法求解时，可选取从拱顶切开的悬臂曲梁作为基本结构，切开处有多余未知力 x_1、x_2 作用，另有附加的未知量，根据切开处的变形协调条件，只能写出两个方程式，所以必须利用 h 点的变形协调条件来增加一个方程，这样才能解出 3 个未知数 x_1、x_2 和 σ_h。

为此，可先将在主动荷载（包括垂直和侧向的）作用下，最大抗力点 h 处的位移 δ_{hp} 求出来[图 6-47b）]。然后，单独以 $\sigma_h = 1$ 时的弹性抗力图形作为外荷载，也可求出相应的点的位移 $\delta_{h\bar\sigma}$[图 6-47c）]。根据叠加原理，h 点的最终位移即为：

$$\delta_h = \delta_{hp} + \sigma_h \delta_{h\bar{\sigma}} \tag{6-59}$$

而 h 点的位移与该点的弹性抗力 σ_h 存在下述关系：

$$\sigma_h = K\delta_h \tag{6-60}$$

将式(6-59)代入式(6-60),简化后得：

$$\sigma_h = \frac{\delta_{hp}}{\dfrac{1}{K} - \delta_{h\bar{\sigma}}} \tag{6-61}$$

式(6-61)即为所需要的附加方程式。联立此3个方程,可求出多余未知力 x_1、x_2 及附加的未知量 σ_h。

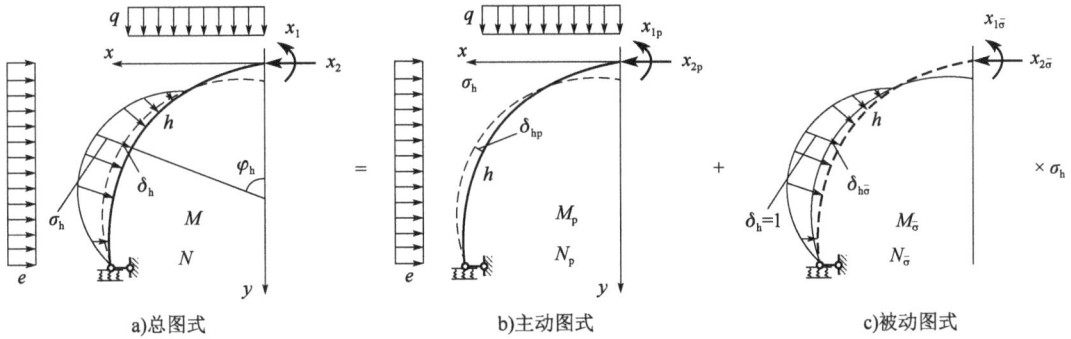

图6-47 曲墙拱衬砌计算简图及问题分解

（3）曲墙拱衬砌计算的基本原理。

曲墙拱衬砌计算的基本原理：首先求出主动荷载作用下的衬砌内力,此时不考虑弹力,即按自由变形结构计算[图6-47b)]；然后,以最大弹性抗力 $\sigma_h = 1$ 分布图形作为荷载（被动荷载）,求出结构的内力；求出主动荷载作用下的内力和被动荷载 $\sigma_h = 1$ 作用下的内力后,再按式(6-61)求出 σ_h；最后把 $\sigma_h = 1$ 作用下求出的内力乘以 σ_h,再与主动荷载作用下的内力叠加起来,得到最终结构的内力。

2）曲墙拱衬砌结构的内力计算步骤

（1）求主动荷载作用下衬砌结构的内力。

此时可采用图6-48a)所示的基本结构,基于多余未知力 x_{1p}、x_{2p} 列出力法基本方程：

$$\begin{cases} x_{1p}\delta_{11} + x_{2p}\delta_{12} + \Delta_{1p} + \beta_p = 0 \\ x_{1p}\delta_{21} + x_{2p}\delta_{22} + \Delta_{2p} + f\beta_p + u_p = 0 \end{cases} \tag{6-62}$$

式中：β_p、u_p——墙底截面的转角和总水平位移。

参照曲墙拱拱脚计算的基本结构（图6-48）,分别计算 x_{1p}、x_{2p} 和主动荷载的影响后,按叠加原理求得：

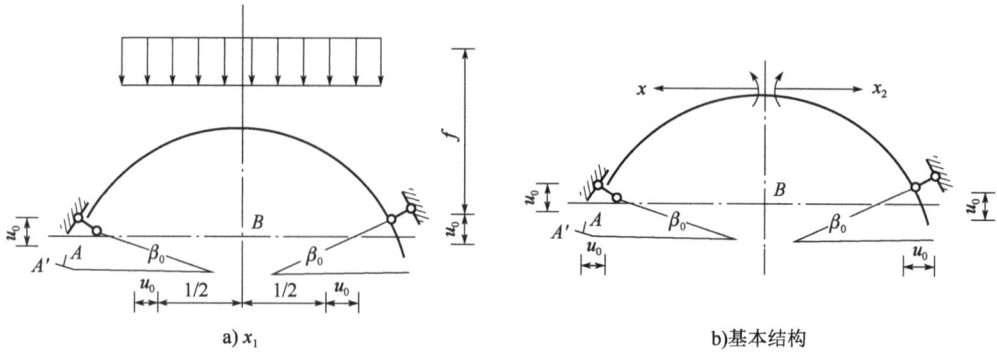

图 6-48 曲墙拱拱脚计算的基本结构

$$\beta_p = x_{1p}\overline{\beta}_1 + x_{2p}(\overline{\beta}_2 + f\overline{\beta}_1) + \beta_p^0 \qquad (6\text{-}63)$$

式中：　　$\overline{\beta}_1$——当拱顶作用 $x_{1p}=1$ 时,在墙底截面引起的转角;

　　　　$x_{1p}\overline{\beta}_1$——拱顶弯矩 x_{1p} 所引起的墙基截面的转角;

　　　　$\overline{\beta}_2$——当拱顶作用 $x_{2p}=1$ 时,在墙底截面所产生的单位水平力所引起的转角, 故 $\overline{\beta}_2=0$;

　　　　$\overline{\beta}_2 + f\overline{\beta}_1$——当拱顶作用单位力 $x_{2p}=1$ 时,在墙基截面产生的转角;

　　$x_{2p}(\overline{\beta}_2 + f\overline{\beta}_1)$——拱顶水平力 x_{2p} 所引起的墙基截面的转角;

　　　　f——衬砌的矢高;

　　　　β_p^0——在主动荷载作用下,在墙底截面所产生的转角。

此处,因墙基截面无水平位移,所以 $u_p=0$,代入上式经整理后得:

$$\begin{cases} x_{1p}(\delta_{11} + \overline{\beta}_1) + x_{2p}(\delta_{12} + f\overline{\beta}_1) + \Delta_{1p} + \beta_p^0 = 0 \\ x_{1p}(\delta_{12} + f\overline{\beta}_1) + x_{2p}(\delta_{22} + f^2\overline{\beta}_1) + \Delta_{2p} + f\beta_p = 0 \end{cases} \qquad (6\text{-}64)$$

式中:δ_{ik}、Δ_{ik}——基本结构的单位变位和荷载变位,按一般结构力学计算,或参考半衬砌的方法计算;

　　　　β_p^0——墙底截面的荷载转角,$\beta_p^0 = M_{bp}^0\overline{\beta}_1$;

　　　　M_{bp}^0——在主动荷载作用下墙底截面的弯矩;

　　　　$\overline{\beta}_1$——墙底截面的单位转角,与半衬砌相同,$\overline{\beta}_1 = 12/(bh_x^3 K_0)$。

推导如下:

当拱脚处作用单位力矩 $M=1$,拱脚边缘处地基受到的压力为:

$$\sigma = \frac{M}{W} = \frac{6}{bh_x^2} \qquad (6\text{-}65)$$

地基的压缩变形为:

$$\delta = \frac{\sigma}{K_0} = \frac{6}{bh_x^2 K_0} \qquad (6\text{-}66)$$

则拱脚的转角为:

$$\overline{\beta}_1 = \frac{\delta}{h_x/2} = \frac{12}{bh_x^3 K_0} \qquad (6\text{-}67)$$

式中:W——墙底截面的抵抗矩;

b——墙底截面的宽度,通常 $b=1$ m;

h_x——墙底截面的厚度;

K_0——墙底地层弹性抗力系数。

解出 x_{1p} 和 x_{2p} 后,即可得主动荷载作用下衬砌结构任一截面的内力,如图 6-49 所示。

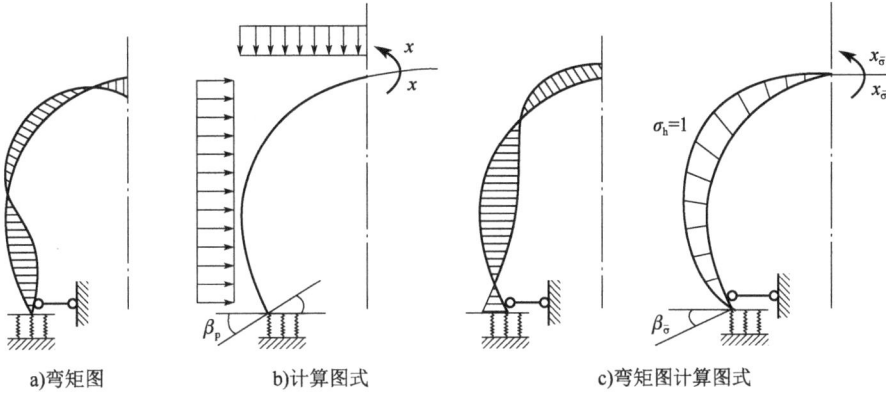

a)弯矩图   b)计算图式   c)弯矩图计算图式

图 6-49 主动荷载和被动荷载作用下的内力图

$$\begin{cases} M_{ip} = x_{1p} + x_{2p}y_i + M_{ip}^0 \\ N_{ip} = x_{2p}\cos\varphi_i + N_{ip}^0 \end{cases} \tag{6-68}$$

式中:M_{ip}^0、N_{ip}^0——基本结构上,主动荷载作用下衬砌各截面的弯矩和轴力;

y_i、φ_i——所求截面 i 的纵坐标和该截面与竖直间的夹角。

(2)求多余未知力 $x_{1\bar{\sigma}}$ 和 $x_{2\bar{\sigma}}$。

其力法基本方程为:

$$\begin{cases} x_{1\bar{\sigma}}\delta_{11} + x_{2\bar{\sigma}}\delta_{12} + \Delta_{1\bar{\sigma}} + \beta_{\bar{\sigma}} = 0 \\ x_{2\bar{\sigma}}\delta_{21} + x_{2\bar{\sigma}}\delta_{22} + \Delta_{2\bar{\sigma}} + u_{\bar{\sigma}} + f\beta_{\bar{\sigma}} = 0 \end{cases} \tag{6-69}$$

为了说明本步骤,有关符号加了 $\bar{\sigma}$ 的脚标,表示最大弹性拉力 $\sigma_h=1$ 作用下引起的未知力、转角和位移。

$\beta_{\bar{\sigma}}$ 和 $u_{\bar{\sigma}}$ 同上一样可得:

$$\beta_{\bar{\sigma}} = x_{1\bar{\sigma}}\bar{\beta}_1 + x_{2\bar{\sigma}}(\bar{\beta}_2 + f\bar{\beta}_1) + \beta_{\bar{\sigma}}^0 \tag{6-70}$$

此处,$\bar{\beta}_2 = 0$,$\bar{u}_{\bar{\sigma}} = 0$。

代入式(6-71)得:

$$\begin{cases} x_{1\bar{\sigma}}(\delta_{11} + \bar{\beta}_1) + x_{2\bar{\sigma}}(\delta_{12} + f\bar{\beta}_1) + \Delta_{1\bar{\sigma}} + \beta_{\bar{\sigma}}^0 = 0 \\ x_{2\bar{\sigma}}(\delta_{21} + f\bar{\beta}_1) + x_{2\bar{\sigma}}(\delta_{22} + f^2\bar{\beta}_1) + \Delta_{2\bar{\sigma}} + f\beta_{\bar{\sigma}}^0 = 0 \end{cases} \tag{6-71}$$

式中:$\Delta_{1\bar{\sigma}}$、$\Delta_{2\bar{\sigma}}$——单位弹性抗力作用下,基本结构在 x_1、x_2 方向上的位移;

$\beta_{\bar{\sigma}}^0$——单位弹性抗力作用下,墙底截面的转角,$\beta_{\bar{\sigma}}^0 = M_{b\bar{\sigma}}^0\bar{\beta}_1$;

$M_{b\bar{\sigma}}^0$——单位弹性抗力作用下,墙底截面的弯矩;

其余符号意义同式(6-64)。

求解式(6-71)得出 $x_{1\bar{\sigma}}$ 和 $x_{2\bar{\sigma}}$,即可求得在单位弹性抗力荷载作用下的任意截面内力:

$$\begin{cases} M_{i\overline{\sigma}} = x_{1\overline{\sigma}} + x_{2\overline{\sigma}}y_i + M_{i\overline{\sigma}}^0 \\ N_{i\overline{\sigma}} = x_{2\overline{\sigma}}\cos\varphi_i + N_{i\overline{\sigma}}^0 \end{cases} \tag{6-72}$$

式中：$M_{i\overline{\sigma}}^0$、$N_{i\overline{\sigma}}^0$——单位弹性抗力作用下任一截面的弯矩和轴力。

（3）求最大抗力 σ_h。

由式（6-61）可知，欲求 σ_h，必须先求 h 点在主动荷载作用下的法向位移 δ_{hp} 和单位弹性抗力荷载作用下的法向位移 $\delta_{h\overline{\sigma}}$，但求这两项位移时，要考虑弹性支承的墙底截面转角 β_0 的影响，按结构力学求位移的方法，在基本结构 h 点上沿 σ_h 方向作用一个单位力，并求出在该单位作用下的弯矩图（图6-50）。用图 6-50a) 所示的弯矩图乘图 6-49a) 所示的弯矩图再加上 $\beta_{\overline{\sigma}}$ 的影响可得位移 $\delta_{h\overline{\sigma}}$，即：

$$\begin{cases} \delta_{hp} = \int_s \dfrac{M_{ip}y_{ih}}{EI}\mathrm{d}s + y_{bh}\beta_p \\ \delta_{h\overline{\sigma}} = \int_s \dfrac{M_{i\overline{\sigma}}y_{ih}}{EI}\mathrm{d}s + y_{bh}\beta_{\overline{\sigma}} \end{cases} \tag{6-73}$$

式中：β_p——主动荷载作用下，墙底截面的转角；

$\beta_{\overline{\sigma}}$——单位弹性抗力图荷载作用下，墙底截面的转角；

y_{ih}——所求抗力截面中心至最大抗力截面的垂直距离；

y_{bh}——墙底截面中心至最大抗力截面的垂直距离。

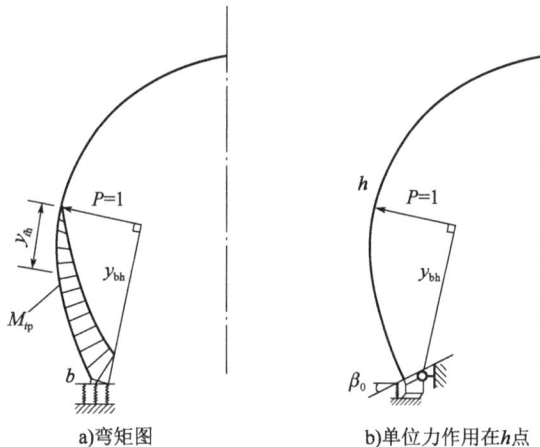

图 6-50　求最大抗力 σ_h 的计算简图

（4）计算各截面最终的内力值。

利用叠加原理可得：

$$\begin{cases} M_i = M_{ip} + \sigma_h M_{i\overline{\sigma}} \\ N_{i\overline{\sigma}} = N_{ip} + \sigma_h N_{i\overline{\sigma}} \end{cases} \tag{6-74}$$

（5）计算的校核。

在对称荷载作用下，求得的内力应满足在拱顶截面处的相对转角和相对水平位移为零的条件，即：

$$\begin{cases} \int_s \dfrac{M_i}{EI}\mathrm{d}s + \beta_0 = 0 \\[3mm] \int_s \dfrac{M_i y_i}{EI}\mathrm{d}s + f\beta_0 = 0 \end{cases} \tag{6-75}$$

$$\beta_0 = \beta_\mathrm{p} + \sigma_\mathrm{h}\beta_{\bar\sigma} \tag{6-76}$$

除按式(6-76)校核外,还应按 h 点的位移协调条件校核,即:

$$\int_s \frac{M_i y_{ih}}{EI}\mathrm{d}s + y_{bh}\beta_0 - \frac{\sigma_\mathrm{h}}{K} = 0 \tag{6-77}$$

所述计算方法在一定程度上反映了隧道结构的实际受力状态,且力学概念明确,便于理解。但其不足之处在于弹性抗力图是基于假设的,实际的弹性抗力分布会因衬砌的刚度、结构形状、荷载分布及回填材料等因素而异。此外,该方法仅适用于结构与荷载均匀对称的情况,对于不均匀或不对称的荷载分布,假设的弹性抗力规律将不再适用。

6. 复合衬砌结构

20 世纪 50 年代以来,新奥法技术在奥地利学者拉布西维兹(L. V. RABCEWICZ)等一大批学者和工程技术人员的努力下开始形成,并于 1962 年正式命名,复合衬砌结构作为一种结构形式也应运而生。

1)复合衬砌的构造

复合衬砌结构通常包括初期支护和二次支护,防水要求较高时需在两者之间增设防水层。初期支护多采用喷射混凝土,必要时可增加锚杆以加固围岩,形成锚喷支护。在岩石条件较差的情况下,可以在喷层中加入网筋或型钢拱架,或采用钢纤维喷射混凝土。施工时,通常先进行薄层喷射混凝土以封闭围岩,然后施加锚杆、挂网,并逐步加厚喷层至设计厚度。在穿越断层破碎带时,常需设置超前锚杆和注浆工艺以预先加固地层。对于大断面、埋深较大、岩石条件中等且成洞条件较差的地下洞室,通常会施作预应力锚索,以改善围岩的受力变形状态,增强其稳定性。

二次支护常为整体式现浇混凝土衬砌,或为喷射混凝土衬砌,必要时可借助设置钢筋来增强截面。其中整体式浇筑混凝土衬砌有表面平顺光滑、外观视觉较好、通风阻力较小等优点,适用于对室内环境有较高要求的场合;喷射混凝土衬砌工艺简单、省工省时、投资较低,但外观视觉相对较差、通风阻力较大,对室内环境要求较低时宜于采用,否则需另设内衬来改善外观和通风条件。

二次支护的厚度和配筋量受多种因素影响,包括洞形、净空尺寸、围岩的工程地质条件以及施作时机。在岩质较好且跨度较小的情况下,通常在围岩变形趋于稳定后进行施作,此时截面厚度和配筋量可根据构造要求确定。而在岩质较差或跨度较大的情况下,二次支护往往需与初期支护共同承受变形压力。

防水层的常见形式有塑料板防水层和喷涂防水层两类,前者多采用厚 $1 \sim 2$ mm 的聚乙烯塑料板,后者常用厚 $3 \sim 5$ mm 的阳离子乳化沥青氯丁胶乳。防水层应在初期支护变形基本稳定后,二次衬砌灌注前施作,二次衬砌应能同时承受水压力的作用。水压力过大时,应设置合适的排水通道疏水导流。

2）复合衬砌结构的计算原理和方法

（1）复合结构的承载机理。

围岩的破坏通常从洞周开始，初期表现为张性破裂，随后可能出现塑性剪切流动破坏。如果能够及时施作支护，形成稳定的承载环，洞室围岩则能够保持稳定。形成洞周承载环的方法主要有两种：通过锚杆支护可以在其影响范围内形成具有较强承载能力的承载环；通过施作衬砌结构，或结合喷层（必要时设置锚杆和网筋）与衬砌结构形成复合结构，从而使其成为承载环。因此，由复合结构构成的承载环同时具备两类承载环的承载机制特点。

（2）复合结构的计算。

通常通过线弹性、弹塑性或黏弹塑性模型对围岩稳定性进行分析，通过屈服准则判断围岩塑性区范围大小。目前常采用的屈服准则是德鲁克-普拉格准则和莫尔-库仑准则，这两个准则有普遍适用性。但是，在坚硬围岩中出现的破坏常是表面附近的张性破坏，而对剪切破坏则有较大的承受能力。由此可见，对于这类岩石的稳定性分析，有必要增补用于检验围岩的抗张拉承载能力的判据。

在软弱地层或节理岩体中，洞室围岩的变形通常呈现流变特性。采用复合支护的隧道结构时，各层支护由于施作时间不同，展现出不同的受力和变形特性。第一层支护一般是最早施作的，承受的变形量最大，因而其承载能力得到充分发挥。中间层支护则在监测到变形量过大或变形速率过快时施作，通常是在前一层支护的承载能力接近极限时（例如喷层出现裂缝）。这些支护层所承受的荷载与其施作时的变形量相关。通常情况下，洞周围岩承受的地层压力最大，其次是初期支护，而最后修筑的内衬结构层则受力和变形最小。在约束围岩的同时，允许其产生适当的变形，以充分利用围岩的自支承能力。通过调整支护层的施作时间（即适时支护），可以改善受力分布，从而提高结构的承载能力，这些特性构成了复合支护受力变形的核心特点。

复合支护自问世以来，早期设计采用的计算方法均为地下结构设计常用的方法，即荷载结构法和地层结构法。这些方法的缺点是不能反映复合支护的施作过程对结构受力变形的影响，由此导致计算结果常与实际不符。一般说来，地层岩性较差，采用荷载结构法计算内力时一般可以取得较好的结果，而当围岩地层的自支承能力较好时，计算结果则常有较大的误差。目前，对复合支护的设计开展建立计算方法的研究已取得一定成果。已经建立的方法可分为黏弹性分析法和黏弹塑性分析法两类。两类方法都以隧道施工力学研究的成果为基础，并都以可反映支护施作过程和时机对结构受力变形的影响为特点。鉴于这些方法能反映围岩自支承能力的作用，故可用于地层岩性较好，适宜采用地层结构法计算结构内力的场合。具体的计算方法这里不再赘述，可参考相关文献。

6.2.2 锚喷支护结构设计

锚喷支护技术在 20 世纪 50 年代问世，且随着新奥地利隧道施工方法（New Austrian Tunneling Method，NATM）的推广，已逐渐在世界各地水工、建筑、隧道、矿山等部门广为应用。该技术最初的应用范围局限于对岩体进行加固的工程项目中，但随着建设施工的发展，逐步开始应用到土体的加固工程中。20 世纪 80 年代，我国将锚喷支护技术引入隧道支护建设工程和高边坡治理工程中，取得了较好的效果。

锚喷支护是针对岩土体加固的一种方法，包括喷射混凝土、锚杆和钢筋网等，可用于临时或永久支护。其特点是施工及时、与岩土体紧密结合,并能共同变形。锚喷支护的作用在于加固岩土体,通过与岩土体的协同作用,充分发挥岩土体的强度和自稳能力,使三者共同承受形变压力,既视岩土体为荷载,也视为结构部分。这种支护形式灵活,能适应围岩变形。在施工过程中,需对变形和应力进行监测,以便及时调整支护措施,有效控制变形。

国内广泛应用的锚喷支护类型包括:锚杆支护、喷射混凝土支护、锚杆喷射混凝土支护、钢筋网喷射混凝土支护、锚杆钢筋网喷射混凝土联合支护以及锚喷加设钢拱架或设置仰拱支护。一般对于整体围岩,宜采用喷射混凝土或锚喷混凝土支护;对于层状围岩,宜采用锚喷或喷射混凝土支护,而有可能失稳的层状岩体及软硬互层岩体则必须以锚杆为主;对于块状岩体,宜采用锚杆钢筋网喷射混凝土支护或钢筋网喷射混凝土支护;对于散状体和软弱岩体,宜采用锚杆钢筋网喷射混凝土支护,必要时加设钢拱架或设置仰拱支护。

对于隧道与地下工程中锚杆喷射混凝土(锚喷)支护的设计,应采用工程类比与监控量测相结合的设计方法。对于大跨度、高边墙的隧道洞室,还应辅以理论验算法复核。对于复杂的大型地下洞室群,可用地质力学模型试验验证。工程类比设计法分为直接类比法和间接类比法。直接类比法关注围岩强度、完整性、地下水影响、工程形状与尺寸、施工方法及使用要求等因素,比较拟设计工程与已有工程,以确定锚喷支护的类型和参数。间接类比法则依赖现行技术规范《岩土锚杆与喷射混凝土支护工程技术规范》(GB 50086—2015),通过围岩类别表和锚喷支护设计参数来确定拟建工程的支护方案。设计参数涵盖支护类型、数量、尺寸,以及开挖程序、方法和施作时间等。

1. 锚喷支护设计

1) 锚喷支护设计原则

锚喷支护是由喷射混凝土面板和锚杆组成的支护,其可以增强围岩的承载力,因此需要针对具体的围岩变形、破坏和稳定性进行分析。锚喷支护的设计原则包括以下 4 个方面:

(1)工程地质条件与岩体力学特性:这些是锚喷支护设计的基本依据,可以影响洞体布局、支护形式及参数的选择。

(2)围岩压力特点:针对拱和墙等不同部位采用不同的支护参数。对于中等及以上的围岩,主要面临局部失稳和松散地压,应遵循"拱为重点、拱墙有别"的原则;而不稳定围岩则应采用相同支护参数。

(3)灵活性:锚喷支护设计应体现其灵活性。局部和整体加固时,可采用等强度支护原则。对于不同岩体和部位,应选用不同支护类型和参数。对于缓倾角层状岩体,拱部可用锚喷支护,边墙则可用喷射混凝土支护。

(4)实测位移评价:应遵循实测位移评价原则进行设计,因为锚喷的灵活性使其易于调整。尽管地质与施工条件复杂,但实测位移可为设计修改和补强提供基础数据。此原则有助于避免过于保守的设计,确保支护的安全性与经济性。

2) 按局部作用原理设计

(1)锚杆的计算与设计。

根据局部作用设计锚杆时,通常是基于悬吊原理。假设拱顶有一危岩 ABC(图 6-51)需用锚杆加固。在节理裂隙上的抗剪力均已丧失的情况下,其重量 G 全部由锚杆悬吊,由静力平衡条件可得：

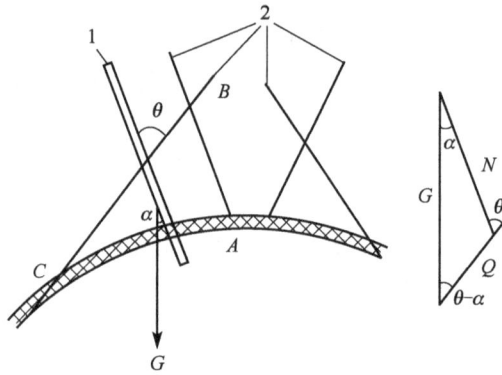

图 6-51　锚杆加固拱顶危岩
1-锚杆;2-裂隙

$$\begin{cases} Q = \dfrac{G\sin\alpha}{\sin\theta} \\ N = \dfrac{G\sin(\theta-\alpha)}{\sin\theta} \end{cases} \tag{6-78}$$

式中:Q——裂隙 BC 上锚杆所承受的剪力(kN);

　　　N——锚杆应承受的拉力(kN);

　　　θ——锚杆与裂隙 BC 的夹角(°);

　　　α——锚杆与垂直直线的夹角(°)。

锚杆所需的截面积为:

$$\begin{cases} A_s = \dfrac{K^* N}{R_t} \\ A_s = \dfrac{K^* Q}{\tau_s}\sin\theta \end{cases} \tag{6-79}$$

式中:A_s——所需锚杆钢筋的截面积(mm^2);

　　　R_t——钢筋抗拉设计强度(N/mm^2);

　　　τ_s——钢筋抗剪设计强度(N/mm^2);

　　　K^*——安全系数,一般取 1.5~2.0。

锚杆必须穿过被悬吊的危岩,并锚固在稳定岩层中。因此,锚杆的设计长度必须满足:

$$l = l_m + h_r + l_e \tag{6-80}$$

式中:l——锚杆的设计长度(m);

　　　l_m——锚固长度,即锚杆插入稳定岩层中长度(m);

　　　h_r——加固长度,即沿锚杆方向所悬吊的危岩高度(m);

　　　l_e——锚杆的外露长度(m)。

当危岩处于侧壁上时(图 6-52),图中 ABC 为危岩岩块,其重量 G 由锚杆和与岩壁的阻力共同承受,作用在锚杆和滑移面上的力为:

$$\begin{cases} N = \dfrac{G\sin(\alpha - \theta)}{\sin\theta} \\ Q = G\cos(\alpha - \theta) - G\sin(\alpha - \theta)\tan\varphi \end{cases} \qquad (6\text{-}81)$$

式中:φ——滑动面 BC 上岩体的内摩擦角(°);

N——压力(kN),可由岩体本身承受,锚杆则主要用来承受切力;

其他符号含义同前。

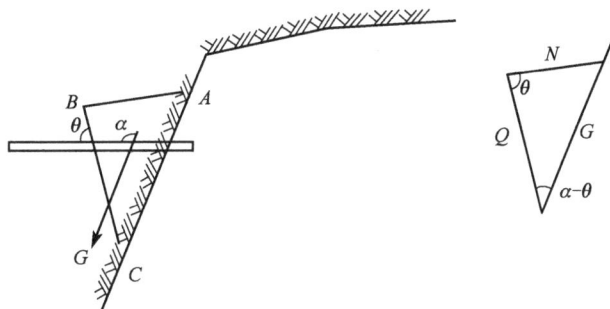

图 6-52　锚杆加固侧壁危岩

(2)喷射混凝土的计算和设计。

在被节理裂隙切割形成的块状围岩中,围岩结构面的组合对围岩的变形和破坏起着控制作用。采用喷射混凝土支护洞室时,能够有效防止围岩松动、离层和塌落。为实现这些功能,要求喷射混凝土层应具备足够的抗拉力,以保证喷层在节理面处不会出现冲切破坏;同时,喷层和围岩间要有足够的黏结力,使喷层不会出现撕裂现象。这种通过喷射混凝土对围岩局部进行加固以稳定围岩的原理可称为局部加固原理。

假设不稳定岩面块体的重量为 G,在保证喷层不沿危岩周边剪切破坏的条件下,喷层厚度 d_c 应为:

$$d_c = \frac{K^* G}{U\tau_s} \qquad (6\text{-}82)$$

式中:U——危岩周边长度(m);

τ_s——喷层的抗剪强度极限值(N/mm^2);

K^*——安全系数。

若按抗拉强度进行校核,这时可取 τ_t 来代替式(6-83)中的 τ_s。

根据弹性地基梁理论,可将喷层看作弹性地基上半无限长度(梁宽 $b = 1$ m)进行验算。根据图 6-53,作用在梁端上的集中力 P 可近似取为:

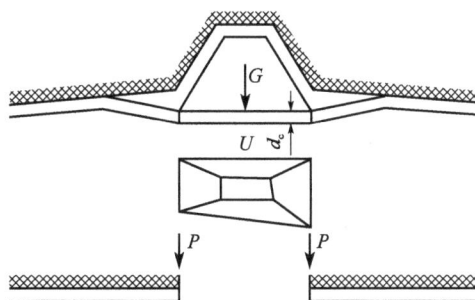

图 6-53　喷射混凝土局部加固

$$P = \frac{G}{U} \qquad (6\text{-}83)$$

式中符号含义同前。

梁端位移 y 为:

$$y = \frac{P\alpha}{2K} \qquad (6\text{-}84)$$

梁端的弹性拉力 σ 为:

$$\sigma = Ky = \frac{P\alpha}{2} \tag{6-85}$$

其中 α 为弹性地基梁柔度特征值,即:

$$\alpha = \sqrt[4]{\frac{K}{4KI}} = \sqrt[4]{\frac{bk}{4KI}} = 1.316\sqrt[4]{\frac{k}{Ed_c^3}} \tag{6-86}$$

式中:k——喷层与危岩之间的弹性拉力系数(kN/m^3);

E——喷射混凝土的弹性模量(kN/m^2);

I——喷射混凝土的惯性矩(m^4);

d_c——喷层厚度(m)。

将 P 和 α 代入式(6-85)可得:

$$\sigma = 0.658\frac{G}{U}\sqrt[4]{\frac{k}{Ed_c^3}} \tag{6-87}$$

σ 不能超过喷层与岩石间的黏结强度 σ_u,考虑强度安全系数 K^*,则:

$$K^*\sigma \leqslant \sigma_u \tag{6-88}$$

则喷层厚度为:

$$d_c \geqslant 0.5723\left(\frac{K^*G}{U\sigma_u}\right)^{\frac{4}{3}}\left(\frac{k}{E}\right)^{\frac{1}{3}} \tag{6-89}$$

3)按整体作用原理设计

(1)锚杆的计算和设计。

用锚杆群对洞室围岩做整体加固时,被锚杆加固的不稳定围岩可视为锚杆组合拱,并认为锚杆组合拱内切向缝(与拱轴线相切)的剪力由锚杆承受,斜向缝(与拱轴线斜交)的剪力由锚杆和岩石共同承受,径向缝(与拱斜向缝轴线的切线垂直)的剪力由岩石承受(图6-54)。

锚杆长度 l 应超过组合拱高度:

$$l = K^*h_z + l_e \tag{6-90}$$

式中:K^*——安全系数,可取为1.2;

h_z——组合拱高度(m);

l_e——锚杆外露长度(m)。

组合拱计算跨度,可近似取为:

$$l_0 = L + h_z \tag{6-91}$$

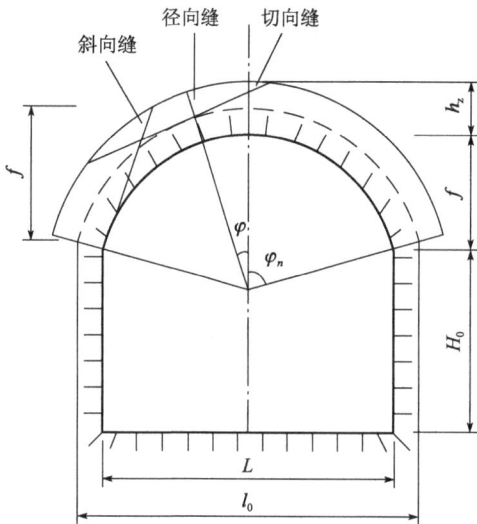

图6-54 组合拱原理计算

式中:L——毛洞跨度(m)。

组合拱假定为两端固定的等截面圆拱,荷载按自重形式均布于拱轴上(图6-55)。单位长度上的荷载为:

$$q = \gamma hb \tag{6-92}$$

$$h = \frac{N_0l_0}{6} \tag{6-93}$$

式中:γ——围岩重度(kN/m^3);

　　h——荷载高度(m);

　　b——组合拱纵向宽度(m);

　　N_0——围岩压力基本值(kN),根据围岩类别确定。

按照固端割圆拱公式对组合拱进行内力分析,可近似计算出各个截面上的弯矩、轴力和剪力。

拱脚处径向截面内力[图6-55a)]为:

$$\begin{cases} Q_n = H_n\sin\varphi_n - V_n\cos\varphi_n \\ N_n = V_n\sin\varphi_n + H_n\cos\varphi_n \end{cases} \tag{6-94}$$

式中:H_n、V_n——拱脚截面的水平和竖向反力(kN);

　　φ_n——拱脚截面与垂直线间的夹角(°)。

任意径向截面内力[图6-55b)]为:

$$\begin{cases} M_\varphi = M_0 + N_0 r(1 - \cos\varphi) - qr^2(\varphi\sin\varphi + \cos\varphi - 1) \\ Q_\varphi = N_0\sin\varphi - qr\varphi\cos\varphi \\ N_\varphi = qr\varphi\sin\varphi + N_0\cos\varphi \end{cases} \tag{6-95}$$

式中:M_0、N_0——拱顶截面的弯矩和轴力(kN);

　　r——计算拱轴线半径(m);

　　φ——拱上任意截面与垂直线间的夹角(°)。

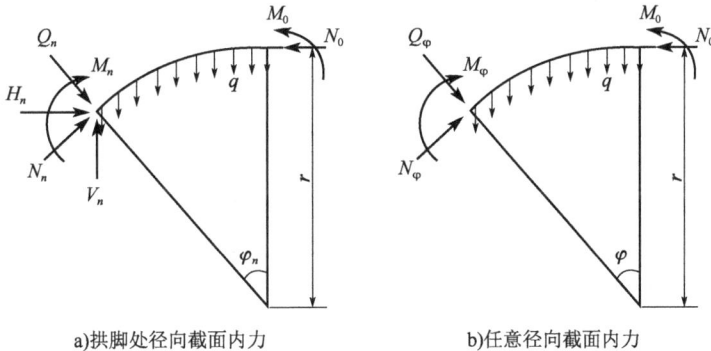

a)拱脚处径向截面内力　　　　　　　　b)任意径向截面内力

图6-55　内力计算

根据上述的内力数值可以校核组合拱各个截面的强度,校核时主要在径向、切向或斜向的裂缝或结构面上进行。

组合拱计算虽然考虑了围岩的自承能力,但主要是从结构力学的概念进行分析的,尚不能完全反映锚喷支护的共同作用本质。其存在的主要问题是组合拱高度难以精确确定,通常首先将普氏自然拱高度或围岩分级中围岩的换算高度作为组合拱的高度;其次把自重作为组合拱的唯一荷载,尚缺乏依据;此外,要清楚掌握围岩的结构特征,如结构面长度、走向及其分布规律,也有一定困难。

(2)喷射混凝土的计算和设计。

由于洞室围岩被若干组节理裂隙切割,因此存在一些不同倾向的缝,如径向缝、斜向缝和切向缝。采用喷射混凝土加固后,可认为第一层岩石与喷射混凝土构成一个整体,形成组合

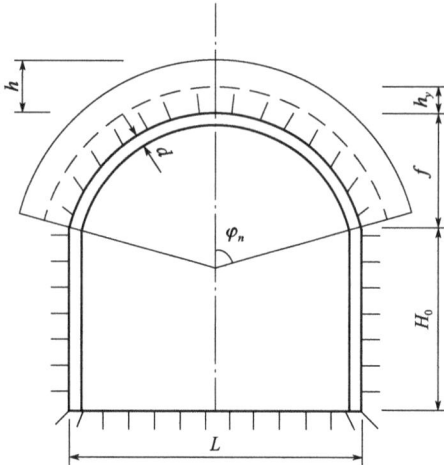

图 6-56　喷射混凝土组合拱计算

拱。现假定组合拱为一端固定的割圆拱(图 6-56),承受围岩荷载高度的全部岩石重量。荷载 q 以自重形式作用于该组合拱的拱轴线上,大小为:

$$q = (\gamma_r h + \gamma_c d) b \tag{6-96}$$

式中:γ_r、γ_c——围岩和喷射混凝土重度(kN/m^3);

　　　h——围岩荷载高度(m);

　　　d——喷射混凝土厚度(m);

　　　b——组合拱纵向宽度(m)。

组合拱高度及计算跨度为:

$$\begin{cases} h_z = h_y + d \\ l_0 = L + h_y + d \end{cases} \tag{6-97}$$

式中:h_y——组合拱中采用的岩石拱的高度(m);

　　　l_0——组合拱的计算跨度(m)。

喷射混凝土岩石组合拱截面内力的计算公式和锚杆岩石组合拱相同。根据内力数值计算来校核各个截面组合拱的强度,同样,校核时主要在径向、切向或斜向的裂缝上进行。

2.锚喷支护监控量测设计

1)监控设计的目的、原理与方法

地下工程环境及结构受力复杂,初始的锚喷支护设计往往不适应实际情况。近年来,现场量测与工程地质、力学分析紧密结合,逐渐形成一套监控设计原理与方法,能够更好地反映和适应地下工程的规律与特点。尽管这一方法尚不成熟,但随着岩体力学与测试技术的发展,地下工程监控设计将不断完善。

监控量测的目的主要包括:①提供依据与信息:掌握围岩力学形态变化及支护工作状态。②指导施工与预报险情:进行工程预报,确定施工对策,监视险情,确保施工安全。③运营期间监视:掌握工程运营安全状况,及时发现险情并采取补强措施。④校核理论与完善类比法:为理论解析和数值分析提供数据与对比指标,为工程类比提供参数。⑤积累设计与施工资料。

监控设计的原理是通过现场量测获得围岩力学动态和支护工作状态的信息,据此,再通过必要的力学分析,以修正和确定支护系统的设计和施工对策。监控设计通常包含两个阶段:初始设计阶段和修正设计阶段。初始设计一般应用工程类比法与数理初步分析法进行。修正设计则是根据现场监控量测所得到的信息进行理论分析与数值分析,做出综合判断,得出最终设计参数与施工对策。

监控设计的主要环节有现场监测、数据处理、信息反馈 3 个方面。现场监测包括制定方案、确定测试内容、选择测试手段、实施监测计划。数据处理包括整理原始数据、明确数据处理的目的、选择处理方法、提出处理结果。信息反馈包括反馈方法(定性反馈和定量反馈)和反馈作用(修正设计与指导施工)。

2)监控量测的内容及手段

《岩土锚杆与喷射混凝土支护工程技术规范》(GB 50086—2015)规定:实施现场监控量测时,必须对洞室的地质和支护状况进行观察,同时测量周边位移和拱顶下沉。对于特殊性质和要求的洞室,还应监测围岩内部位移、松动区范围、围岩压力、支护间接触应力、钢架结构受力以及锚杆内力等。具体内容包括:①现场观察。评估开挖掌子面附近围岩的稳定性、构造情况、支护变形与稳定性,校核围岩分级。②岩体力学参数测试。测定抗压强度、变形模量、黏聚力、内摩擦角和泊松比。③应力应变测试。记录岩体原岩应力、围岩应力和应变、支护结构的应力与应变,以及围岩与支护结构的接触应力。④压力测试。测量支承上的围岩压力和渗水压力。⑤位移测试。围岩位移(含地表沉降);支护结构的位移;围岩与支护倾斜度。⑥温度测试。岩体(岩石)温度;洞内温度;气温。⑦物理探测。弹性波(声波)测试;视电阻率测试。

现场量测手段根据仪器的物理效应可分为以下类型:①机械式:如百分表、千分表、挠度计和测力计等。②电测式:包括电阻型、电感型、电容型、振弦型和电磁型等。③光弹式:如光弹应力计和光弹应变计。④物探式:包括弹性波法和形变电阻率法。

数据分析及信息反馈方面,现场量测的数据随时间和空间变化,通常称为时间效应与空间效应。监控量测的各类数据应及时绘制成时态曲线,展示量测数据随时间的变化规律,如位移-时间曲线,并进行回归分析或其他数学方法分析。

3)锚喷支护监控信息反馈

新奥法的重要思想之一是"适时支护",即支护过迟会导致洞室变形不收敛,造成破坏;而支护过早则可能需要过大的支护力,导致浪费或损坏。准确确定支护参数和最优开挖方案并不容易,实际工程中常需简化,结果虽然对宏观控制有意义,但对于具体施工仍存在距离。因此,施工信息反馈,即信息化设计,成为一种新的围岩稳定性评价方法。与其他方法不同,信息化设计要求在施工中布置监测系统,实时获得围岩稳定性及支护设施的工作状态。地下工程围岩是一个复杂的模糊系统,常规力学方法难以描述其力学特征和变化。为简化这一过程,可将该模糊系统视作"黑箱",将工程施工视为"输入",监测结果则视为"输出"。这些输出信息反映了多种因素的综合作用,通过分析这些信息,可以间接描述围岩稳定性及支护作用,并据此调整施工决策和支护参数。

施工信息反馈方法并不排斥以往的计算、模型试验和经验类比等设计方法,而是将这些方法最大限度地纳入决策支持系统,以发挥各自的优势。反馈分析类似于力学计算的逆命题,它不是从已知的边界条件、荷载和材料参数来求解位移和应力,而是根据部分测点的位移和应力反推材料参数及初始的应力,同时评估洞室的稳定性。反馈分析分为"正演法"和"逆演法"两种。正演法继续利用力学计算的应力分析基本框架,对反馈分析所需的参数进行数学近似,并不断优化。例如,在位移反馈分析中,通常会采用特定的目标函数:

$$J = \sum_{i=1}^{n} (u_{mi} - u_{ci})^2 \qquad (6\text{-}98)$$

式中:u_{mi}——实测位移;

u_{ci}——计算位移。

可用各种优化方法使目标函数 J 趋于最小,即可得到相应的参数,这种方法适应性广,但计算量大。

逆演法则需要建立一套与常规应力分析格式相反的计算公式。在线弹性情况下,可用叠加原理建立逆演法的计算格式,而在非线性情况计算则并非易事。但无论是"正演"还是"逆演",所得出的弹性模量和其他参数都只能是"等效参数",或称"综合参数",而非弹性力学概念上的弹性模量和参数。

思考与练习题

1. 试列举几种工程中常见的浅埋式地下结构形式并简述其特点。
2. 简述浅埋式地下结构的适用场合。
3. 浅埋式地下结构的地层荷载如何考虑？
4. 浅埋式地下结构考虑与不考虑弹性地基影响有何区别？
5. 简述整体式隧道结构的基本形式及其特点。
6. 简述半衬砌结构的受力特征及计算方法。
7. 简述直墙拱结构的受力特征及计算方法。
8. 简述曲墙拱结构的受力特征及计算方法。
9. 简述复合衬砌结构的构造、承载机理及计算方法。
10. 什么是锚喷支护？在锚喷支护中,锚杆主要起到什么作用？

第 7 章

盾构隧道和顶管结构设计

7.1　盾构隧道设计概述

7.1.1　盾构隧道结构设计阶段

盾构(shield)是一种钢制的圆形活动防护装置或活动支撑,是在穿越软弱含水层,特别是河底、海底以及城市居民区修建隧道(长条形地下结构)时所使用的一种施工机械。采用盾构法施工所形成的地下结构被称作盾构法装配式地下结构,简称盾构衬砌。

盾构隧道通常适用于软土地层,其设计内容可分为 3 个阶段:第一阶段是隧道的方案设计,用于确定隧道的线路、线形、埋置深度以及隧道的断面形状与尺寸等;第二阶段是衬砌结构的设计,涵盖管片的相关参数,如厚度、分块及拼接方式等;第三阶段是管片内力的计算及断面校核。在实际应用中,盾构隧道衬砌设计较为复杂,往往需要将工程经验和理论知识相结合,相关衬砌参数不仅取决于地层情况,也受施工状况的影响。本章内容主要探讨盾构隧道衬砌结构的设计以及管片的内力计算与校核。

7.1.2　盾构隧道结构设计流程

盾构隧道一般适用于软土,如淤泥质土层和冲洪积土层。由高强混凝土组成的管片衬砌既适用于盾构开挖的隧道二次衬砌,也适用于盾构机开挖的地下软岩隧道的管片衬砌。

为检验盾构隧道衬砌的安全性,在隧道衬砌报告中,需要阐述设计计算的必要性、设计寿命及永久性等问题。

国际隧道协会(研究)工作组于 2002 年提出了指导性意见,盾构隧道的设计必须遵循以下准则:

(1)必须遵守法律法规及相关规范、标准。隧道设计应满足工程项目负责人或负责人与设计者讨论后所确定的技术要求、规范及标准。

(2)隧道内部限界的确定。设计的隧道内径应该由隧道功能所需要的地下空间决定。此空间决定因素的确定方法包括:用地铁隧道确定结构的标准尺寸及列车的轨距;用公路隧道确定交通客流量及车道的数量;用给水排水管道计算流量;用普通管道考虑设备的种类及尺寸。

(3)荷载条件的确定。作用在衬砌上的荷载包括土压力、水压力、静荷载、超载及盾构千斤顶的推力等,设计者需考虑关键因素设计衬砌结构。

(4)衬砌形式的确定。确定衬砌的条件具体包括衬砌的尺寸(厚度)、材料的强度、配筋等。

(5)内力计算。需选取合理的计算模型及设计方法来计算弯矩、轴力、剪力等内力。

(6)安全性校核。依据计算内力校核衬砌的安全性。

(7)复查检验。设计的衬砌结构应满足设计荷载要求及经济性要求,若不满足,须改变衬砌条件重新设计。

(8)设计的审批。设计者确定衬砌的设计是安全、经济和最优化后,由项目负责人签发文件审批通过。

7.2 盾构隧道衬砌结构设计

7.2.1 衬砌形式与构造

1.衬砌断面形式及选型

盾构隧道衬砌结构在施工阶段充当支护结构,可防止土体变形、坍塌以及泥水渗入,同时能够承受盾构推进时的顶力和其他施工荷载。竣工后,它则成为永久性支撑结构,发挥防止泥水渗入、支承周围水土压力以及使用阶段荷载的作用,以此满足预期使用要求。因此,需要依据使用目的、地质条件和施工方法,合理选择衬砌的强度、结构形式和种类。盾构隧道的横断面形式包括圆形、矩形、半圆形和马蹄形,其中圆形和矩形是最为常用的。在饱和含水软土地层中,由于圆形结构的顶压和侧压相近,因此更适用。目前,盾构法在地下隧道施工中应用广泛,装配式圆形衬砌在城市地下铁道和市政管道中也被大量采用。

1)内部使用限界的确定

隧道内部轮廓的净尺寸,应根据建筑限界或工艺要求,并考虑曲线影响、盾构施工偏差和隧道不均匀沉降来决定。

对于地下铁道,为了确保列车安全运行,凡接近地下铁道线路的各种建筑物(隧道衬砌、站台等)及设备、管线,必须与线路保持一定距离。因此,应根据线路上运行的车辆在横断面上所占有的空间,正确决定内部使用限界。

(1)车辆限界。车辆限界是指在平直线路上运行时车辆的最大运动包迹线,代表车辆横断面的极限位置,任何部分都不得超出此限界。在确定限界控制点时,除了考虑车辆外轮廓的尺寸外,还需考虑制造公差、车轮与钢轨之间的机械间隙、车体横向摆动和弹簧上的颤动倾斜等因素。

(2)建筑限界。建筑限界是决定隧道内轮廓尺寸的依据,是在车辆限界外部增加一个形状类似的轮廓。任何固定结构、设备或管线不得入侵此限界。建筑限界通常通过在车辆限界外增加 150~200 mm 的安全间隙来确定。一般说来,内部使用限界是根据列车(或车辆)以设计速度在直线上运行条件确定的。由于车辆纵轴的偏移及外轨超高,而使车体向内侧倾斜,因而曲线上的限界需要加宽,其值视线路条件确定。

2）圆形隧道断面的优点

隧道衬砌断面形状虽然可以采用半圆形、马蹄形、长方形等形式，但最普遍的是采用圆形。因为圆形隧道衬砌断面有以下优点。

在饱和含水软土地层中修建地下隧道，由于顶压、侧压较为接近，更可显示出圆形隧道断面的优越性：施工中易于盾构推进；便于管片的制作、拼装；盾构即使发生转动，对断面的利用也不会产生影响。用于圆形隧道的拼装式管片衬砌一般由若干块组成，分块的数量由隧道直径、受力要求、运输和拼装能力等因素确定。管片类型分为标准块、邻接块和封顶块3类。管片的宽度一般为700~1200 mm，厚度为外径的5%~6%，块与块、环与环之间用螺栓连接。

3）单双层衬砌的选用

隧道衬砌直接支承于地层，保持隧道净空，防止渗漏，并承受施工荷载，通常由一次衬砌和必要时灌注混凝土的二次衬砌组成。一次衬砌是承重主体，二次衬砌则用于补强和防水。近年来，由于防水材料质量提升，可以考虑省略二次衬砌，采用单层一次衬砌即可。然而，对于承压的输水隧道，为了承受较大的内水压力，仍需设置二次衬砌。

因此，应根据隧道功能、周围土层特性及受力条件，选择单层装配式衬砌或双层衬砌。单层预制装配式钢筋混凝土衬砌施工工艺简单，周期短，投资省；双层衬砌则施工周期长且造价高，其止水效果依赖于外层施工质量，通常仅在有特殊要求时才采用。近年来，因钢筋混凝土管片制作精度提升和新型防水材料的应用，渗漏水显著减少，因此可以省略二次衬砌。

2. 衬砌的分类及比较

1）按材料及形式分类

（1）钢筋混凝土管片。钢筋混凝土管片一般有箱形管片和平板形管片。箱形管片是由主肋、接头板或纵向肋构成的凹形管片，因手孔较大而呈肋板形结构，一般用于较大直径的隧道。手孔较大有利于螺栓的穿入和拧紧，同时节省了大量的混凝土材料，减轻了结构自重。但在盾构顶力作用下容易开裂，国内应用很少（图7-1），在上海穿越黄浦江的打浦路公路隧道和延安东路公路隧道中采用的是箱形管片。平板形管片是具有实心断面的弧板状管片，一般用于中小直径的盾构隧道，因其手孔小对管片截面削弱相对较少，对盾构千斤顶推力有较大的抵抗能力，正常运营时对隧道通风阻力也较小。现在国内外很多大直径隧道普遍采用平板形管片（图7-2）。

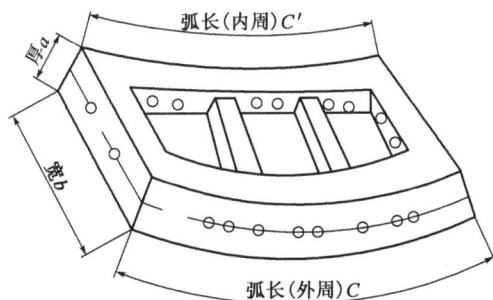

图 7-1　钢筋混凝土箱形管片　　　　　　　图 7-2　钢筋混凝土平板形管片

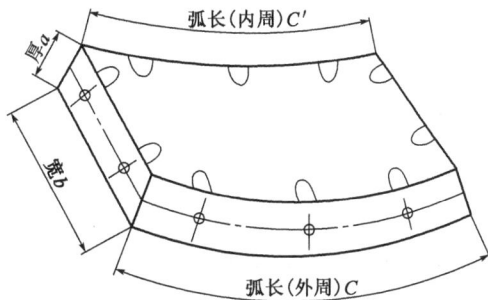

（2）铸铁管片。在国内外在饱和水不稳定地层中修建隧道时，较多采用铸铁管片。最初采用的铸铁材料全为灰口铸铁，第二次世界大战后逐步改用球墨铸铁，其延性和强度接近于钢材，因此管片就显得较轻，耐蚀性好，经过机械加工后管片精度高，能有效地防渗抗漏。缺点是金属消耗量大，机械加工量也大，价格昂贵。近十几年来已逐步被钢筋混凝土管片所取代。由于铸铁管片具有脆性破坏的特性，因此不宜用作承受冲击荷载的隧道衬砌结构。

（3）钢管片。钢管片具有质量轻、强度高的优点，但刚度较小，耐锈蚀性差，需经过机械加工以满足防水要求，且成本较高，金属消耗量大。国外常在使用钢管片的同时，在其内部浇筑混凝土或钢筋混凝土内衬。

（4）复合管片。复合管片的外壳由钢板制成，内部浇筑钢筋混凝土，形成复合结构。其质量轻于钢筋混凝土管片，刚度大于钢管片，且金属消耗量少。然而，钢板的耐蚀性差，加工过程复杂。

2）按结构形式分类

根据结构的不同形式，隧道外层装配式钢筋混凝土衬砌结构分为箱形管片和平板形管片等形式。钢筋混凝土管片的四侧设有螺栓，与相邻管片连接。平板形管片在特定条件下可不设螺栓（称为砌块），其四侧设有几何形状的接缝槽口，以便相互衔接。

（1）管片。管片适用于各种直径的隧道，尤其是在不稳定地层中，接缝通过螺栓连接。错缝拼装的钢筋混凝土衬砌环近似为均质刚度圆环，接缝设置一至两排螺栓以承受较大正、负弯矩。此外，环缝设置的纵向螺栓使隧道衬砌结构具备抵抗纵向变形的能力。然而，由于数量众多的环、纵向螺栓，管片的拼装进度较慢，增加了施工人员的劳动强度及施工费用。

（2）砌块。砌块适用于含水率较小的稳定地层。由于衬砌的分块要求，砌块拼成的圆环（超过3块）会形成一个不稳定的多边形结构。地层介质对衬砌环的约束可使圆环在变形后保持稳定。砌块间及相邻环间的接缝防水、防泥问题需妥善解决，否则可能导致圆环变形急剧增加，进而引发工程事故。由于砌块接缝不设螺栓，施工拼装进度加快，从而降低了隧道施工和衬砌费用。

3）按形成方式分类

按衬砌的形成方式分，可将衬砌分为装配式衬砌和挤压混凝土衬砌两种。

装配式衬砌圆环一般是由分块的预制管片在盾尾拼装而成的，按照管片所在位置及拼装顺序不同，可将管片划分为标准块、邻接块和封顶块，根据工程需要组成衬砌的预制构件有铸铁、钢、混凝土、钢筋混凝土管片和砌块之分。我国目前广泛使用的是钢筋混凝土管片或砌块。与整体式现浇衬砌相比，装配式衬砌的特点在于：①安装后能立即承受荷载；②管片生产工厂化，质量易于保证，管片安装机械化，方便快捷；③在其接缝处需要采取特别有效的防水措施。

近年来，国外发展了一种在盾尾后现浇混凝土的挤压式衬砌工艺，该工艺利用盾尾刚浇捣而未硬化的混凝土，在高压作用下作为推进的后座。盾尾推进时不产生建筑空隙，这些空隙直接由注入的混凝土填充。挤压混凝土衬砌施工方法的特点是：①自动化程度高，施工速度快；②整体式衬砌结构可以达到理想的受力、防水要求，建成隧道有良好的使用效果；③采用钢纤维混凝土能提高薄型衬砌的抗裂性能；④在渗透性较大的砂砾层中要达到防水要求尚有困难。

4）按构造形式分类

按衬砌的构造形式分,大致可分为单层衬砌和双层衬砌两种。对于修建在饱和含水软土地层内的隧道,由于目前隧道防水技术(特别是接缝防水)还没有得到完善的解决,影响了使用要求,因此较多的还是选择双层衬砌结构。双层衬砌结构外层是装配式衬砌,内层是混凝土或钢筋混凝内衬。例如,地下铁道的区间隧道以及一些市政管道就已采用了这种双层衬砌结构。采用双层衬砌结构,将导致下列问题:①开挖断面增大,增加了出土量;②施工工序复杂,延长了施工期限,导致隧道建设成本增加。

因此,许多国家正在积极研究单层衬砌的防水技术和性能,以便逐步替代双层衬砌结构。另一种策略是在尚未完全解决隧道防水问题的情况下,将外层衬砌视为临时支撑结构,从而简化其要求。在内层现浇衬砌施工前,需对外层进行清理和堵漏,并进行必要的结构处理。随后,浇筑内衬层,使内层和外层衬砌结合成一个整体,以共同抵御外部荷载。

7.2.2 装配式钢筋混凝土管片

目前,由于国内外应用装配式钢筋混凝土管片较为普遍,下面着重介绍钢筋混凝土管片的构造。

1. 环宽

根据国内外实践经验,无论是钢筋混凝土管片或金属管片,环宽一般为 300 ~ 2000 mm,常用 750 ~ 900 mm。环宽过小会导致接缝数量增加而加大防水难度;而环宽过大虽对防水有利,但也会使盾尾长度增长而影响盾构的灵敏度,同时使单块管片质量增大。一般来说,大隧道的环宽可以比小隧道的大一些。

盾构在曲线段推进时还必须设有楔形环,楔形环的锥度可按隧道曲率半径计算。如表 7-1 所示,为隧道外径与管片环宽锥度的经验数值。

隧道外径与锥度经验值　　　　　　　　　　　　　　　　　　表 7-1

隧道外径 $D_{外}$(m)	$D_{外}<3$	$3<D_{外}<6$	$D_{外}>6$
锥度(mm)	15 ~ 30	20 ~ 40	30 ~ 50

2. 分块

单线地下铁道的衬砌一般分为 6 ~ 8 块,而双线地下铁道则分为 8 ~ 10 块。小断面隧道通常分为 4 ~ 6 块。衬砌圆环的分块主要依据管片的制作、运输和安装经验,但也有部分设计考虑受力因素,采用四等分管片,接缝设置在内力较小的 45°或 135°处,从而增强衬砌的刚度和强度,同时简化接缝构造。管片的最大弧长和弦长一般不超过 4 m,管片越薄,其长度越短。

3. 封顶管片形式

根据隧道施工经验,考虑施工便利性和受力要求,封顶块一般趋向采用小封顶形式。封顶块的拼装有两种方式:径向楔入和纵向插入。后者的受力情况较佳,荷载作用下不易向内滑移,但需要延长盾构千斤顶的行程。在一些隧道工程中,封顶块也可能设置在 45°、135°和 185°处。

4. 拼装形式

圆环的拼装方式有通缝和错缝两种。当所有衬砌环的纵缝对齐时,称为通缝;而将环间纵缝错开,类似砖砌体的方式,则称为错缝。错缝拼装在圆环衬砌中较为普遍,因为其能够增强接缝的刚度,限制接缝变形,使圆环近似于均质刚度。然而,如果管片的制作精度不足,错缝拼装可能导致管片在推进过程中发生破损。此外,在错缝拼装中,环缝与纵缝相交处呈丁字形,而通缝则为十字形,丁字缝在防水处理上相对更为方便。

7.2.3 荷载的计算

衬砌的设计不仅应满足隧道使用阶段的承载及使用功能要求,而且必须满足施工过程中的安全性要求。

在衬砌设计中必须考虑的荷载有土压力、水压力、自重荷载、超载和地基弹性抗力。应该考虑的荷载有内部荷载、施工期的荷载、地震效应。特殊荷载包括邻近隧道的影响、沉降的影响、其他荷载。

荷载计算简图如图 7-3 所示(衬砌环宽按 1 m 计算)。

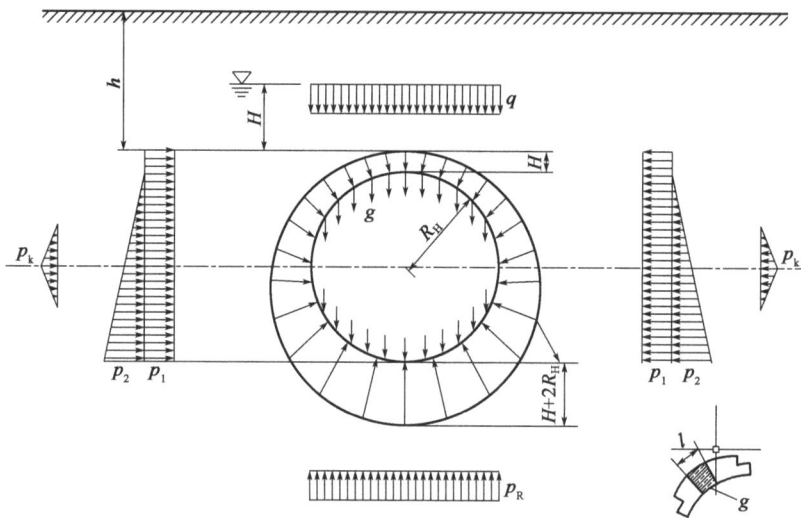

图 7-3 荷载计算简图

1. 自重荷载

管片自重是作用在隧道断面形心上的垂直方向荷载,一次衬砌静荷载按照下式进行计算:

$$g = \delta\gamma_h \tag{7-1}$$

式中:δ——管片厚度(m),当管片为箱形管片时,可考虑折算厚度;

γ_h——混凝土重度(kN/m³),一般取 $25\sim26$ kN/m³。

2. 竖向土压

竖向土层压力可以分为拱上部和拱背两部分,拱上部土压为:

$$q_1 = \sum_{i=1}^{n} \gamma_i h_i \tag{7-2}$$

式中：γ_i——衬砌顶部以上各个土层的重度（kN/m^3），在地下水位以下的土层重度取浮重度；

　　　h_i——衬砌顶部以上各个土层的厚度（m）。

拱背土压可近似转化为均布荷载：

$$q_2 = \frac{G}{2R_H} \tag{7-3}$$

$$G = 2(1 - \pi/4)R_H^2 \gamma = 0.43R_H^2 \gamma \tag{7-4}$$

式中：R_H——衬砌圆环计算半径（m）；

　　　G——拱背总地层压力；

　　　γ——土重度（kN/m^3）。

因此竖向土压力 $q = q_1 + q_2$。

3. 侧向土压

按朗肯主动土压力计算，可分为均匀分布和三角形分布两种形式计算。

侧向均匀主动土压：

$$p_1 = q_1 \tan^2(45° - \varphi/2) - 2c\tan(45° - \varphi/2) \tag{7-5}$$

侧向三角主动土压：

$$p_2 = 2R_H \gamma \tan^2(45° - \varphi/2) \tag{7-6}$$

其中：

$$\gamma = \frac{\gamma_1 h_1 + \gamma_2 h_2 + \cdots + \gamma_n h_n}{h_1 + h_2 + \cdots + h_n}$$

$$\varphi = \frac{\varphi_1 h_1 + \varphi_2 h_2 + \cdots + \varphi_n h_n}{h_1 + h_2 + \cdots + h_n}$$

$$c = \frac{c_1 h_1 + c_2 h_2 + \cdots + c_n h_n}{h_1 + h_2 + \cdots + h_n}$$

式中：q_1——竖向拱上部土压（kN/m）；

γ、φ、c——衬砌圆环各个土层的土壤重度、内摩擦角、黏聚力的加权平均值。

4. 超载

当隧道埋深较浅时，必须考虑地面荷载的影响，一般取 $20~kN/m^2$。此项荷载可累加到竖向土压中。

5. 侧向地层抗力

按温克勒局部变形理论计算，抗力图形呈一等腰三角形，抗力范围按与水平直径上下呈 $45°$ 考虑，在水平直径处的抗力计算为：

$$p_k = ky \tag{7-7}$$

$$y = \frac{\left[2q - 2p_1 - p_2 + (24 - 6\pi)g\right]R_H^4}{24(\eta EI + 0.045KR_H^4)} \tag{7-8}$$

式中：k——衬砌圆环侧向地层弹性系数（kN/m^3），如表7-2所示；

$\quad\quad K$——衬砌圆环侧向地层弹性压缩模量（kN/m^2）；

$\quad\quad y$——衬砌圆环在水平直径处的变形量（m）；

$\quad\quad EI$——衬砌圆环抗弯刚度（$kN \cdot m^2$）；

$\quad\quad \eta$——衬砌圆环抗弯刚度的折减系数，$\eta = 0.25 \sim 0.8$。

地层弹性系数 表7-2

土的种类	$k(kN/m^3)$
固结密实黏性土及坚实砂质土	$(3 \sim 5) \times 10^4$
密实砂质土及硬黏性土	$(1 \sim 3) \times 10^4$
中等黏性土	$(0.5 \sim 1.0) \times 10^4$
松散砂质土	$(0 \sim 1) \times 10^4$
软弱黏性土	$(0 \sim 0.5) \times 10^4$
极软黏性土	0

6. 水压力

一般按静水压力考虑，即衬砌圆环上任一点水压力大小等于该点的水头乘以水的重度。

$$p_w = \left[H + (1 - \cos\varphi)R_H\right]\gamma_w \tag{7-9}$$

式中：γ_w——水的重度；

$\quad\quad$其他符号意义同前。

7. 拱底反力

$$p_R = q + \pi g - \pi/2R_H\gamma_w \tag{7-10}$$

需要说明的是，此处采用土力学理论和公式来计算盾构隧道衬砌所承受的土压力，尚需根据具体的水文地质条件、隧道施工方法、衬砌的刚度等进行具体分析。

首先，在计算衬砌结构承受的竖向地层压力时，按照隧道顶部全部上覆的重力来考虑，这种计算方法在软黏土情况下较为合适，国内外一些观测资料都说明了这一点；但是，当隧道位于本身具有较大抗剪强度的地层内（如砂土层中），且隧道埋深又较大（大于隧道衬砌外径）时，衬砌结构承受的竖向地层压力就小于隧道顶部全部土柱的重力，此时可按照"松动高度"理论进行计算，使用较为普遍的有普氏理论和太沙基理论公式。监测结果表明，在洪积砂层中，太沙基理论公式计算结果更接近实际。

其次，在计算侧向土压力时，大多按照朗肯主动土压力公式进行计算，而实际上盾构隧道衬砌承受的侧向土压力常常受地层条件、施工方法和衬砌刚度的影响，有时会出现很大的差异。例如，在采用挤压盾构法施工时，刚开始侧压很大，而顶压小于侧压，隧道会出现"竖鸭蛋"现象。这种现象在国内外的工程实践中都出现过。采用进土量较多的盾构施工时就不会出现这种现象。

再次，在计算含水地层的侧向压力时，如果地层为砂土层，往往采用水土分离原则计算；而如果地层为黏土层，则按照水土合算原则计算。实际上，地层侧压力系数的取值大小，对盾构隧道衬砌结构内力计算影响很大,必须谨慎对待。在日本,盾构隧道衬砌结构设计时对地层侧压力系数的取值范围大致为 0.3~0.8,也有不超过 0.7 的做法。

最后,地层的侧向弹性抗力取值大小和分布,对盾构隧道衬砌结构内力的计算结构影响甚大,因此在确定地层侧向弹性抗力(主要是地层弹性抗力系数)时必须谨慎、合理。国外的某些工程在设计时常结合主动侧压力系数的取值来选取地层弹性抗力值,其目的在于使衬砌结构具有一定的抗弯能力,保证结构具有一定的安全度。

7.2.4 盾构隧道常用的设计模型

早期地下建筑主要采用砖石拱形结构,计算方法参照拱桥设计,使用压力线理论将地下结构视为刚性三铰拱,如海姆(A. Haim)和朗肯理论。这些方法虽然基于极限平衡状态进行静力学计算,但比较保守,未充分考虑围岩的承载能力。

19 世纪后期,钢筋混凝土的大量应用引入了超静定计算方法。Kommerell(1910 年)在整体式隧道衬砌计算中首次引入弹性抗力,将衬砌边墙的抗力假设为线性分布,并视拱圈为无铰拱。Hewett 和 Johason(1922 年)进一步将抗力分布假设改为更接近实际的梯形,并以衬砌水平直径位移为零为条件来确定抗力幅值。

Schmid 和 Windels(1926 年)利用连续介质弹性理论分析地层与圆形衬砌之间的相互作用。Bodrov(1939 年)用刚性链杆替代直接作用的物质间接触。1960 年,日本土木工程协会提出的设计方法忽略了管片柔性接头,假设地层抗力按三角形规律分布,范围为水平方向正负45°以内。Schulze 和 Duddek(1964 年)则考虑了径向和切向变形对结构的影响。

在地层压力与衬砌刚度的关系研究方面,侯学渊(1982 年)结合弹-塑-黏性理论进行了探讨。周小文(1997 年)通过隧道离心模型试验研究砂土拱效应,强调在计算土压力时需考虑松动压力和应力重分布。Lee(2001 年)在隧道衬砌长期监测的基础上,提出了一种结构力学计算方法。何川(2007 年)以南京地铁盾构隧道工程为例,利用梁-弹簧模型分析结构与地层的相互作用。

隧道设计模型已于前文中讲述,此处不再赘述,特殊的、在软土中的盾构隧道衬砌设计典型方法如表 7-3 所示。

不同国家盾构隧道典型设计方法 表 7-3

国家	方法
中国	自由变形圆环法或圆环-弹性地基梁法
美国	圆环-弹性地基梁法
英国	圆环-弹性地基梁法;Muir Wood 法
日本	圆环-局部弹性地基梁法
法国	圆环-弹性地基梁法;有限元法
德国	圆环或完全弹性地基梁法;有限元法
澳大利亚	圆环-弹性地基梁法

圆环-弹性地基梁设计方法是迄今为止最常采用的设计方法。这种方法也可以按照混凝土管片接缝的处理方法被分为以下几类:①圆环的抗弯刚度被认为是整个衬砌均质环,存在接

头但刚度没有折减,即衬砌与刚性环管片自身具有相同的刚度;②接头的存在导致刚度降低,整个刚性衬砌用折减系数 η 来考虑;③衬砌被简化为铰接的圆环,接头的刚度被忽略,接缝被假定为完全的铰接,衬砌形成一个超静定结构,承受周围的压力,包括衬砌结构周围的土壤侧压力。

其中,方法①与③相似,考虑衬砌刚度且将衬砌假定是一个铰接环。接缝被认为具有相同刚度的弹性铰。

上述方法具有不同的特点,且已经被应用于各类工程中。第①种方法很简单,但是会产生很大的误差。第②种方法虽然看上去更合理,但是 η 值只能根据在各种不同地层的经验得到一个定性的值。后两种方法似乎是最全面的,它可以用来研究不同土壤侧压力下接头刚度对内力和位移的影响,进而模拟不同的地层响应条件。

在饱和含水地层(如淤泥、含水砂层和软黏土)中,圆形隧道衬砌的计算方法较为多样。内摩擦角较小,主动与被动土压力几乎相等,导致结构变形的抗力有限。因此,通常假设结构可以自由变形,不受地层约束,认为圆环仅在外部荷载和底部地层反力作用下工作。为简化计算,地层反力假设沿衬砌环的水平投影均匀分布。结构的承载能力主要由材料性能和截面尺寸决定。

装配式圆形衬砌根据防水需求选择不同连接构造。无论是错缝拼装还是通缝拼装,均需整体考虑。然而,接缝处的刚度显著低于断面的刚度,这使其与整体式等刚度圆形衬砌存在较大差异。

简言之,在饱和含水地层中,上述按整体式自由变形均质圆环计算的方法尽管存在着一些问题,但仍然得到较为普遍的应用,是一种常用的方法。当土层较好,衬砌变形后能提供相应的地层抗力,则可按有弹性抗力整体式均质圆环进行内力计算。常用的有日本、苏联的假定抗力法等。

7.2.5 衬砌结构内力计算方法

1. 自由变形均质圆环法

在饱和含水软土地层中,由于工程上的防水要求,对于由装配式衬砌组成的衬砌圆环,其

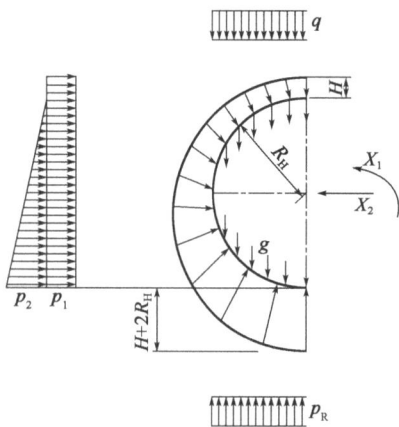

图 7-4 计算简图

接缝必须具有一定的刚度,以减少接缝变形量。由于相邻环间接缝错缝拼装,并设置一定数量的纵向螺栓或在环缝上设有凹凸榫槽,使纵缝刚度有所提高,因此,圆环可近似地认为是一均质刚性圆环。衬砌圆环上的荷载分布见图7-4。

由于荷载的对称性,故整个圆环为二次超静定结构。按结构力学力法原理,可解出各个截面上的 M、N 值。

圆环内力详见表7-4。其中所示圆环内力均以 1 m 为单位,若环宽为 b(一般 $b=0.5\sim1$ m),则内力 M、N 值尚应乘以 b。弯矩 M 以内缘受拉为正,外缘受拉为负。轴力 N 以受压为正,受拉为负。

荷载	截面位置	$M(\text{kN} \cdot \text{m})$	$N(\text{kN})$
自重	$0 \sim \pi$	$gR_{\text{H}}^2(1 - 0.5\cos\alpha - \alpha\sin\alpha)$	$gR_{\text{H}}(\alpha\sin\alpha - 0.5\cos\alpha)$
上部荷载	$0 \sim \dfrac{\pi}{2}$	$qR_{\text{H}}^2(0.193 + 0.106\cos\alpha - 0.5\sin^2\alpha)$	$qR_{\text{H}}(\sin^2\alpha - 0.106\cos\alpha)$
	$\dfrac{\pi}{2} \sim \pi$	$qR_{\text{H}}^2(0.693 + 0.106\cos\alpha - \sin\alpha)$	$qR_{\text{H}}(\sin\alpha - 0.106\cos\alpha)$
底部反力	$0 \sim \dfrac{\pi}{2}$	$p_{\text{R}}R_{\text{H}}^2(0.057 - 0.106\cos\alpha)$	$0.016p_{\text{R}}R_{\text{H}}\cos\alpha$
	$\dfrac{\pi}{2} \sim \pi$	$p_{\text{R}}R_{\text{H}}^2(-0.443 + \sin\alpha - 0.106\cos\alpha - 0.5\sin^2\alpha)$	$p_{\text{R}}R_{\text{H}}(\sin^2\alpha - \sin\alpha + 0.106\cos\alpha)$
水压	$0 \sim \pi$	$-R_{\text{H}}^3(0.5 - 0.25\cos\alpha - 0.5\alpha\sin\alpha)\gamma_{\text{w}}$	$[R_{\text{H}}^2(1 - 0.25\cos\alpha - 0.5\alpha\sin\alpha) + HR_{\text{H}}]\gamma_{\text{w}}$
均布荷载	$0 \sim \pi$	$p_1R_{\text{H}}^2(0.25 - 0.5\cos^2\alpha)$	$p_1R_{\text{H}}\cos^2\alpha$
三角形分布侧压	$0 \sim \pi$	$p_2R_{\text{H}}^2(0.25\sin^2\alpha + 0.083\cos^3\alpha - 0.063\cos\alpha - 0.125)$	$p_2R_{\text{H}}\cos\alpha(0.063 + 0.5\cos\alpha - 0.25\cos^2\alpha)$

注:表中,R_{H} 为衬砌圆环计算半径,α 为计算断面与圆环垂直轴的夹角。

2. 考虑土壤介质侧向弹性抗力

仍按均质刚度圆环计算。荷载分布参见图7-5。

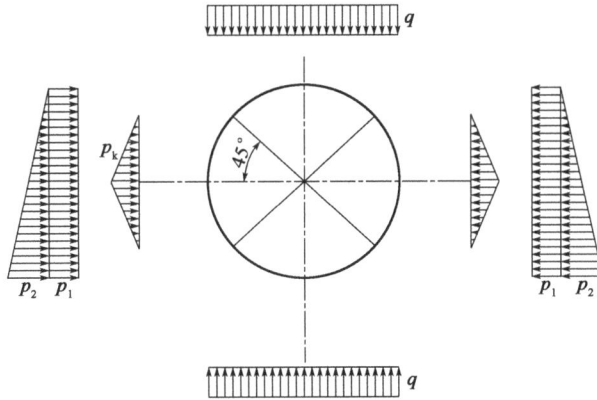

图7-5 荷载分布图

地层抗力图形分布在水平直径上下各45°范围内:

$$p_{\text{k}} = ky(1 - \sqrt{2}\,|\cos\alpha|) \tag{7-11}$$

圆环水平直径处受荷载后最终半径变形值为:

$$y = \frac{[2q - 2p_1 - p_2 + (24 - 6\pi)g]R_{\text{H}}^4}{24(\eta EI + 0.045KR_{\text{H}}^4)} \tag{7-12}$$

式中:η——圆环刚度有效系数,$\eta = 0.25 \sim 0.8$。

由 p_k 引起的圆环内力 M、N、Q 参见表7-5。将由 p_k 引起的圆环内力和其他衬砌外荷载引起的圆环内力叠加,即得到最终的圆环内力。

由 p_k 引起的圆环内力

表7-5

内力	$0 \leqslant \alpha \leqslant \pi/4$	$\pi/4 \leqslant \alpha \leqslant \pi/2$
M	$(0.2345 - 0.3536\cos\alpha)p_k R_H^2$	$(0.1513 - 0.5\cos^2\alpha + 0.2357\cos^3\alpha)p_k R_H^2$
N	$0.3536\cos\alpha p_k R_H$	$(-0.707\cos\alpha + \cos^2\alpha + 0.707\sin^2\alpha\cos\alpha)p_k R_H$
Q	$-0.3536\sin\alpha p_k R_H$	$(-\sin\alpha\cos\alpha + 0.707\cos^2\alpha\sin\alpha)p_k R_H$

3. 日本修正惯用法

错缝拼装的衬砌圆环可通过环间剪切键或凹凸榫等结构,使接头处部分弯矩传到相邻管片。对于错缝拼装的管片,挠曲刚度较小的接头承受的弯矩不同于与之邻接的挠曲刚度较大的管片承受的弯矩。事实上这种弯矩传递主要由环间剪切来完成。目前考虑接头的影响主要通过假定弯矩传递的比例来实现。国际隧道协会推荐两种估算方法,即 $\eta - \xi$ 法和旋转弹簧(半铰)法($K - \xi$ 法)。

1) $\eta - \xi$ 法

首先将衬砌环按均质圆环计算,但考虑纵缝接头的存在,导致整体抗弯刚度降低,取圆环抗弯刚度为 ηEI(η 为抗弯刚度的有效率,$\eta \leqslant 1$)。计算圆环水平直径处变位 y、两侧抗力 $p_k = ky$ 后,考虑错缝拼装管片接头部弯矩的传递,再进行错缝拼装弯矩重分配(图7-6)。

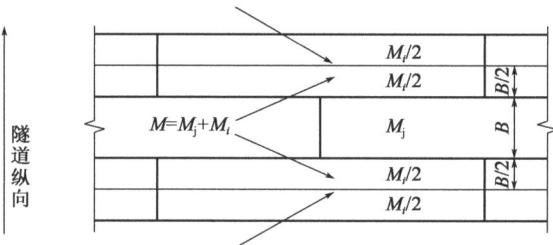

图7-6　错缝拼装弯矩传递及分配示意图

接头处内力:

$$\begin{cases} M_j = (1 - \xi)M \\ N_j = N \end{cases} \tag{7-13}$$

管片内力:

$$\begin{cases} M_s = (1 + \xi)M \\ N_s = N \end{cases} \tag{7-14}$$

式中: ξ——弯矩调整系数;

M、N——均质圆环计算弯矩和轴力;

M_j、N_j——调整后的接头弯矩和轴力;

M_s、N_s——调整后管片的弯矩和轴力。

试验结果: $0.6 \leqslant \eta \leqslant 0.8$, $0.3 \leqslant \xi \leqslant 0.5$;如果管片内没有接头,则 $\eta = 1$, $\xi = 0$。

2) $K - \xi$ 法

用一个旋转弹簧(半铰)模拟接头(图 7-7),且假定弯矩与转角 θ 成正比,由此计算构件内力为:

$$M = K\theta \tag{7-15}$$

式中: K——旋转弹簧常数(kN·m/rad),通常根据试验来确定或根据以往设计计算的实践来确定。

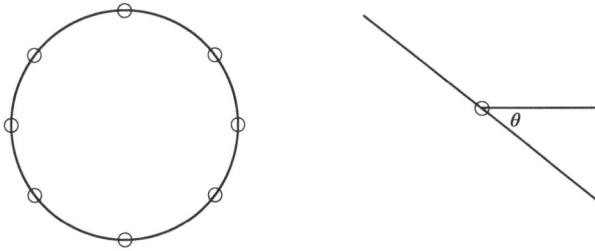

图 7-7 弹簧铰模型

如果管片环没有接头,则 $K = \infty$, $\xi = 0$。若假定管片环的接头为铰接,则 $K = 0$, $\xi = 1$。

4. 按多铰圆环计算内力

在衬砌外围土壤介质能明确地提供弹性抗力的条件下,装配式衬砌圆环可按多铰圆环计算。多铰圆环的接缝构造可分为设置防水螺栓、设置拼装施工要求用的螺栓、不设置螺栓而代之以各种几何形状的榫槽几种形式。

按多铰圆环计算有多种方法,这里仅介绍日本山本稔法。山本稔法计算原理在于圆环多铰衬砌环在主动土压和被动土压作用下产生变形,圆环由一不稳定结构逐渐转变成稳定结构,圆环变形过程中铰不发生突变。这样多铰系衬砌环在地层中就不会引起破坏,能发挥稳定结构的功能。

1) 计算中的几个假定

(1) 适用于圆形结构。

(2) 衬砌环在转动时,将管片或砌块视作刚体处理。

(3) 衬砌环外围土抗力按均变形式分布,土抗力的计算要满足对砌环稳定性的要求,土抗力作用方向全部朝向圆心。

(4) 计算中不计及圆环与土壤介质间的摩擦力,这对于满足结构稳定性是偏安全的。

(5) 土抗力和变位间关系按温克勒公式计算。

2）计算方法

由 n 个衬砌组成的多铰圆环结构计算如图 7-8 所示，$n-1$ 个铰由地层约束，而剩下一个成为非约束铰，其位置经常在主动土压力一侧，整个结构可以按静定结构来解析。

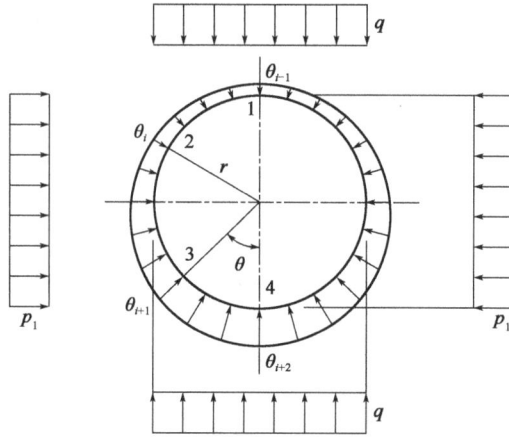

图 7-8　多铰圆环结构示意图

衬砌各个截面处地层抗力方程式为：

$$q_{a_i} = q_{i-1} + \frac{(q_i - q_{i-1})a_i}{\theta_i - \theta_{i-1}} \tag{7-16}$$

式中：q_{i-1}——$i-1$ 铰处的土层抗力（kN/m^2）；

　　　q_i——i 铰处的土层抗力（kN/m^2）；

　　　a_i——以 q_i 为基轴的截面位置；

　　　θ_i——i 铰与垂直轴的夹角；

　　　θ_{i-1}——$i-1$ 铰与垂直轴的夹角。

对于 1-2 杆（图 7-9）：

$$\theta_{i-1} = 0$$

$$\theta_i = 60°$$

$\sum X = 0$：

$$H_1 = H_2 + pr(1 - \cos\theta_1) + r\int_0^{\theta_i - \theta_{i-1}} \frac{q_2\alpha_i}{\pi/3}\sin(\theta_{i-1} + \alpha_i)\,\mathrm{d}\alpha_i \tag{7-17}$$

$$H_1 = H_2 + 0.5pr + 0.327q_2 r$$

$\sum Y = 0$：

$$V_2 = qr\sin\theta_i + r\int_0^{\theta_i - \theta_{i-1}} \frac{q_2\alpha_i}{\pi/3}\cos\alpha_i\,\mathrm{d}\alpha_i \tag{7-18}$$

$$V_2 = 0.886qr + \frac{3q_2 r}{\pi}\left(\frac{\sqrt{3}\pi - 3}{6}\right) = 0.866qr + 0.388q_2 r$$

$\sum M_2 = 0$:

$$0.5H_1 r = q\frac{(r\sin\theta_i)^2}{2} + p\frac{[r(1-\cos\theta_i)]^2}{2} + \frac{3r^2}{\pi}q_2\int_0^{\theta_i-\theta_{i-1}}\sin(\theta_i-\theta_{i-1}-\alpha_i)\,\mathrm{d}\alpha_i$$

$$= 0.375qr^2 + 0.125pr^2 + \frac{3r^2}{\pi}q_2\left(\frac{2\pi-3\sqrt{3}}{6}\right) \tag{7-19}$$

$$= 0.375qr^2 + 0.125pr^2 + q_2 r^2\left(\frac{2\pi-3\sqrt{3}}{2\pi}\right)$$

$$H_1 = (0.75q + 0.25qp + 0.346q_2)r$$

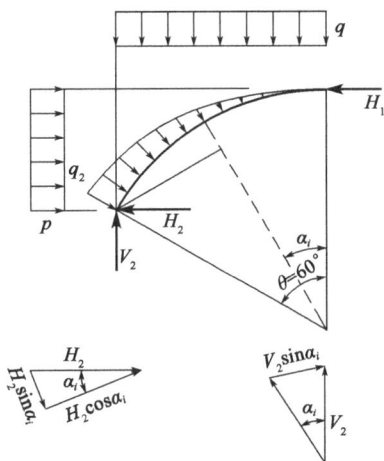

图 7-9   1-2 杆

对于 2-3 杆(图 7-10):

$\sum X = 0$:

$$H_2 + H_3 = p \cdot 2r\sin(\theta_i-\theta_{i-1})/2 + \frac{3r}{\pi}\int_0^{\theta_i-\theta_{i-1}}[\pi/3q_2 + (q_3-q_2)\alpha_i]\cdot\sin(\theta_{i-1}+\alpha_i)\,\mathrm{d}\alpha_i \tag{7-20}$$

$$H_2 + H_3 = pr + r/2(q_3+q_2)$$

$\sum Y = 0$:

$$V_2 = V_3 - \frac{3r}{\pi}\int_0^{\theta_i-\theta_{i-1}}[\pi/3q_2 + (q_3-q_2)\alpha_i]\cos(\theta_{i-1}+\alpha_i)\,\mathrm{d}\alpha_i \tag{7-21}$$

$$V_2 = V_3 + 0.089(q_3-q_2)$$

$\sum M_3 = 0$:

$$H_2 r = pr^2/2 + \frac{3r^2}{\pi} \int_0^{120°-60°} \left[\pi/3q_2 + (q_3 - q_2)\alpha_i \right] \sin(\theta_i - \theta_{i-1} - \alpha_i) \, d\alpha_i$$

$$= pr^2/2 + 0.173q_3 r^2 + 0.327q_2 r^2 \tag{7-22}$$

$$H_2 = (p/2 + 0.173q_3 + 0.327q_2)r$$

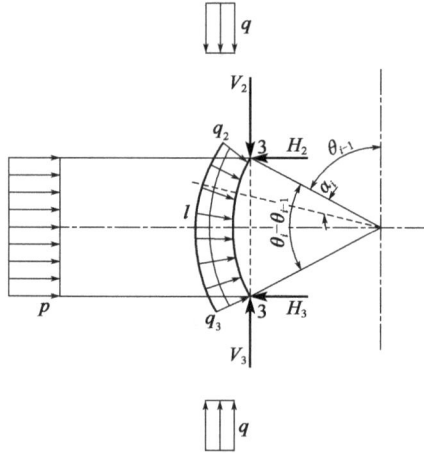

图 7-10 2-3 杆

对于 3-4 杆(图 7-11):

$$\theta_{i-1} = 120°$$

$$\theta_i = 180°$$

$$\theta_i - \theta_{i-1} = 180° - 120° = 60°$$

$\sum X = 0$:

$$H_4 = H_3 + pr\left[1 - \cos(\theta_i - \theta_{i-1}) \right] + \frac{3r}{\pi} \int_0^{180°-120°} \left[\pi/3q + (q_4 - q_3)\alpha_i \right] \cos(\theta_{i-1} + \alpha_i) \, d\alpha_i \tag{7-23}$$

$$H_4 = H_3 + 0.5pr + 0.327q_3 r + 0.173q_4$$

$\sum Y = 0$:

$$V_3 = qr\sin(\theta_i - \theta_{i-1}) - \frac{3r}{\pi} \int_0^{180°-120°} \left[\pi/3q + (q_4 - q_3)\alpha_i \right] \cos(\theta_{i-1} + \alpha_i) \, d\alpha_i \tag{7-24}$$

$$V_3 = 0.866qr + 0.389q_3 + 0.478q_4$$

$\sum M_4 = 0$:

$$H_3 r [1 - \cos(\theta_i - \theta_{i-1})] + p/2 \{ r [1 - \cos(\theta_i - \theta_{i-1})] \}^2 + q [r\sin(\theta_i - \theta_{i-1})]^2/2 +$$

$$\frac{3r^2}{\pi} \int_0^{180° - 120°} [\pi/3 q_3 + (q_4 - q_3)\alpha_i] \times \sin(\theta_i - \theta_{i-1} - \alpha_i) \mathrm{d}\alpha_i \tag{7-25}$$

$$= V_3 r \sin(\theta_i - \theta_{i-1}) = 0.866 r V_3$$

$$0.866 r V_3 = 0.5 H_3 + pr/8 + 0.375 qr + 0.328 q_3 r + 0.173 q_4 r$$

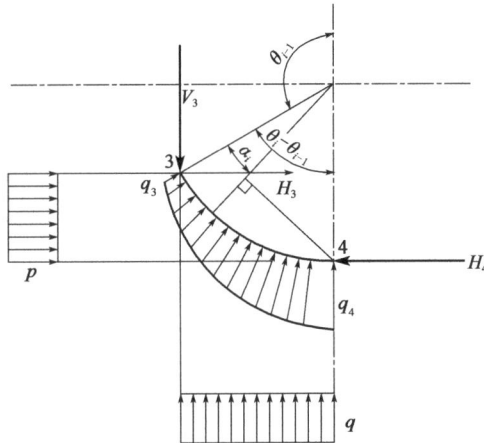

图 7-11 3-4 杆

由以上 9 个方程式解出 9 个未知数：q_2、q_3、q_4、H_1、H_2、H_3、H_4、V_2、V_3。

在上述几个未知数解除后，即可算出各个截面上的 M、N、Q 值。各个约束铰的径向位移为：

$$\mu = q/k \tag{7-26}$$

式中：k——土壤（弹性）基床系数（kN/m）。

7.2.6 衬砌断面设计

衬砌结构在各个工作阶段的内力计算完成后，即可分别针对单个工作阶段或者组合几个工作阶段的内力情况开展断面设计。断面选择在各个不同工作阶段有着不同的内容和要求。在基本使用荷载阶段，需要进行抗裂或者裂缝限制、强度和变形等验算；而在组合基本荷载阶段与特殊荷载阶段的衬砌内力时，一般仅进行强度检验，变形和裂缝开展情况可不予考虑。

1. 抗裂及裂缝限制的计算

对于一些使用要求较高的隧道工程，衬砌必须进行抗裂或裂缝宽度限制的计算，以防止钢筋侵蚀而影响工程使用寿命。

1）抗裂计算

当衬砌不允许出现裂缝时，需进行抗裂计算。偏压构件断面上的内力分别为弯矩 M 和轴

力 N。

混凝土抗拉极限应变值:

$$\varepsilon_1 = 0.6R_1(1 + 0.3\beta^2) \times 10^{-5} \tag{7-27}$$

其中:

$$\beta = \frac{\mu}{d}$$

$$\mu = \frac{A_g}{bh} \times 100\%$$

可得:

$$\varepsilon_1 \approx 1.5 \sim 2.5 \times 10^{-4}$$

式中:R_1——混凝土抗拉强度(MPa);

$\quad \beta$——中间计算变量;

$\quad \mu$——断面含钢百分率;

$\quad A_g$——受拉钢筋面积;

b、h——砌断面的宽度、高度;

$\quad \varepsilon_1$——混凝土截面纤维最大拉应变。

受拉钢筋的应变值:

$$\varepsilon_g = \frac{h_0 - x}{h - x}\varepsilon_1 \tag{7-28}$$

混凝土最大压应变:

$$\varepsilon_h = \frac{x}{h - x}\varepsilon_1 \tag{7-29}$$

受压钢筋的应变值:

$$\varepsilon_g' = \frac{x - a'}{x}\varepsilon_h = \frac{x - a'}{h - x}\varepsilon_1 \tag{7-30}$$

式中:h_0——截面有效高度;

$\quad a'$——受压区钢筋形心距混凝土表面距离。

下面求解裂缝出现前中和轴 x 的位置(图 7-12)。

$\sum X = 0$:

$$N + (h - x)bxR_1 + A_g\varepsilon_g E_g = A_g'\varepsilon_g'E_g' + 1/2R_b xb \tag{7-31}$$

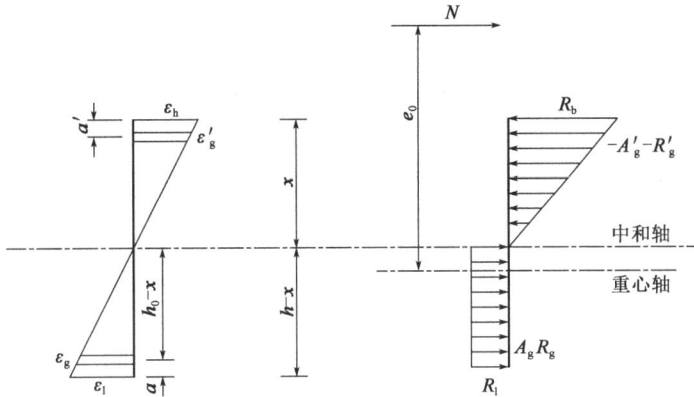

图 7-12 衬砌应力、应变图

从上式可解出中和轴高度 x。

$\sum M_{A_g} = 0$：

$$KN(e_0 + h_0 - x) + (h - x)bR_1\left[(h - x)/2 - a\right] = 1/2R_b xb(2/3x + h_0 - x) + A'_g R'_g(h_0 - a')$$

$$(7\text{-}32)$$

式中：K——安全系数；

R'_g——受压区钢筋抗拉、压强度。

由上式可解出 K。

对于偏心距 e_0，则：

$$N(K_{e_0}e_0 + h_0 - x) + (h - x)bR_1\left[(h - x)/2 - a\right] = 1/2R_h xb(2/3x + h_0 - x) + A'_g R'_g(h_0 - a') \quad (7\text{-}33)$$

式中：A'_g、A_g——受压、受拉钢筋面积（mm^2）；

R_h——裂缝出现前混凝土压应变；

b、h——衬砌断面的宽度、高度（mm）；

ε_1、ε_g——混凝土截面纤维最大拉应变和受拉钢筋应变值；

ε_h、ε'_g——混凝土截面纤维最大压应变和受压钢筋应变值；

E_g——混凝土构件和钢筋的弹性模量（MPa）。

由上式可以求出 K_{e_0}，K 或 K_{e_0} 都要求大于或等于 1.3。

一般隧道衬砌结构常处于偏心受压状态，由于衬砌结构受荷载情况通常不够明确，在实际的大偏心受压状态下，结构的承载能力往往是由受拉情况，特别是弯矩 M 值控制，故为偏于安全计，常按 K_{e_0} 验算。

2）裂缝宽度验算

对于裂缝宽度限制的计算，可参阅《混凝土结构设计规范》（GB 50010—2010）、《水工混凝土结构设计规范》（SL 191—2008）等。

2. 衬砌断面强度计算

衬砌结构应根据不同工作阶段的最不利内力，按偏压构件进行强度计算和截面设计。

基本使用荷载阶段隧道衬砌构件的强度计算,可按《混凝土结构设计规范》(GB 50010—2010)进行。

基本使用荷载和特殊荷载组合阶段的强度安全系数可按特殊规定进行。

隧道衬砌结构接缝部分的刚度较为薄弱,可以通过在相邻环间采用错缝拼装以及利用纵向螺栓或环缝面上的凹凸榫槽来加强接缝刚度。这样,接缝部位上的部分弯矩 M 值可通过纵向构造设置,传递到相邻环的截面上去(环缝面上的纵向传递能力必须事先估算并于事后通过结构试验予以检定)。从国外的一些资料来看,这种纵向传递能力大致为(20% ~ 40%)M。断面强度计算时,其弯矩 M 值应乘以传递系数 1.3,而接缝部位则乘以折减系数 0.7。

3.衬砌圆环直径变形计算

为满足隧道使用和结构计算的需要,必须对衬砌圆环直径的变形量进行计算和控制,直径变形的计算可采用一般结构力学方法求得。由于变形计算与衬砌圆环刚度 EI 值有关,装配式衬砌组成正圆环 EI 值很难用计算方法表达出来,必须通过衬砌结构整环试验测得,从国外的一些有关资料知道,衬砌实测的刚度 EI 值远比理论计算的值小,其比例可称为刚度效率 η,η 值与隧道衬砌直径、断面厚度、接缝构造、位置及其数值等均有密切关系,η 一般为 0.25 ~ 0.8。

下面求解衬砌圆环的水平直径变形(图 7-13)。

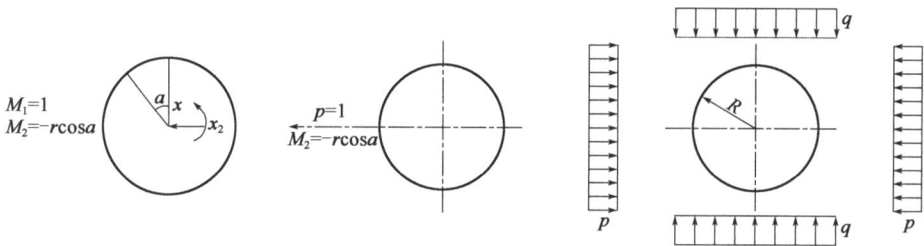

图 7-13 衬砌圆环计算简图

$$M_1 = 1, M_2 = -r\cos\alpha, \delta_{11} = \int \frac{M_1^2 \mathrm{d}s}{EI}, \delta_{22} = \int \frac{M_2^2 \mathrm{d}s}{EI}$$

$$M_a = -r\cos\alpha, \delta_{1a} = \int \frac{M_1 M_a \mathrm{d}s}{EI}, \delta_{2a} = \int \frac{M_2 M_a \mathrm{d}s}{EI}$$

$$M_q = -1/2q\,(r\sin\alpha)^2, M_p = -1/2pr^2\,(1-r\cos\alpha)^2, \delta_{aq} = \int \frac{M_a M_q \mathrm{d}s}{EI}, \delta_{ap} = \int \frac{M_a M_p \mathrm{d}s}{EI}$$

$$(7\text{-}34)$$

衬砌圆环的水平直径变形通过下式可以求得:

$$y_{水平} = x_1\delta_{1a} + x_2\delta_{2a} + \delta_{ap} + \delta_{aq} \qquad (7\text{-}35)$$

式中:x_1、x_2——圆环超静定内力。

衬砌圆环垂直直径的计算与水平直径相似。

下面列出各种荷载条件下的圆环水平直径变形系数,如表 7-6 所示。

各种荷载条件下的圆环水平直径变形系数 表7-6

编号	荷载形式	水平直径处	图示
1	垂直分布荷载 q	$1/12qr^4/EI$	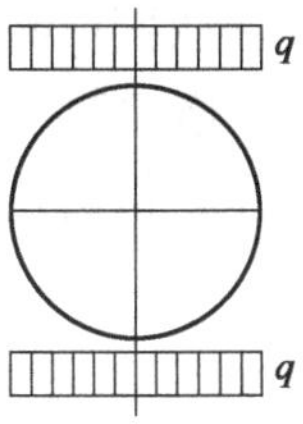
2	水平分布荷载 p	$-1/12pr^4/EI$	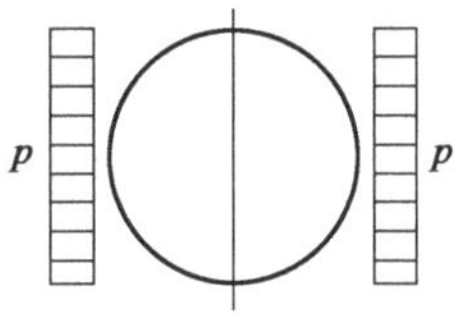
3	等边分布荷载	0	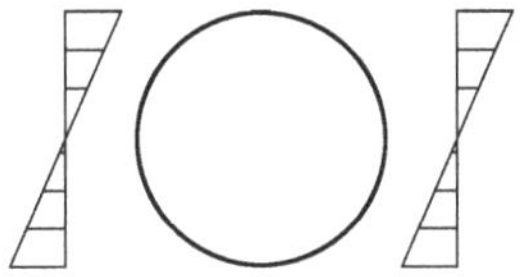
4	等腰三角形分布荷载	$-0.454p_kr^4/EI$	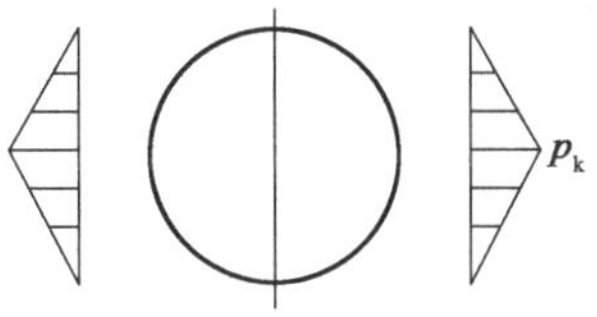
5	自重	$0.1304gr^4/EI$	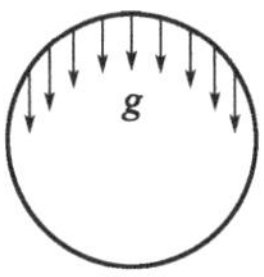

7.2.7 隧道防水设计

在饱和含水软土地层中采用装配式钢筋混凝土管片作为隧道衬砌,除了应满足结构强度和刚度的要求外,另一个重要的技术难题是解决隧道防水问题。在地下铁道的区间隧道内,潮湿的工作环境会使衬砌(金属附件)和设备加速锈蚀。盾构隧道的防水设计应根据隧道的使用功能与要求、结构构造特点、衬砌内外水压施工条件等进行综合防水设计,其中接缝防水材料的选择尤为重要。

1. 衬砌的抗渗

衬砌埋设在含水地层中,承受静水压力时,应满足以下指标:合理的抗渗性能;经过抗渗试验的混凝土配合比,严格控制水灰比;最小混凝土厚度和钢筋保护层要求;管片生产工艺,包括振捣方式和养护条件;严格的产品质量检验制度;减少管片在堆放、运输和拼装过程中的损坏率。

2. 管片制作精度

隧道施工实践表明,管片制作精度对防水效果至关重要。钢筋混凝土管片在含水地层中的应用受限,主要是因为制作精度不足导致漏水。低精度管片加上拼装误差,常使衬砌不密贴,产生初始裂隙。当防水密封垫的弹性变形无法适应这些裂隙时,漏水现象就会发生。此外,制作精度不够还可能导致盾构推进过程中管片顶碎或开裂,也会造成漏水。初始缝隙量越大,则对防水密封垫的要求越高,也就越难达到满足使用的要求。从已有的试验资料来看,以合成橡胶(氯丁橡胶或丁苯橡胶)为基材的齿槽形管片定型密封垫防水效果较好。在两个静水压力作用下,其容许弹性变形量为 $2 \sim 3$ mm,不致漏水,并从密封垫的构造上周密地解决了管片角部的水密问题。要能生产出高精度的钢筋混凝土管片,就必须有一个高精度的钢模。这种钢模必须进行机械加工,并具有足够的刚度(特别是要确保两侧模的刚度),管片与钢模的重量比为 $1:2$。采用这种高精度的钢模时,在最初生产的管片较易保证精度,而在使用一段时间之后,就会产生翘曲、变形、松脱等现象,必须随时注意对精度的检验,对钢模做相应的维修和保养。国外钢模在生产了 $400 \sim 500$ 块管片后必须检修。

3. 接缝防水的基本技术要求

接缝防水材料的基本要求包括:①须保持弹性且具有较强抗压能力,以适应隧道产生的接缝张开和错动现象;②使用龄期较长;③与混凝土构件具有良好的黏结力;④能抵抗地下水的侵蚀。

环、纵缝上的防水密封垫除了要满足上述的基本要求外,还得按各自所承担的工作效能相应指出不一样的要求。环缝密封垫需要有足够的承压能力和弹性复原力,能承受均布千斤顶顶力,防止管片顶碎。

4. 二次衬砌

在当前隧道接缝防水尚未能完全满足要求的状况下,地铁区间隧道常采用双层衬砌。当外层装配式衬砌相对稳定后,再开展二次内衬施工。在内衬混凝土浇筑之前,需要对隧道内的渗漏点进行修补,并清理污泥。内衬混凝土层的厚度一般不小于 150 mm,在部分情况下可达 300 mm。

双层衬砌的施工做法存在差异,有可能是在外层衬砌内直接振捣内衬混凝土,也有可能先在内侧喷筑 20 mm 厚的找平层,接着铺设防水层,然后再浇筑内衬混凝土。内衬混凝土通常采用混凝土泵与钢模车台配合,分段进行施工,每段长度为 $8 \sim 10$ m。每 24 个小时完成一个施工循环,不过这种方式可能会使隧道顶拱部分的混凝土质量难以得到保障,需要预留压浆孔以便后续填实。除此之外,也可以采用喷射混凝土的方式进行二次衬砌。

7.2.8 盾构隧道结构设计算例

(1)工程概况和地质情况

根据某盾构隧道工程地质条件剖面图,得到该工况下的岩土地层分布、隧道埋深及地下水位的情况,具体土层以及相关的岩土力学参数分布如图 7-14 所示。

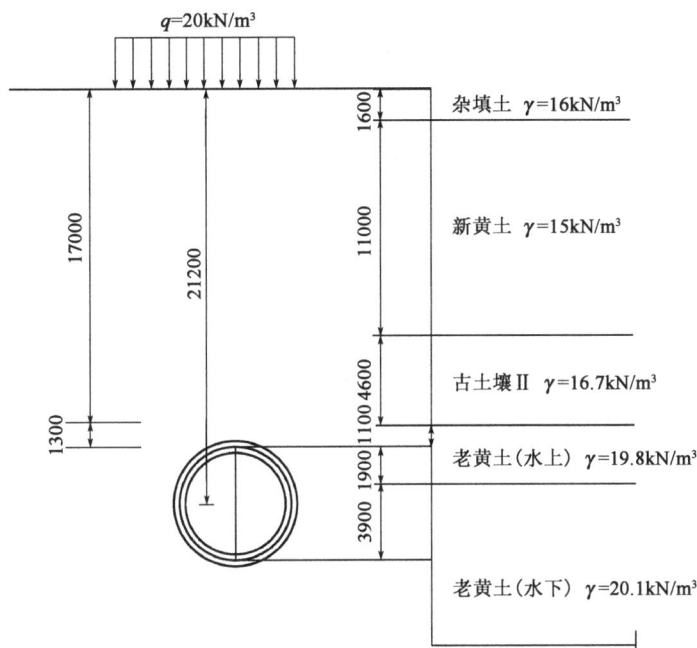

图 7-14　隧道断面土层分布图(尺寸单位:mm)

根据盾构隧道所处工程地质条件和覆土深度,初步设定隧道内、外径分别为 5200 mm 和 6400 mm,衬砌管片环宽为 1200 mm。结合以往地铁隧道的工程经验,此隧道采用单层钢筋混凝土衬砌,衬砌采用预制平板型钢筋混凝土管片,混凝土强度等级为 C55。进行断面结构计算时取单位宽度 $b = 1$ m,根据隧道所处地层分布情况及各地层所对应的物理力学参数特征,在计算水土压力时采用水土分算法。

(2)荷载计算

①基本使用阶段荷载计算。

衬砌自重计算如下所示:

$$P_{h1} = 276.2 \times \tan^2\left(45° - \frac{25.51°}{2}\right) - 2 \times 29.36 \times \tan\left(45° - \frac{25.51°}{2}\right) = 72.87(\text{kPa})$$

$$g = 24.2 \times 0.6 = 14.52(\text{kN/m}^3)$$

竖向荷载包括衬砌拱顶竖向地层压力、拱背土压及地面超载,计算流程如下:

$$P_{v1} = 16 \times 1.6 + 15 \times 11 + 16.7 \times 4.4 + 6.7 \times 0.2 + 9.8 \times 1.1 = 276.20(\text{kPa})$$

$$\gamma = (9.8 \times 1.9 + 10.1 \times 1)/2.9 = 10(\text{kN/m}^3)$$

$$P_{v2} = 2 \times (1 - \pi/4) \times 2.9^2 \times 10/(2.9 \times 2) = 6.24(\text{kPa})$$

根据《地铁设计规范》(GB 50157—2013)的相关要求,确定地面超载为 20 kPa,叠加到竖向土压,即总竖向土压为:$276.2 + 6.24 + 20 = 302.44(\text{kPa})$。

侧向土压力包括侧向水平均匀土压力、侧向三角形水平土压力、拱底反力和地层侧向弹性抗力,具体计算流程如下:

侧向水平均匀土压力计算:

$$\varphi = (24.5 \times 1.9 + 26 \times 3.9)/5.8 = 25.51°$$

$$c = (26 \times 1.9 + 31 \times 3.9)/5.8 = 29.36(\text{kPa})$$

侧向三角形水平土压力计算:

$$\gamma_0 = (9.8 \times 1.9 + 10.1 \times 3.9)/5.8 = 10.0(\text{kN/m}^3)$$

$$P_{h2} = 2 \times 2.9 \times 10.0 \times \tan^2\left(45° - \frac{25.51°}{2}\right) = 23.08(\text{kPa}) \quad P_{h2} = 2R_H\gamma_0\tan^2\left(45° - \frac{\varphi}{2}\right)$$

拱底反力计算:

$$P_R = 276.20 + 6.24 + \pi \times 14.52 - \frac{\pi}{2} \times 2.9 \times 10 = 282.50(\text{kPa})$$

地层侧向弹性抗力计算:

$$J = \frac{\pi}{32} \times (6.4^4 - 5.2^4) = 92.928(\text{m}^4)$$

$$y = \frac{(2 \times 302.44 - 72.87 - 36.59 + \pi \times 302.44) \times 2.95^4}{24 \times (0.5 \times 3.55 \times 10^7 \times 92.928 + 0.045 \times 2 \times 10^4 \times 2.9^4)} = 2.76 \times 10^{-6}(\text{m})$$

$$P_k = 2 \times 10^4 \times 2.76 \times 10^{-6} \times (1 - \sqrt{2}|\cos90°|) = 0.055(\text{kPa})$$

由于地层侧向弹性抗力的值相对于衬砌所受到的其他力很小,故可以忽略其给衬砌变形带来的影响。

②特殊荷载作用下的计算。

根据断面内力计算公式,计算管片内力并汇总,结果见表7-7。

管片内力计算表 表7-7

	项目	0	22.5°	45°	67.5°	90°	112.5°	135°	157.5°	180°
弯矩计算	自重	61.06	47.35	11.12	−34.16	−69.70	−76.04	−38.16	50.06	183.17
	上部荷载	694.53	505.70	41.70	−448.80	−713.11	−630.52	−206.88	493.33	1363.50
	底部反力	−116.42	−97.25	−42.65	39.05	135.42	224.91	211.59	−84.60	−800.65
	水压	−6.10	−4.73	−1.11	3.41	6.96	7.59	3.81	−5.00	−18.29
	均布侧压	0.00	22.44	76.60	130.77	153.21	130.77	76.61	22.44	0.00
	三角侧压	−20.38	−15.75	−2.95	13.38	24.26	20.93	2.95	−18.56	−28.15
	基本使用阶段 $M(\text{kN}\cdot\text{m})$	612.69	457.77	82.72	−296.35	−462.96	−322.35	49.92	457.67	699.59
	特殊荷载阶段 $M(\text{kN}\cdot\text{m})$	57.81	43.09	7.57	−27.90	−42.45	−27.48	8.13	43.12	56.29

续上表

	项目	0	22.5°	45°	67.5°	90°	112.5°	135°	157.5°	180°
内力计算	自重	−21.05	−13.12	8.50	37.77	66.14	84.44	85.04	63.75	21.05
	上部荷载	−84.90	38.86	340.45	651.19	800.98	772.50	626.42	384.96	84.91
	底部反力	86.84	80.23	61.41	33.23	0.00	−90.85	−231.08	−273.77	−86.84
	水压	10.08	9.61	8.36	6.80	5.57	5.36	6.66	9.70	14.28
	均布侧压	211.32	180.38	105.66	30.95	0.00	30.95	105.66	180.38	211.32
	三角侧压	20.95	19.27	13.80	5.58	0.00	4.23	19.67	37.87	45.98
	基本使用阶段 N(kN)	223.23	315.21	538.17	765.52	872.70	806.63	612.37	402.88	290.71
	特殊荷载阶段 N(kN)	21.33	29.95	50.75	71.54	80.10	71.26	50.10	29.16	20.94

本设计需考虑特殊荷载,根据断面内力系数表(表4-3)得知,自重荷载、水压和三角侧压力不受特殊荷载影响。因此,特殊荷载只需计算上部荷载、底部反力和均布荷载。在设计中竖向特殊荷载取基本荷载的 10%。管片基本使用阶段及特殊荷载条件下内力计算结果见表7-8。

管片基本使用阶段及特殊荷载条件下内力计算表 表7-8

截面位置	基本使用阶段		特殊荷载条件	
	M(kN·m)	N(kN)	M(kN·m)	N(kN)
0°	612.69	223.23	57.81	21.33
22.5°	457.77	315.21	43.09	29.95
45°	82.72	538.17	7.57	50.75
67.5°	−296.35	765.52	−27.90	71.54
90°	−462.96	872.70	−42.45	80.10
112.5°	−322.35	806.63	−27.48	71.26
135°	49.92	612.37	8.13	50.10
157.5°	457.67	402.88	43.12	29.16
180°	699.59	290.71	56.29	20.94

内力计算表中荷载是按照 $b=1$ m 的单位宽度计算得出,但由于该设计中隧道管片宽度为 $b=1.2$ m,所以最终荷载应在内力计算表的基础上乘系数1.2。表7-9给出了重新汇总后的管片内力计算结果。

管片内力组合计算表 表7-9

截面位置	内力组合		1.2 m管片内力组合	
	$M(\mathrm{kN \cdot m})$	$N(\mathrm{kN})$	$M(\mathrm{kN \cdot m})$	$N(\mathrm{kN})$
0°	670.50	244.56	804.60	293.47
22.5°	500.86	345.16	601.03	414.19
45°	90.29	588.92	108.35	706.70
67.5°	−324.25	837.06	−389.10	1004.47
90°	−505.41	952.80	−606.49	1143.36
112.5°	−349.83	877.89	−419.80	1053.47
135°	58.05	662.47	69.66	794.96
157.5°	500.79	432.04	600.95	518.45
180°	755.88	311.65	907.06	373.98

　　根据管片内力组合计算表中的数据,绘制内力组合图,结果见图7-15。由管片内力组合计算表的数值以及绘制的衬砌结构内力组合图可知,衬砌弯矩在拱底 $\alpha=180°$ 处处于管片内侧受拉的状态,弯矩取得最大正值,$M=907.32$ kN·m;在 $\alpha=90°$ 处于管片外侧受拉的状态,弯矩取得最大负值,$M=-606.49$ kN·m;轴力在 $\alpha=90°$ 处取得最大值,$N=1143.36$ kN。

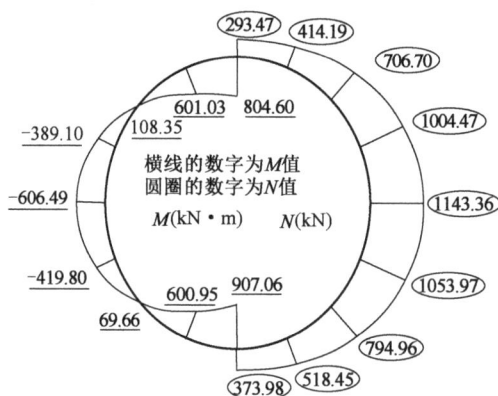

图7-15 衬砌结构内力组合图

(3)管片配筋计算

　　管片配筋时按照衬砌结构能够承受的弯矩最大值作为设计依据,结合上述计算结果,按 $\alpha=180°$ 时的截面进行内排钢筋设计,$\alpha=90°$ 时的截面进行外排钢筋设计。选择 C55 混凝土和 HRB400 钢筋,根据《混凝土结构设计标准(2024 年版)》(GB/T 50010—2010)第 6 部分承载能力极限状态计算中的相关内容按偏心受压构件进行截面配筋设计。

　　①$\alpha=180°$ 时(内排钢筋)。基本参数为 $M=907.06$ kN·m,$N=373.98$ kN,$h=600$ mm,$a_s=40$ mm,$h_0=560$ mm。依据上述数据开展内排钢筋的配筋计算:

$$e_0 = \left| \frac{907.06 \times 10^3}{373.98} \right| = 2425.4 \, (\text{mm})$$

$$e_a = \max \{20, 600/30\} = 20 \, (\text{mm})$$

$$e_i = 2425.4 + 20 = 2445.4 \, (\text{mm})$$

$$e = 2445.4 + 600/2 - 40 = 2705.4 \, (\text{mm})$$

受压面配筋如下：

$$A'_s = \frac{373.98 \times 10^3 \times 2705.4 - 0.99 \times 25.3 \times 1200 \times 560^2 \times 0.508 \times (1 - 0.5 \times 0.508)}{360 \times (560 - 40)}$$

$$= -13676.65 \, (\text{mm}^2) < 0$$

A'_s 按照最小配筋率计算

$$\rho_{\min} = \max \{0.2\%, 0.45 \times 1.96/360\} = 0.245\%$$

$$A'_s = 0.245\% \times 1200 \times 560 = 1646.4 \, (\text{mm}^2)$$

受压面根据最小配筋配置钢筋，依据下式重新计算受压区高

$$Ne = \alpha_1 f_c bx(1 - 0.5x) + f'_y A'_s(h_0 - a'_s)$$

将已知参数代入上式中，可以得到受压区高度计算关系为：

$$373.98 \times 2705.4 = 0.99 \times 25.3 \times 1200x(1 - x/2) + 360 \times 1646.4 \times (560 - 60)$$

解得：$x = 141.19 \, \text{mm} > 2a_s = 80 \, \text{mm}$。

类似地，对受拉面进行配筋计算：

$$A_s = \frac{N(e_i - h/2 + a_s)}{f_y(h_0 - a'_s)}$$

将已知参数代入上式，可以得到受拉面配筋面积为：

在公式中代入计算得到或者已知数值能够得到：

$$A_s = \frac{373.98 \times (2445.40 - 600/2 + 40) \times 10^3}{360 \times (560 - 40)} = 4540.53 \, (\text{mm}^2)$$

按照 $A'_s = 0$ 计算 A_s，可得到：

$$A_s = \frac{\alpha_1 f_c b h_0 \xi_b + f'_y A'_s - N}{f_y}$$

将已知数据代入上式计算可得：

$$A_s = \frac{0.99 \times 25.3 \times 1200 \times 560 \times 0.508 - 373.98 \times 10^3}{360} = 22712.4(\text{mm}^2)$$

取两个计算结果中的较小值，则 $A_s = 4540.53$ mm^2

②$\alpha = 90°$ 时（外排钢筋）。与前述类似，已知 $M = -606.49$ kN·m，$N = 1143.36$ kN，$h = 600$ mm，$a_s = 60$ mm，$h_0 = 540$ mm。

$$e_0 = \left| \frac{(-606.49) \times 10^3}{1143.36} \right| = 530.45(\text{mm})$$

$$e_a = \max\{20, 600/30\} = 20(\text{mm})$$

$$e_i = 530.45 + 20 = 550.45(\text{mm})$$

$$e = 550.45 + 600/2 - 60 = 790.45(\text{mm})$$

受压面配筋面积计算结果如下：

$$A'_s = \frac{1143.36 \times 10^3 \times 790.45 - 1.0 \times 25.3 \times 1200 \times 540^2 \times 0.508 \times (1 - 0.5 \times 0.508)}{360 \times (540 - 60)}$$

$$= -14185.33(\text{mm}^2) < 0$$

A'_s 按照最小配筋率计算

$$A'_s = 0.245\% \times 1200 \times 540 = 1587.6(\text{mm}^2)$$

受压面采用最小配筋，按式(4-123)重新计算受压区高度，带入已知数值得到：

$$1143.36 \times 790.45 = 0.99 \times 25.3 \times 1200x(1 - x/2) + 360 \times 1587.6 \times (540 - 40)$$

解得：$x = 138.68$ mm $> 2a_s = 120$ mm

同上述计算方法类似，代入已知数值可得到受拉区配筋面积为：

$$A_s = \frac{1143.36 \times (550.45 - 600/2 + 60) \times 10^3}{360 \times (540 - 40)} = 1971.98(\text{mm}^2)$$

按照 $A'_s = 0$ 计算 A_s

$$A_s = \frac{0.99 \times 25.3 \times 1200 \times 540 \times 0.508 - 1143.36 \times 10^3}{360} = 19726.98(\text{mm}^2)$$

取两个计算结果中的较小值，则 $A_s = 1971.98$ mm^2

由以上计算可得，内筋选用 $9\Phi36$ 的钢筋进行布置，$A_s = 9161$ mm$^2 > 4540.53$ mm^2；外筋选用 $8\Phi25$ 的钢筋进行布置，$A_s = 3927$ mm$^2 > 1971.98$ mm^2，验算总配筋率，按式(4-88)计算

可知：

$$\rho = \frac{9161 + 3927}{560 \times 1200} = 1.948\% > \rho_{min} = 0.245\%$$

$$\rho_{max} = 0.508 \times \frac{0.99 \times 25.3}{360} = 3.53\%$$

验算得：$\rho_{min} < \rho < \rho_{max}$，故设计满足配筋要求。

（4）裂缝宽度验算

l_0/h 不大于 14 时，η_s 取 1.0；

$$e = \eta_s e_0 + (h/2 - a_s) = 1 \times 2426.80 + (600/2 - 40) = 2686.8(mm)$$

$$z = \left[0.87 - 0.12 \times (1 - 0) \times (h_0/e)^2 \right] h_0 = \left[0.87 - 0.12 \times (560/2686.8)^2 \right] \times 560$$

$$= 484.28(mm)$$

$$\sigma_{sq} = \frac{N_q(e-z)}{A_s z} = \frac{373.98 \times 10^3 \times (2686.8 - 484.28)}{9161 \times 484.28} = 185.66(kN)$$

$$\rho_{te} = \frac{A_s + 0}{0.5bh + (0-b) \times 0} = \frac{9161}{0.5 \times 1200 \times 600} = 0.0254$$

$$d_{eq} = \frac{\sum n_i d_i^2}{\sum n_i \nu_i d_i^2} = \frac{9 \times 36^2}{9 \times 1 \times 36} = 36(mm)$$

$$\varphi = 1.1 - 0.65 \times \frac{2.74}{\rho_{te}\sigma_s} = 1.1 - 0.65 \times \frac{2.74}{0.0254 \times 185.66} = 0.72$$

$$w_{max} = 1.9 \times \varphi \times \frac{\sigma_s}{2 \times 10^5} \times \left(1.9 \times c_s + 0.08 \times \frac{d_{eq}}{\rho_{te}} \right)$$

$$= 1.9 \times 0.72 \times \frac{185.66}{2 \times 10^5} \times \left(1.9 \times 22 + 0.08 \times \frac{36}{0.0254} \right) = 0.197(mm) < 0.2\ mm$$

因此，由计算结果可知，设计中的最大裂缝宽度满足要求。

（5）总体抗浮验算

根据盾构隧道总体抗浮验算的要求，验算的依据是整个隧道使用区域内覆土最浅的位置地层分布情况，由于没有系列的勘测数据，在此使用上述断面结构计算的土层数据进行抗浮验算。

浮力计算结果如下：

$$F = \frac{1}{4}\pi \times 6.4^2 \times 10 = 321.7(kN)$$

结构自重计算结果为：

$$G_1 = \pi \times (3.2^2 - 2.6^2) \times 24.2 = 264.57(kN)$$

隧道覆土重计算结果为：

$$\gamma = (16 \times 1.6 + 15 \times 11 + 16.7 \times 4.6 + 19.8 \times 1.1)/18.3 = 15.8$$

$$G_2 = 15.8 \times 18.3 \times 6.4 = 1850.88(\text{kN})$$

抗浮系数计算结果为：

$$K = (264.57 + 1850.88)/321.70 = 6.58 > 1.1$$

由计算结果可知盾构隧道总体抗浮验算满足要求。

7.3　盾构隧道结构数值分析

7.3.1　数值计算方法

1. 有限单元法

有限单元法(Finite Element Method,FEM)是一种广泛应用的数值计算方法,主要用于求解复杂的偏微分方程,这些方程通常描述了工程、物理、化学、地球科学等领域中的连续介质力学、热传导、流体流动、电磁场分布等各种物理现象。由于许多实际问题的偏微分方程缺乏解析解或解析解难以获取,有限单元法提供了一种强有力的工具,通过离散化技术将连续的求解域转化为一组有限数量的离散单元,然后通过求解离散后的代数方程系统得到原问题的近似解。目前国际上常用的有限元数值分析商业软件有 ANSYS、ADINA、ABAQUS 等。

2. 有限差分法

有限差分法(Finite Difference Method,FDM)主要用于求解偏微分方程。它的基本思想是将连续的定解区域用有限个离散点构成的网格来代替,把问题中的连续变量函数用在网格上定义的离散变量函数来近似,把原方程和定解条件中的微商用差商来近似,于是原微分方程和定解条件就近似地代之以一组代数方程(即有限差分方程组)。通过求解这组代数方程,我们就可以得到原问题在离散点上的近似解。然后利用插值方法,就可以从离散解得到定解区域上的近似解。

有限差分法具有一些显著的特点,这些特点使得它在求解偏微分方程方面具有广泛的应用。无论是线性问题还是非线性问题,无论是稳态问题还是非稳态问题,都可以通过有限差分法进行求解。同时,有限差分法的网格划分和差分格式的选择都具有很大的灵活性,可以根据问题的特性和求解精度的要求进行调整。有限差分法的计算过程相对简单,容易在计算机上实现。特别是在大规模并行计算环境中,有限差分法的计算效率可以得到进一步的提升。这使得有限差分法在处理大规模、复杂问题时具有优势。有限差分法通过差分格式来近似微分算子,这种近似方式具有明确的物理意义。因此,有限差分法能够直观地反映问题的物理特性,有助于我们理解和分析问题的本质。目前国际上常用的有限差分数值分析商业软件主要是 FLAC 等。

3. 离散单元法

离散单元法(Discrete Element Method,DEM)于 1979 年由 Cundal 等首次提出,是一种显式求解的数值方法。离散单元法也像有限单元法和有限差分法那样,将区域划分成多个单元,但是单元节点可以分离,即一个单元与其邻近单元可以接触,也可以分开。因此,离散单元法可以用来模拟岩土体等颗粒状物质的颗粒运动及相互作用,能够模拟出颗粒系统的流动、堆积、破碎等各种复杂行为,在岩土工程领域得到了广泛的应用。目前国际上常用的离散元数值分析商业软件有 PFC 和 EDEM 等。

离散单元法基本思想是将实际问题中的连续介质(如土壤、岩石或颗粒物料)抽象为大量离散的刚性或非刚性单元,这些单元颗粒是球形的,也可以是复杂的多面体形状。分析区域不再看作连续体,而是由这些离散单元组成的集合。对每个离散单元施加牛顿第二定律,即质量和加速度之间的关系,以描述单元的运动状态。单元间的相互作用通过接触力来体现,包括但不限于重力、摩擦力、法向力、剪切力等。当单元之间发生位移时,根据相应的接触力学模型计算接触力。接触检测算法用来识别单元之间的接触状态,并更新接触力。离散单元法采用显式时间积分方案,如 Verlet 算法或中点法,逐时间步长推进系统动态演化。时间步长的选择需满足稳定性条件,以确保计算精度和稳定性。考虑到实际物理过程中的能量损失,离散单元法通常会引入黏性阻尼或其他形式的能量耗散机制,以模拟碰撞的非弹性效应。

7.3.2 盾构隧道数值分析案例

1. 计算模型及假定

某地铁区间隧道采用盾构法施工,管片直径为 6 m,管片上覆地层可分为两类,洞顶最大埋深为 7 m。依托该工程,采用 FLAC 3D 有限差分软件来建立数值计算模型。隧道开挖一般对 3~5 倍开挖洞径内的土体有影响。由于依托工程左线先掘进,右线施工位置与左线相差约 400 m,因此将本模型简化为单线隧道进行计算。最终模型尺寸大小为 42 m(水平)×31 m(竖向)×30 m(纵向),其中上边界为自由边界面,底部施加竖向 z 向约束,左右两侧施加水平 x 向约束,隧道轴线两侧施加轴向 y 向约束。三维计算模型如图 7-16 所示。

为了简化计算,在本次有限元计算中需要做出以下假设:①土层呈均质水平层分布。②围岩为弹塑性体材料。③忽略土体的固结和蠕变。④盾构掘进步长为管片宽度。⑤考虑盾构施工对前方土体的开挖扰动,根据实测数据将扰动土体力学参数进行折减。⑥考虑土仓对掌子面的支护力。⑦考虑盾构壁后注浆,将注浆层用注浆等代层实体单元替代。

具体管片、螺栓、管片与地层接触的模型如图 7-17 ~ 图 7-19 所示。

2. 材料参数的确定

依照工程的现场试验结果选择土体的材料参数(表 7-10)。盾壳为 Q345 钢材,管片为

C50 混凝土,注浆层的力学参数较土体适当增加,三者的参数取值见表 7-11。连接螺栓的材料参数按表 7-12 取值。地层与管片设置接触,接触参数按表 7-13 取值。

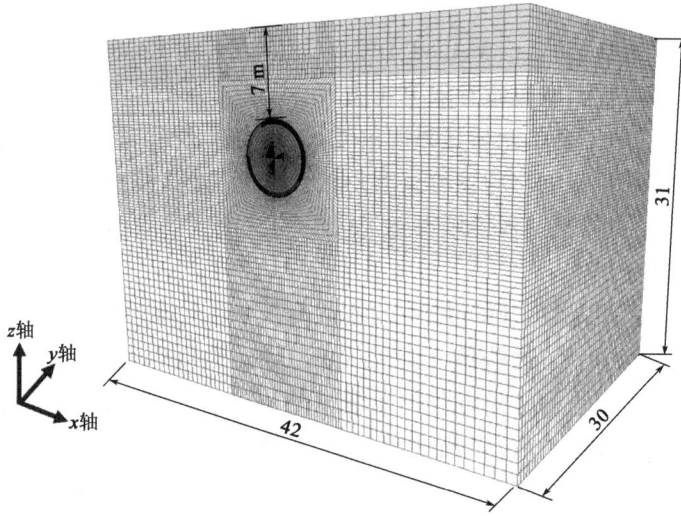

图 7-16　三维模型网格图(尺寸单位:m)

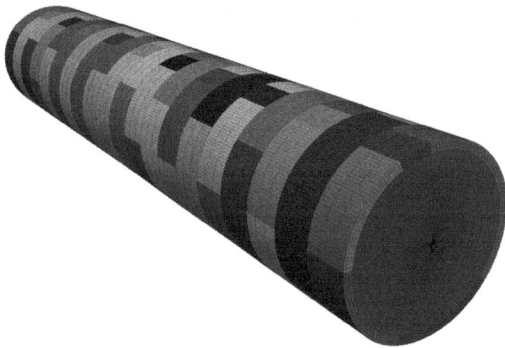

图 7-17　管片拼装图

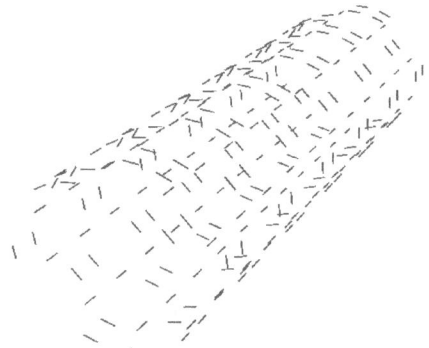

图 7-18　连接螺栓模型图

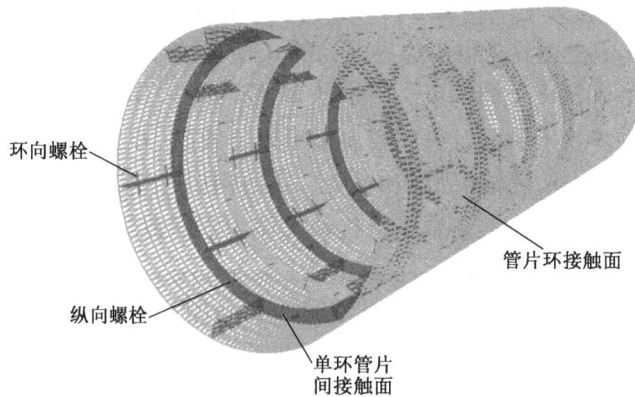

图 7-19　管片接缝及其与围岩接触示意图

地层力学参数 表7-10

地层	重度 γ （kN/m³）	体积模量 K(kPa)	剪切模量 G(kPa)	泊松比 μ	黏聚力 c_1 （kPa）	内摩擦角 φ_1(°)	黏聚力 c_2 （kPa）	内摩擦角 φ_2 （°）
地层1	17.5	31439	16211	0.28	25.3	21.5	17	24
地层2	18.2	35417	16346	0.30	30.9	22.1	22	19

弹性材料力学参数 表7-11

材料	重度 γ(kN/m³)	泊松比 μ	弹性模量 E(kPa)
盾壳	975	0.3	2.06×10^8
注浆层	25	0.22	1×10^4
管片C50	25	0.2	3.45×10^7

注:此处将隧道施工所采用的盾体的重量折算在盾壳的重度内,从而模拟盾构机的重量。

连接螺栓力学参数 表7-12

材料	弹性模量 E(kPa)	泊松比 μ	横截面积 （m²）	极惯性矩 （m⁴）	对 y 轴的惯性矩(m⁴)	对 z 轴的惯性矩(m⁴)
M36螺栓	2.06×10^8	0.3	1.0179×10^{-3}	1.649×10^{-7}	8.245×10^{-8}	8.245×10^{-8}

接触面参数 表7-13

接触面	法向刚度 k_n(Pa)	切向刚度 k_s(Pa)	黏聚力 c(Pa)	摩擦角 φ(°)
管片接缝	1.3×10^{11}	0.8×10^{11}	800	25
管片与围岩	1.3×10^{11}	0.8×10^{11}	10000	33

3. 盾构隧道施工过程模拟

1)同步注浆的模拟

为防止地层变形过大,管片脱出盾尾后需要进行同步注浆。注浆浆液会在一定时间后从流动态凝固为固体,因此液态浆液模拟成作用在暴露土体柱形面上的环向均布压力 σ,取值约为隧道拱顶处上覆土压力的1.2倍,长度 L 取3 m(两环管片宽度),浆液固结硬化则视为线弹性等代层。

2)开挖面支护力的模拟

实际施工过程中,土压平衡盾构土仓对掌子面的支护力可以保持开挖面的稳定,通过对掌子面施加按照线性变化的梯形分布法向压力来模拟盾构掌子面支护力。

3)盾构施工工序及程序实现

在盾构掘进前,地层生成只包含自重应力的初始应力场。将自重应力场产生的初始位移清零后,盾构开始向前掘进。模拟施工主要步骤如图7-20所示。

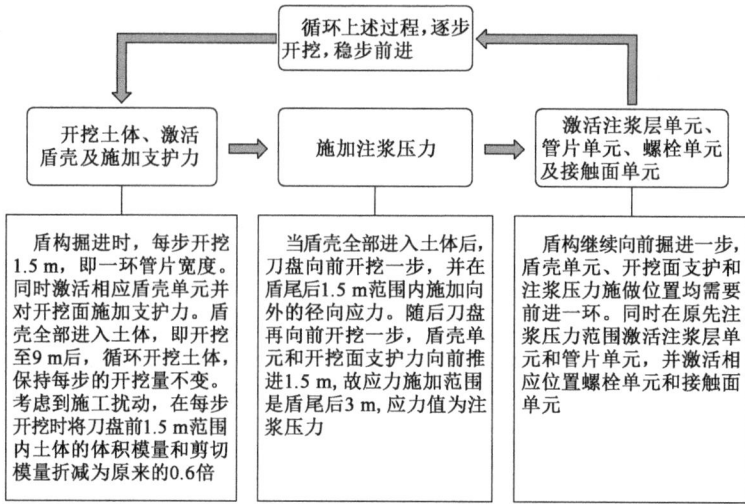

图 7-20　主要施工步骤

4. 数值模拟结果

计算结束后,可通过软件输出地层、管片、螺栓等位移及内力结果,具体如图 7-21～图 7-23 所示。

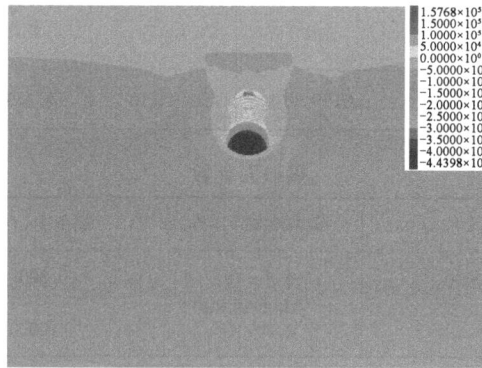

a)最小主应力

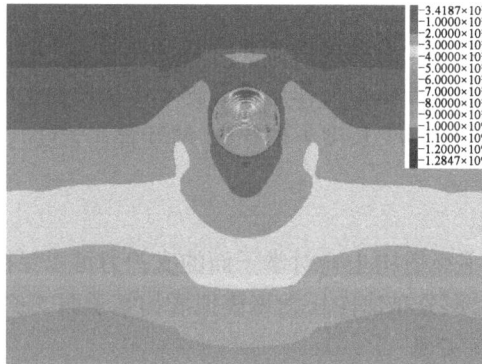

b)最大主应力

图 7-21　围岩主应力云图

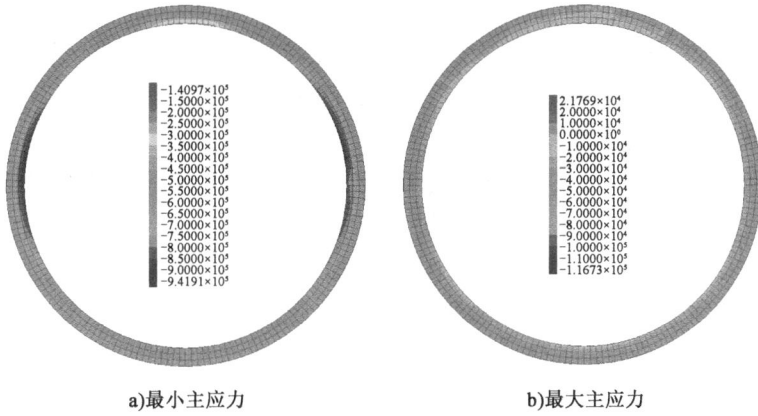

a)最小主应力   b)最大主应力

图7-22 管片应力云图

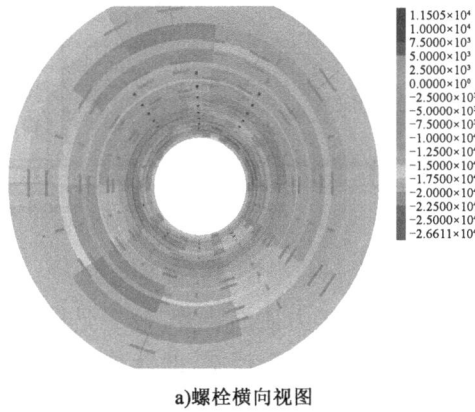

a)螺栓横向视图

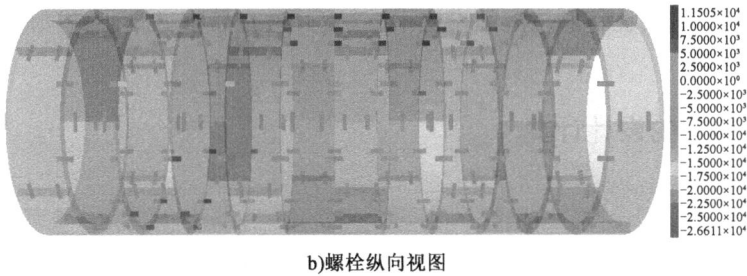

b)螺栓纵向视图

图7-23 管片螺栓应力云图

7.4 顶管结构设计

  顶管法是在盾构法之后发展起来的,相较于盾构法,顶管法主要应用于地下进水管、排水管、煤气管、电信电缆管的施工。它无须开挖地层,且能够穿越公路、铁道、河川、地面建筑物、地下构筑物以及各类地下管线等,是一种非开挖式的施工方法。它最早于1896年出现在美国北太平洋铁路铺设工程的施工中,而我国最早的顶管施工始于1953年的北京。

在软土地区,开挖沟槽时必须采取围护和降水措施,这不仅会对市区繁忙的交通造成影响,还会危及临近管线和建筑物的安全。采用顶管法施工能够显著降低对邻近建筑物、管线和道路交通的影响,有着广泛的应用前景。

顶管法是利用液压千斤顶或具备顶进、牵引功能的设备,以顶管工作井作为承压壁,将管子按照设计的高程、方位、坡度逐根顶入土层,直至抵达目的地的一种修建隧道和地下管道的施工方法,如图 7-24 所示。顶管技术可应用于特殊地质条件下的管道工程,主要包括:①穿越江河、湖泊、港湾水体下的供水、输气、输油管道工程;②穿越城市建筑群、繁华街道地下的上下水、煤气管道工程;③穿越重要公路、铁路路基下的通信、电力电缆管道工程;④水库、坝体、涵管重建工程等。

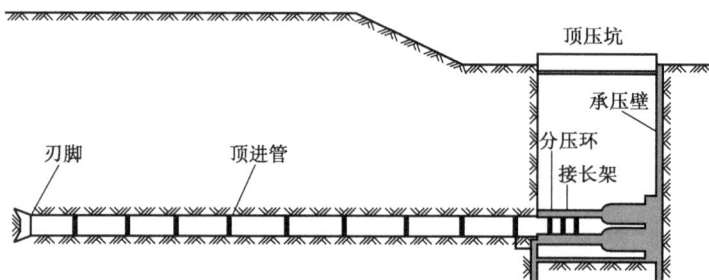

图 7-24　顶管法施工示意图

随着现代科学技术的发展,中继环接力顶推装置、触变泥浆减阻顶进技术、自动测斜纠偏技术、泥水平衡技术、土压平衡技术、气压保护技术、曲线顶管技术等相继被发明,这些成果极大地推动了顶管技术的发展。

对于长距离顶管而言,由于管道壁四周土体产生的总摩阻力和迎面阻力非常大,所以常常需要将管道分成若干段,在每两段之间设置中继环,并且在管壁四周加注减摩剂,以此实现长距离管道的顶推作业。

7.4.1　顶管的设计计算

1. 设计内容

在顶管工程中,顶力值的计算有着至关重要的作用。通过这一计算,能够帮助确定顶进设备所需具备的能力大小、管节所能承受的最大顶力、顶进设备的合理布局,以及后背的承载能力和应采用的结构形式等关键要素。

工作井在顶管工程中属于主要的成本构成因素,其中现浇后背的费用占比相对较高,因此准确估算顶力值对于有效选择后背结构形式意义重大。倘若设计荷载低于实际顶力值,后背就有可能遭到破坏,甚至会引发地面出现裂缝或者隆起等情况,进而危及整个工程的安全;反之,如果顶力值估算过高,则会导致不必要地增加工程造价。

管端面所承受的顶力大小取决于管材的类型、管径的尺寸以及管壁的厚度等因素。要是经过计算得出的顶力超出了管端面的承压能力,就有可能致使管体出现脱皮、裂缝或者直接破裂等问题。若采用的是钢管,还可能出现卷曲变形以及开裂的情况。

在选择施工方案时,顶力值也是必须考虑的重要因素。当顶力过大,致使后背结构或者管材无法承受时,就应当采取相应的辅助措施,比如使用膨润土泥浆来进行润滑减阻。要是顶距比较长且润滑措施不足,又或者土体呈现松散的状态,那么就需要借助中继环来进行接力顶进。

后背土的抗力值计算同样不容忽视。准确估算土抗力值,能够确保在保障工程安全的前提下,充分利用土体自身的承载能力。要是土抗力值估算过高,就可能造成顶力过大,使得土体出现弹性变形过大的现象,这不仅会影响顶进的效率,还会对后背土体造成损坏,进而阻碍顶进工作的顺利开展。

2. 顶进力计算

1)顶进力的构成

为了推动管道在土体内顺利前进,千斤顶的顶力值(R_f)需要克服作用于管道的外力,统称为顶进阻力,包括贯入阻力、摩擦阻力、管节自重产生的摩擦阻力。

在顶进过程中,如果土质均匀,则摩擦系数是一个常数,而且不过量校正则无局部阻力,此时作用于管节的外力如图 7-25 所示。P_x 为由竖向土压力施加给管壁的法向力(kN);P_y 为由水平土压力施加给管壁的法向力(kN);G 为管节自重(kN);f 为管壁与土间的摩擦系数;F 为摩阻力(kN);R_f 为顶力(kN);P_A 为贯入阻力(kN)。

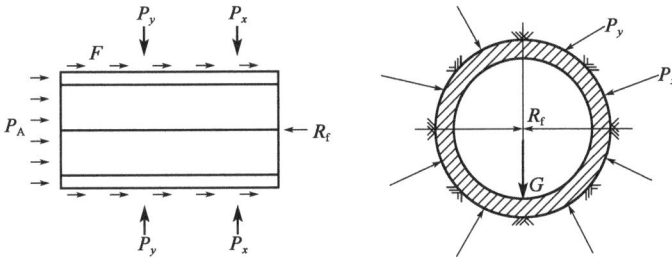

图 7-25 管节上的外力

根据轴向力平衡原理,可以求出顶力值。此值为管前的贯入阻力和沿顶进长度的摩阻力之和。将摩阻力计为 $\sum F$,则有:

$$\sum F = f(P_x + P_y + G) \tag{7-36}$$

$$R_f = P_A + \sum F \tag{7-37}$$

在顶进过程中,管节会受到多种外界因素的影响,例如土质情况、误差校正情况、千斤顶行程的同步性以及后背位移等,这些因素致使管节周壁的受力状态处于不断变化之中,而这种变化情况往往难以预先准确预估。因此,在确定顶进设备的能力时,必须设定适当的安全系数,以此来应对可能出现的意外阻力。这样做既要确保顶力值具备安全可靠性,又要兼顾施工的经济性。

2)顶进力的影响因素

顶进力会受到诸多因素的影响,如外部条件方面的土壤类型、物理力学性质、覆土深度、管材材质以及管径大小等,这些是可以通过前期的调查和试验提前了解掌握的。不过,在施工过程中,诸如操作不当、设备出现故障、土质突然发生变化(例如坍方、土液化、大量涌水等情况)等因素,都有可能导致顶力突然增大。而这些特殊因素通常难以事先进行估计或者准确计算。

(1)顶进过程中的摩擦阻力。管壁与土层之间的摩擦力和法向力的大小呈现正比关系,并且会受到接触介质的影响。比如,管壁直接与土层相接触时产生的摩擦力和灌注触变泥浆时产生的摩擦力就存在明显差异,灌注触变泥浆由于起到了润滑作用,使得摩擦系数有所降低,进而显著减小摩阻力。土压力的大小取决于覆土深度、土的重度、内摩擦角以及黏聚力等因素,覆土深度越大,土压力以及摩阻力也就越大。摩阻力还与土壤类型和管材表面性质密切相关,例如砂砾层的摩擦系数相对较大,顶进钢管时产生的摩阻力要低于顶进钢筋混凝土管时的摩阻力。

(2)管端的贯入阻力。在顶管施工过程中,首节管的端面会受到来自土的阻力,该阻力被称作贯入阻力或者迎面阻力,其大小取决于土的种类、含水率以及管端的结构形式等因素。软土比较容易被贯入,而干燥的黏土或者砂砾石土所产生的阻力相对较大。当管端装有刃脚时,贯入阻力来源于土的抗剪力、管壁与土之间的摩阻力以及刃脚挤压土所产生的抗力。刃脚角度较小的情况下虽然容易贯入土体,但如果其刚度不足就会发生变形,进而增加阻力。贯入阻力还会随着贯入面积或者周长的增加而增大,并且会受到工作面稳定性的影响。在软土内进行顶进操作相较于在含水率低的黏性土内顶进要省力许多。一般在顶管施工中,贯入阻力相较于摩阻力要小一些,并且当土的种类没有发生变化时,贯入阻力通常是一个常数。

3)顶进力计算

(1)理论公式。

顶进力的计算公式:

$$R_f = K\left[f(2P_v + 2P_H + P_B) + P_A\right] \tag{7-38}$$

式中:R_f——计算顶力(kN);

P_v——顶管上的竖向土压力(kN);

P_H——管侧的侧土压力(kN);

P_B——全部顶进的管段重量(kN);

f——管壁与土间的摩擦系数;

P_A——管端部的贯入阻力(kN);

K——安全系数,一般采用1.2。

管顶覆土的竖向压力计算公式:

$$P_v = K_p \gamma H D_1 L \tag{7-39}$$

式中:K_p——竖向土压力系数,如图7-26所示;

γ——土的重度（kN/m^3）；

H——管顶覆土深度（m）；

D_1——顶入管节外径（m）；

L——顶进管段长度（m）。

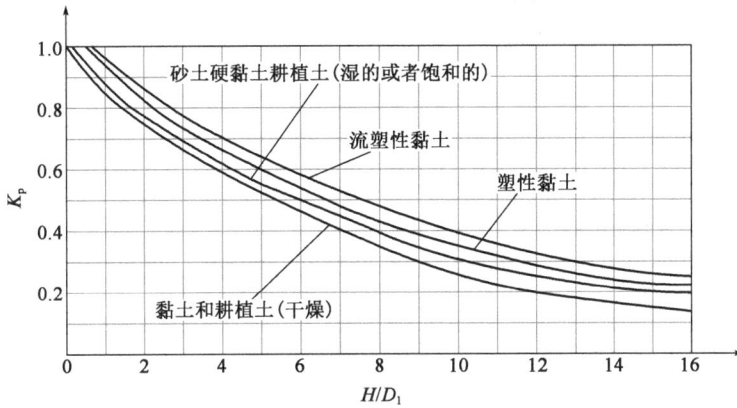

图 7-26　竖向土压力系数曲线

管侧的侧土压力计算公式：

$$P_H = \gamma(H + D_1/2)D_1 L \tan^2(45° - \varphi/2) \qquad (7\text{-}40)$$

式中：φ——土的内摩擦角（°）。

施工前应该沿着管线进行钻探，取土样进行试验，求出有关土的各项性质指标。管壁与土体间的摩擦系数值可参阅表 7-14。

管壁与土体间的摩擦系数　　　　表 7-14

土的种类	钢筋混凝土管			钢管		
	干燥	潮湿	一般值	干燥	潮湿	一般值
软土	—	0.20	0.20	—	0.20	0.20
黏土	0.40	0.20	0.30	0.40	0.20	0.30
砂黏土	0.45	0.25	0.35	0.38	0.32	0.34
粉土	0.45	0.30	0.38	0.45	0.30	0.37
砂土	0.47	0.35	0.40	0.48	0.32	0.39
砂砾土	0.50	0.40	0.45	0.50	0.50	0.50

顶进管段的全部重量计算公式：

$$P_B = GL \qquad (7\text{-}41)$$

式中：G——管节单位长度重量（kN/m）；

L——顶进总长度(m)。

从理论上计算贯入阻力是比较复杂的,即使算出结果也不精确,故一般多采用经验值。贯入阻力与土的种类及其物理性质指标有关,也受工作面上操作方法的影响。

(2)顶力计算的经验公式。

顶进钢筋混凝土管时,顶力值可用下列经验公式估算:

$$R_f = nGL \tag{7-42}$$

式中:n——土质系数;

G——管节单位长度重量(kN/m);

L——顶进管段长度(m)。

土质系数 n 是按管顶土的种类判断它能否形成卸力拱而定,见表7-15。

土质系数 n 值　　　　　　　　　　　　　表7-15

土的种类、含水率及工作面稳定状态	n 值
软土、砂黏土、含水率不大的粉土、砂土,挖土后能短期或暂时形成土拱时	1.5~2
密实砂土、含水率大的粉土、砂土、砂砾土,挖土后不能形成土拱,但塌方尚不严重时	3~4

(3)管段允许顶力计算。

钢管允许顶力可按下式计算:

$$F = \frac{\pi}{K}\sigma_T t(d + t) \tag{7-43}$$

式中:F——钢管允许顶力(kN);

K——安全系数,取 $K=4$;

σ_T——钢材的屈服强度(MPa);

t——钢管的壁厚(m);

d——钢管内径(m)。

混凝土管允许顶力可按下式计算:

$$F = \frac{\pi}{K}\sigma(t - L_1 - L_2)(d + t) \tag{7-44}$$

式中:F——混凝土管允许顶力(kN);

K——安全系数,取 $K=5$~6;

σ——混凝土抗压强度(kPa);

t——壁厚(m);

L_1——密封圈槽底与外壁距离(m);

L_2——木垫片至内壁的预留距离(m);

d——混凝土管内径(m)。

4)后背设计计算

确定最大顶力后,便可进行后背结构的设计。后背结构及其尺寸主要由管径和后背土体的被动土压力决定。计算土抗力的目的是确保在最大顶力条件下后背土体不被破坏,从而充分利用天然土体的支撑作用。顶力通过后背传到土体,压缩土体并产生位移,形成被动土压力,这种压力即为土抗力。在顶力反复作用下,只要土体未被破坏,土的应力-应变曲线通常呈线性关系。图 7-27 所示是某工程在砂黏土后背上试验取得的应力-应变曲线。从图 7-27 中 bc 段可以看到土压力并未增加,但土的压缩变形继续增加,此种情况说明后背土体已遭到破坏,卸载后后背回弹,残余变形达 2.4 cm。

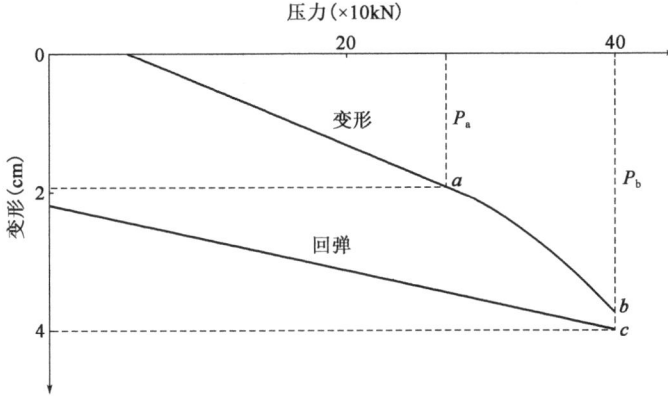

图 7-27 后背土的应力-应变曲线

由于最大顶力通常在顶进段接近完成时出现,设计后背时应充分利用土抗力。在施工过程中,应密切监测后背土体的压缩变形,确保残余变形控制在 2.0 cm 以内。如果变形过大,需进行后背加固从而提高土抗力。

后背土体受压后产生的被动土压力应按下式计算:

$$\sigma_p = K_p \gamma h \tag{7-45}$$

式中:σ_p——被动土压力(kN/m^2);

K_p——被动土压力系数;

h——后背土的高度(m);

γ——后背土的重度(N/m^3)。

被动土压力系数与土的内摩擦角有关,其计算式如下:

$$K_p = \tan^2(45° + \varphi/2) \tag{7-46}$$

不同的土的主动和被动土压力值见表 7-16。

土的主动和被动土压力值   表 7-16

土名称	摩擦角 φ(°)	被动土压力系数 K_p	主动土压力系数 K_A	K_p/K_A
软土	10	1.42	0.70	2.03
黏土	20	2.04	0.49	4.16
砂黏土	25	2.46	0.41	6.00

土名称	摩擦角 $\varphi(°)$	被动土压力系数 K_p	主动土压力系数 K_A	K_p/K_A
粉土	27	2.66	0.38	7.00
砂土	30	3.00	0.33	9.09
砂砾土	35	3.69	0.27	13.67

在考虑后背土的土抗力时,按下式计算土的承载能力:

$$R_c = K_r BH(h + H/2)\gamma K_p \qquad (7\text{-}47)$$

式中:R_c——后背土的承载能力(kN);

B——后背墙的宽度(m);

H——后背墙的高度(m);

h——后背墙顶至地面的高度(m);

γ——土的重度(kN/m³);

K_p——被动土压力系数;

K_r——后背的土抗力系数。

后背结构形式不同会导致土体受力状况的差异,为确保后背的安全性,需根据具体的后背形式,采用不同的土抗力系数值。

(1)无板桩。

后背不需要打板桩,而背身直接接触土面的情况下(图7-28),此时计算土的承载力时,土抗力系数采用0.85,则计算公式变为:

$$R_c = 0.85BH(h + H/2)\gamma K_p \qquad (7\text{-}48)$$

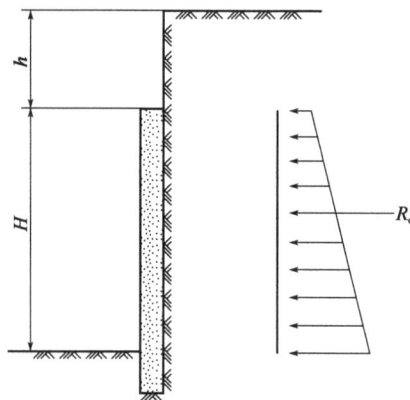

图7-28　无板桩支撑的后背

(2)有板桩。

后背打入钢板桩,而背身直接接触土面的情况下(图7-29),此时土抗力系数取决于不同的后背形式及后背的覆土高度。覆土高度 h 值越小,土抗力系数 K_r 也越小。有板桩支撑时应考虑在板桩的联合作用下,土体上顶力分布范围扩大导致集中应力减少,因而土抗力系数 K_r 值增加。图 7-30 是土抗力系数曲线,反映在不同后背的板桩支承高度 h 与后背高度 H 的比值下,相应的土抗力系数 K_r 的值。

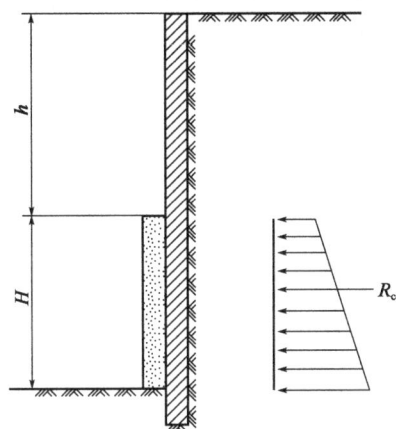

图 7-29 有板桩支撑的后背

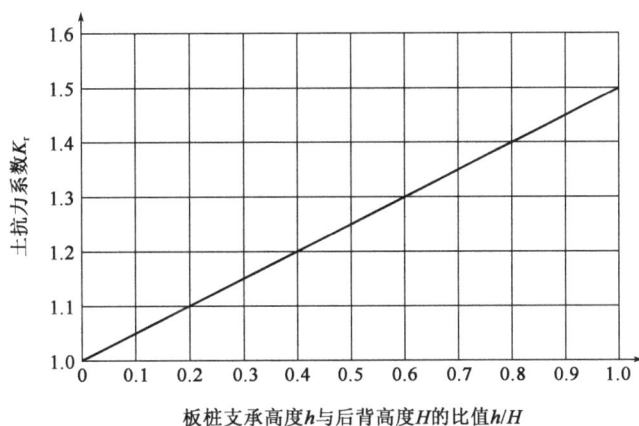

图 7-30 土抗力系数曲线

7.4.2 顶管施工主要设备

1.常用顶管工具管

目前常用的顶管工具管有手掘式、挤压式、泥水平衡式、三段两铰型水力挖土式和多刀盘土压平衡式等。

手掘式顶管工具管为正面全敞开,采用人工挖土,如图 7-31 所示。

挤压式顶管工具管的正面有网格切土装置或将切口刃脚放大,以此来减小开挖面,并采用挤土的方式进行顶进,如图 7-32 所示。

泥水平衡式顶管工具管正面设置削土刀盘,其后设置密封舱,在密封舱中注入稳定正面土体的护壁泥浆,刮土刀盘刮下的泥土沉入密封舱下部的水中,并通过水力运输管道排放至地面的泥水处理装置,如图 7-33 所示。

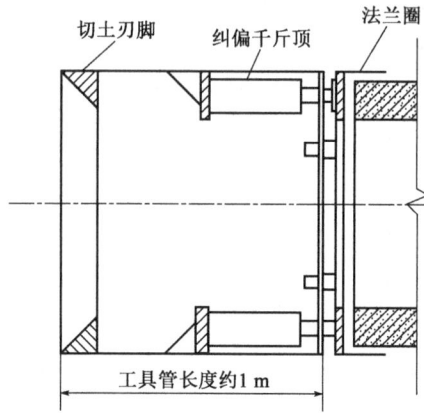

图 7-31　手掘式顶管工具管

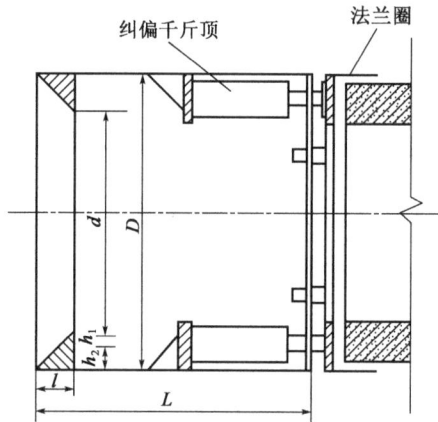

图 7-32　挤压式顶管工具管

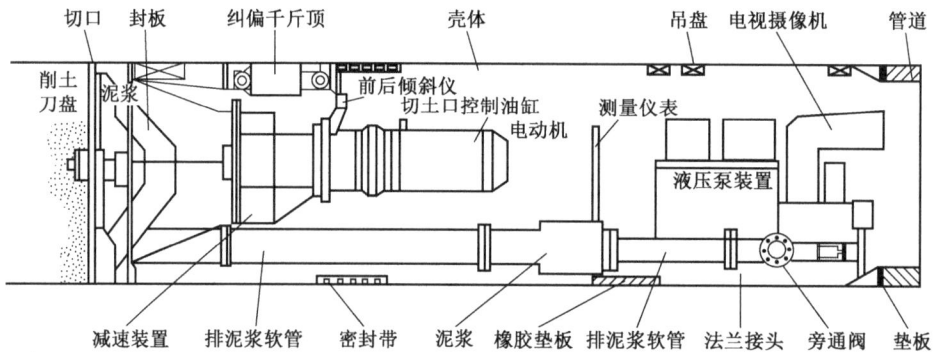

图 7-33　泥水平衡式顶管工具管

　　三段两铰型水力挖土式顶管工具管的内腔分为前、中、后 3 个舱室。前舱为冲泥舱,舱前端有切削、挤压土的格栅;中舱为操作室,两者之间用胸板隔开;后舱为控制室,设有各种测试仪器和仪表。在千斤顶顶推下,格栅将土体切开,再经高压水射流破碎、搅混成流态,内吸泥泵吸出并送入水力运输管道,排放至地面的贮泥水池,如图7-34所示。

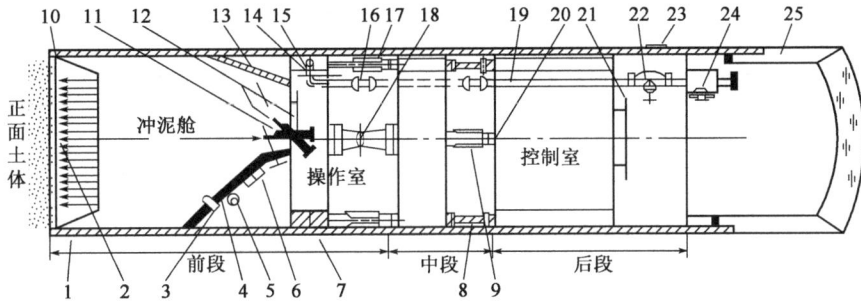

图7-34 三段两铰型水力挖土式顶管工具管

1-刃脚;2-格栅;3-照明灯;4-胸板;5-真空压力表;6-观察窗;7-高压水仓;8-垂直铰接;9-左右纠偏油缸;10-水枪;11-小水密门;12-吸口格栅;13-吸泥门;14-阴井;15-吸管进口;16-双球活接头;17-上下纠偏油缸;18-水平铰链;19-吸泥管;20-气阀门;21-大水密门;22-吸泥管闸阀;23-泥浆环;24-清理阴井;25-管道

多刀盘土压平衡式顶管工具管头部设置密封舱,密封阴极上装设数个刀盘切土器,顶进时螺旋器出土速度与工具管推进速度相协调,如图7-35所示。

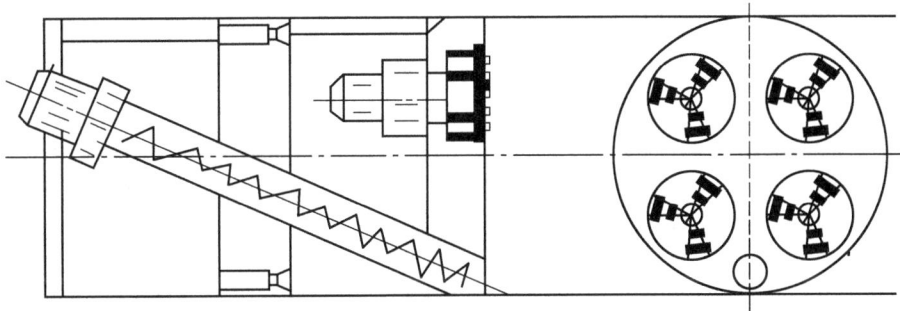

图7-35 多刀盘土压平衡式顶管工具管

近年来,顶管法已普遍用于建筑物密集的市区以及穿越江河、堤坝和铁路路基的地下工程。钢筋混凝土管道和外包钢板复合式钢筋混凝土管道的顶距已达100~290 m。钢管的顶距已达1200 m,在合理的施工条件下,采用一般顶管工具管引起的地表沉降量可控制在50~100 mm,而采用泥水平衡式顶管工具管引起的地表沉降在300 mm以下。

上述顶管工具管的基本原理及施工工艺与盾构基本相似。在顶管施工中,已实现地面遥控操作,管道轴线和高程可采用激光测量仪连续量测,并能做到及时纠偏,智能化程度较高。

2. 中继环

1) 中继环接力原理

在长距离顶管工程中,当顶进阻力(掘进迎面阻力和管壁摩阻力之和)超过主千斤顶的最大顶力、管节极限压力或后背土体极限反推力之一,无法达到设计顶进距离时,需采用中继环接力技术分段顶进,将每段管道的顶力控制在允许范围内。使用中继环接力时,将管道分成数段,各段间设置中继环,如图7-36所示。中继环将管道分为前后两部分,后段作为后座,前段被推向前方。中继环逐一启动,分段顶进以减小顶力。中继接力技术突破了顶进长度受限于后背土体反推力的约束,只需增加中继环数量即可延长顶进距离。这是长距离顶管工程中不可缺少的技术。

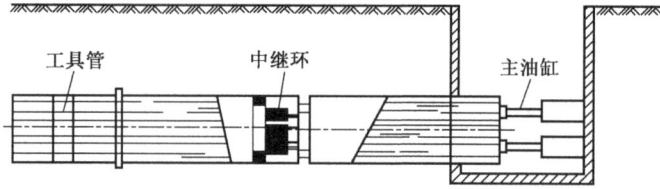

图 7-36 中继环示意图

中继环安装的位置应通过顶力计算,第 1 组中继环主要考虑工具管的迎面阻力和管壁摩阻力,并应有较大的安全系数。其他中继环则考虑克服管壁的摩阻力,可预留适当的安全系数。

2)中继环构造

中继环必须具备足够的刚度及良好的水密封性,并且要加工精确、方便安装。其主体结构由以下几个部分组成:①短冲程千斤顶组(冲程为 150 ~ 300 mm,规格、性能要求一致);②液压、电器与操作系统;③壳体与千斤顶紧固件、止水密封圈;④承压法兰片。

液压操纵系统应按现场环境条件布置,可采用管内分别控制或管外集中控制。中继环的壳体应和管道外径相同,并使壳体在管节移动时有较好的水密封性和润滑性,滑动的一端应与管道采用特殊管节相接。

用于钢管管道的中继环如图 7-37 所示,其前后管段均设置环形梁,前环形梁上均布中继油缸,两环形梁间设置替顶环,供中继油缸拆除使用。前后管段间是套接的,其间有橡胶密封环以防止泥水渗漏。前后环形梁在顶进结束后拆除。

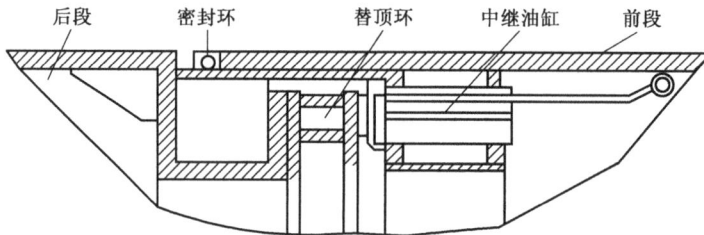

图 7-37 中继环构造图

3)中继环自动控制

中继环序号从工具管向工作井依次为 1 号、2 号……。工作时,首次启动 1 号中继环工作,其后面的管段即作为其顶推后座,等该中继环顶推行程达到允许行程后停止 1 号中继环,启动 2 号中继环工作,直到最后启动工作井主千斤顶,使整个管道向前顶进一定距离。

中继环是根据控制的指令出动或停止操作的,它严格按照预定的程序动作,当置于管道中的中继环数量超过 3 只时,假如有 5 只中继环,则 1 号环的第二循环可与 4 号环的第一循环同步进行,2 号环的第二循环可与 5 号环的第一循环同步进行,以此类推。因此只有前 3 只中继环的工作周期占用实际的顶进时间,其余中继环的动作不再影响顶管速度。应用中继环自动控制程序,可解决长距离顶管的中继环施工的工效问题。

7.4.3 顶管工程关键技术

1. 顶进中的方向控制

在顶管的顶进过程中要严格控制方向,以便于校正建线、航线上的管道偏差,并且保证曲线、坡道上所要求的方向变更。在顶进过程中,应定期观察管道轴线,及时纠正偏差。管道偏离主要由外力不平衡引起,原因包括:①推进管线不可能完全竖直;②管道曲面与轴线不完全垂直;③管节间垫板的压缩性不均;④顶管迎面阻力的合力与后端推进力不重合;⑤管道发生挠曲时,沿纵向可能产生额外抗力。上述原因造成的直接结果就是顶管的顶力产生偏心。顶进施工中应随时监测顶进中管节接缝上的不均匀压缩情况,从而推算接头端面上的应力分布状况及顶推合力的偏心度,并据此调整纠偏幅度,防止因偏心度过大而使管节接头压损或管节中部出现环向裂缝。

顶进中的方向控制可采用以下几种措施:①严格控制挖土,两侧均匀挖土,左右侧切土钢刀角要保持吃土 10 cm,正常情况下不允许超挖;②发生偏差时,应及时对采用调整纠偏千斤顶的编组操作进行纠正,要逐渐纠正,不可急于求成,否则会造成忽左忽右顶进问题;③利用挖土纠偏,多挖土一侧阻力小,少挖土一侧阻力大,利用土本身的阻力纠偏;④利用承压壁顶铁调整,加换承压壁顶铁时,可根据偏差的大小和方向将一侧顶铁楔紧,另一侧顶铁楔松或留 1 ~ 3 cm 的间隙,顶进开始后,则楔紧一侧先走,楔松一侧不动,这种方法很有效,但要严格掌握顶进时楔的松紧程度,掌握不好容易使管道由于受力不均匀出现裂缝。以上这些措施在顶进中可以同时采用,也可单独使用,主要根据具体情况采取相应的措施。

2. 减少顶进阻力的措施

顶管的顶进阻力主要由迎面阻力和管壁外周摩阻力两部分组成,为了充分发挥顶力的作用,达到尽可能长的顶进距离,除了在管道中间设置若干个中继环外,更为重要的是尽可能降低顶进中的管壁外周摩阻力。目前常用的顶管减阻措施为触变泥浆减阻。

1)原理及适用条件

将按一定配合比制成的膨润土泥浆压入已顶进土层中的管节外壁,并填满管节外壁与周围土层间的空隙。此时管壁周围形成一个充满泥浆的外环,在外环和圆管之间,通过膨润土泥浆,使土压力间接传递到圆管上。由于圆管整体均被膨润土悬浮液所包围,必然受到浮力,故在顶进中,只要克服管壁与膨润土泥浆间的摩阻力即可。由于膨润土泥浆的触变性及其润滑作用是相当突出的,在未压注泥浆的情况下,管壁表面摩阻力为 10 ~ 15 kPa,而采用泥浆压注后总阻力仅为一般顶进法的 1/6 ~ 1/4。

2)性能及制作

触变泥浆系膨润土、苛性钠($NaOH$)或碳酸钠及水,按一定的配合比混合而成。加碱的作用在于使泥浆形成胶体,保持良好的稠度及和易性,使土颗粒不易沉淀。配合比的参考资料详见表 7-17。

触变泥浆配合比 表 7-17

配方号	干膨润土重量比(%)	水重量比(%)	碱重/土重×(%)
1	20	80	4
2	25	70	4
3	14	86	2

触变泥浆的制作方法是先将膨润土碾成粉末,徐徐洒入水中拌和,使其呈泥浆状,再将碱水倒入泥浆中拌和均匀。此后泥浆逐渐变稠,数小时后即成糊状。由于膨润土都是天然沉积的黏土,产地不同,化学成分常有变化,故制浆配合比也应相应调整。例如按某种配合比制成泥浆后,如经过一昼夜后仍然太稀,此时可先提高用碱量,或同时适当增加膨润土。再过 24 个小时,如泥浆呈糊状即为适度。最好的办法是用剪力仪测出剪力与稠度,使泥浆稠度适度。

触变泥浆的稠度与压入土层中的土壤颗粒粒径有关,故在每立方米泥浆中应有适量的膨润土,才能保证泥浆的稳定性。如果泥浆太稀,就失去了其支点和润滑作用。在通常情况下,每立方米泥浆中至少应有 40 kg 膨润土。表 7-18 所示为土的颗粒粒径与泥浆中膨润土的含量关系。

土的颗粒粒径与泥浆中膨润土的含量关系 表 7-18

压浆土层土的平均粒径 (mm)	每立方米泥浆中干膨润土含量 (kg/m³)	压浆土层土的平均粒径 (mm)	每立方米泥浆中干膨润土含量 (kg/m³)
50	100	1.0	34
30	82	0.3	23
10	60	0.2	21
3	45	0.1	18
2	40	—	—

3)压浆

在整个顶进过程中,在顶进范围内,要不断地压注膨润土泥浆,并使其均匀地分布于管壁周围。为此,压浆嘴必须沿管壁周围均匀设置。压浆嘴的间距及其数量,应按泥浆在土壤中的扩散程度而定。如在密实的砂层和砂砾层中,间距要小,在松散的砾石层中则可适当放大。对于压浆嘴的布置,可采用在整个管周上用一根环形管与各压浆嘴相连接,也可将压浆嘴分成上半部和下半部,各自连成一组。在顶进中,由出圆管下平部压浆嘴压浆易于扩散,在静止时则由上半部压浆嘴压浆易于扩散。为避免泥浆流入工作面,通常在切削环后部第二节圆管处开始压浆。由于顶进中泥浆是随着圆管向前移动的,常常会使后部形成孔隙,故每隔一定距离应设置压浆孔进行中间补浆。为了使压浆产生良好的效果,施工时应做到:①对工点进行调查研究,摸清土层情况,分析出大颗粒含量及颗粒级配;②根据土层颗粒粒径,确定膨润土泥浆的稠度;③计算出土层压力,据以求出膨润土悬浮液注入的压力;④注意做到连续压浆,使其饱满、均匀。

思考与练习题

1. 简述盾构隧道的适用条件和特点。

2. 盾构隧道结构计算模式有哪几种？各有何优劣？如何考虑接头的影响？

3. 盾构隧道结构的水土荷载如何计算？试分析地层抗力对隧道结构内力的影响。

4. 盾构隧道衬砌结构断面选择时都应验算哪些内容？在验算时都应注意什么？

5. 盾构隧道衬砌结构的防水、抗渗都可以采取哪些措施？

6. 顶管法有哪些优缺点？

第8章

沉管和沉井设计

8.1 沉管结构设计

8.1.1 概述

公路、城市道路、铁路、地铁等交通设施常需跨越江河湖海或港湾,水下隧道是常用的跨越方式之一。传统观点通常认为:若河道浅,则桥梁是合适的选择;若河道深,则水下隧道更为适宜。桥梁一般会受到跨度、净空高度、引桥长度、航道要求等因素的限制,当通行能力要求达到10万~20万t以上时,相较于水下隧道,其建造成本便不再有优势。与"高桥"方案相比,水下隧道方案更为经济、合理,而且其运营不受气候条件影响,可全天候运行,建造作业一般也不受地面土地拆迁等外部因素的制约。沉管法是20世纪初发展起来的一种专门用于修建水下隧道的工法,至今已有100多年历史。世界上第一条沉管隧道是1910年建成的、跨越美国与加拿大之间底特律河的铁路隧道。

1.沉管隧道的特点

长期以来,水下隧道多采用盾构法施工。自20世纪50年代开始,沉管法的主要技术难关陆续被突破,其施工便捷、防水可靠、造价低廉等优点愈发凸显。如今,沉管法已成为水下隧道的主要施工方法。

采用沉管法施工水下隧道主要具备以下优点。

①相较于其他隧道,其可设置在不影响通航的深度以下,能缩短隧道全长。

②隧道主体结构在工厂预制,可保障制作质量和密封性。

③由于隧道结构承受向上浮力,其视密度较小,对地层承载力要求不高,也适用于软弱地层。

④断面形状没有特殊限制,可根据用途自由选择,适合较宽的断面形式。

⑤沉管的沉放基本上可在1~3日内完成,对航运的限制较小。

⑥无须压缩空气作业,在一定水深条件下能够安全施工。

⑦采用预制方式施工,效率高、工期短。

⑧接头数量少,仅有管节之间的连接接头,且采用GINA和OMEGA止水带两道防水屏

障,防水性能良好。

采用沉管法施工水下隧道主要存在以下缺点:

①干坞会占用较大场地,在市区内实施难度较大,往往需要在距离市区较远的地方建造干坞。

②基槽开挖工程量较大且需要清淤,这对航运和市区环境会产生较大影响。在河(海)床地形地貌复杂的情况下,施工难度和造价会大幅增加。

③管节浮运、沉放作业需要考虑水文、气象条件等因素的影响,有时需要进行短期局部封航。

④水体流速会对管段沉放准确度产生影响,当流速超过一定数值时,可能会导致沉管无法施工。

盾构法与沉管法两种隧道修建方法的比较如表 8-1 所示。

盾构法和沉管法优缺点对照 表 8-1

项目	盾构法	沉管法
隧道埋深	应保持一定的覆土厚度,最小宜为(0.6~1)D(D 为隧道直径)	可紧贴河床甚至高出河床
隧道长度	相对较长	相对较短
断面形状	基本为圆形,一般容纳两车道	断面形状多为矩形,可容纳 4、6 或更多车道
防水性能	纵、环向接头数量多,防水性能相对较差	接头数量少,防水性能好
对航运影响	无影响	有影响
水文、气象条件	不受限制	要考虑水文、气象条件的影响
地质条件影响	与地质条件密切相关	软弱地层均可适应
施工对地面的影响	可能产生地面变形	施工期对岸边隧道开挖有影响

2. 沉管隧道设计

沉管隧道的设计涵盖内容广泛,主要包含总体几何设计、结构设计、通风设计、照明设计、内部装修设计、给水排水设计、供电设计、运营管理设施设计等方面。其中,总体几何设计对整个工程能否成功起着至关重要的作用,并且会对隧道建设的经济性和实用性产生深远影响。仅仅将能否顺利完工以及通车作为评判设计成功与否的唯一标准是远远不够的。

进入 20 世纪 60 年代以后,人们对于水底道路隧道的设计理念发生了很大的变化,尤其着重于总体几何设计的创新。人们尝试了各种各样的方法来降低覆盖层厚度,并且尽量使隧道入口靠近水源。这种做法虽然提高了引道的高度,增加了建筑的难度和费用,但是也促使通风方式发生了根本性的变革。如图 8-1 所示,许多在 20 世纪 60 年代和 70 年代建成的水下隧道不再需要风道,甚至取消了通风机房,建设成本和运营成本都有了明显的下降。

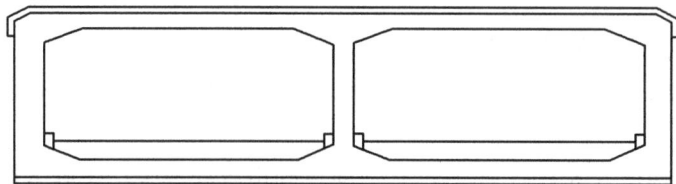

图 8-1　沉管隧道断面

8.1.2　沉管结构构造

1．沉管防水措施

沉管隧道结构的防水措施涵盖外防水与内防水两个方面。外防水主要聚焦于对管段外表面实施防水处理,随着技术与材料的不断发展,外防水历经了不同的发展阶段。

在初期阶段,沉管隧道大多采用圆形、八角形或花篮形钢壳,这类钢壳不仅可充当施工时的外模,在管段下沉后还能作为防水层来使用。不过,因其成本偏高,后来逐渐被其他方式所取代。20 世纪 40 年代初,矩形钢筋混凝土管段开始应用于水底道路隧道,当时采用干坞整体浇筑的方式进行施工,但依旧沿用了原先四边包裹钢壳的设计。随着时间的推移,该设计逐渐演变为三边包裹钢壳,直至 1956 年后,仅在底板下方使用钢板来进行防水,其余部分则全都改成了柔性防水层。到了 20 世纪 60 年代初,部分沉管隧道已经全面采用柔性防水层,彻底摒弃了钢板这种防水方式。柔性防水层的种类颇为丰富,早期应用的是沥青油毡,之后逐步发展为玻璃纤维布油毡以及异丁橡胶卷材。近年来,涂料防水凭借施工便利性这一优势,逐渐取代了卷材防水,应用范围也日益扩大。

除了外防水,沉管自身的防水举措同样十分关键。鉴于混凝土在浇筑过程中产生的裂缝容易引发渗漏问题,因此需要综合运用多种方法来减少裂缝的出现。这些方法包含优化混凝土配合比、缩小底板和侧墙之间的温差以及采取施工期间的特殊措施等,例如,在适宜的温度下进行拆模、在混凝土表面覆盖隔热模板以及采用连续浇筑等方式。

1)止水缝带

为防止沉管隧道在各节段之间出现裂缝并产生漏水现象,变形缝的设计与施工显得尤为重要。在变形缝的诸多组成部分里,止水缝带属于最为关键的部分,它既要能够适应结构的变形,又要能切实有效地阻止渗漏情况发生。止水带有着众多的类型与形式,不过现阶段主要使用的是橡胶止水带以及钢边橡胶止水带。其中,由铜片和其他金属制成的止水带已被淘汰,原因在于它们难以很好地适应结构变形。另外,塑料(聚氯乙烯)止水带尽管具备一定的弹性,但其变形范围相对有限,所以在预制管段中并不常用。相较而言,橡胶止水带(图 8-2)和钢边橡胶止水带(图 8-3)更契合变形缝的要求,因此在沉管隧道中得到了广泛的应用。这两种类型的止水带都能够应对较大幅度的变形,并且具备优良的防水性能。

(1)橡胶止水带。橡胶止水带使用寿命长久,可以使用天然橡胶或合成橡胶制造。即使在潮湿、缺乏阳光照射及低温环境下,橡胶产品也能保持良好状态,通常被认为至少能维持超过 60 年的使用寿命。实际上,几十年前安装的橡胶制品还没有出现明显的老化迹象。此外,橡胶制品还经过加速老化测试,证明其安全性可以超过一百年。

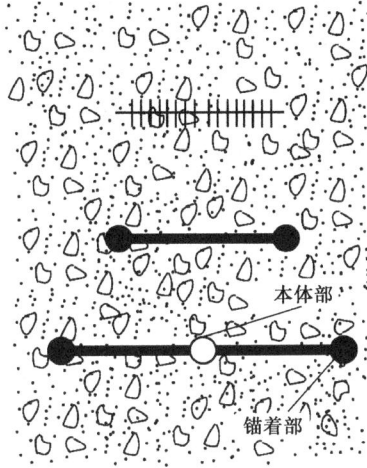

图 8-2　橡胶止水带　　　　图 8-3　钢边橡胶止水带

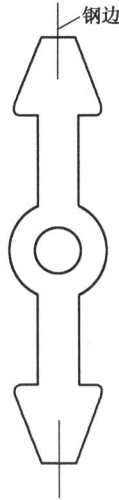

（2）钢边橡胶止水带。钢边橡胶止水带是在橡胶止水带两侧锚着部中加镶一段薄钢板，其厚度仅 0.7 mm 左右。钢边橡胶止水带有助于增加刚度并减少橡胶用量。自 1957 年荷兰 Velsen 水下道路隧道试用成功以来，已在世界各地广泛应用。

2）钢壳钢板防水

虽然现在的工程不再依赖钢壳防水作为主要防水手段，但它仍在某些场合发挥着作用，尤其是在需要减小干坞规模的情况下。钢壳防水仍存在一些缺点：耗材量大、焊接质量无法保障、容易生锈、钢材与混凝土黏附不良等。为此，现在更多地采用贴片式的钢板防水方式（图 8-4），避免了焊接工艺的质量风险，并且比全封闭的钢壳方案更节省材料。常用的接缝处理方法有两种：①填充石棉绳后用沥青密封剂涂刷，再在缝上封贴两层宽约 20 cm 的卷材；②用合成橡胶粘贴宽度约为 20 cm 的钢板条。防水钢板一般只有 4 ~ 6 mm 厚，无须加强筋及支撑，大大减少了材料消耗。

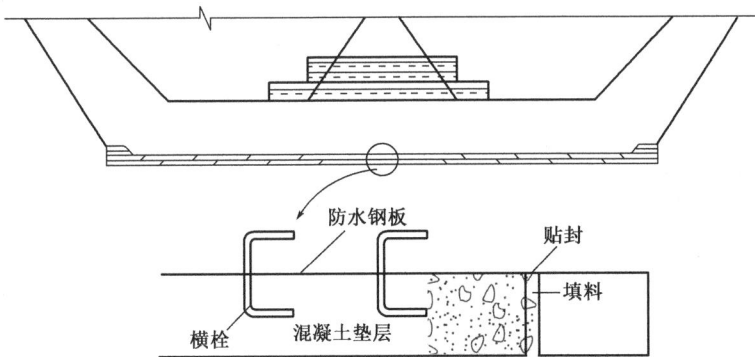

图 8-4　防水钢板的构造

3）卷材防水和涂料防水

卷材防水层是一种通过使用胶合剂将多层沥青类或合成橡胶类卷材结合而成的粘贴式防水层。虽然沥青类卷材有很多种类型，但对于沉管隧道外部的防水需求，通常会优先选择织物卷材，因为织物卷材的强度大、韧性好。特别是玻璃纤维布油毡，更加适合用于水下或地下工程,我国许多隧道都使用这种卷材作为防水材料。这种玻璃纤维布油毡是以玻璃纤维织物作为基底,经过沥青浸涂制造而成,具备全方位的良好性能,且价格只稍高于一般的沥青油毡。

卷材所需层数取决于水头的高度。一般来说,水下隧道的埋深为 20 m 左右,因此使用的卷材层数可能多达 5 ~ 6 层。然而如果施工仔细,3 层也已经足够,实际上也有不少的例子仅仅使用了 3 层卷材。卷材防水的主要缺点是施工工艺比较复杂,并且在施工操作过程中如果不小心可能会导致"起壳"现象而需要进行返工,而返工的过程则相当麻烦。随着化学工业的发展,涂料防水开始逐渐被引入到管段防水应用中,其最大的优点就是施工工艺比卷材防水简单得多,而且在平滑度不佳的混凝土表面上也可以直接施工。尽管如此,涂料防水在管段防水方面的应用仍然没有得到广泛推广,主要原因是与卷材相比它的延展性不够好。在沉管隧道中,结构设计允许的裂缝展开宽度范围为 0.15 ~ 0.2 mm,而防水设计允许的裂缝展开宽度为 0.5 mm。防水卷材可以轻易满足这些要求,但防水涂料却无法完全达到这一要求。因此,提升防水涂料的延展性,是当前防水涂料试验研究的一项关键任务。另外,防水涂料还需要能够在潮湿的混凝土表面上直接涂抹,但这也是一个尚未完全解决的问题。

2. 变形缝与管段接头设计

1)变形缝的布置和构造

如果钢筋混凝土沉管结构没有采取恰当的防范措施,容易因为隧道的纵向形变而出现裂缝。假设混凝土浇筑时的温度在 5 ~ 15 ℃ 之间,沉管外侧的温度是 10 ℃,内侧温度在 0 ~ 25 ℃ 之间,同时考虑到整个沉管隧道是一体无缝的,在温度变化的影响下产生的纵向应力可以达到 400 kN/m²,这就意味着沉管结构会出现严重的开裂情况。再比如,在干坞里预制管段的时候,通常都会先浇筑底板,过一段时间后再浇筑竖墙和底板。前后两次浇筑的混凝土的龄期、弹性模量以及剩余收缩率都不一样,后面浇筑的混凝土如果无法自由收缩,就会受到偏心受拉内力的影响,从而出现如图 8-5 所示的裂缝。除此之外,不均匀沉降、地震等因素都有可能导致管段开裂。这些由纵向变形引发的裂缝是贯通的,对防水很不利。因此,在设计过程中需要采取相应的措施来避免这种情况的发生。最有效的办法就是在垂直于隧道轴线的方向设置变形缝(图 8-6),将每节管段分割成多个节段。根据各国的经验来看,节段的长度不应该太大,一般建议在 15 ~ 20 m 之间。

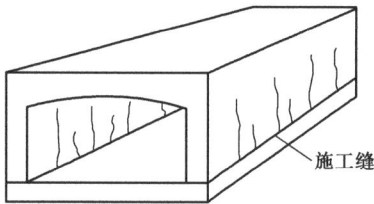

图 8-5 管段侧壁的收缩裂缝

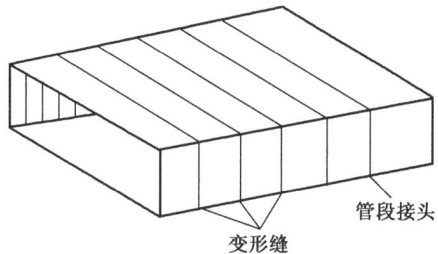

图 8-6 管段的节段与变形缝

变形缝构造需要符合以下 4 点要求:

①能够承受一定程度的线性变形和角变形,变形缝两端之间的间隙应该填充防水材料,间隙的大小取决于温度变化范围和角度适应度。

②在运输和安装过程中能够传递纵向弯矩。为了达到这一目的,在变形缝位置可以使用特殊的构造方式来处理管道壁、顶部和底部的纵向钢筋。具体来说,外排的纵向钢筋需要全部

切断,而内部的钢筋则要保持完整,直到安装完成后才能切断。因此,在运输前需要安装临时的纵向预应力索或钢筋,待安装完成后再移除。

③确保在任何情况下都能传递剪切力。为了实现这一点,可以使用台阶形变形缝,如图8-7所示。

④为了保证变形前后都能防水,所有的变形缝都需要设置一个止水缝带,如图8-8所示。

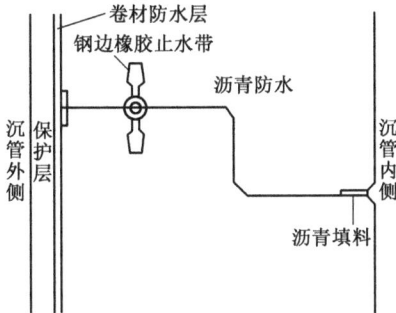

图8-7 台阶形变形缝

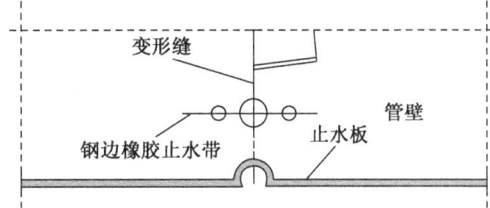

图8-8 变形缝的防水措施

2)管段接头

在管道下沉并放置到位后,必须与既设管段或竖井通过永久性的管段接头进行连接,由于这项工作在水下进行,因此也被称为水下连接。管段接头有两种主要类型:刚性接头和柔性接头。它们应当具备以下几个特性:具有良好的水密性,施工和运营期间不能有任何泄漏;具有抵抗外力和抗变形能力,能够抵抗各种负载和变形的影响;接头各组成部分功能明确,并且成本适当;容易建造并且质量可靠,方便检查和维修。刚性接头是通过在水下连接两个相邻的管段,并在其端面之间沿着隧道外壁的一圈钢筋混凝土进行连接,从而形成一个永久性接头。刚性接头应当具有抵抗轴向力、剪切力和弯矩的必要强度,通常不能低于管道主体结构的强度。然而,刚性接头最大的缺点就是它的防水性能不可靠,隧道通车后不久就可能因为下沉不均匀而导致裂缝和渗漏。自从水力压接法出现以来,许多隧道虽然仍然使用刚性接头,但是其结构却大不同于以往的刚性接头。在水力压接时使用的橡胶垫片会留在外圈,作为接头的永久性防水防线。在这种情况下,刚性接头被置于橡胶垫片下方,不会发生渗漏,这种刚性接头也被称为"先柔后刚"式的接头(图8-9)。其刚性部分通常在下沉基本结束后再用钢筋混凝土浇筑。

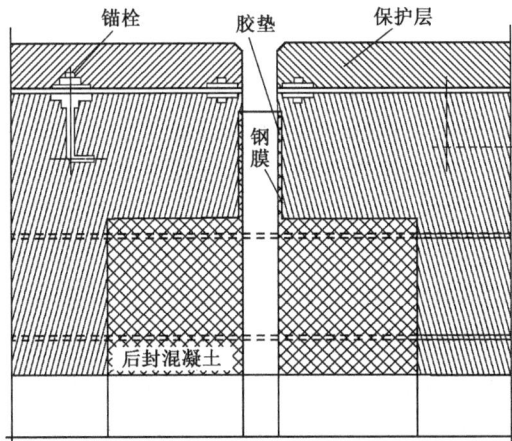

图8-9 "先柔后刚"式接头

水力压接法后又出现了柔性接头(图 8-10)。这种接头的主要作用是利用水力压接时使用的胶垫来吸收由于温度变化和地基不均匀沉降所产生的变形,从而消除或减小管段所受到的温度应力和沉降应力。在地震区中的沉管隧道中,使用柔性接头更为适宜。

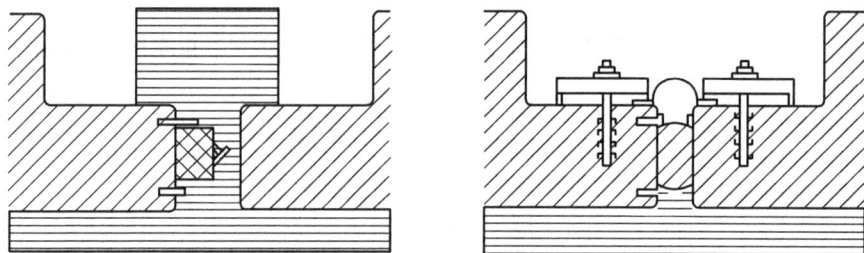

图 8-10 普通柔性接头

常用接头有 GINA 止水带、OMEGA 止水带以及水平剪切键、竖直剪切键、波形连接件、端钢壳及相应的连接件。其中 GINA 带和 OMEGA 带起防水作用,水平剪切键可承受水平剪力,竖直剪切键可承受竖直剪力及抵抗不均匀沉降,波形连接件可以增加接头的抗弯抗剪能力,端钢壳主要起连接端封门和接头其他部件、调整隧道纵坡的作用(图 8-11)。

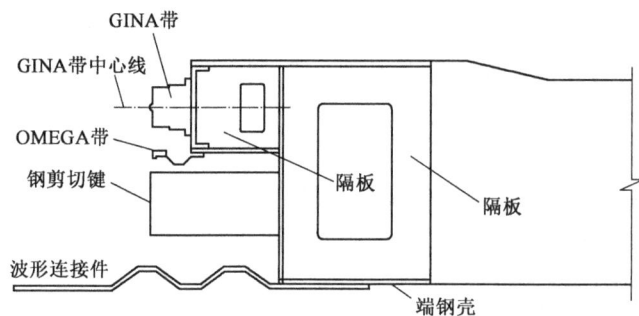

图 8-11 GINA 止水带接头构造

8.1.3 沉管结构设计

1. 沉管结构的类型和构造

1)沉管结构的类型

沉管结构有两种基本类型:钢壳沉管和钢筋混凝土沉管。

钢壳沉管是外壁或内外壁均为钢壳,中间为钢筋混凝土或混凝土,钢壳和混凝土共同受力的复杂结构。它的特点是钢壳在船坞内预制,下水后浮在水面浇灌钢壳内的大部分混凝土,钢壳既是浇灌混凝土的外模板,又是隧道的防水层,省去了钢筋混凝土管段与之所需的干坞工程。但是隧道耗钢量大,钢壳制作的焊接工作量大,防水质量难以保证;钢壳的防腐蚀、钢壳与混凝土组合结构受力等问题不易得到较好解决,且施工工序复杂;钢壳沉管由于制造工艺及结构受力等原因,断面一般为圆形,每孔一般只能容纳两车道,断面利用率很低且不经济。

世界上第一座钢壳管段沉管隧道建于 20 世纪初的北美,目前,大多数钢壳管段沉管隧道也主要分布在北美地区,少数几座位于日本,欧洲地区则较为罕见。钢壳管段沉管隧道由钢壳和混凝土组合构成,钢壳起到防水作用,而混凝土则用于镇载和承受压力,同时满足结构稳定需求。由于钢壳的弹性特性,完工后的隧道整体结构具备柔性的特点。

钢筋混凝土沉管隧道则以钢筋混凝土为主要材料,外表涂有防水涂层,预制通常在干坞内进行,但临时干坞的建设工作量较大。预制时需严控施工质量,以避免混凝土产生裂缝。与钢壳管段相比,钢筋混凝土沉管隧道的钢材用量较少,造价相对较低。该隧道段一般采用矩形断面,断面利用率较高,并且可以灵活组合多个管孔。

钢筋混凝土沉管隧道最早出现在欧洲,约半个世纪前,荷兰鹿特丹建成了欧洲第一座沉管隧道。此后,这种技术逐渐简化和优化,全球已建成约40座钢筋混凝土沉管隧道,其中大部分位于欧洲,尤其是荷兰,亚洲的日本和中国也建设了几座。钢筋混凝土管段隧道的一个显著特点是,它的管段由钢筋混凝土构成,既起结构支撑作用,又充当镇载物。早期隧道通常采用钢板或沥青薄膜防水,而新建隧道大多未采用防水薄膜。管段通常由长度20~25 m的节段组成,并通过柔性接缝连接,形成整体结构,从而便于控制混凝土浇筑质量,并减少内部应力。仅有极少数的钢筋混凝土沉管隧道采用了刚性接缝设计。

2)沉管结构的构造

沉管结构施工首先在隧道所在地之外建造一个临时干坞,干坞的两端用临时封墙封闭起来。随后,在干坞内预制钢筋混凝土隧道管段,一般每节长60~140 m,部分道路隧道管段甚至达到268 m,但大多数为100 m左右。干坞完成后向干坞内灌水,使预制好的管段逐节浮出水面。随后,利用拖轮将这些管段运送至指定位置,并在设计好的隧道位置开挖一个水底沟槽。当管段定位完成后,向管段内部灌水以增加压载,逐步将其下沉至预定位置。最后在水下把这些沉设完毕的管段连接好。由此我们可知,沉管结构施工包含两个部分:隧道管段预制和管段连接。其中管段连接又包括连接的结构性和连接处的止水措施。

2. 沉管结构的荷载

作用在沉管结构上的荷载有结构自重、水压力、土压力、浮力、施工荷载、预应力、波浪和水流压力、沉降摩擦力、车辆活载、沉船荷载地基反力、混凝土收缩影响、变温影响、不均匀沉陷影响、地震荷载等,详细见表8-2。

沉管荷载表 表8-2

序号	荷载类型	荷载	横向	纵向
1	基本荷载	水土压力、结构自重、管段内外压荷载	√	√
2		沉管内建筑及车辆荷载	√	√
3		混凝土收缩应力	√	
4		浮力、地基反力	√	√
5	附加荷载	施工荷载	√	√
6		温差应力	√	√
7		不均匀沉降产生的应力		√
8	偶然荷载	沉船抛锚及河道疏浚产生的特殊荷载	√	√
9		地震荷载	√	√

注:表中"√"标记表示作用有该种荷载。

在上述荷载中,只有结构自重及其相应的地基反力是恒载。钢筋混凝土的重度可分别按24.6 kN/m³(浮运阶段)及24.2 kN/m³(使用阶段)计算。至于路面下的压载混凝土的重度,则由于密实度稍差,一般按 22.5 kN/m³ 计算。

作用在管段结构上的水压力是主要荷载之一。在覆土较小的区段中,水压力常是作用在管段上的最大荷载。设计时要按各种荷载组合情况分别计算正常的高、低潮水位的水压力,以及台风时或若干年一遇(如 100 年一遇)的特大洪水位的水压力。

土压力是作用在管段结构上的另一主要荷载,且通常不是恒载。例如,作用在管段顶面上的垂直土压力(土荷载),一般为河床底面到管段顶面之间的土体重量。但在河床不稳定的场合下,还要考虑河床变迁所产生的附加土荷载。作用在管段侧边上的水平土压力也不是一个常量。在隧道刚建成时,侧向土压力往往较小,以后逐渐增加,最终可达到静止土压力。设计时应按不利组合分别取用其最小值与最大值。

作用在管段上的浮力也不是常量。一般来说,浮力应等于排水量,但作用于沉放在黏性土层中的管段上的浮力,有时也会由于"滞后现象"的作用而大于排水量。

施工荷载主要是端封墙、定位塔、压载等重量。在进行浮力设计时,应考虑施工荷载。在计算浮运阶段的纵向弯矩时,施工荷载将是主要荷载。如果施工荷载所引起的纵向负弯矩过大,则可调整压载水罐(或水柜)的位置来抵消一部分弯矩。

波浪压力一般不大,通常不影响配筋。水流压力对结构设计影响也不大,但必须通过水工模拟试验予以确定,以便据此设计沉放工艺及设备。

沉降摩擦力是在覆土回填之后,沟槽底部受荷载不均,沉降亦不均的情况下发生的。沉管底下的荷载比较小,沉降亦小,而其两侧荷载较大,沉降亦大;因而,在沉管的侧壁外侧就受到这种沉降摩擦力的作用(图 8-12)。如在沉管侧壁防水层之外再喷涂一层软沥青,则可使此项沉降摩擦力大为减小。

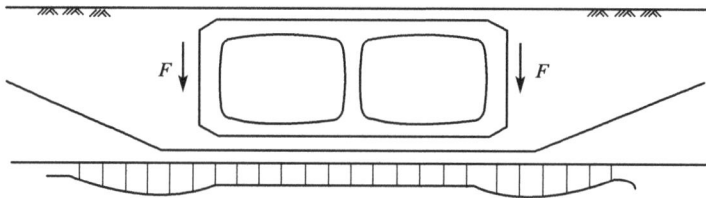

图 8-12　沉降摩擦力

车辆活载在进行横断面结构分析时一般是略去不计的。在进行道路隧道的纵断面结构分析时,也常略去不计。

沉船荷载是船只失事后恰巧沉在隧道顶上时所产生的特殊荷载。这种荷载究竟有多大,应视船只的类型、吨位、装载情况、沉放方式、覆土厚度、隧顶土面是否突出于两侧河床底面等许多因素而定,因而在设计时只能做假设的估定,而不能统做规定。在以往的沉管设计中,常假定为 50 ~ 130 kN/m²。近年来,因其发生的概率实在太小,对计算这项荷载的必要性也有不同的看法。

地基反力的分布规律有不同的假定:①反力按直线分布;②反力强度与各点地基沉降量成正比(温克勒假定);③假定地基为半无限弹性体,按弹性理论计算反力。

在按温克勒假定设计时,有采用单一地基系数的,也有采用多种地基系数的。日本东京港第一航道水底道路隧道,在设计时考虑到沉管底宽较大,基础处理会不均匀,因而既采用了单一地基系数计算,也采用了不同组合的多地基系数计算,然后做出内力包络图(图 8-13)。

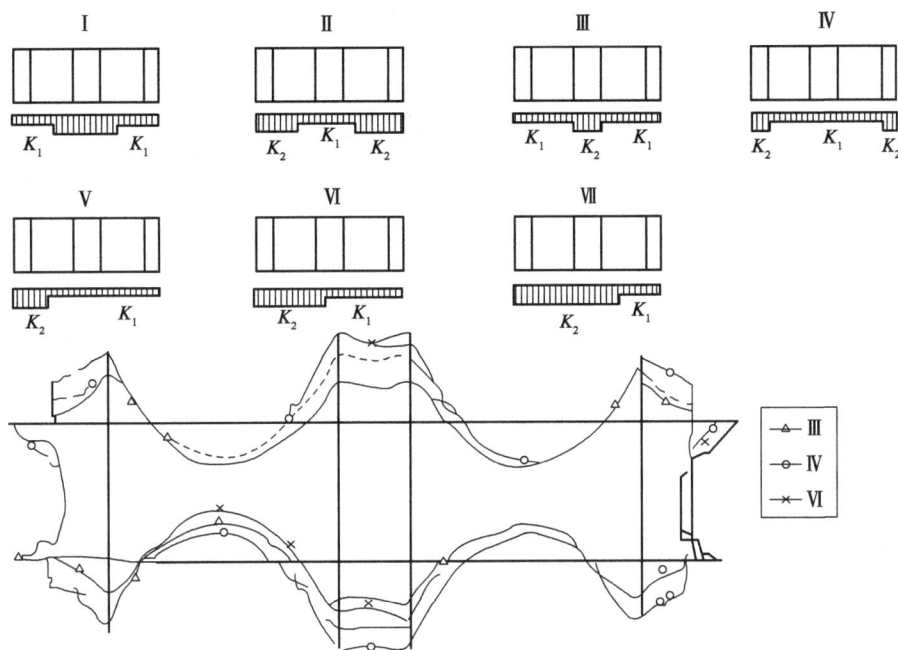

图 8-13 地基反力假设

混凝土收缩影响是由施工缝两侧不同龄期混凝土的(剩余)收缩差所引起,因此应按初步的施工计划,规定龄期差并设定收缩差。

变温影响主要由沉管外壁的内外侧温差所引起。设计时可按持续 5~7 天的最高气温或最低气温计算。计算时可采用日平均气温,不必按昼夜最高或最低气温计算。计算变温应力时,还应考虑徐变影响。

管段计算应根据管段在预制、浮运、沉放和运营等各不同阶段进行荷载组合,荷载组合一般考虑以下 3 种:①基本荷载;②基本荷载 + 附加荷载;③基本荷载 + 偶然荷载。

3.沉管结构的浮力设计

在沉管结构设计中,有一点与其他地下结构迥然不同:必须处理好浮力与重力间的关系,也即所谓的浮力设计。浮力设计的内容包括干舷的选定和抗浮安全系数的验算,其目的是最终确定沉管结构的高度和外廓尺寸。

1)干舷

管段在浮运时,为了保持稳定,必须使管顶露出水面,露出的高度就称为干舷。具有一定干舷的管段,遇到风浪而发生倾侧后,会自动产生一个反倾覆力矩 M_t(图 8-14),从而使管段恢复平衡。

对于一般矩形断面的管段,干舷多为 10~15 cm,而对于圆形、八角形或花篮形断面的管段(图 8-15),因其顶宽较小,干舷高度多为 40~50 cm。干舷高度不宜过小,否则稳定性较差。但干舷高度也不宜过大,因为沉管沉放时,首先

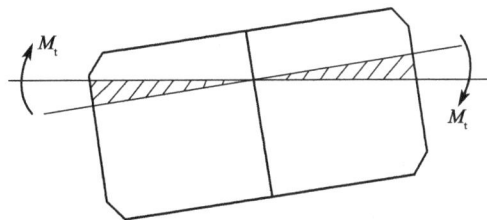

图 8-14 管段干舷与反倾力矩

要灌注一定数量的压载水,以消除上述干舷所代表的浮力而使沉管下沉。干舷越大,所需压载水罐(或水柜)的容量越大,就越不经济。

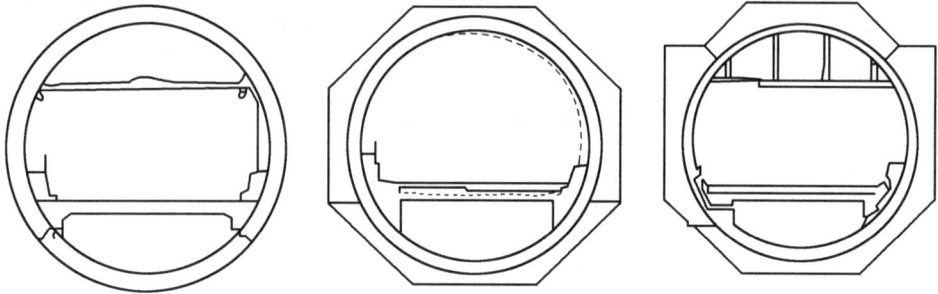

图 8-15　圆形、八角形和花篮形断面

在极个别的情况下,由于沉管的结构厚度较大,无法自浮(即没有干舷),则须于顶部设置浮筒助浮,或在管段顶上设置钢围堰,以产生必要的干舷。

在制作管段时,混凝土重度和模板尺寸总有一定幅度的变动和误差。同时,在涨潮、落潮以及各不同施工阶段中,河水密度也会有一定幅度的变动。所以在进行浮力设计时应按最大的混凝土重度、最大的混凝土体积和最小的河水密度来计算干舷。

在进行干舷设计时,干舷计算的理论值会受到很多因素影响,其计算公式如下:

$$B - G = WLf\gamma_w \tag{8-1}$$

对于矩形断面的管节,其浮力平衡方程为:

$$f = \frac{B - G}{WLf\gamma_w} \tag{8-2}$$

对于顶面带有倒角的矩形断面管节,其浮力平衡方程为:

$$B - G = (W - 2a + f)fL\gamma_w \tag{8-3}$$

即:

$$f^2 + (W - 2a)f - \frac{B - G}{L\gamma_w} = 0 \tag{8-4}$$

式中:f——干舷高度;

　　　W——管节全宽;

　　　L——管节全长;

　　　γ_w——水的重度;

　　　B——管节排水总量,即全沉放后的总浮力;

　　　G——管节重量;

　　　a——管节顶面倒角宽度。

2)抗浮安全系数

在管段沉放施工阶段,抗浮安全系数应取 1.05 ~ 1.10。管段沉放完毕后进行抛土回填时,周围的河水会变得浑浊,使得河水密度变大,浮力也相应增加。因此施工阶段的抗浮安全系数必须保证在 1.05 以上,否则容易导致"复浮"。施工阶段的抗浮安全系数应根据覆土回填开始前的情况进行计算。因此,临时安设在管段上的施工设备(如索具定位塔、出入筒、端封墙等)的重量均应不计。

在覆土回填后的管段使用阶段,抗浮安全系数应取 1.2 ~ 1.5。计算使用阶段的抗浮安全系数时,可考虑两侧填土的部分负摩擦力作用。

进行抗浮设计时,应按最小混凝土重度和体积、最大河水密度来计算各个阶段的抗浮安全系数,其计算公式为:

$$抗浮安全系数 = \frac{管体重量}{管体所占空间 \times \gamma_{wmax}} \tag{8-5}$$

式中的管体重量已包括内部压载的混凝土重量,γ_{wmax} 为最大河水密度。在实际情况中,如果考虑覆土重量与管段侧面负摩擦力的作用,则抗浮安全系数会增大。

4. 沉管结构的外轮廓尺寸

隧孔的内净宽度和行车道净空高度必须根据沉管隧道使用阶段的通风要求及行车界限等来确定。而沉管结构的全高以及其他外轮廓尺寸(图 8-16)必须满足沉管抗浮设计要求,因此这些尺寸都必须经过多次浮力计算和结构分析才能予以确定。

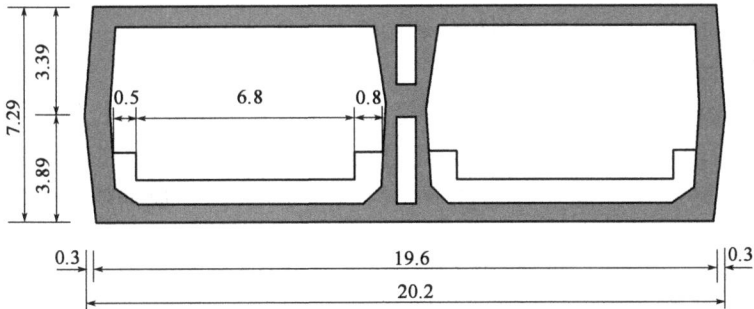

图 8-16 沉管结构的外轮廓尺寸(尺寸单位:m)

5. 沉管结构的计算

1)横向结构计算

沉管横截面多为多孔(单孔的极少)箱形框架,其管段横断面内力一般按弹性支撑型框架结构计算。由于荷载组合种类较多,箱形框架的结构分析必须经过"假定构件尺寸—分析内力—修正尺寸—复算内力"的几次循环。而在同一节管段(一般为 100 m 长)中,因隧道纵坡和河底高程变化的关系,各处断面所受水、土压力会有所不同(尤其是接近岸边时,荷载常急剧变化),不能仅按一个横断面的结构分析结果来进行整节管段的横向配筋。因此横向结构计算的工作量非常大。但自从计算机普及之后,利用一般平面杆系结构分析的通用程序,使计算工作量大大减少了。

钢壳管段中,钢壳和混凝土是作为一个整体共同作用的,在浇灌混凝土时钢壳起模板的作用,而灌注后的管段与干船坞方式的管段是一样的。但在设计上,由于钢壳较难与混凝土成为一体,加之腐蚀、残留应力的问题,很难将其视为一个有效的承载构件。

钢壳的横向断面一般取决于灌注混凝土时所产生的应力。在混凝土灌注过程中,钢壳吃水深度和水压不断增加,因此设计断面也将不断变化。所以应该对各个施工阶段的混凝土重量和水压力进行应力计算,然后由最危险状态决定钢壳断面。横断方向混凝土的灌注一般是按从下往上的顺序进行的。但对于长方形断面管段,因管壁上混凝土是按集中荷载作用的,为不使变形和应力过大,应科学安排灌注量和灌注顺序。

　　对于用干船坞制作的钢筋混凝土管段,在确定横断面时要重点注意对浮力的平衡,而从施工的角度来看,应力方面不会有什么问题。在进行结构应力计算时,一般将其处理为作用在地基上的平面骨架结构来考虑,而地基反力系数由地层性质和基础宽度等因素决定。如果干船坞处在软弱的地基上,要先进行地基处理或采用桩基,以防止在制作过程因地基处理不当而对管段产生有害应力。

　　混凝土管段横断面的厚度一般按钢筋混凝土构件计算即可。但沉管隧道主要受水压力、土压力的作用,因此设计的荷载大多都是恒载。同时,管段在水下进行维修也是较为困难的。因此混凝土和钢筋应力的目标设计值,要根据开裂宽度、混凝土流变等因素,加以充分研究后才能选定。另外,构件的厚度还要考虑施工时钢筋的布置,特别是大水深和大断面的沉管隧道,应遵循大直径、小间距的原则,且使必要的钢筋量大于 200 kg/m。

　　除土压力、水压力、自重之外,还要考虑地震、地层下沉、温度等因素的影响。例如,当回填土比既有地层的重量大时,管段侧面地层会下沉,将使横断面的应力受到一定影响。此影响要按管段底面的下沉量和作用在管段侧面的摩擦力来判断计算。温度变化的影响主要表现在构件内部温差所产生的应力及隧道外周构件和中壁温差所产生的应力。

　　2)纵向结构计算

　　在施工阶段,纵向受力分析主要计算浮运和沉放时施工荷载(定位塔、端封墙等)所引起的内力。而使用阶段一般按弹性地基梁理论进行计算。在进行沉管隧道纵断面设计时,除考虑各种荷载之外,还要考虑温变和地基不均匀沉降等作用,并根据隧道性能要求进行合理组合。

　　钢壳管段纵断面设计时,可以把整个钢壳视为沿纵断方向的梁,然后根据施工荷载研究其强度和变形。其设计状态可分为进水时、混凝土灌注时、拖航停泊时等。钢壳在制作及纵向进水时会产生比较大的应力,故多由此状态确定断面尺寸,而其他状态下的应力也应进行计算和考虑。混凝土灌注时的应力根据混凝土的一次灌注量、灌注地点以及灌注顺序的不同而变化较大。因此,一次混凝土灌注的区段和顺序要按使断面应力最小的原则确定。对于混凝土灌注时的变形,因各灌注阶段的变形是重合的,所以即使荷载在最终阶段分布是均匀的,也会有残余变形。因此在决定灌注顺序时,要考虑管段的轴向变形。

　　除上述状态之外,在牵引和停泊时波浪也会对结构产生局部集中应力作用,故要考虑对结构自身抗变形和防水等能力的加强。

　　混凝土管段纵断面设计时,除考虑混凝土灌注、牵引及沉放时的状态之外,还要考虑完成后地震、地层下沉及温度变化等的影响。

　　同横断面设计一样,施工过程一般不能起决定性作用。混凝土大体积灌注时,会因温度的变化和混凝土的干燥收缩而开裂,在设计阶段应加以研究。

　　混凝土沉管隧道沉放后,沿纵向有不均匀荷载作用以及基础地层有压密沉降时,要考虑地层下沉的影响。护岸附近沉管隧道上部至地层部分的回填土导致了荷载的不均匀性并使沉管隧道产生弹性下沉,所以隧道可按坐落在弹性地基梁上来设计。

　　对于温度变化的影响,一般混凝土结构设计时要考虑 10 ~ 15 ℃ 的温度变化量。若采用可挠性接头,设计时要计算出伸缩量。沉管隧道的长度较长,管体的断面面积较大,可挠性接头的伸缩量也越大。而采用刚性接头时,因约束变形,沿轴向产生的轴向力不能忽视。

6. 预应力的应用

一般情况下,沉管隧道多采用普通钢筋混凝土结构。这是因为沉管结构的厚度往往不是由强度决定的,而是取决于抗浮安全系数。所以预应力的优点在沉管结构中不能充分发挥。虽然预应力混凝土有助于提高结构的抗渗性,但由于结构厚度大、所施预应力不高,单纯为了防水而采用预应力混凝土结构则不够经济。故沉管隧道一般不采用预应力钢筋混凝土结构,而多用普通钢筋混凝土结构。

然而当隧孔跨度较大(例如3车道以上),而水、土压力也较大(例如达到 $300 \sim 400 \ kN/m^2$)时,作用在沉管结构的顶、底板的剪力较大,若采用普通钢筋混凝土,就必须放大支托。但放大后的支托是不容许侵入车边净空界限的,因此只能相应地增加沉管结构的全高度(常需增加 $1 \sim 1.5 \ m$),这必然导致:①增加沉管的排水量,但为保证规定的抗浮安全系数,又要相应地增加压载混凝土的数量;②增加水底沟槽的开挖深度,亦即增加潜挖土方量;③增加引道深度,不但使引道的支挡结构受到更大的土压力,从而增加这部分结构的工程量,而且会遇到其他水文地质上的困难;④增加隧道全长、总工程量和总造价。

在这种情况下,采用预应力钢筋混凝土结构就是一种较经济的解决办法。有的沉管隧道仅在水深最大处采用预应力钢筋混凝土结构,其余部分仍用普通钢筋混凝土结构,这样可以更好地发挥预应力的优点。沉管结构横断面采用预应力钢筋混凝土时有两种做法:全预应力和部分预应力。

古巴的 Almendares 河下的水底道路隧道是世界上第一条采用预应力钢筋混凝土的沉管隧道,该隧道在顶、底板的上、下两侧对称地布置直索(图 8-17)。而这种布索方式在荷载较大时不够经济,因此其后所有采用预应力钢筋混凝土的沉管隧道都改用了弯索。然而,在采用弯索以后,又遇到了另外的问题。沉管隧道要到沉放开始之后才陆续承受水土压力的作用,而这些作用远比沉管结构的自重大得多(有时大到十几倍以上),使得难以在管段沉设、回填等工作进行时逐步施加预应力。全部预应力索都必须在干坞制作中张拉完毕,并做好压浆和锚具的防水处理。因此为了保持平衡,就得在预应力索的对侧配置大量非预应力钢筋以防结构开裂过限。但配置的非预应力钢筋在管段沉设和回填完毕之后,便不起永久性作用,从而造成了浪费。

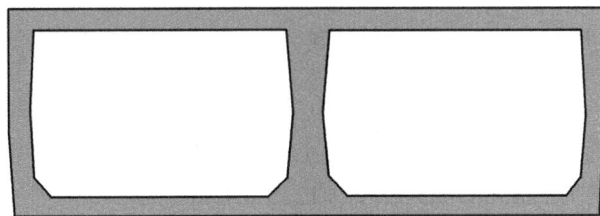

图 8-17 Almendares 隧道断面

为了避免这种浪费,可在隧孔跨中的顶、底板之间设置临时对拉预应力筋。在干坞中张拉预应力索时,同时张拉临时对拉预应力筋,使之有效替代沉放和回填完毕后的水、土压力作用。待沉放施工开始后,随着水、土压力的增加,逐步卸载临时拉筋中的应力,这样就可省去大量不起永久性作用的普通钢筋。1967 年建成的加拿大 Lafontaine 水底道路沉管隧道就是采用这样的方法(图 8-18)。

图 8-18 Lafontaine 隧道断面

在现已建成的预应力钢筋混凝土沉管隧道中,采用部分预应力的较多,且一般都配置了相应的非预应力钢筋,以作为临时抗衡之用。

8.1.4 沉管结构施工

1. 地质条件和沉管基础

在工程建设中,地上建筑应根据地基地质条件选择适当的基础,否则就会产生对建筑物有害的沉降。如有流砂层,施工难度还会增加,必须采取特殊措施(如疏淤等)加以处理。但在水底沉管隧道中,情况就完全不同:首先,不会产生由土壤固结或剪切破坏所引起的沉降;其次,在沉管沉放后,作用在沟槽地面的荷载非但没有增加,反而减小了。

开槽前,作用在图 8-19 槽底 A-A 面上的初始压力 $P_0(\text{kN/m}^2)$ 为:

$$P_0 = \gamma_s(H + C) \tag{8-6}$$

式中:γ_s——土壤的浮重度;

H——沉管的全高(m);

C——覆土厚度,一般为 0.5 m,有特殊需要时为 1.5 m。

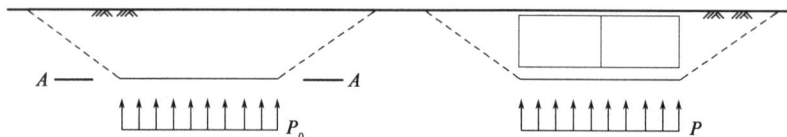

图 8-19 管段底面的压力分布

在管段沉放、覆土回填完毕后,作用在槽底 $A - A$ 面上的压力为:

$$P = (\gamma_t - 10)H \tag{8-7}$$

式中:γ_t——竣工后,管段的等效重度(包括覆土重量在内)。

设 $\gamma_s = 7 \text{ kN/m}^3$,$H = 8 \text{ m}$,$C = 0.5 \text{ m}$,$\gamma_t = 12.5 \text{ kN/m}^3$,则:

$$P_0 = 7 \times (8 + 0.5) = 59.5 \text{ kN/m}^2$$

$$P = (12.5 - 10) \times 8 = 20 \text{ kN/m}^2 < P_0$$

因此沉管隧道很少需要构筑人工基础以解决沉降问题。

此外,沉管隧道是在水下进行开挖沟槽施工的,不会产生流砂现象。遇到流砂时,不必像地上建筑或其他方法施工的水下隧道(如明挖隧道、盾构隧道等)那样采用费用较高的疏淤泥措施。

因此,沉管隧道对各种地质条件的适应性很强,几乎没有什么复杂的地质隧道施工。正因如此,一般水底沉管隧道施工时,不必像其他水下隧道施工法那样须在施工前进行大量的水下钻探工作。

2. 沉管基础处理

沉管隧道对各种地质条件的适应性都很强,这是它的一个很重要的特点。然而,沉管隧道在挖泥船开槽作业后,槽底表面通常会非常不平整,导致槽底与沉管底面之间出现许多不规则空隙。这些空隙会引发地基受力不均匀,进而可能导致局部破坏,增加沉管结构的局部应力,从而引发裂缝。因此,沉管隧道施工中必须对基础进行垫平处理,以去除有害孔隙的同时确保安全与稳定,其处理方法如图 8-20 所示。

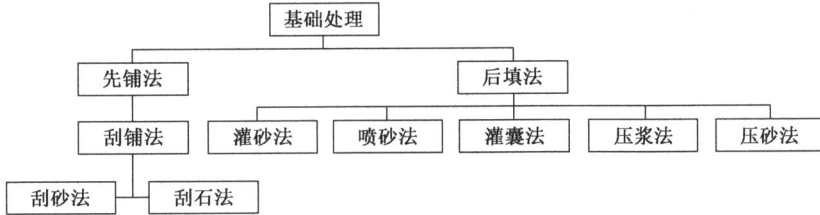

图 8-20 沉管基础处理方法

沉管隧道基础处理方法可分为两类:先铺法和后填法。先铺法是在管段沉放之前,先在槽底上铺好砂、石垫层,然后将管段沉放在垫层上,适用于底宽较小的沉管工程。后填法是在管段沉放完毕之后,再进行垫平作业,大多(除灌砂法之外)适用于底宽较大的沉管工程。各种处理方法都是为了消除基底的不均匀空隙,但由于不同方法之间"垫平"途径的差别,其效果以及费用上的出入都很大,计算时须详做比较。

1) 先铺法

先铺法实际上是利用刮铺机(图 8-21)将铺垫材料(砂或石)设置成平整的垫层,刮砂和刮石两者操作工艺基本相同。

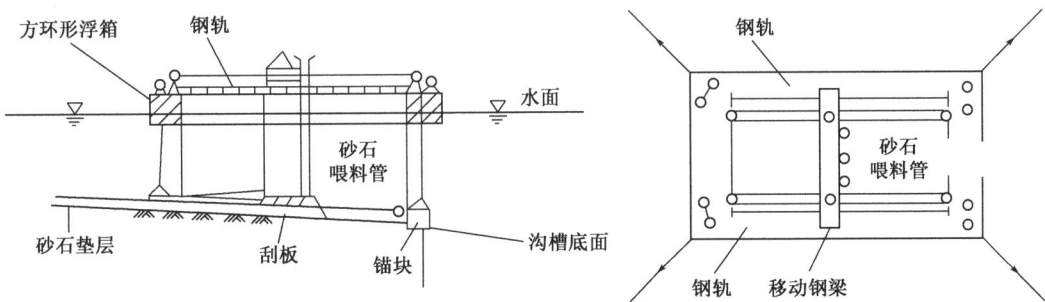

图 8-21 刮铺机

铺垫材料可为粗砂,也可为最大粒径不超过 100 mm 的碎石。在地震区应避免用砂料铺垫。对于每次投料铺垫的范围,宽度可比沉管底宽多 1.5 ~ 2 m,长度则与管段一节长度相同。由于刮铺垫层的表面不完全平整,即便进行了基础垫平处理,沉管底面与垫层之间仍难以完全密贴,因此在管段沉放后,通常需要进行"压密"工序。通过灌满压载水或添加砂石料,施加超载,使垫层被进一步压实,确保与沉管底面紧密贴合。

2）后填法

后填法有多种工艺,后填法的基本工序:在挖沟槽时,先超挖 100 cm 左右,在沟槽底面上安设临时支座,管段沉放完毕后,往管底空间回填垫料。临时支座大多数是在道砟堆上设置钢筋混凝土支承板,也可以采用短钢简易墩(图 8-22)。

(1)灌砂法。在管段沉放完毕后,从水面上通过导管沿着管段侧面,向管段底下灌填粗砂,构成两条纵向的垫层。

(2)喷砂法。在管段宽度较大时,从水面上用砂泵将砂、水混合料通过伸入隧管底面下的喷管向管段下喷注以填满其空隙。喷砂法所构成的垫层厚度一般为 1 m(图 8-23)。

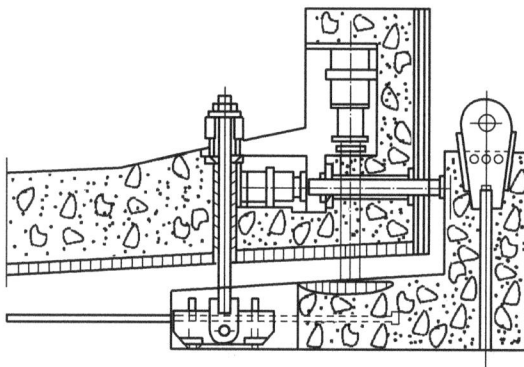

图 8-22 预制支承板

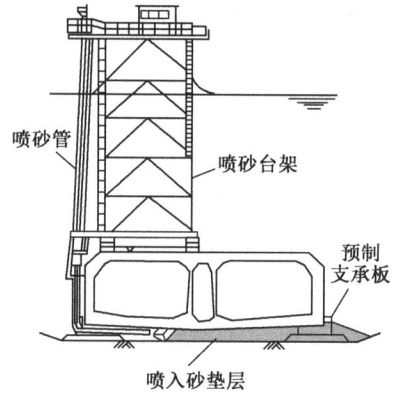

图 8-23 喷砂法

(3)灌囊法。灌囊法系于砂、石垫层面上用砂浆囊袋将剩余空隙切实填密。因此在沉放管段之前仍需铺设一层砂、石垫层。垫层与沉管底之间须留出 15~20 cm 的空间(图 8-24)。

(4)压浆法。采用压浆法时,沉管沟槽也需先超挖 1 m 左右,然后摊铺一层碎石(厚 40~50 cm),但不必刮平,再堆设临时支座所需碎石堆,完成后即可沉放管段。管段沉放结束后,沿着管段两侧边及后端底边抛堆砂、石混合料以封闭管周边(图 8-25)。最后从隧道内部用通常的压浆设备,经预埋在管段底板上带单向阀的压浆孔,向管底空隙压注混合砂浆。

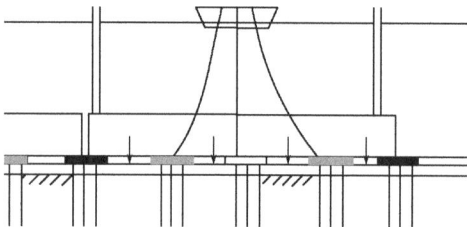

图 8-24 灌囊法

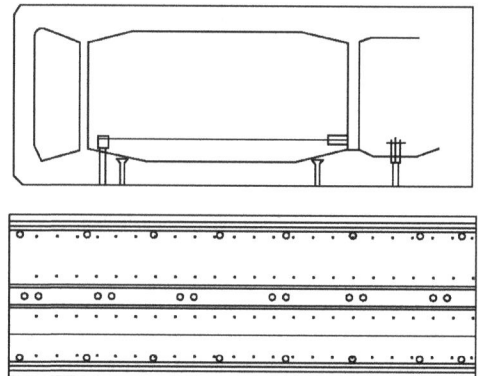

图 8-25 压浆法

(5)压砂法。压砂法(图 8-26、图 8-27)与压浆法颇为相似,不同点是压注物料为砂、水混合料。

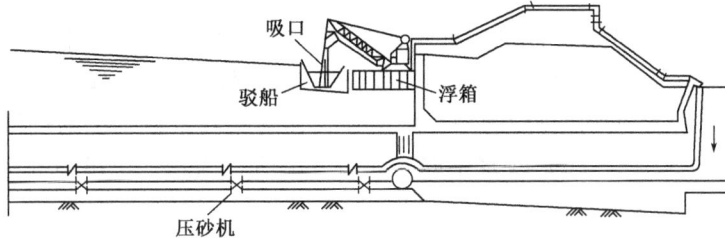

图 8-26　压砂法

3. 软弱土层上的沉管基础

如果沉管下的地基土特别软弱、容许承载力非常小,则仅做"垫平"处理是不够的。虽然这种情况比较少见,但仍应认真对待。解决的办法有:①以砂置换软弱土层;②打砂桩并加荷预压;③减轻沉管重量;④采用桩基。

方法①工程费用较大,且在地震时有液化危险,不适用于砂源较远的情况,如在震区内则更不安全。丹麦的 Limfjords 水底道路隧道采用的就是此法,将软弱土层全部挖去,用砂回填至原土面,如图 8-28 所示。方法②工程费用也较大,且不论加荷多少,要使地基土达到固结密实所需的时间都很长,对工期影响较大,所以一般不用。方法③能有效减少沉降,但由于沉管抗浮安全系数不大,因此减轻沉管重量的办法并不实用。综上,只有方法④较为适宜。

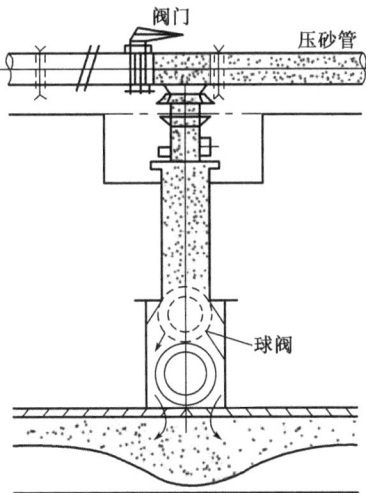

图 8-27　压砂孔

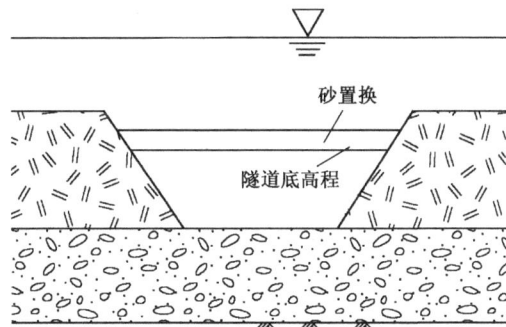

图 8-28　砂置换法

沉管隧道采用桩基后,也会遇到一些地上建筑通常所碰不到的问题。基桩桩顶高程在实际施工中不能完全齐平,所以难以保证所有桩顶与管底保持接触,使基桩受力均匀。故在沉管基础设计中必须采取有效措施,来解决基桩受力不均匀的状况,常采用以下 3 种方法。

1)水下混凝土传力法

该法具体操作如下:基桩打好后,先浇一、二层水下混凝土将桩顶裹住;然后在水下铺一层砂石垫层,使沉管荷载经砂石垫层和水下混凝土层传到桩基上。美国的 Bankhead 水底道路隧道等曾用过此法(图 8-29)。

2）砂浆囊袋传力法

该法具体操作如下：在管段底部与桩底之间，用大型化纤囊袋灌注水泥砂浆加以垫实，从而使所有基桩均能同时受力。所用囊袋不但要有较高的强度，而且要有充分的透水性，以保证灌注砂浆时囊内河水能顺利地排除囊外。所用砂浆强度略高于地基土的抗压强度即可，但要求流动度要高，故一般常在水泥砂浆中掺入适量的半脱土砂浆，以减少工程费用。瑞典的Tingstad 水底道路隧道曾用过此法（图 8-30）。

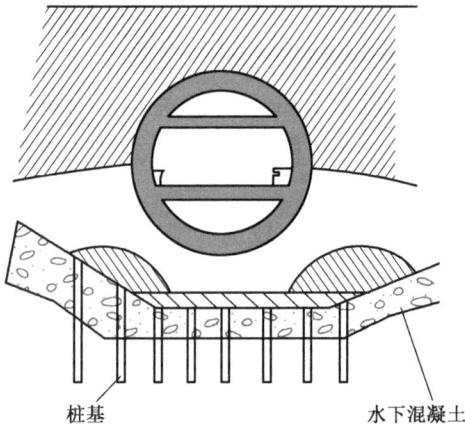

图 8-29　水下混凝土传力法

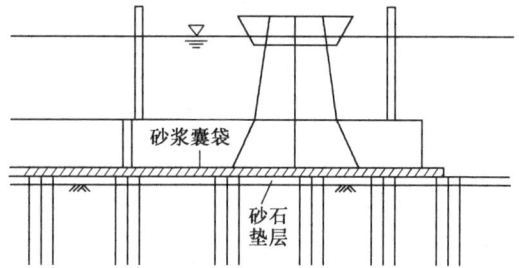

图 8-30　砂浆囊袋传力法

3）活动桩顶法

该法的具体操作如下：先在基桩顶端设一小段预制混凝土活动桩顶，待管段沉放完毕后，向活动桩顶与桩身之间的空腔中灌注水泥砂浆，直至活动桩顶升到与管底密贴接触为止，从而使基桩受力均匀（图 8-31）。该方法的首次运用是在荷兰鹿特丹市的地下铁道河中的沉管隧道工程中。随后日本东京港第一航道水底道路隧道（1973 年建成）采用了一种钢制的活动桩顶，基桩顶部与活动桩间的空隙用软垫层垫实，而垫层厚度则按预计沉降量来决定。待管段沉放完毕之后，用砂浆将管底与活动桩间的空隙灌注填实（图 8-31、图 8-32）。

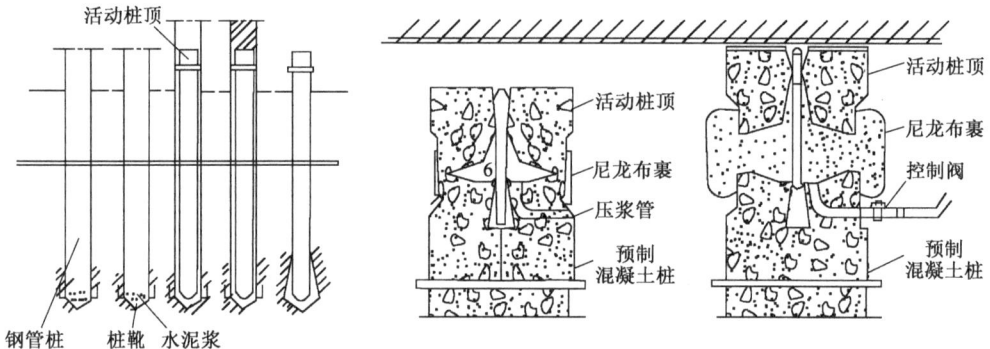

图 8-31　活动桩顶法之一

4. 管段沉放与水下连接

1）沉放方法与设备

在沉管隧道施工中，需根据自然条件、航道条件、管段规模以及设备条件等因素，因地制宜地选用最经济的沉放方案，目前的沉设方法有以下4种。

（1）分吊法。分吊法就是在沉放作业时用2~4艘起重船或浮箱提着各个吊点（一般在管段上预埋3或4个吊点），逐渐将管段沉放到规定位置上。早期的双车道钢壳圆形管段几乎都是用3~4艘100~150 t的起重船分吊沉放。20世纪60年代，荷兰人Coen首创了以大型浮筒代替起重船的分吊沉放法。而后比利时的Schelde隧道采用浮箱代替了浮筒。图8-33、图8-34、图8-35分别表示采用起重船、浮筒及浮箱的分吊法。

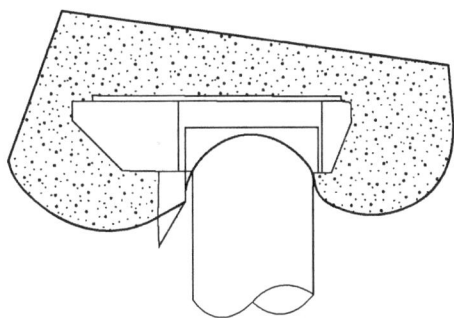

图 8-32　活动桩顶法之二

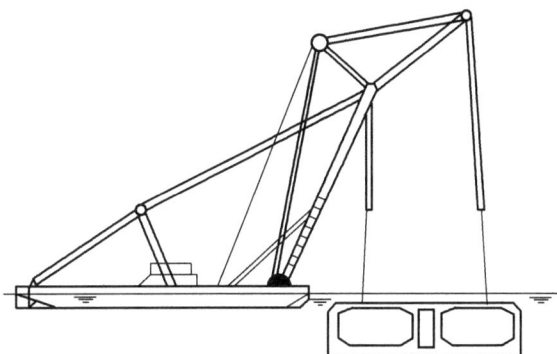

图 8-33　起重船分吊法

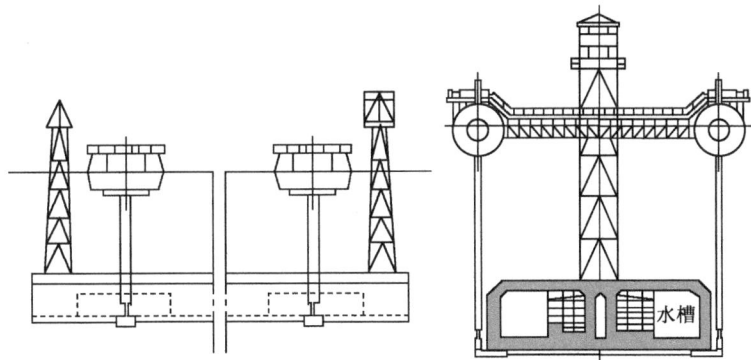

图 8-34　浮筒分吊法

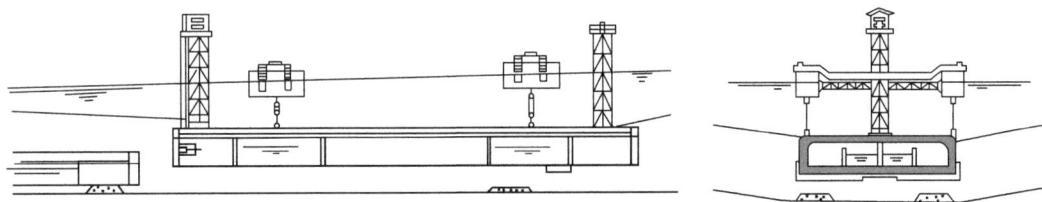

图 8-35　浮箱分吊法

（2）扛吊法。扛吊法亦称为方驳扛沉法（图 8-36），其基本概念就是"二副扛棒"。这种方驳扛沉法中最主要的大型工具就是 4 艘小型方驳，设备费用很少。

（3）骑吊法。骑吊法系用水上作业平台"骑"于管段上方，将其慢慢地吊放沉放，如图 8-37 所示。国外常将其称作 SEP（Self-Elevating Platform，自升式水上作业平台），其平台部分实际为一个浮箱，反复调整浮箱内水压进行定位。

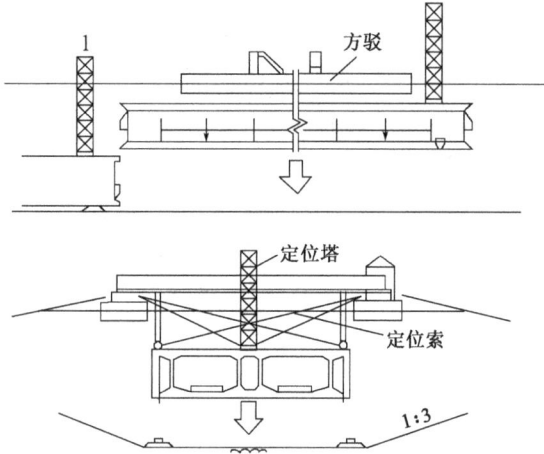

图 8-36　方驳扛沉法

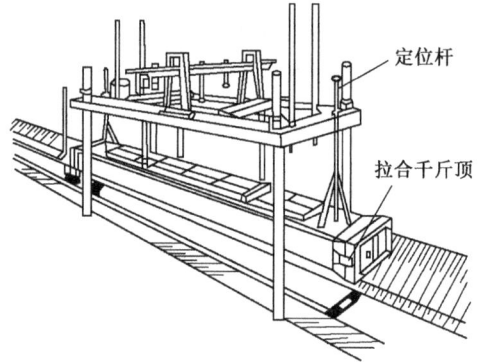

图 8-37　骑吊法

（4）拉沉法。拉沉法主要特点是利用预先设置在沟槽地面上的水下桩墩作为地垄，依靠架在管段上面的钢桁架顶上的卷扬机和扣在地垄上的钢索，将具有 200～300 t 浮力的管段缓缓地"拉下水"，沉放到桩墩上（图 8-38）。

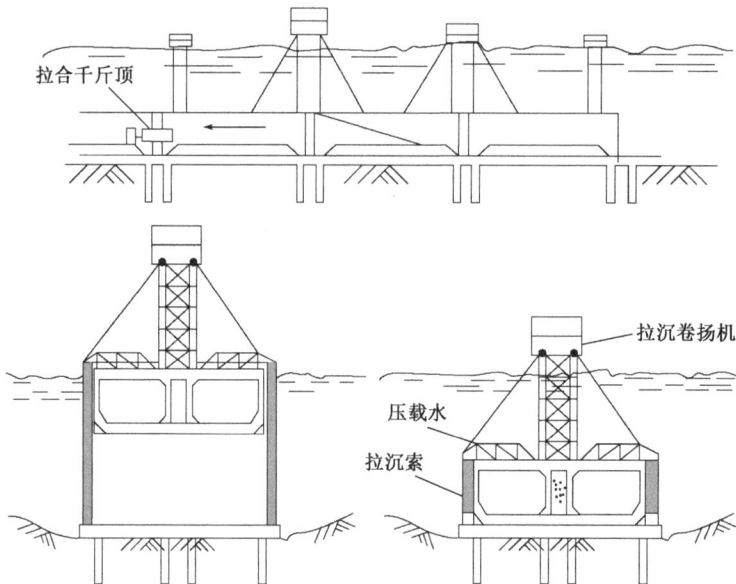

图 8-38　拉沉法

2）水下连接

水下连接的方法有两种：水下混凝土连接法和水力压接法。

294

目前使用较多的是水力压接法。水力压接法是利用水压使管段间的胶垫产生压缩变形,从而保证管段接头具有良好的水密性。具体操作是在管段下沉完毕后,先将新设管段拉向已设管段,使其紧密接触,胶垫在此过程中产生第一次压缩变形,初步实现防水密封。接着,排出已设管段与新设管段前端封墙之间的水,此时,前端封墙和后端封墙之间的水压平衡被打破。水压差使得后端封墙承受巨大水压力,将新设管段推向前方,胶垫因此发生第二次压缩(图8-39)。经过两次压缩后的胶垫确保了管段间接头具有高度可靠的水密性能。水力压接法具有工艺简单、施工方便、质量可靠、工料费省等优点,目前已在各国水下隧道工程中普遍采用。

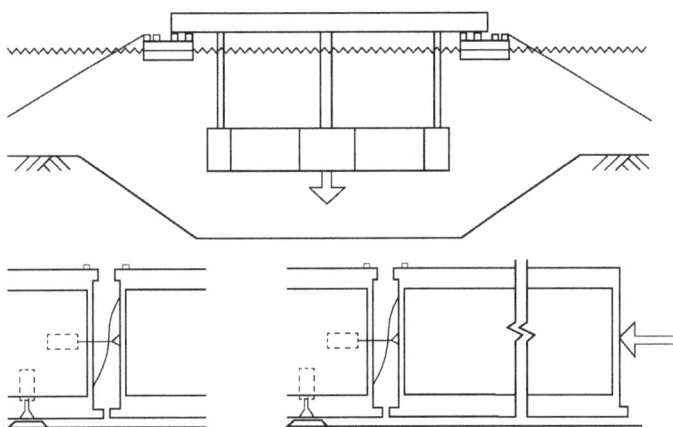

图 8-39　水力压接法示意图

8.2　沉井结构设计

8.2.1　概述

1. 沉井结构的概念、特点及应用

随着我国经济的迅速发展,城市基础设施建设也不断加速,沉井技术在城市污水处理管网中的应用日益广泛。沉井技术具有稳妥、可靠的特点,其挖土量相对较少,对周边建筑物产生的影响较小,有助于规避因降水施工而引发的不均匀沉降问题。此外,沉井基础的埋深通常较大,拥有良好的稳定性,能够承受较大的荷载。

沉井结构是依据其施工方式来命名的,从本质上来说,它是把预先建成的"井"通过特定方式沉入地下或水下,直至抵达指定位置,进而形成地下结构。具体的操作步骤为:首先在地表制作一个呈井筒状的结构体,接着在井壁的保护下,持续挖掘井底土层,依靠井体自身的自重或者借助辅助手段,逐步下沉至设计高程,随后进行底板、内部结构以及顶盖的浇筑,最终完成地下工程的建设。

沉井结构具备以下特点:①躯体刚度较大、截面较宽,拥有较高的承载力、较强的抗渗性,耐久性表现优异,且内部空间利用率较高;②施工时占地面积小,可靠性强;③适用的地质条件广泛,涵盖淤泥土、砂土、黏土以及砂砾等多种土层;④施工深度可达到较大范围;⑤施工过程中周边土体的变形较小,对邻近建筑物的影响不大,适宜在建筑物密集区域开展施工;⑥抗震性能良好。

沉井结构在大型地下建筑以及深基础领域有着广泛的应用。它常常被用于建造永久性地下设施,例如地下储油罐、地下气罐、地下泵房、沉淀池、水池、防空洞、车库、变电站以及料坑等。此外,它还能够作为盾构隧道施工中的工作井、接收井以及永久性通风井和排水泵房井等,广泛应用于桥梁墩台、重型厂房以及各类工业建筑的深基础方面。大型沉井还可应用于地下工厂、车间、车库以及娱乐场所的开发,浮运沉井则被应用于海上石油开采平台的建设之中。

2. 沉井结构的分类

沉井的分类如下:①按下沉环境可分为陆地沉井(包括在浅水中先筑岛制作的沉井)和浮运沉井(用于在深水中施工的沉井);②按沉井构造方式可分为独立沉井(多用于独立深基础或独立深井构筑物)和连续沉井(多用于隧道工程);③按沉井平面方式可分为圆形、圆端形、正方形、矩形和多边形等,也可分为单孔沉井和多孔沉井(图 8-40);④按沉井制作材料可分为混凝土、钢筋混凝土、钢、砖、石以及组合式沉井等。

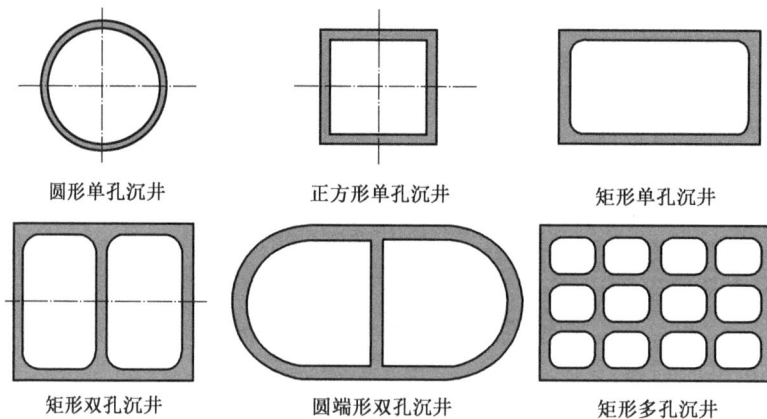

圆形单孔沉井　正方形单孔沉井　矩形单孔沉井

矩形双孔沉井　圆端形双孔沉井　矩形多孔沉井

图 8-40　沉井按平面形式分类

3. 沉井结构的设计原则

沉井的平面尺寸及其形状和高度,应依据墩台底面尺寸、地基承载力以及施工要求进行合理设计。设计时应尽量保证结构简单对称,以确保受力合理并方便施工。具体设计原则如下。

沉井的棱角处宜采用圆角或钝角设计,以减少应力集中,降低井壁摩擦面积,同时便于吸泥,防止形成死角。顶面襟边的宽度应不小于沉井总高度的 1/50,且不得小于 200 mm。对于浮式沉井,襟边宽度应大于 400 mm。沉井的长短边比应尽量减小,以确保沉井下沉时的稳定性。

为便于沉井的制作和井内挖土、出土,沉井应分节制作。每节高度不宜超过 5 m,也不应小于 3 m。底节高度需满足拆除支撑时的纵向抗弯要求,同时,在松软土层中下沉的沉井,其底节高度不应超过井宽的 0.8 倍。如果沉井高度小于 8 m 且地基土质和施工条件允许,则可以考虑一次性浇筑完成。

8.2.2　沉井结构构造

沉井一般由井壁、顶板、封底、内隔墙、取土井、凹槽和刃脚等部分组成,如图 8-41 所示。

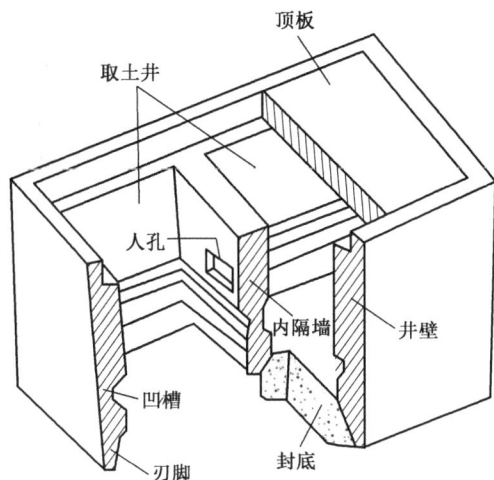

图 8-41 沉井构造示意图

1. 井壁

井壁即沉井外壁,是沉井的重要结构构件。在施工下沉阶段,井壁承受周围水、土压力所引起的弯曲应力,同时要有足够的自重以克服井筒外壁与土的摩擦力和刃脚踏面底部土的阻力,使沉井能够下沉到设计高程。施工完成后,井壁成为传递上部荷载的基础或基础的一部分。因此,井壁应有足够的厚度与强度。此外,井壁内根据需要还常埋设有射水管、探测管、泥浆管和风管等。

井壁的厚度设计需综合考虑结构强度、下沉所需的重力、便于挖土和清理基础等多种因素。通常,初步设定井壁厚度后,再进行强度验证。一般情况下,井壁的厚度范围在 0.4 ～ 1.2 m 之间。在需要战时防护的情况下,井壁厚度可以增加到 1.5 ～ 1.8 m。然而,对于钢筋混凝土薄壁沉井及钢模薄壁浮式沉井,壁厚的限制并不适用。为了确保在下沉过程中能有效承受各种最不利的荷载组合(如水压力和土压力)所产生的内力,钢筋混凝土井壁中通常需要设置两层竖向钢筋和水平钢筋,以增强其抵抗弯曲应力的能力。

井壁的外壁有多种形式,如图 8-42 所示。竖井井壁施工方便,周围土层能较好地约束井壁,较容易控制垂直下沉,并且能够减少对周围建筑物的影响,但井壁周围土的摩擦阻力较大,一般在沉井入土深度不大时或松软土层中采用。当沉井入土深度较大,而土体又较密实时,可在沉井分节处做成台阶形,台阶宽度一般为 100 ～ 200 mm,也可把外壁做成锥形。在软土地区施工沉井时,若沉井自重较大或软弱地基承载力过小,沉井下沉速度可能过快,易造成偏位或超沉等情况,可将沉井外壁做成倒锥形,其斜率根据下沉条件系数验算和施工经验确定。

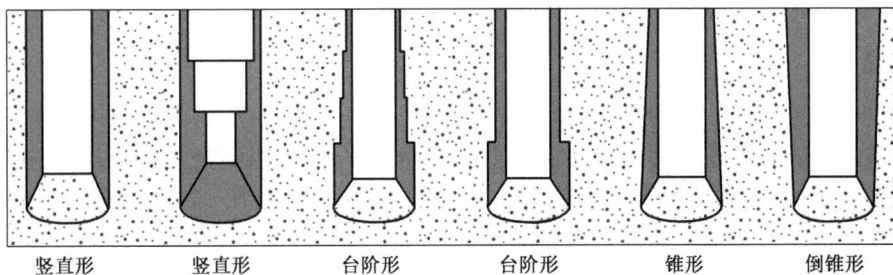

图 8-42 沉井井壁剖面类型示意图

2. 刃脚

如图 8-43 所示,井壁最下端一般都做成刀刃状的"刃脚",其主要作用是减少下沉阻力。刃脚还应具有一定的强度,以免下沉过程中被损坏,一般采用不低于 C20 的钢筋混凝土制成[图 8-43a)]。刃脚底的水平面称为踏面。踏面宽度 b 一般为 10 ~ 30 cm,视土质的软硬及井壁厚度而定。沉井重、土质软时,踏面要宽些;相反,沉井轻且要穿过硬土层时,踏面要窄些。刃脚内侧的倾角 a(刃脚斜面与水平面的夹角)一般为 45° ~ 60°。当沉井下沉较深且土质较坚硬时,刃脚面常以型钢(角钢或槽钢)加强[图 8-43b)];在坚硬地基上且需要用爆破方法清除刃脚下障碍物时可采用钢板刃脚,并且不设踏面而直接做成尖角[图 8-43c)]。刃脚的高度应视井壁的厚度而定,同时应考虑方便抽拔垫木和挖土,一般干封底时取 0.6 m 左右,湿封底时取 1.5 m 左右。

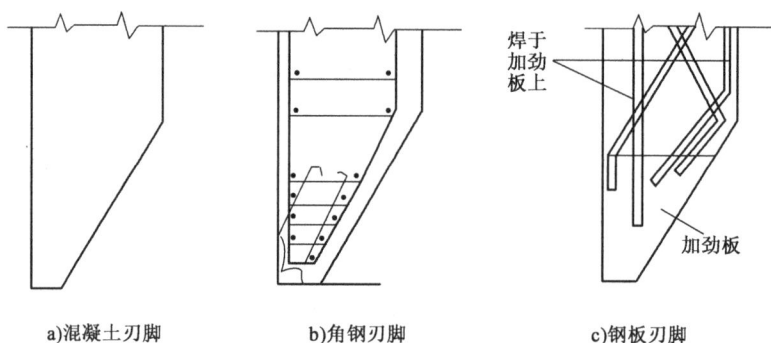

a)混凝土刃脚   b)角钢刃脚   c)钢板刃脚

图 8-43   刃脚构造示意图

刃脚有多种形式(图 8-44),在具体施工中主要根据刃脚穿越土层的软硬程度以及刃脚单位长度上的反力大小来确定。

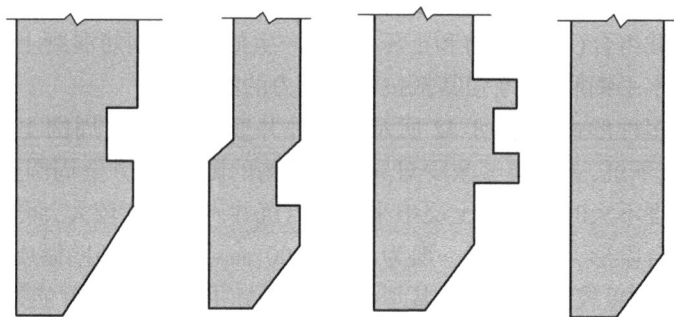

图 8-44   刃脚的形式

3. 凹槽

沉井内部设置凹槽的目的是让封底混凝土更好地嵌入井壁,从而实现结构的整体性,确保沉井壁传递的力能有效地转移到封底混凝土的底面。此外,若遇到突发问题,可以在凹槽处浇筑钢筋混凝土盖板,以将沉井改造成沉箱。凹槽的深度一般在 0.15 ~ 0.25 m 之间,高约为 1.0 m,且其底面距离刃脚底面通常大于 1.5 m。

4.内隔墙与底梁

当沉井的平面尺寸较大时,通常需要在内部设置隔墙。这些隔墙的主要目的是增强沉井在下沉过程中的刚度,同时减小井壁的跨度。此外,它们将沉井划分为多个施工井孔,以促进土方挖掘和下沉均衡进行,并帮助在沉井出现倾斜时进行纠正。内隔墙的间距通常不超过6 m,厚度范围在0.5~1.0 m之间。为了防止土体顶住内墙而影响下沉,内隔墙的底面通常应高出井壁刃脚踏面0.5~1.0 m。穿越软土层时,为避免"突沉"现象,内隔墙底面也可与井壁刃脚齐平。此外,内隔墙下部应设有人孔,便于施工人员在各取土井之间移动,孔的尺寸一般为0.8 m×1.2 m到1.1 m×1.2 m。

在一些大型沉井中,由于特定使用要求,如果不能设置内隔墙,可以在底部增设底梁,这样可构成框架,增强沉井在施工和使用阶段的整体刚度。若沉井高度较大,通常会在不同高度的井壁上设置多道纵横大梁组成的水平框架,以减少井壁的跨度,从而使沉井的结构更加合理和经济。在松软地层中下沉沉井时,底梁的设置还能防止沉井"突沉"和"超沉",并有助于纠偏和分格封底,以争取采用干封底的施工方式。然而,纵横底梁的数量不宜过多,以免增加造价、延长施工时间,甚至加大下沉过程中的阻力。

5.取土井

取土井在沉井下沉施工过程中起着挖土和排土的关键作用,其位置应沿沉井的中轴线对称布置,以促进均匀下沉和纠偏。取土井的尺寸需根据所采用的挖土方法进行调整,除了满足基本使用要求外,还必须确保挖土设备能够在井孔中自由升降,不受到任何障碍。具体来说,当使用挖土斗进行土方作业时,取土井孔的最小边长通常应达到2.5 m,以确保操作的顺畅与安全。

6.封底

当沉井达到设计高程并经过技术检验后,应及时进行坑底清理,然后进行封底,以防止地下水渗入井内。封底方法可分为湿封底(在水下浇筑混凝土)和干封底两种情况。如果井中的水能够排干,且渗水速度不超过6 mm/min,则可在排水后用C15或C20普通混凝土浇筑封底。若渗水速度超过6 mm/min,则建议采用导管法浇筑C20水下混凝土进行封底。封底混凝土的厚度应根据承载力要求进行计算,通常其顶面应高出凹槽顶面0.5 m。封底完成后,待混凝土硬化后即可在其上浇筑钢筋混凝土底板。

7.顶板

在沉井完成下沉并封底后,如果作为基础使用,可以用素混凝土、片石混凝土或片石对取土井进行填充,此时可以采用素混凝土顶板。然而,在其他情况下,如果条件允许,为了节省工期和造价、减轻结构自重,可以选择制作空心沉井,或使用粗砂、砂砾等其他松散材料进行填充。在这种情况下,沉井的顶部需设置钢筋混凝土顶板,顶板的厚度一般在1.0~2.0 m之间,配筋则依据承载力计算和构造要求来确定。此外,若排水下沉的沉井顶面位于地面或水位以下,需在井壁顶部设置挡土防水墙以防止渗水。

8.2.3 沉井结构设计计算

1. 下沉系数计算

沉井的下沉依赖于在井孔内持续取土,使其自身的重力能够克服周围井壁与土体之间的摩擦阻力,以及刃脚下土体的正面阻力。因此,为确保沉井能够顺利下沉,在初步确定所有尺寸后,应验算其自重是否足以克服下沉过程中土体的摩擦阻力。可以通过下沉系数 k 表示:

$$\begin{cases} k = \dfrac{G_s}{R_j + R_r} \geq 1.10 \sim 1.25 \\[2mm] R_j = f_0 F_0 \\[2mm] f_0 = \dfrac{f_1 h_1 + f_2 h_2 + \cdots + f_n h_n}{h_1 + h_2 + \cdots + h_n} \end{cases} \tag{8-8}$$

式中:G_s——沉井自重(kN);

R_r——刃脚踏面下正面阻力总和(kN);

R_j——沉井井壁侧面与土体间的总摩擦阻力(kN);

h_i——沉井穿过的第 i 层土的厚度(m),$i = 1, 2, \cdots, n$;

F_0——沉井井壁四周总面积(m^2);

f_i——第 i 层土对井壁单位面积的摩擦阻力(kPa),$i = 1, 2, \cdots, n$。

摩擦阻力与土的种类及其物理力学性能、井壁材料及其表面的粗糙程度等有关,可根据实践经验、实测资料来确定。若无资料,对下沉深度在 20 m 以内或放宽至最深不超过 30 m 的沉井,可参考如下取值:黏性土,25 ~ 50 kPa;砂性土,12 ~ 25 kPa;砂卵土,18 ~ 30 kPa;砂砾土,15 ~ 20 kPa;软土,10 ~ 12 kPa;泥浆套,3 ~ 5 kPa。

2. 沉井底节验算

沉井底节是沉井的首节,自抽除垫木起,刃脚下的支撑位置会不断变化。

(1)在排水或无水情况下下沉沉井,因可直接观察挖土情况,沉井的支撑点易于控制在最优受力位置。对于长边大于 1.5 倍短边的圆端或矩形沉井,支撑点可设在长边上,两个支点间距应为长边的 0.7 倍(图 8-45),以确保支撑处产生的弯矩与长边中点的弯矩大致相等。需按此条件验算沉井自重导致的井壁顶部混凝土的拉应力。如果混凝土的拉应力超过允许值,则需增加底节沉井的高度或根据需求增设钢筋。

(2)对于不排水下沉的沉井,因无法直接观察挖土情况,刃脚下的土体支撑位置难以控制,此时可将底节沉井视为梁,按下述假定的不利支撑情况进行验算:①假定底节沉井仅支承于长边的中点(图 8-46 中的 3 点),两端悬空,验算由于沉井自重在长边中点附近最小竖截面上所产生的井壁顶部混凝土拉应力。②假定底节沉井支承于短边的两端点(图 8-46 中的 2 点),验算由于沉井自重在短边处引起的刃脚底面混凝土的拉应力。③对于沉井底节的最小配筋率,钢筋混凝土不宜小于 0.1%,少筋混凝土不宜少于 0.05%,沉井底节的水平构造钢筋不宜在井壁转角处有接头。因为沉井下沉过程中井孔内的土体未被挖出,增加了沉井的下沉阻力,使井壁产生拉力,为防止转角处拉力过大,钢筋布置要求较为严格。

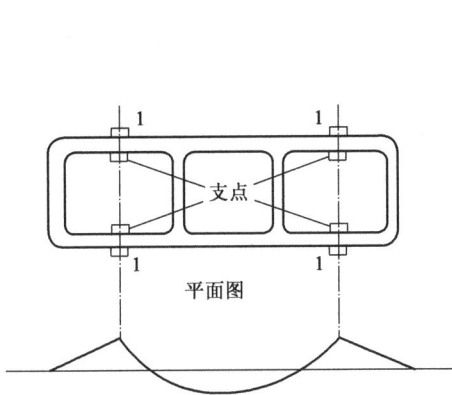

图 8-45　支承在 1 点上的沉井

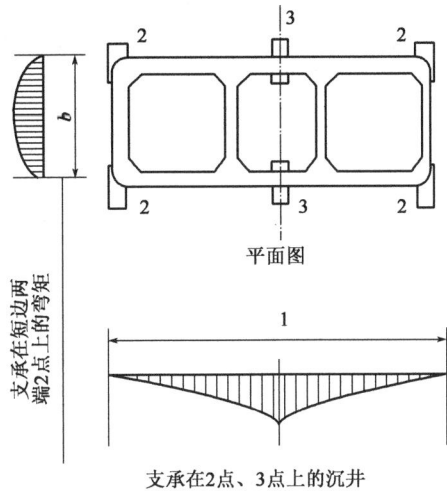

图 8-46　支承在 2 点、3 点上的沉井

3.沉井井壁计算

混凝土厚壁沉井因其壁厚较大,通常只需验算刃脚部分;而薄壁沉井则需根据可能出现的实际情况进行全面验算。沉井的井壁应分别进行竖向和水平内力的计算。

1)竖向内力计算

在沉井下沉过程中,若周围土体对其产生嵌固作用而刃脚下土体被掏空,需检查井壁接缝处的竖向拉应力。此时可假设混凝土不承受拉应力,而由接缝处的钢筋承担,钢筋的抗拉安全系数可设置为 1.25。考虑最不利的条件,可以将井壁摩阻力视为沿整个沉井高度呈倒三角形分布:在刃脚底面处摩阻力为零,在地面处达到最大值(图 8-47)。在这种情况下,最危险的截面位于沉井入土深度的 1/2 处,此处井壁承受的最大竖向拉力约为沉井自重 G 的 1/4。

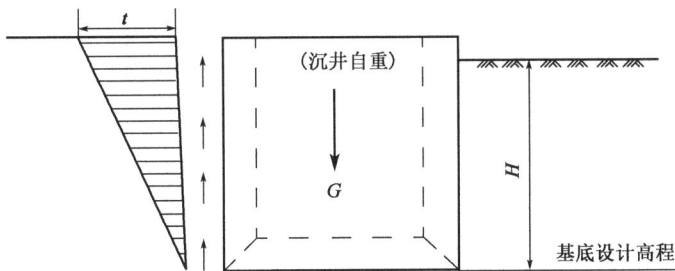

图 8-47　井壁竖向受力图

实际工程中,沉井被卡住现象较为常见,也出现过被拉裂的情况,这与各土层的情况(沉井自重)和施工方法等多种因素有关,并且被卡住沉井的外力分布也不可能如上述所假定的那么理想。因此,建议沉井井壁的竖向拉力按沉井结构和影响范围内的建筑物安全等级,参考表 8-3 取值并进行验算,同时满足最小配筋率要求。

沉井竖向拉力取值及最小配筋率

表 8-3

沉井施工状态	沉井结构或受其影响建筑物的 安全等级与拉力取值			纵向钢筋的最小构造配筋率 $\rho_{\min}$
	一级	二级	三级	
排水下沉	$0.50G$	$0.30G$	$0.25G$	钢筋混凝土 $\rho_{\min} \geqslant 0.1\%$ 少筋混凝土 $\rho_{\min} \geqslant 0.05\%$
不排水下沉	$0.40G$	$0.25G$	$0.20G$	
泥浆套中下沉	$0.30G$	$0.25G$	$0.20G$	

2）水平方向内力计算

在考虑排水或不排水的条件下,沉井的井壁必须应对水压力和土压力等水平荷载。当沉井下沉至设计高程,且刃脚下的土体已被挖掘时,井壁需承受最大水平外力的最不利情况。这时,应将井壁视为一个水平框架,进行水平方向的挠曲验算。

（1）验算刃脚根部上方的井壁,选择其高度为井壁厚度 t 的一段（图 8-48）,并在此段中设置水平钢筋。由于这段井壁作为刃脚悬臂梁的固定端,除了需承受自身的水压力 W 和土压力 E,还需承受从刃脚悬臂传递过来的水平剪力 Q_1。因此,作用在该段井壁上的荷载 $q(\mathrm{kN/m})$ 可表示为:

$$\begin{cases} q = W + E + Q_1 \\ W = (w_1 + w_2)/2t \\ E = (e_1 + e_2)/2t \end{cases} \tag{8-9}$$

式中：w_1、w_2——作用在该段井壁上、下截面处的水压力强度（kPa）；

e_1、e_2——作用在该段井壁上、下截面处的土压力强度（kPa）。

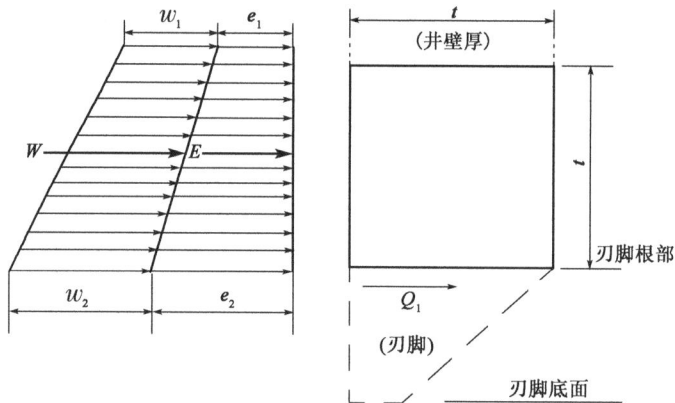

图 8-48　沉井井壁计算简图

计算水压力时应考虑折减系数 λ,如排水开挖下沉,则作用在井内壁的水压力为零,作用在井外壁的水压力按土的性质来确定:砂性土取 $\lambda = 1.0$,黏性土取 $\lambda = 0.7$;如不排水开挖下沉,则井外壁水压力取 $\lambda = 1.0$,而井内壁水压力根据施工期间的水位差按最不利情况进行计算,一般可取 $\lambda = 1.0$。

根据以上计算出来的 q 值,即可以按框架分析求刃脚根部以上 t 高度范围的最大弯矩 M、轴向压力 N 和剪力 Q,并设计该段井壁中的水平钢筋。

（2）其余各段井壁的计算，可按井壁断面的变化，将井壁分成数段，取每一段中控制设计的井壁（位于每一段最下端的单位高度）进行计算。作用在框架上的荷载 $q = W + E$，然后用同样的计算方法，求出水平框架的最大弯矩 M、轴向压力 N 和剪力 Q，并据此设计水平钢筋，将水平钢筋布置于全段上。

对于采用泥浆润滑套下沉的沉井，应将沉井外侧泥浆压力 γH（γ 为土的重度；H 为沉井外侧土体的高度）按照100%计算，因为泥浆压力一定要大于水压力及土压力的总和，才能保证泥浆套不被破坏。

对于采用空气幕下沉的沉井，由于压气时气压对井壁的作用不明显，可以略去不计，故其井壁压力与普通沉井的计算相同。

4. 沉井刃脚验算

沉井刃脚部分可分别作为悬臂或水平框架验算其竖直及水平方向的挠曲强度。

1）按悬臂梁计算刃脚竖直方向的挠曲强度

在计算沉井刃脚竖直方向的挠曲强度时，将刃脚作为悬臂梁计算，可求得刃脚内外侧竖向钢筋的数量。此时，刃脚根部可以认为与井壁嵌固，刃脚高度作为悬臂梁长度，并可根据以下两种不利情况分别计算。

（1）刃脚向外挠曲计算。

在沉井下沉途中，刃脚内侧已切入土中深约 1 m，且沉井顶部露出水面较高时，刃脚因受井孔内土体的横向压力而在刃脚根部水平断面上产生最大的向外弯矩，这是设计刃脚内侧竖向钢筋的主要依据（图8-49）。

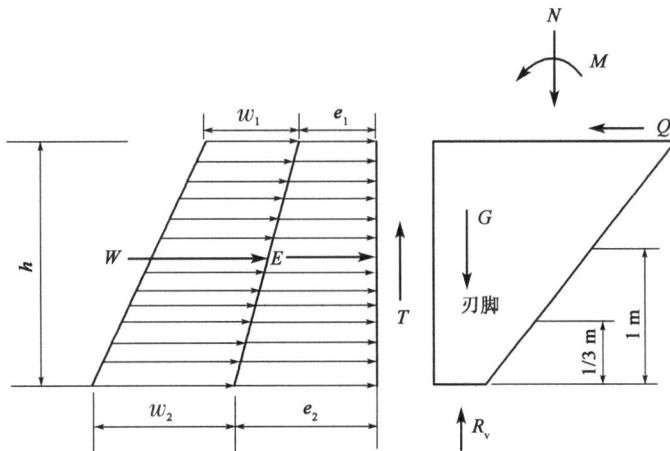

图8-49 在刃脚上的外力

在井壁的水平方向取一个单位宽度，计算作用在刃脚外壁单位宽度上的土压力 E 和水压力 W。

作用在刃脚单位宽度上的摩阻力 T，取 $T = E\tan\varphi \approx 0.5E$ 和 $T = f_iA$ 的较小值。其中 φ 为土体与刃脚外壁的外摩擦角，一般土在水中的外摩擦角可取 26.5°，$\tan 26.5° \approx 0.5$；f_i 为土与刃脚外壁之间的单位摩擦阻力；A 为刃脚外壁与土接触的单位宽度上的面积，即 $A = 1 \times h = h$（h 为刃脚高度）。

反力 R_v 可按 $R_v = G - T$ 计算。其中 G 为沿沉井外壁单位周长（单位宽度）上的沉井自重，其值等于该高度沉井的总重除以沉井的周长；在不排水挖土下沉时，应在沉井总重中扣除淹没在水中部分的浮力(图 8-50)。

R_v 的作用点见图 8-51,假定作用在刃脚斜面上的土体反力的方向与斜面上的法线成 β 角,β 为土体与刃脚斜面之间的外摩擦角(一般取 $\beta = 30°$)。作用在刃脚斜面上的土体反力可分解成水平力 U 与垂直力 V_2,刃脚踏面上的垂直反力为 V_1。假定 V_2 为三角形分布,则 V_1 和 V_2 的作用点距刃脚外壁的距离分别为 $a/2$ 和 $(a + b)/3$,则由 $R_v = V_1 + V_2$、$V_1/V_2 = 2a/b$、$b = (t - a)/h$,可求得 V_1 和 V_2 及其合力 R_v 的作用点。

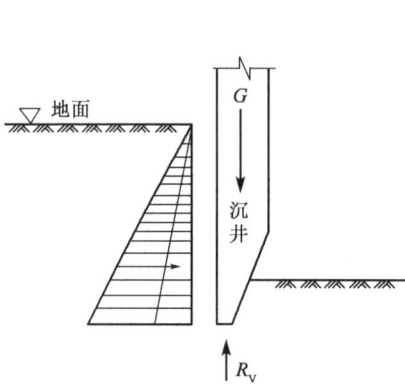

图 8-50　刃脚下土的反力 R_v　　　　图 8-51　在刃脚斜面上的土体反力

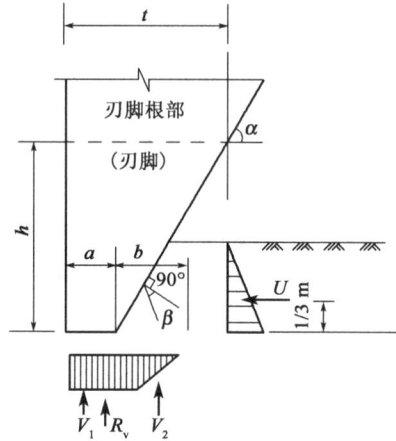

作用在刃脚斜面上的水平反力假定为三角形分布,其合力为 $U = V_2 \tan(a - \beta)$,U 的作用点在距刃脚底面 $1/3$ m 高处。其中 α 为刃脚斜面与水平面所成的夹角。

刃脚单位宽度的重力 G 按 $G = \gamma_c h(t + a)/2$ 计算。其中 γ_c 为钢筋混凝土重度,一般取 $25\ \text{kN/m}^3$,若不排水下沉,则应扣除水的浮力。

求得作用在刃脚上的所有外力的大小、方向和作用点之后,即可求算刃脚根部处截面上每单位周长(单位宽度)内的轴向压力 N、水平剪力 Q 及对截面重心轴的弯矩 M,并据此计算在刃脚内侧的钢筋(竖直)数量。

(2)刃脚向内挠曲计算。

当沉井已沉到设计高程时,刃脚下的土已被掏空,这时刃脚处于向内挠曲的不利情况,如图 8-52 所示。可按此情况确定刃脚外侧竖向配筋。作用在刃脚上的外力可沿沉井周边取一单位宽度来计算,计算步骤和上述(1)的情况相似。

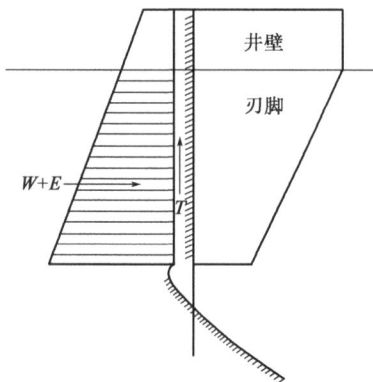

计算刃脚外侧的土压力和水压力。土压力与上述(1)的情况相同,水压力可按下列情况计算:当不排水下沉时,刃脚外侧水压力按 100% 计算,内侧水压力按 50% 计算,但也可按施工中可能出现的水头差计算;当排水下沉时,在不透水的土层中,可按静水压力的 70% 计算,在透水的土层中,可按静水压力的 100% 计算。

由于刃脚下的土已被掏空,故刃脚下的垂直反力 R_v 和刃脚斜面水平反力 U 等于零。作用在井壁外侧的摩阻力 T、刃脚单位宽度的自重 G 也与上述(1)的计算方法

图 8-52　刃脚向内挠曲

相同。

根据以上计算的所有外力,可以算出刃脚根部处截面上单位周长(单位宽度)内的轴向压力 N、水平剪力 V 及对截面重心轴的弯矩 M,并据此计算刃脚外侧需布设的竖向钢筋数量。

2)按封闭的水平框架计算刃脚水平方向的挠曲强度

按封闭水平框架进行计算,可以得出刃脚内部所需的水平方向钢筋数量。当沉井达到设计高程时,刃脚下的土体已被挖掘,此时刃脚将承受最大的水平力。图 8-53 展示了沿井壁竖直方向切割的单位高度水平框架。作用在该框架上的外力计算方法与之前针对刃脚竖直方向挠曲强度的计算类似。

作用在矩形沉井上的最大弯矩 M、轴向力 N 和剪力 Q 可近似按 $M = qL_1^2/16$、$N = qL_2/2$、$Q = qL_1/2$ 计算。其中 q 为作用在刃脚框架上的水平均布荷载,L_1、L_2 分别为沉井外壁支承于内隔墙间的最大和最小计算跨径。

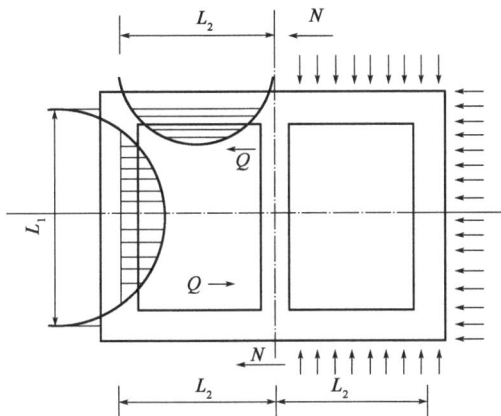

图 8-53 矩形沉井刃脚的水平框架

根据以上计算的 M、N 和 Q 即可计算刃脚内水平方向钢筋数量。为便于施工,不必按正负弯矩将钢筋弯起,直接布置成内、外两道水平方向钢筋。

沉井刃脚相当于是三面固定、一面自由的双向板,为简化计算,一方面将刃脚看作固定在刃脚根部处的悬臂梁,其悬臂长度为刃脚的高度;另一方面,又可将刃脚视为一个封闭的水平框架。因此,作用在刃脚侧面上的水平外力将由悬臂梁和框架来共同承担,也就是说,作用在刃脚侧面上的水平外力一部分由悬臂梁承担,另一部分由水平框架承担。设悬臂梁和水平框架的荷载分配系数分别为 η_1、η_2,则按变形关系导出的 η_1、η_2 计算公式如下:

$$\eta_1 = \frac{0.1L_1^2}{h^4 + 0.05L_1^4} \leq 1.0 \tag{8-10}$$

$$\eta_2 = \frac{h^4}{h^4 + 0.05L_2^4} \tag{8-11}$$

上述公式适用于当内隔墙刃脚踏面高出外壁不超过 0.5 m,或当刃脚处由内隔墙或底梁加强,且内隔墙或底梁不高于刃脚踏面 0.5 m 的情况,否则全部水平力都由悬臂梁承担,即 $\eta_1 = 1.0$。

5. 沉井封底计算

沉井下沉至设计高程后,应进行基底检验和沉降观测,满足设计要求后即可进行封底作业。由于封底混凝土的反力分布非常复杂,为简化计算,可将其视为支承于刃脚斜面与内隔墙周边的支承板,各边计算强度需通过设计强度考虑具体情况来确定。

1)沉井封底混凝土计算注意事项

在施工抽水阶段,封底混凝土需要承受来自基底水和土的向上反力。由于此时混凝土尚未达到设计强度,因此在计算其承载力时应降低其允许应力值。当沉井井孔被混凝土完全填充后,封底混凝土还需承受基础设计的最大基底反力,并考虑井孔内填充物的重力。通常建议封底混凝土的厚度不小于井孔直径的1.5倍(圆形沉井)或短边长度的1.5倍(矩形沉井)。

2)干封底及相关计算

沉井下沉至设计高程时,若刃脚处于不透水黏土层中,并且不透水黏土层厚度满足下式时,可以采用干封底。

$$A\gamma'h + cUh > A\gamma_w H_w \tag{8-12}$$

式中:A——沉井底部面积(m^2);

γ'——土的有效重度(kN/m^3),即浮重度;

h——刃脚下不透水黏土层厚度(m);

c——黏土的黏聚力(kPa);

U——沉井刃脚底面内壁周长(m);

γ_w——水的重度(kN/m^3);

H_w——透水砂层的水头高度(m)。

若不透水黏土层厚度不满足式(8-12),则其可能会被下层含水砂层中的地下水压力"顶破",从而无法采用干封底方式。

若井底虽有涌水、翻砂,但数量不大,或在沉井内设吸水鼓并有良好滤层的情况下进行降水,一直降到钢筋混凝土底板能够承受地下水位回升后的水土压力时,方可拆除并封闭降水管。在上述情况下,也可采用干封底。

3)水下封底混凝土计算

在极为不利的水文地质条件下,必须使用水下混凝土封底,即湿封底。对于江中或江边的沉井工程,在下沉过程中通常采用不排水下沉。当地层不稳定时,为了避免流砂、涌泥、突沉、超沉和倾斜等问题,也需要使用灌水下沉。此外,即使沉井的刃脚停在不透水的黏土层上,但如果黏土层的厚度不足以抵挡地下水的"顶破"现象,可能会由于底层含水砂层中的地下水压力而造成损害,进而引发严重的施工事故,这时也应采取水下封底的方法。

至于水下封底混凝土的厚度,主要根据抗浮和强度这两个条件确定。

①按抗浮条件计算:沉井封底抽水后,在底面最大水浮力的作用下,应采用抗浮系数来衡量沉井的稳定性(即沉井结构是否会上浮),并进行最小封底混凝土厚度计算,此时井内水已被抽干,井内水重不能再计入,且要保证足够的抗浮系数。

②按封底素混凝土的强度条件计算:封底后,将井内水抽干,在尚未做钢筋混凝土底板之前,封底混凝土将受到水压作用,其向上最大荷载值即为地下水头高度(浮力)与封底混凝土重量的差值所产生的压力。封底混凝土作为一块素混凝土板,除需验算承受水浮力产生的弯曲应力之外,还应验算沿刃脚斜面高度截面上产生的剪应力(图8-54)。

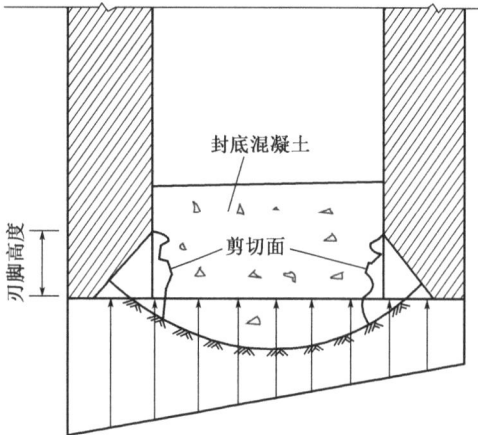

图8-54 水下封底混凝土抗剪计算示意图

6. 沉井底板计算

1) 沉井底板荷载计算

沉井底板下的均匀反力为沉井结构的最大自重除以沉井的外围底面积。在计算沉井底板下的均布反力时,一般不考虑井壁侧面摩擦阻力。

若封底混凝土产生裂缝,造成漏(渗)水,通常水压力全部由钢筋混凝土底板承受。计算水头高度应从沉井外最高地下水位面算到钢筋混凝土底板下面,同时应扣除底板的自重。

沉井钢筋混凝土底板下的均布计算反力应取上述土反力和水压力中数值较大者进行结构的内力计算。

2) 沉井底板内力计算

沉井钢筋混凝土底板的内力可按单跨或多跨板计算。沉井底板的边界支承条件,应根据沉井井壁与底梁的预留凹槽和水平插筋的具体情况决定。在底板周边具有牢固连接的情况下,可视为嵌固支承;否则可视为简支。对于矩形或圆形沉井,底板的内力可参考《建筑结构静力计算实用手册(第三版)》中的有关内容进行计算。

7. 沉井抗浮稳定验算

在沉井沉到设计高程后,即可着手进行封底工作,铺设垫层并浇筑钢筋混凝土底板,由于内部结构和顶盖等还未施工,此时整个沉井向下荷载为最小。待到内部结构、设备安装及顶盖施工完毕,所需时间很长,而底板下沉井抗浮的水压力能逐渐增长到静力水头,会对沉井产生最大的浮力作用。因此,验算沉井的抗浮稳定性,一般可用下式计算:

$$K = \frac{G + R_J}{Q} \geq 1.05 \sim 1.10 \tag{8-13}$$

式中:K——抗浮安全系数;

G——井壁与底板的重量(不包括内部结构和顶盖)(kN);

Q——底板下面的地下水浮力(kN);

R_J——井壁与土体间极限摩擦力(kN)。

8.2.4 沉箱结构

针对不同断面形状(如圆形、圆端形、矩形等)的井筒或箱体,按边排土边下沉的方式使其沉入地下,即沉井或沉箱。沉井也称为开口沉箱,沉箱也称为闭口沉箱。由于闭口沉箱下沉施工时采用压气排水的施工方法,故通常也称其为压气沉箱。

众所周知,在将杯状容器杯口向下压入水中时,随着容器的下沉,容器内的空气受到压缩,下沉深度越大,容器内的气压越高。16世纪初,意大利某学者依靠上述原理制造了潜水钟,利用其下沉到湖底进行某项作业,而沉箱是从潜水钟发展起来的。1841年,法国工程师在进行采矿工程时,为了解决管状沉井下沉的难题,将沉井的一段改造为气闸,形成了沉箱,并提出利用这种管状沉箱建造水下基础的方案。这一创新奠定了压气沉箱施工技术的基础。到1851年,勒特在英国首次成功下沉了深达18.6 m的管状沉箱。接着在1859年,法国的弗勒尔-圣德尼在莱茵河建桥时,利用了底面与基底相同的矩形沉箱,这种结构从此得到了广泛应用。

如图8-55所示,将杯口向下的茶杯竖直压入水中,茶杯内的空气受到压缩后体积缩小,为了防止水进入茶杯内,可以从茶杯顶部充入适当的压缩空气,压气沉箱法就是利用了这个简单的原理。也就是说,在沉箱底部设置一个高气密性的钢筋混凝土结构工作室,并向工作室内充入压缩空气,防止水的进入,这样,作业人员可以和在地上无水环境下一样进行挖排土。形象地说,茶杯的中空部分相当于压气沉箱工作室,茶杯的杯口相当于压气沉箱刃脚。当压气沉箱刃脚下沉至地下水位以下时,周围的地下水将要涌入压气沉箱工作室,为了防止地下水的涌入,通过气压自动调节装置向工作室内注入压缩空气,保证刃脚最下端处的压缩空气压力和地下水压力相等。与刃脚最下端处的地下水压力相等的气压称为理论气压,与之相对应的工作室内的实际气压则称为工作气压,在工作室内原则上应当保持工作气压恒等于理论气压。

具体工作原理描述如下:

①将茶杯放在水面上,下沉到 d 时茶杯内的空气被压缩,水进入茶杯维持 $P_{a2} = P_{w1}$ [图 8-55a)]。

②向茶杯内送入压缩空气,将杯内水面压到杯口,此时 $P_{a3} = P_{w2}$ [图 8-55b)]。

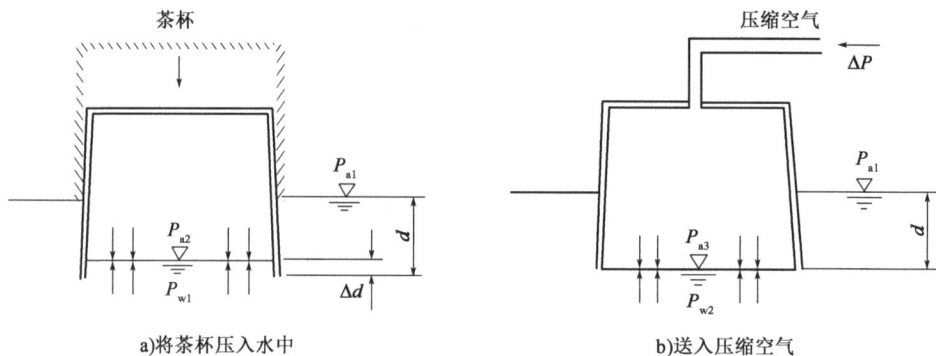

a)将茶杯压入水中　　　　　　　　　b)送入压缩空气

图 8-55　压气沉箱工作原理

现代压气沉箱工法是在沉箱底部设置一个密封性良好的钢筋混凝土结构工作室,允许工作人员在无水且干燥的环境中进行挖土和排土,从而实现沉箱的下沉。为防止地下水渗入工作室,系统通过气压自动调节装置向工作室注入与刃脚处地下水压力相等的压缩空气。在下部工作室内进行挖掘并向外排土,沉箱在自重及上部荷载或压载的作用下逐渐下沉到预定深度,最后在沉箱底部浇筑混凝土底板。现代压气沉箱工法有以下 4 个显著的优点:

①压气沉箱的侧壁可以作为挡土结构,与地下连续墙的明挖法相比,显著减少了临时设施的占地需求,更加高效地利用了有限的施工空间。

②由于持续向压气沉箱底部工作室注入与地下水压力相等的压缩空气,能够有效避免或控制周围地基的沉降和喷砂、管涌现象。压气的作用几乎不影响地下水位,因此无须采用额外的地基改良或其他辅助施工方法。

③现代技术允许通过远程控制系统在无水的地下作业室内实现无人机械化的挖排土作业,避免了泥水等工业垃圾的产生,排出的土体也可被视为普通土进行处理。

④施工过程中具备较高的安全性,同时具备高质量、高精度和高效率的特点。整个箱体结构在地上分段浇筑,便于进行强度和形状的检查,从而确保施工质量。施工期间,可以实时监测沉箱的下沉情况,确保下沉精度。此外,工作室的挖排土与箱体浇筑可同时进行,进一步提高施工效率,缩短施工周期。

沉箱基础结构设计主要包括以下 3 个方面内容:

①根据作用于沉箱主体的各种荷载,合理确定沉箱结构的平面尺寸和形式,以确保其在土体中的安全与稳定。

②沉箱结构建成后一般作为永久性构筑物,为保障施工和使用期间的安全,需对各构件的断面尺寸进行严格计算。

③鉴于沉箱结构在地面建成后再下沉至地下的特点,应考虑其下沉至预定深度的方法,并进行相应的下沉关系计算。

另外,还应针对下沉过程中的各种压力变化,进行构件的强度验算。

思考与练习题

1.沉管结构设计的关键点有哪些?

2.沉管结构的适用条件是什么? 它与盾构隧道结构相比有哪些优缺点?

3.沉井可以分为哪几类?

4.沉井结构主要由哪些部分组成? 各部分的作用是什么?

第9章
基坑支护结构设计

9.1 概　述

基坑工程是为实现城市开发地下空间(如地铁车站、地下广场)或埋设市政管道等目的而由地面向下进行开挖所形成的空间。基坑支护工程则是为确保基坑开挖过程中地下结构的安全以及使用环境不遭受损害而采取的一系列工程措施(例如临时性支挡、加固、保护以及地下水控制等)。随着城市的不断发展,建筑物基础深度逐渐加大,建筑物以及地下管线等日益密集,可施工的空间愈发狭小,同时周围环境要求的提高使得基坑支护结构工程的标准也越来越高。

基坑工程是一项复杂的系统工程,具备数量多、投资大、难度高、风险大等特点。在基坑支护设计过程中,需要综合考量结构使用需求、周边环境、岩土力学条件、支护使用时间以及施工工艺等诸多因素,既要保障基坑施工和使用过程中的安全性,又要满足支护结构及其周边环境的变形要求。通过因地制宜、合理选型以及优化设计,达成安全适用、环境保护、技术先进、经济合理、确保质量的目标。

9.1.1 基坑支护设计原则

在进行基坑支护结构设计时,需综合考虑基坑的安全等级、功能要求以及使用年限,并依据场地岩土工程条件和基坑周边环境要求,确定合理的支护结构形式和基坑施工顺序,主要设计原则如下:

(1)基坑支护要满足周边建(构)筑物、地下管线、道路的安全及正常使用功能,同时必须保证主体地下结构的施工空间。

(2)基坑支护应依据基坑使用年限开展设计工作,设计使用期限应不少于一年。

(3)基坑支护结构应按照承载能力极限状态和正常使用极限状态进行设计。

基坑支护结构的安全等级划分为3个级别(表9-1),对于同一基坑的不同部位,可以采用不同的安全等级。

支护结构的安全等级		表 9-1
安全等级	破坏后果	
一级	支护结构失效、土体过大变形对基坑周边环境或主体结构施工安全的影响很严重	
二级	支护结构失效、土体过大变形对基坑周边环境或主体结构施工安全的影响严重	
三级	支护结构失效、土体过大变形对基坑周边环境或主体结构施工安全的影响不严重	

9.1.2 作用效应与支护结构设计极限

支护结构受到的作用效应采用不同的作用组合进行计算,作用效应组合分为基本组合和标准组合。支护结构的极限状态设计包括承载能力极限状态和正常使用极限状态,其中承载能力极限状态设计时采用作用基本组合的效应设计值,正常使用极限状态设计时采用作用标准组合的效应设计值。

1. 承载能力极限状态

当支护结构构件或构件之间的连接超过材料强度,或产生不适于继续承载的过大变形,或导致支护结构失稳时,采用承载能力极限状态对支护结构进行设计,基坑工程的承载能力极限状态要求不出现以下状况:

①支护结构的结构性破坏——挡土结构、锚撑结构折断、压屈失稳,锚杆的断裂、拔出,挡土结构地基基础承载力不足等使结构失去承载能力的破坏形式。

②基坑内外土体失稳——基坑内外土体整体滑动、坑底隆起、结构倾倒或踢脚等破坏形式。

③止水帷幕失效——坑内出现管涌、流土或流砂。

支护结构构件按承载能力极限状态设计时,作用基本组合的综合分项系数 γ_F 不应小于 1.25。对于安全等级为一级、二级、三级的支护结构,其结构重要性系数 γ_0 分别不应小于 1.1、1.0、0.9。支护结构构件或连接因超过材料强度或过度变形的承载能力极限状态设计,应符合下列要求:

$$\gamma_0 S_d \leqslant R_d \tag{9-1}$$

式中:γ_0——支护结构重要性系数;

S_d——作用基本组合的效应(轴力、弯矩等)设计值;

R_d——结构构件的抗力设计值。

考虑支护结构的重要性系数后,支护结构的内力设计值计算公式为:

弯矩设计值 M:

$$M = \gamma_0 \gamma_F M_k \tag{9-2}$$

剪力设计值 V:

$$V = \gamma_0 \gamma_F V_k \tag{9-3}$$

轴向力设计值 N:

$$N = \gamma_0 \gamma_F N_k \tag{9-4}$$

式中:γ_F——作用基本组合的综合分项系数;

M_k——按作用标准组合计算的弯矩值($kN \cdot m$);

V_k——按作用标准组合计算的剪力值(kN);

N_k——按作用标准组合计算的轴向拉力或轴向压力值(kN)。

对于临时性支护结构,作用基本组合的效应设计值计算公式为:

$$S_d = \gamma_F S_k \tag{9-5}$$

式中:S_k——作用标准组合的效应设计值。

对于坑体滑动、坑底隆起、挡土构件嵌固段推移、锚杆或土钉拔出、支护结构倾覆与滑移、基坑土的渗透变形等稳定性计算和验算,均应符合下列要求:

$$\frac{R_k}{S_k} \geqslant K \tag{9-6}$$

式中:R_k——抗滑力、抗滑力矩、抗倾覆力矩、锚杆和土钉的极限抗拔承载力等土的抗力标准值;

S_k——滑动力、滑动力矩、倾覆力矩、锚杆和土钉的拉力等作用标准组合的效应设计值;

K——稳定性安全系数,根据采用的支护结构形式确定。

2. 正常使用极限状态

支护结构在正常使用期间,支护结构变形过大或基坑地下水控制不当,将影响基坑周边环境的正常使用或地下结构正常施工,下列条件下的基坑支护按正常使用极限状态对支护结构进行设计,基坑的正常使用极限状态要求不出现以下状况:①基坑变形影响基坑正常施工、工程桩产生破坏或变位,影响相邻地下结构、相邻建筑、管线、道路等正常使用。②影响正常使用的外观缺陷或变形。③因地下水抽降而导致过大的地面沉降。

由支护结构的位移、基坑周边建筑物和地面的沉降等控制的正常使用极限状态设计,应符合下列要求:

$$S_d \leqslant C \tag{9-7}$$

式中:S_d——作用标准组合的效应(位移、沉降等)设计值;

C——支护结构的位移、基坑周边建筑物和地面的沉降的限值。

9.1.3 支护结构类型

支护结构选型时,应根据基坑岩土工程条件、基坑深度、基坑支护结构的安全等级、基坑空间尺寸、支护结构施工工艺和场地施工条件,经过经济比较、环保分析和工期对比,综合确定支护结构形式。

常用支护结构形式及适用条件见表9-2。

常见支护结构形式及适用条件　　　　　　　　　　　　　　表9-2

结构形式	适用条件	
	安全等级	基坑深度、环境条件、土类和地下水条件
排桩或地下连续墙	一、二、三级	(1)悬臂式结构在软土场地中不宜大于5 m,三级基坑为主; (2)地下水位高于坑底时,应采用降水、截水或地下连续墙
水泥土墙	二、三级	(1)水泥土桩施工范围内软土地基承载力不宜大于150 kPa; (2)基坑深度不宜大于6 m

续上表

结构形式	适用条件	
	安全等级	基坑深度、环境条件、土类和地下水条件
土钉墙	二、三级	(1)适用于非软土场地(否则用复合土钉支护); (2)基坑深度不宜大于 12 m(实践中已突破此范围),否则应采用复合土钉支护(结合放坡、微型桩、搅拌桩、预应力锚杆等); (3)地下水位高于坑底时,应采取降水、截水措施
逆作拱墙	二、三级	(1)淤泥和淤泥质土场地不宜采用; (2)拱墙轴线的矢跨比不宜小于1/8; (3)基坑深度不宜大于 12 m(实践中已突破此范围); (4)地下水位高于坑底时,应采取降水、截水措施
放坡	三级	(1)施工场地应满足放坡条件; (2)可独立或与其他支护方法联合使用; (3)地下水位高于坑底时,应采取降水措施

9.2 地下连续墙

地下连续墙是指在地面上运用各种挖槽机械,依照地下结构外墙设计要求,沿着地下结构的周边轴线开挖具有相应尺寸的窄且深的沟槽。在开挖过程中,借助泥浆的护壁作用防止沟槽坍塌,沟槽挖好后,以土作模,在经过清槽处理之后,于墙槽内放置预先设计好的钢筋笼,然后采用导管法浇筑混凝土,从而形成一道兼具防渗(水)、挡土和承重功能的地下连续墙体。由于地下连续墙长度可能较长,所以可分段施工,之后再将各段连接成整体墙。这样形成的一条狭长墙体,既是与土层紧密接触的地下结构外围护墙,也属于地下连续墙结构。

9.2.1 类型及适用条件

1. 地下连续墙的类型

地下连续墙种类繁多,常根据建筑材料、成墙方式、用途和开挖情况等 4 种方式进行分类命名。

按其建筑材料可划分为混凝土墙、钢筋混凝土墙、土质墙以及组合墙,组合墙可进一步划分为预制钢筋混凝土墙板与现浇钢筋混凝土的组合和预制钢筋混凝土墙板与自凝水泥膨润水泥浆的组合。

按其成墙方式可分为桩排式、壁板式、桩壁组合式墙。

按其用途可划分为临时挡土墙、防渗墙、用作主体结构兼作临时挡土墙的地下连续墙及用作多边形基础兼作墙体的地下连续墙。

按其开挖情况可划分为地下连续墙(开挖)和地下防渗墙(不开挖)。

2. 地下连续墙的优缺点

地下连续墙具有挡土、防水抗渗及承重 3 种功能,近年来在土质地层修建工程中得到发

展,其优点如下:

①施工时对环境影响小,特别是在软土地层施工时,表现为无噪声、无振动、不必放坡、省去支模,有时甚至可免去井点排水装置。

②可在构筑物密集地区、紧邻建筑和地下设施的位置施工,对相邻构筑物及地下设施影响极微。

③刚度较高且具有较好的整体性,承受侧压力能力强,这使得基坑开挖过程中结构与地基变形程度小,对周围建筑物以及构筑物危害较小;且其不仅可以用于超深围护结构,也可以当作主体结构,用途以及功能较多。

④对地面交通影响较小。

⑤适用于多种地质情况,可以在各种复杂条件下施工。

⑥单体造价有时可能较高,但在密集建筑群的城市中采用该法,可减少对附近建筑物的加固费用,从而降低总造价。

⑦耐久、防渗性较好。

⑧可实行逆作法施工,施工快,安全性较好,且施工时振动、噪声小,在城市施工易于推广。

尽管如此,地下连续墙在应用方面也存在部分局限性,主要体现在以下方面:

①若岩溶地区砂砾层或软黏土中承压水头较高(地下水位较高)时,需采取其他辅助措施才能采用地下连续墙方法。

②若处理不及时,施工现场可能出现泥泞及潮湿现象,对施工条件造成影响,且增加大量废弃泥浆处理工作(这也是这种施工法的特征),同时增加了环境污染的风险。

③如施工不当或土层条件特殊,可能出现不规则超挖,若不采用预制墙板,则会给后来的墙面工作带来麻烦。此外,还有可能出现相邻单元墙间不能对齐的问题。

④现浇地下连续墙墙面平整度较低,若对平整度有需求,可通过喷砂或喷浆的方法进行表面处理,或通过另做衬壁来改善,但平整处理会提升造价且加长工期。

⑤若作为施工中的临时挡土结构,经济性较可重复使用的钢板桩更低。

3. 地下连续墙的适用条件

地下连续墙既能用作截水、防渗,也能用作挡土、承重;既可用作临时性措施,也可用作永久性结构,适用场合较为广泛。例如,建筑物的地下连续墙和其他构筑物;地下停车场、地下街道;地下铁道;盾构用的竖井以及其他用途用的竖井;污水处理场,净水场、泵房;市政隧道,各种涵管;防护墙、水坝伪防渗墙;岸壁、护岸、码头加固,船坞、船闸;地下油罐;桥梁基础;原子能电站;深基坑支护结构等。由于受到施工机械的限制,地下连续墙的厚度具有固定的模数,不能像灌注桩一样对桩径和刚度进行灵活调整。因此,地下连续墙的经济效益及特有优势只能在一定深度基坑工程或某些特殊条件下才能体现。对地下连续墙的选用必须经过技术经济比较,确实认为经济合理时才可采用,其适用场合如下:①基坑深度大于 10 m;②软土地基或砂土地基;③基坑内空间极度有限,地下室外墙靠近红线,其他围护形式难以留出施工操作或设备使用的空间;④建筑群较为密集,地下管线重要性较高,对于基坑周围建筑物沉降与位置限制较为严格的工程;⑤围护与主体结构相结合,需严格抗渗防水的工程;⑥采用逆作法施工,内衬与护壁形成复合结构的工程。

9.2.2 地下连续墙设计与计算

在早期地下建筑中,地下连续墙主要用来建造防渗墙或临时挡土墙。随着施工方法和施工机械的发展和改进,地下连续墙逐渐被作为主体结构承担支护作用。

地下连续墙的设计一般包括槽壁稳定及槽幅设计、槽段划分、导墙设计、连续墙内力计算及配筋设计、连续墙接头设计等内容,具体计算步骤如下:①土水压力及荷载确定;②地下连续墙入土深度确定;③基于上述地下连续墙入土深度,对槽段长度进行假定并进行槽壁稳定验算;④地下连续墙静力计算;⑤配筋计算,构件强度、开裂程度验算,垂直接头计算。

1. 荷载确定

地下连续墙的荷载包括施工阶段及使用阶段两个阶段的荷载。施工阶段的荷载主要指基坑开挖阶段的水、土压力,地面施工荷载,逆作法施工时的上部结构传递的垂直承重荷载等。作为主体结构的一部分,地下连续墙结构还要承受使用阶段的荷载,包括使用阶段的水、土压力,主体结构使用阶段传递的恒载和活载等。作为挡土为主的结构,地下连续墙主要承受水平方向的水、土荷载,因此确定地下连续墙施工及使用阶段的水、土压力大小是荷载确定的关键。地下连续墙的位移与土压力的分布如图9-1所示。

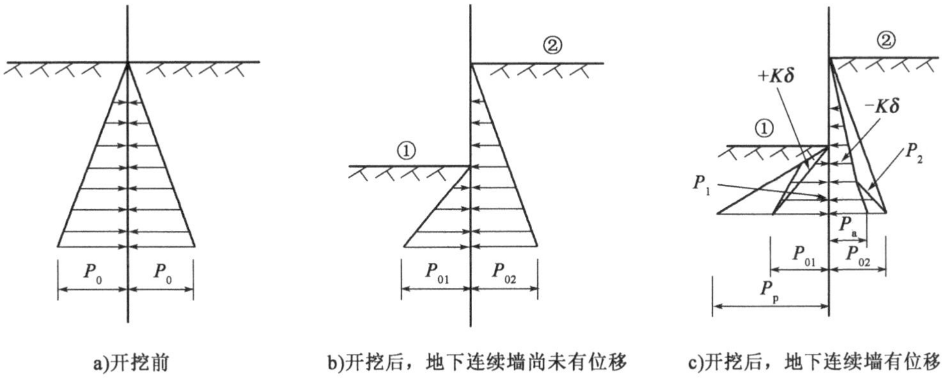

a)开挖前　　b)开挖后,地下连续墙尚未有位移　　c)开挖后,地下连续墙有位移

图9-1 地下连续墙的位移与土压力的分布

2. 槽幅设计

槽幅是指地下连续墙一次开挖成槽的槽壁长度。槽幅设计包括槽壁长度的确定、槽段划分两部分内容。槽壁长度的确定与施工所选用的连续墙成槽设备的尺寸(抓斗张开尺寸、钻挖设备的宽度等)成模数关系,最小不得小于一次抓挖(钻挖)的宽度,而最大尺寸则应根据槽壁稳定性确定。目前常用的槽幅为3~6m。槽段划分应结合成槽施工顺序、连续墙接头形式、主体结构布置及设缝要求等来确定。由于槽段划分确定了连续墙接头位置,因此该位置应避开预留钢筋或接驳器位置,并应尽量与结构缝位置吻合。另外,还应考虑地下连续墙分期施工的接头预留位置的影响等。

槽壁稳定性验算如下:

泥浆护壁槽壁稳定的计算是地下连续墙工程的一项重要内容,主要用来确定在深度已知条件下的设计分段长度。

1) 梅耶霍夫(G. G. Meyerhof)经验公式法

开挖槽段的临界深度 H_{cr} 为：

$$H_{cr} = \frac{Nc_u}{K_0(\gamma' - \gamma_1')}$$ (9-8)

式中：c_u——黏土的不排水抗剪强度(kPa)；

　　　K_0——静止土压力系数；

　　　γ'——黏土的有效重度(kN/m^3)；

　　　γ_1'——泥浆的有效重度(kN/m^3)；

　　　N——条形深基础的承载力系数，$N = 4(1 + B/L)$；

　　　B——槽壁的平面宽度(m)；

　　　L——槽壁的平面长度(m)。

对于黏性土，开挖沟槽的倒塌安全系数 F_S 和横向变形 Δ 为：

$$\begin{cases} F_S = \dfrac{Nc_u}{P_{0m} - P_{1m}} \\ \Delta = (1 - \mu^2)(K_0\gamma' - \gamma_1')\dfrac{zL}{E_s} \end{cases}$$ (9-9)

式中：P_{0m}——开挖的外侧(土压力)槽底水平压力强度；

　　　P_{1m}——开挖的内侧(泥浆压力)槽底水平压力强度；

　　　z——所考虑点的深度(m)；

　　　E_s——土的压缩模量(kN/m)；

　　　μ——土的泊松比，对于黏土，$\mu = 0.5$。

2) 非黏性土的经验公式

对于无黏性的砂土(黏聚力 $c = 0$)，安全系数可由下式计算：

$$F_S = \frac{2\sqrt{(\gamma - \gamma_1)}\tan\varphi_d}{\gamma - \gamma_1}$$ (9-10)

式中：γ——非黏性土的重度(kN/m^3)；

　　　γ_1——泥浆重度(kN/m^3)；

　　　φ_d——砂土的内摩擦角(°)。

3. 导墙设计

导墙是指地下连续墙开槽施工前，沿连续墙轴线方向全长周边设置的导向槽，导墙一般采用"⌐⌐"形现浇钢筋混凝土，厚度一般为 200～300 mm，混凝土一般采用 C20。导墙墙角一般需进入原状土不小于 300 m，墙顶面高于地面 100～200 m 以防止散水流入，宽度需大于地下连续墙的设计宽度 50 mm。

4. 连续墙深度及厚度的初选

1) 深度确定

在基坑工程中，地下连续墙既作为承受侧向水土压力的受力结构，同时兼有隔水的作用，因此地下连续墙的入土深度需考虑挡土和隔水两方面的要求。

（1）根据稳定性确定入土深度。

作为挡土受力的围护体,地下连续墙底部需要插入基底足够的深度,并进入较好的土层以满足嵌固深度和基坑各项稳定性要求。在软土地层中,地下连续墙在基底以下的嵌固深度一般接近或大于开挖深度方能满足稳定性要求。当基底以下为密实的砂层或岩层等物理力学性质较好的土(岩)层时,地下连续墙在基底以下的嵌入深度可大大缩短。

连续墙深度由入土深度决定。连续墙入土深度（基坑底以下深度）与基坑开挖深度的比值称为入土比。根据工程经验,连续墙入土比依据地质条件不同一般取 $0.7 \sim 1.0$,也可通过如下两古典判别方法计算得到初值,后再通过基坑稳定性验算确定合理入土比。

①板柱底端为自由的稳定状态。

如图 9-2 所示,板桩在 T、E_a、E_p 三力作用下达到平衡。

$$\begin{cases} \sum X = 0 \\ \sum Y = 0 \end{cases} \tag{9-11}$$

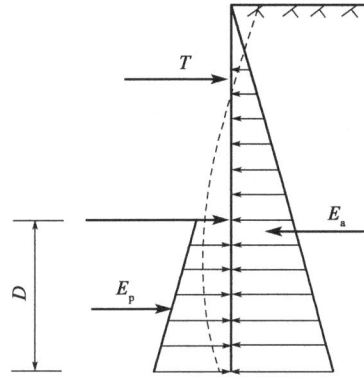

图 9-2 板柱底端为自由时内力的平衡示意图

图 9-2 中,E_a 为主动侧土压力的合力,E_p 为被动侧土压力的合力,T 为支承轴力,D 为板桩入土深度。

②板柱底端为嵌固的稳定状态。

对于悬臂式板桩,如图 9-3a)所示,E_a 和 E_{p1} 组成力偶,不能平衡,必须设想在底端作用一个向左的力 E_{p2},根据假设建立两个二元一次方程组,求得未知量 E_{p1} 和 D。

对于有撑或锚的板桩,如图 9-3b)所示,板桩内力变形曲线有一反弯点 Q,则采用假想梁法,假定反弯点 Q 上部为简支梁,下部为一次超静定架,可求解板桩的内力。

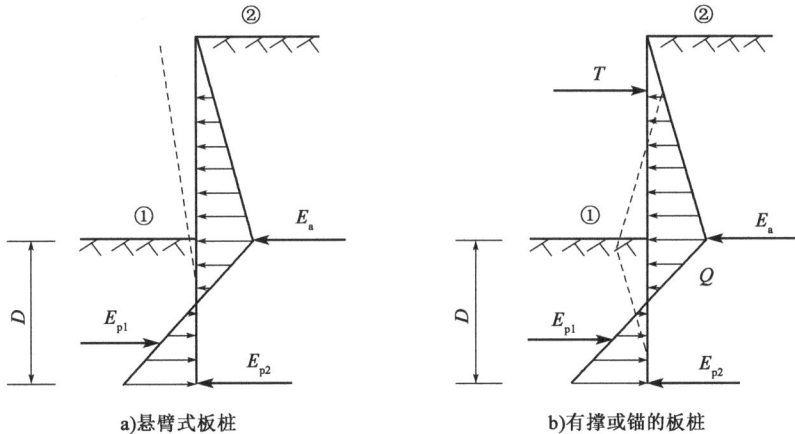

a)悬臂式板桩   b)有撑或锚的板桩

图 9-3 板桩底端为嵌固时内力的平衡示意图

（2）考虑止水作用确定入土深度。

地下连续墙深度也需要考虑止水作用,这可以通过地质与水文资料,结合工程要求进行确定,但应满足如下条件:

$$H = h_1 + h_2 \tag{9-12}$$

式中：H——设计连续墙深度(m)；

h_1——含水冲积层厚度(m)；

h_2——深入不透水地层内的深度(m)。

基于我国地下连续墙施工经验，一般深入不透水稳定地层深度应为 $3 \sim 6$ m。

地下连续墙厚度由承载情况以及工程用途决定，可通过工程类比方法进行设计计算，深基坑及深路堑支护结构应进行受力验算。

2)厚度确定

连续墙厚度应根据连续墙不同阶段的受力大小、变形及裂缝控制要求等确定。连续墙的厚度根据国内现有施工设备条件，有以下几种常用尺寸：600 mm、800 mm、1000 mm、1200 mm 等。连续墙结构设计计算前可以根据工程经验预先设定，一般为基坑开挖深度的 $3\% \sim 5\%$。最终应由结构计算、复核结果决定。

5. 结构内力计算

根据受力特点，连续墙可分为悬臂式和多支撑支护式。当连续墙用于深基坑或深路堑支护时，有时可简化为悬臂式结构来计算。这种结构主要依靠嵌入土层的深度来平衡上部地面荷载、水压力以及主动土压力所产生的侧向力，因此，插入深度和最大弯矩是关键的计算参数。

依据连续墙底部与基坑底部的关系，可将其分为弹性嵌固(铰接)和固定这两种方式。当墙体插入坚硬土层的深度较深时，可将其视为固定端，而支撑点则为铰支点。首先，依据基坑深度和勘测资料确定主动土压力与被动土压力系数，并考虑墙体和土体之间的摩擦力。然后，计算嵌入基坑下方的深度和最大弯矩，最大弯矩一般在剪力为零处求得。最后，对连续墙的尺寸及强度进行核算。当连续墙与锚杆或内支撑结合使用时，目前研究中采用的计算方法主要是等值梁计算法和二分之一分担法。

如图9-4所示，将连续墙内力计算简化为平面应变问题，并进行单位长度受力分析。ac 梁的 b 点为铰支点，c 点为固定端，弯矩图的转折点为 d。若将 ac 梁在 d 点切断，并设置自由支撑，使其形成 ad 梁，则 ad 梁的弯矩保持不变，成为 ac 梁上 ad 段的等值梁。在应用等值梁法计算时，首先需要确定正负弯矩的转折点。实际情况中，地下土压力为零的位置与弯矩为零的位置接近，因此可以用该点替代。

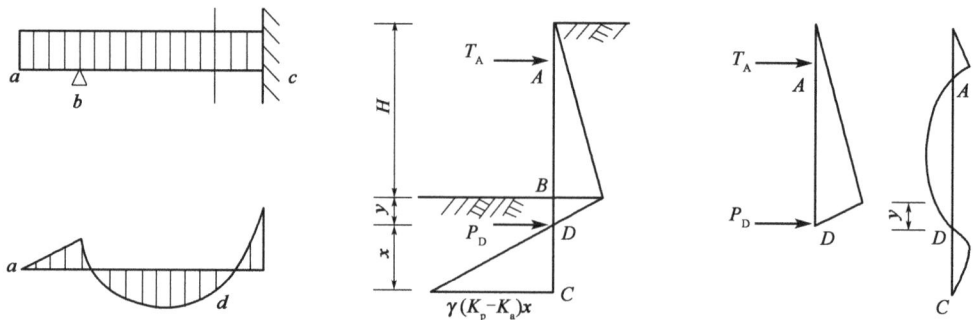

图 9-4　等值梁法计算示意简图

等值梁法计算步骤如下。

①按土的参数计算主、被动土压力系数(有摩擦力，即考虑摩擦角 φ 的影响)：

$$\begin{cases} K_a = \tan^2(45° - \varphi/2) \\ K_p = \dfrac{\cos\varphi}{\cos\delta/2 - \sqrt{\sin\varphi\sin(\delta+\varphi)}} \end{cases} \tag{9-13}$$

式中,摩擦角 δ 一般取 $\varphi/3 \sim 2\varphi/3$。

②计算土压力强度为零处距坑底的距离:D 点为土压力为零点,y 为到坑底的距离,该点两侧土压力相当,可求出 y 值:

$$y = \frac{P_D}{\gamma(K_p - K_a)} \tag{9-14}$$

③将地面到连续墙底的受力剖面图,作为相应的连续梁支点和荷载分布图。

④当多点支撑时,分段计算梁的固端弯矩(各段支点弯矩可能不平衡)。

⑤用弯矩分配法(各段刚度)平衡各支点弯矩。

⑥分段计算各支点反力并核算反力与荷载是否相等。

⑦计算连续墙插入深度 $(y+x)$;x 值可由 D 支点反力对连续墙底端的弯矩与被动土压力的弯矩大小相等求出。如果下部土质差,还需考虑 $1.1 \sim 1.2$ 的系数。

⑧以最大弯矩核算墙的尺寸和强度。等值梁验算结果一般偏于安全。

二分之一分担法是多支撑连续梁的一种简化计算法,不考虑墙体支撑变形,将支撑承受的压力(土压力、水压力、地面超载等)分为每一支撑段受压力的一半,求支撑受的反力,然后求出正负弯矩、最大弯矩,以核定连续墙的截面尺寸和配筋,计算简图如图9-5所示。

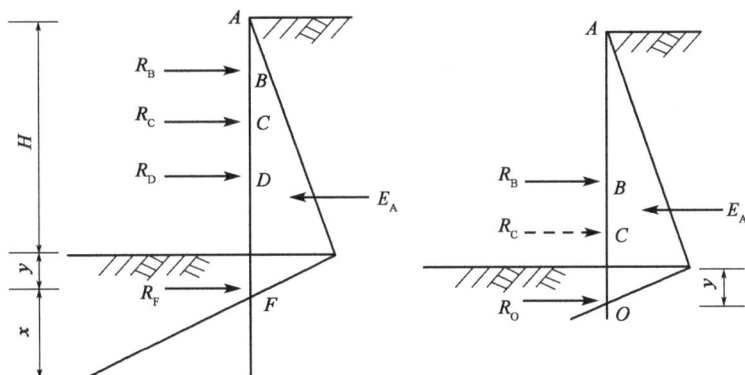

图9-5 二分之一分担法计算示意简图

6. 地下连续墙兼作外墙时的设计

1) 单一墙的设计

单一墙是指将地下连续墙直接作为地下结构物的垂直边墙。在计算其与主体结构结合后的应力时,需考虑因温差、干缩和蠕变产生的附加应力,并进行相关验算。

2) 重合墙的设计

重合墙是指主体结构的垂直边墙与地下连续墙重合,在其间填充隔绝材料,以防剪力传递。由于施工期间、竣工时和长期使用后的外力作用不同,因此需要分别进行验算。

3) 复合墙的设计

复合墙是将地下连续墙与主体结构垂直边墙整合为一体,通过在连续墙内侧凿毛并设置剪力块,使两者能够共同承受外部荷载。

4) 分离墙的设计

分离墙是在主体结构的水平构件上设置支点,使地下连续墙作为支点上的连续梁来抵抗外部压力。如果外墙强度不足,可通过增加内墙刚度或在水平构件之间设置额外支点来增强支撑。

5) 承重墙的设计

当地下连续墙作为承重墙时,需解决无桩墙与有桩结构(如地铁站底板)的变形协调与沉降同步问题。依据群桩设计理论,可将地下连续墙按等效工程桩处理,并将其布置在基础底板周边,使桩、土和底板共同形成复合基础结构,通过计算程序分析底板内力、桩端轴力及沉降情况。在逆作法施工过程中,需计算复合结构的沉降,以便合理控制施工进度。

7. 地下连续墙接头设计

地下连续墙是以若干个分段施工的槽(水平与垂直分段)浇筑混凝土而连接成的墙体结构,因此,墙体接头与构造是保证墙整体刚度的重要环节。地下连续墙接头形式可分为施工接头和结构接头两类。施工接头是浇筑地下连续墙时连接两相邻单元墙间的接头,包括直接连接构成接头、使用接头管建成的接头、使用接头箱建成的接头、用隔板建成的接头、用预制构件建成的接头;结构接头是已竣工的地下连续墙与地下结构其他构件(梁、柱、楼板)相连接的接头,包括直接连接成的接头和间接连接成的接头,其中间接连接成的结构又包含铁板媒介连接和剪刀块连接。

1) 施工接头

施工接头应满足受力和防渗的要求,并要求施工简便、质量可靠。施工接头有平接、接头管或箱、隔板、预制构件等方法建成的接头。下面对各种接头的施工方法及构造加以介绍。

(1) 平接(直接)接头。

平接接头又称直接接头。在单元槽段挖掘完成后,立即吊放钢筋笼并浇筑混凝土,使混凝土直接与未开挖部分接触。在开挖下一个单元槽段时,使用冲击锤等工具将接触面的混凝土处理成凹凸不平的表面,再浇筑新混凝土,形成所谓的"直接接头"。黏附在接头表面的沉渣和土壤通常通过抓斗齿或射水等方法进行清除,但难以完全清理干净。因此,这种接头的质量较低,容易出现渗漏问题,不适用于重要工程。

(2) 接头管接头。

接头管又称锁口管(可重复使用),是一种使用广泛的施工墙段的措施。它的施工过程如下:在开挖好一段墙槽后放入圆形接头管,然后在墙槽内吊放钢筋笼并浇筑混凝土,两端的接头管兼作模板,待混凝土达到初凝后即拔出接头管,留下墙槽两端的半圆形端头,如果每隔一段距离施工一次,则相间的墙槽土挖出后即可直接吊放钢筋笼和浇筑混凝土。由于施工简单,这种接头形式已经成为当前最常用的方法之一。

接头管的形状多样,主要为圆形、缺口圆形、带翼形和带凸棒形(图 9-6)。接头管的外径一般要求不小于设计混凝土墙厚度的93%。除特殊情况之外,带翼接头管较少使用,因为泥浆易在其周围积聚,影响施工质量。带凸棒的接头管使用频率也较低。

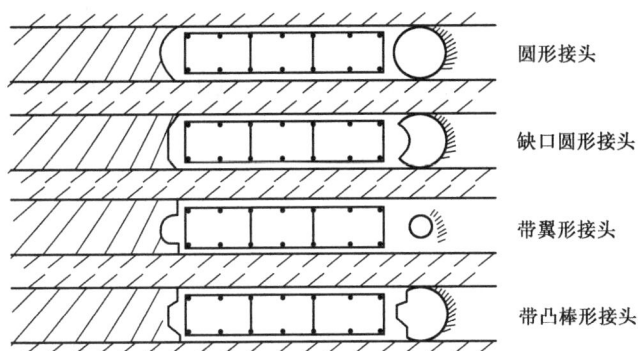

图9-6 接头管形式

（3）接头箱接头。

相比接头管，采用接头箱的接头刚度更好，施工方式与接头管法类似。在完成一期单元槽段开挖后，先放置接头箱，再吊装钢筋笼。由于接头箱一侧为开口，钢筋笼的水平钢筋端可插入接头箱内。为防止浇筑混凝土时流入接头箱，需在钢筋笼端部焊接竖向钢挡板进行阻挡。待混凝土初凝后，拔出接头箱，随后开挖二期单元槽段并浇筑混凝土形成接头。这种接头方式虽然不如钢筋直接绑扎或焊接，但可使相邻单元墙段的水平钢筋交错搭接，保证墙体结构的整体性。

（4）隔板式接头。

隔板式接头是采用钢板作为接头，钢板形状有平板、V形板和榫形板，如图9-7所示。化纤布铺盖用于接头处的缝隙（钢板两侧与槽壁之间）封堵，以防止混凝土流入。按水平钢筋的关系，隔板式接头也可分成搭接接头和不搭接接头两种。

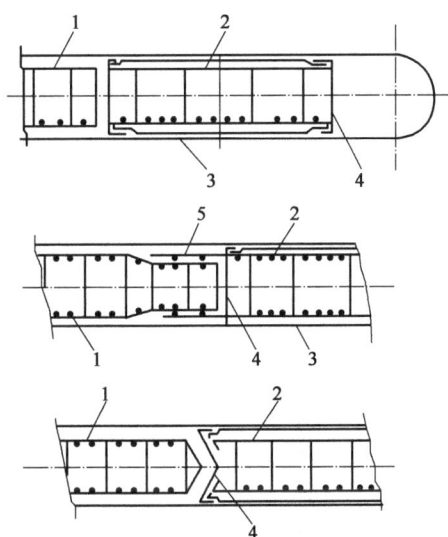

图9-7 隔板式接头施工
1-钢筋笼（正在施工地段）；2-钢筋笼（完工地段）；
3-用化纤布覆盖；4-钢制隔板；5-连接钢筋

（5）预制构件接头。

用预制构件作为接头的连接件，按所用材料不同可分为钢筋混凝土接头、钢筋混凝土和钢材组合而成的接头以及全部用钢材制成的接头，如图9-8所示。

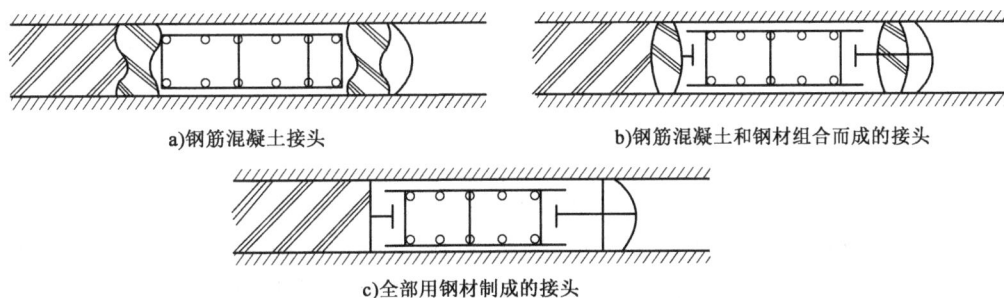

a)钢筋混凝土接头
b)钢筋混凝土和钢材组合而成的接头

c)全部用钢材制成的接头

图9-8 预制构件接头

图 9-9a)是日本大阪某工程所用的波形接头,适用于较深地下连续墙,有利于受力和防渗。

图 9-9b)是英国首创的用钢板桩加接头管连接的接头方法,用钢板桩连接两个槽段,借助钢板桩防水并承受拉力。

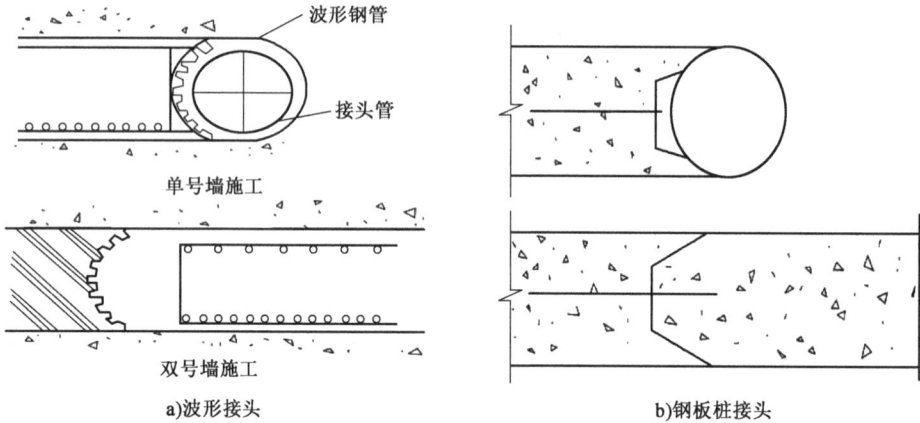

单号墙施工

双号墙施工

a)波形接头　　　　　　　　　　　　　　　b)钢板桩接头

图 9-9　其他施工接头

2)结构接头

结构接头是指地下连续墙与内部结构或其他结构的连接节点与构造,主要有直接连接和间接连接两种类型。直接连接是采用预埋钢筋的方法进行连接,间接连接是采用预埋件的方法进行连接。无论使用何种连接方法,都要保证节点处的受力性能。

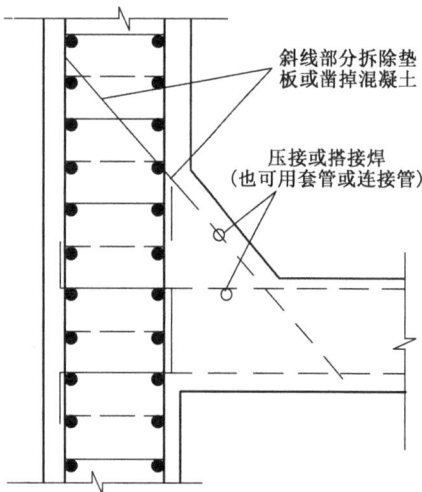

图 9-10　直接连接接头

(1)直接连接成的接头。

直接连接成的接头是通过在地下连续墙内预埋钢筋实现的。预埋的钢筋在施工时被加热并弯曲,待地下连续墙施工完成并开挖土体露出墙体后,再凿开预埋钢筋所在的墙面,将其恢复原状并与其他地下结构构件的钢筋相连(图 9-10)。根据日本的相关资料,只要避免急剧加热且施工仔细,钢筋强度几乎不受影响。但由于连接处通常是结构的薄弱点,设计时会预留20%的安全余量。另外,为了方便施工,建议使用直径不大于 22 mm 的钢筋。

(2)间接连接成的接头。

间接连接成的接头即通过焊接将地下连续墙的钢筋与地下结构物其他构件的钢筋相连接。这种接头包括钢板媒介连接[图 9-11a)]和剪刀块连接[图 9-11b)]两种。

(3)钢筋接驳器连接接头。

钢筋接驳器连接接头是利用在连续墙中预埋的锥螺纹或直螺纹钢筋(又称钢筋接驳器),采用机械连接的方式连接。这种方式方便、快速、可靠,是目前应用较广的一种方式。但接驳器的预留精度由于受到施工工艺及地层条件等的影响,不易控制,因此对成槽精度、钢筋笼制作、吊放等施工控制要求较高。

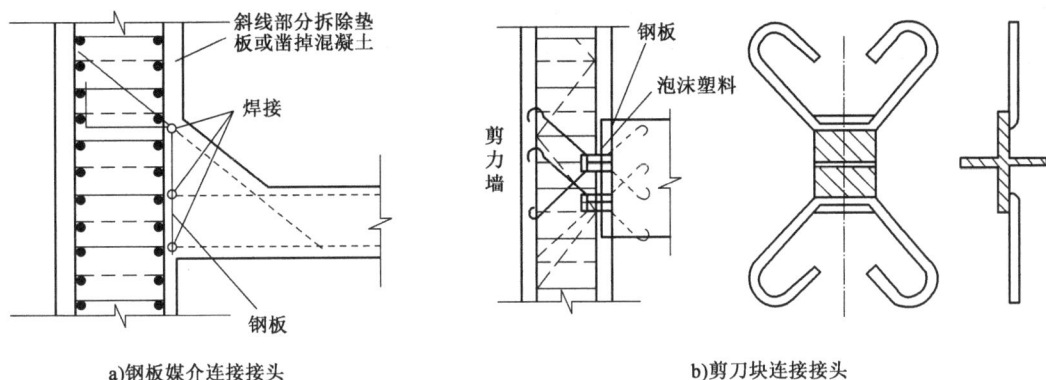

a)钢板媒介连接接头　　　　　　　　　　b)剪刀块连接接头

图9-11　间接连接接头

（4）植筋法接头。

在很多情况下，由于预埋钢筋受到多种因素的限制，难以预埋，有时即使已经预埋，其位置可能偏离设计位置较大，以致无法利用，在这些情况下，通常可以采取在现场施工完的连续墙上直接钻孔埋设化学螺栓来代替预埋钢筋，此方法被称为植筋法。

9.2.3　地下连续墙施工工艺

在工程开挖前，首先根据建筑物平面设计在地面修建导墙。在泥浆护壁的条件下，使用特制挖槽机械进行开挖，每次开挖一个单元槽段至设计深度，并清除沉淀的泥渣。随后，将加工好的钢筋骨架（钢筋笼）用起重机吊放入充满泥浆的沟槽内。接着，采用水下浇筑混凝土的方法，通过导管将混凝土浇入沟槽。由于混凝土自沟槽底部逐渐向上浇筑，泥浆会被相应地置换出来。当混凝土浇至设计高程时，一个单元槽段的施工便可完成。各单元槽段通过特制接头连接成连续的地下钢筋混凝土墙，形成封闭形状。工程开挖土方时，地下连续墙既能挡土，又具备防水和抗渗功能，具体操作步骤如下：①清理现场放线定位，利用专用挖槽机开挖某段墙体，修筑导墙，在挖掘过程中，沟槽内始终充满泥浆（又称稳定液），主要为膨润土与水的混合物等组成；②在挖好的带有泥浆的沟槽两端头放入接头管（又称锁口管），如不设接头管即成为平缝接头，接头质量较差，而接头管的设置可保证接头的质量；③将拟放入的已加工完整的钢筋笼插入开挖好的槽段内，下沉至设计高程。若开槽很深，则可逐节下沉并焊接；④利用导管向沟槽段内灌注混凝土；⑤待混凝土达到初凝后，及时拔除接头管。

上述5个步骤即为连续墙中某一段的施工过程，可重复这一过程进行若干段施工，并通过接头管将其连接起来，即成为连续墙。

图9-12所示为现浇钢筋混凝土地下连续墙的施工工艺过程。

1. 修筑导墙

在地下连续墙的沟槽中，近地表的土体极为不稳定，因此在开挖之前必须沿墙体纵向轴线开挖导沟并修筑导墙。

1）导墙的作用

（1）挡土作用。

在挖掘地下连续墙沟槽时，接近地表的松软土壤易于坍塌，而泥浆无法有效护壁。因此，在单元槽段完成之前,导墙充当挡土墙。为防止导墙在土压力和水压力作用下位移,通常在导墙内侧每隔约 1 m 设置两道支撑。如附近有较大荷载或机械作业时,可在导墙内每隔 30 cm 增设钢板支撑,以防止位移和变形。

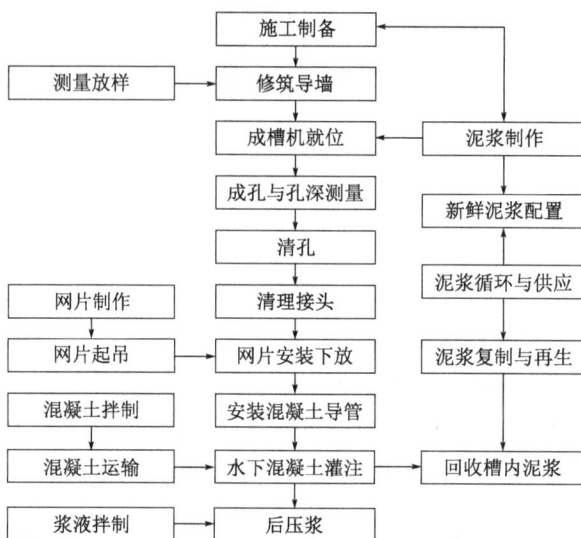

图 9-12 地下连续墙施工工艺流程图

（2）测量基准作用。

导墙确定了沟槽的位置,划分了单元槽段,成为测量挖槽高程、垂直度和精度的基准。

（3）承重支承作用。

导墙不仅支承着挖槽机械的轨道,还是钢筋笼和接头管等构件的搁置点,甚至能够承受来自其他施工设备的荷载。

（4）存蓄泥浆作用。

导墙可储存泥浆,稳定槽内泥浆液面。液面需保持在导墙面下方 20 cm,并高出地下水位 1 m 位置,以保持槽壁稳定。

（5）其他作用。

导墙还能防止泥浆漏失,阻止雨水等地面水流入槽内;在地下连续墙靠近现有建筑物时,导墙也可起到一定的补强作用。

2）导墙的形式

导墙一般为现浇钢筋混凝土结构,应具有必要的强度、刚度和精度,要满足挖槽机械的施工要求,也有钢制的或预制钢筋混凝土的装配式结构,可供多次使用。常见的现浇导墙形式有倒"L"形、"L"形、"][" 形等 3 种形式,可根据地质条件选用。其中,倒"L"形多用在土质较好土层,"L"形、"][" 形则多用于表层土为杂填土、软黏土等承载能力较弱的土层,通过底部外伸来扩大支承面积。

3）导墙施工

①导墙多采用 C20 ~ C30 钢筋混凝土,双向配筋 $\phi 8 \sim 16$ mm@150 ~ 200 mm。现浇导墙施工流程:平整场地—测量定位—挖槽—绑扎钢筋—支模板—浇筑混凝土—拆模及设置横撑。内外导墙间净距比设计地墙厚度大 40 ~ 60 mm,肋厚 150 ~ 300 mm,高 1.2 ~ 1.5 m,墙底进入

原土 0.2 m。

②导墙要对称浇筑,强度达到 70% 后方可拆模。拆除后立即设置上、下两道 10 cm 直径圆木(或 10 cm 见方方木)支撑,防止导墙向内挤压,支撑水平间距 1.5~2.0 m,上下间距为 0.8~1.0 m。

③导墙外侧填土应以黏土分层回填密实,防止地面水从导墙背后渗入槽内,并避免被泥浆掏刷后发生槽段坍塌。

④导墙顶墙面要水平,内墙面要垂直,底面要与原土面密贴。墙面平整度小于 5 mm,竖向墙面垂直度(即倾斜度)应不大于 1/500。内外导墙间距允许偏差 ±5 mm,轴线允许偏差为 ±10 mm。

⑤混凝土养护期间成槽机等重型设备不应在导墙附近作业停留,成槽前支撑不允许拆除,以免导墙变位。

⑥导墙在地墙转角处根据需要外放 200~500 mm,成 T 形或十字形交叉,使得成槽机抓斗能够起抓,确保地墙在转角处的断面完整。

2. 深槽开挖

深槽开挖是地下连续墙施工中重要的工序,是决定地下连续墙施工方法能否取得高速、优质、低耗等各项经济技术指标的关键,应根据地质条件、开挖深度、施工条件等因素选择合适的挖槽机械,以保证地下结构壁面外形平整美观,提高工效、降低成本。一般挖槽工期约占整个施工工期的 50%~60%,而挖槽的质量与垂直度又直接影响该施工方法的成败。因此,应选用技术性能好的挖槽设备。我国目前应用较多的挖槽设备有 3 种,即吊索式或导杆式抓斗机、钻抓斗式挖槽机和多头钻机。

3. 泥浆制备

在地下连续墙的成槽作业中,为了保持槽壁稳定不坍塌,槽内必须始终充满触变泥浆。触变泥浆液面通常保持在高出地下水位 0.5~1.0 m 的位置,其护壁机理如下:泥浆密度大于地下水的密度,液面又高,因此泥浆的液柱压力足以平衡地下水、土压力,成为槽壁土体的一种液态支撑;泥浆压力还可以使泥浆渗入槽壁土体孔隙,在槽壁表面形成一层组织致密、透水性很小的泥皮,使土体表面胶结成整体,维护了槽壁的稳定。同时泥浆也起到了携渣、冷却与润滑作用。因此泥浆配制适当与否,直接关系到造孔的质量。

1)泥浆配比

目前工程中大量使用的泥浆主要是膨润土泥浆,膨润土泥浆是将以膨润土为主,CMC(羧甲基纳纤维素,又称人造糨糊、增黏剂、降失水剂)、纯碱(Na_2CO_3,分散剂)等为辅的泥浆制备材料,利用 pH 接近中性的水(自来水)按一定比例进行拌制而成。膨润土品种和产地较多,应通过试验进行选择。不同地区、不同地质水文条件、不同施工设备对泥浆的性能指标都有不同的要求,为了达到最佳的护壁效果,应根据实际情况由试验确定泥浆最优配合比。一般软土地层中可按下列重量配合比试配:水∶膨润土∶CMC∶纯碱 = 100∶(8~10)∶(0.1~0.3)∶(0.3~0.4)。在特殊的地质和工程条件下,泥浆的密度需加大,单靠增加膨润土的用量无法满足需求时,可在泥浆中掺入一些密度大的掺合物,如重晶石粉,以达到增大泥浆密度的目的。同时,在透水性大的砂或砂砾层中出现泥浆漏失现象时,可掺入锯末、稻草末等堵漏剂,达到堵漏的目的。

2）泥浆循环方式

泥浆的使用根据挖槽方式主要分为静止方式和循环方式,其中循环方式又分为正循环和反循环两种。

(1)静止方式。采用抓斗挖槽时,泥浆以静止方式使用。随着挖槽深度的增加,需不断向槽内补充新鲜泥浆,直到浇灌混凝土将泥浆完全置换,泥浆一直保持在槽内。

(2)循环方式。通过钻头和切削刀具挖槽时,泥浆以循环方式使用。在充满泥浆的同时,利用泵将泥浆在槽底和地面之间循环,并将土渣排出到地面。泥浆不仅可以起到护壁作用,也是排渣的手段。通过管道将泥浆压送至槽底,泥浆在管道外上升并携带土渣到地面称为正循环;而泥浆从管道外流入槽内后,与土渣一起被抽至地面称为反循环。反循环挖槽方式具有优良的排土和携渣效果,能够显著提升施工进度,因此应优先考虑。

4.混凝土浇筑与钢筋笼吊放

地下连续墙的混凝土浇筑是在充满泥浆的深槽内进行的,并且采用直升导管法进行灌注。沿槽孔长度方向设置多根垂直导管,从地面同时向这些导管灌入搅拌好的混凝土。混凝土在重力作用下从导管底口流出,随着浇筑的进行,混凝土面逐渐上升,泥浆则被顶出槽孔,通过泥浆泵抽至沉淀池。

需要注意的是,导管底口与混凝土面的位置关系直接影响浇筑效果。导管底口必须埋于混凝土面以下 1.5 m 以上,若小于 1.5 m,可能导致被泥浆污染的混凝土被卷入墙体;而若远大于 1.5 m,则可能导致混凝土在导管内流动不畅,甚至造成钢筋笼上浮。因此,导管底口的插入深度应控制在 1.5~2 m 之间,导管间距则应设定为 3~4 m,以确保最佳效果。

在制作钢筋笼时,应考虑混凝土导管的插入位置,需预留贯通空间,并在周围增设箍筋和连接筋进行加固。为避免横向钢筋阻碍导管,纵向主筋应放置在内侧,横向筋则放置在外侧,纵向筋底端可稍向内弯曲,以防吊装时损伤槽壁表面。钢筋笼吊装前,应根据其重量选择主、副吊设备,并进行吊点布置;应使用横吊梁或吊架起吊,确保钢筋笼作为整体被吊放,并保证钢筋笼具有足够的刚度。吊入槽段后,需用 2~3 根槽钢固定在导墙上以确保稳固。

9.3　桩锚支护结构

桩锚支护是一种把一道或多道锚杆与护坡桩相结合的支护形式,它融合了抗滑桩和锚杆支护方法,其原理综合了二者的支撑机制。抗滑力主要来源于锚杆提供的锚固力以及支护桩的阻滑力。

桩锚支护属于超静定结构,稳定性良好且安全性能高,是深基坑的重要支护措施。这种结构在基坑开挖的边坡支护中应用广泛,主要由支护桩和锚杆构成,其中排桩起到挡土作用,锚杆则构成支撑体系(图9-13)。在地下水位较高的区域,需要在支护桩后设置降水井来降低地下水位,或者建立水泥土墙等防渗措施。这些结构相互关联,构成一个有机整体。

桩锚支护的主要特点是利用锚杆替代基坑内的支撑,以此提供锚拉力,减小支护桩的位移和内力,同时将基坑的变形控制在允许范围内。

桩锚支护结构由多个部分构成,包括排桩、锚杆(索)和排水系统。排桩主要负责基坑的护坡和挡土,其设计方案通常采用人工挖孔灌注桩、钻(冲)孔灌注桩和预制桩等多种形式。此结构的细节参数至关重要,包括桩的边距、直径、混凝土强度等级、嵌固深度、所用钢筋类型及其配筋方式等。锚杆则为排桩提供必要的水平约束力,从而显著提升支护桩的抗弯能力。锚杆的设计一般为1~3层,关键参数包括锚杆的倾斜角度、设置深度、水平位置以及锚固段的长度和直径。在进行深基坑施工时,为了防止地表水渗透影响支护面

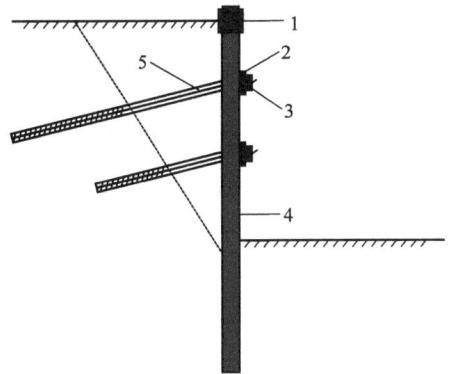

图9-13 桩锚支护结构组成
1-冠梁;2-腰梁(围檩);3-锚具;4-支护桩;5-锚杆(锚索)

层,从而降低土体强度和土体与锚杆之间的黏结力,桩锚支护结构需配备高效的排水系统。这一系统不仅能有效降低水位,确保施工环境的稳定,还能防止土体变形。

在基坑的施工过程中,土压力、地下水压力和周围建筑物等附加荷载共同作用于排桩,使其产生向基坑内部倾斜的趋势,并伴随相对的侧向位移。在桩体嵌固深度范围内的土体受桩体侧向位移的影响,进而形成被动土压力,以抵消部分主动土压力。此外,锚杆的预应力作用也能对抗桩体位移,进一步增强支护结构的稳定性。因此,支护桩所受的主动土压力是被动土压力和锚杆的锚固力共同承担的。当主动土压力小于或等于被动土压力和锚杆的极限锚固力时,围护桩体将保持稳定,不会发生侧向位移,此时支护体系有效运作。然而,若主动土压力超过这一限值,围护桩体将发生侧向位移,若位移超出设计允许的范围,支护体系将可能失效。桩锚支护的基本原理融合了排桩和锚杆的支护机制,其抗滑能力主要依赖于抗滑桩提供的阻滑力和锚杆所产生的锚固力,以确保基坑的安全与稳定。

9.3.1 类型及适用条件

桩锚支护是将受拉杆件的一端固定在开挖基坑的稳定地层中,另一端与围护桩相连的基坑支护体系。桩锚支护结构形式丰富,依据不同的工程实际情况可灵活选用。其类型主要包括以下几种。

1.悬臂桩支护结构

悬臂桩支护结构是一种未设置锚杆或内支撑,仅依靠结构自身嵌入土体一定深度以维持结构稳定的支护形式。悬臂桩支护结构的工作原理主要是利用基坑以下土体对支护结构产生的被动水土压力来平衡上部的水土压力,并通过足够的入土深度和结构自身的抗弯能力来确保结构安全。

悬臂桩支护结构的优点主要体现在以下几方面:①结构简单,施工方便,有利于基坑采用大型机械开挖。②成本低,对土地影响小。

然而,悬臂桩支护结构也存在一些明显的缺点:①在相同的开挖深度下,其内力较大,侧向位移也较大。因此,为了满足结构的刚度和稳定性要求,支护结构需要更大的截面和插入深度。②悬臂式支护结构对开挖深度特别敏感,易产生较大的变形,对周围建筑物、道路及地下管线可能造成一定影响。③对土质的要求较高,基底以下土质需要良好,有较大的黏聚力值。

如果基底以下被动区土质不良,可能需要采用人工加固的方法来提高被动区的被动土压力。

悬臂桩支护结构适用于基坑深度不超过 8 m、基坑侧壁安全等级较低且开挖深度较浅的基坑工程。对于周边有严格控制位移的建筑物、构筑物和地下管线等,或地质条件复杂、土质较差的地区,由于悬臂桩支护结构对土质的要求较高,因此并不适用。

2. 单支点桩锚支护结构

单支点桩锚支护结构是指在基坑开挖过程中,利用桩身与土层之间的摩擦力以及锚杆提供的拉力来共同支撑土体的结构。该结构在桩顶附近设置一个支点(通常为锚杆或支撑),用以平衡桩身所受的侧向土压力,从而确保基坑的稳定性和施工安全。

单支点桩锚支护结构的优点主要体现在以下几方面:①稳定性好,单支点桩锚支护结构通过桩身与锚杆的协同作用,能够有效抵抗侧向土压力,确保基坑的稳定性;②适应性强,该结构适用于多种地质条件,特别是在地质条件较差或土层较软的地区,能够有效发挥其支护作用;③施工方便,与一些复杂的支护结构相比,单支点桩锚支护结构的施工相对简便,有利于缩短工期和降低成本。

单支点桩锚支护结构的缺点主要体现在对锚杆质量要求高,锚杆作为单支点桩锚支护结构的关键部件,其质量直接影响到整个结构的稳定性和安全性。因此,对锚杆的材质、制作工艺和安装精度等方面都有较高的要求。

单支点桩锚支护结构对基坑周围土体力学性质有一定要求,因为虽然单支点桩锚支护结构适应性强,但在某些特殊地质条件下,如土层过于松散或含水率过高,可能需要对基坑周围土体进行加固处理,以确保支护结构的稳定性。

单支点桩锚支护结构适用于基坑开挖深度较大的工程中,当基坑开挖深度较大,悬臂桩已不能满足桩身强度与变形的要求时,可以采用单支点桩锚支护结构。通过设置支点,可以有效减少桩身的受力与变形。在周围有严格控制位移的建筑物、构筑物和地下管线等情况下,单支点桩锚支护结构能够提供较为稳定的支护效果,减少对周围环境的影响。

3. 多支点桩锚支护结构

多支点桩锚支护结构指的是在基坑开挖过程中,利用多个支点(通常由桩、锚杆、土钉等构成)与土层之间的相互作用来共同支撑和维护基坑稳定性的结构体系。这种支护结构能够有效地分散和抵抗侧向土压力,从而确保基坑的安全施工。

多支点桩锚支护结构的优点主要体现在以下几方面:

①稳定性高,由于多支点桩锚支护结构采用多个支点进行支撑,其整体稳定性相对较高,能够有效地防止基坑边坡的滑移和变形。

②承载能力强,多个支点共同分担土压力,使得每个支点的受力更为均匀,从而提高了整个结构的承载能力,适用于大型、高重力工程。

③适应性强,多支点桩锚支护结构能够适应不同的地质条件和工程要求,特别是在地质条件复杂或土层特性较差的地区,其优势更为突出。

然而,多支点桩锚支护结构同样存在以下缺点:

①施工复杂,与单支点支护结构相比,多支点桩锚支护结构的施工更为复杂,需要精确计算和布置多个支点的位置和数量,以确保其支护效果。

②成本较高,由于多支点桩锚支护结构涉及的材料和施工工艺相对复杂,因此其成本通常

也较高。

多支点桩锚支护结构存在以下适用条件：

①基坑开挖深度大，当基坑开挖深度较大，需要更高的稳定性和承载能力时，多支点桩锚支护结构是一个理想的选择。

②地质条件复杂，在地质条件复杂、土层特性不均一或存在软弱土层的地区，多支点桩锚支护结构能够提供更为可靠的支护效果。

③周围环境敏感，当基坑周围存在对位移控制要求严格的建筑物、构筑物或地下管线时，多支点桩锚支护结构能够有效地减少对周围环境的影响。

9.3.2 桩锚支护结构设计与计算

1. 桩锚支护结构内力计算

桩锚支护结构的内力计算可以简化为平面问题，目前传统工程设计中，内力和变形的计算最常用的方法是等值梁法和弹性地基梁法。

1）等值梁法

等值梁法又称连续梁法，是一种计算理论，该理论不考虑围护结构的变形，主要以强度控制为基础，适用于分析普通工程的整体特性。其计算原理如下：将支护桩视为梁，并假定在土压力为零的位置进行断开处理。如图 9-14 所示，Q 点之上的部分被视作简支梁，而 Q 点以下则为超静定梁。计算的关键在于确定弯矩为零的具体位置，通常假设这一位置即为净土压力为零的点。单支点结构的反弯点位置则是开挖基坑底部的水平荷载标准值与水平抗力标准值相等的地方。根据土壤类型、开挖尺寸和施工要求等因素，基坑可以采用单支点支护或多支点支护。

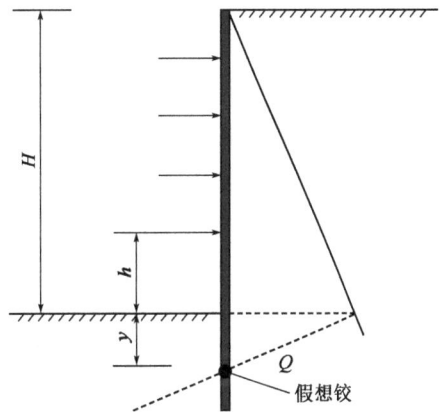

图 9-14　等值梁法计算示意简图

以多支撑结构为例介绍计算步骤，单支点的计算原理与此相同。

通过主被动土压力平衡，确定反弯点 Q 的位置。

$$\gamma y K_p + 2c\sqrt{K_p} = q + \gamma(H+y)K_a - 2c\sqrt{K_a} \tag{9-15}$$

式中：K_p——被动土压力系数；

　　K_a——主动土压力系数；

　　q——基坑外侧附加荷载。

计算各支点的主动土压力：

$$e_n = (\gamma h_n + q)K_a - 2c\sqrt{K_a} \tag{9-16}$$

根据结构力学求解各段的固端弯矩，利用力矩分配法求得各端点的弯矩。

求解桩最小入土深度 t，基于弯矩为零位置处的支反力和基坑底被动土压力对固定端产生的力矩同等的原理，可知：

$$x = \sqrt{\frac{6R_{\mathrm{G}}}{\gamma(k_{\mathrm{p}} - k_{\mathrm{a}})}}$$
$$t = k(y + x)$$

(9-17)

式中:x——桩底端到反弯点的距离;

R_{G}——弯矩为零位置处的支反力;

k——修正系数,其值大小与土的力学性质有关,基坑土质较差时,应结合当地工程经验,建议在 1.1 ~ 1.2 范围内取值。

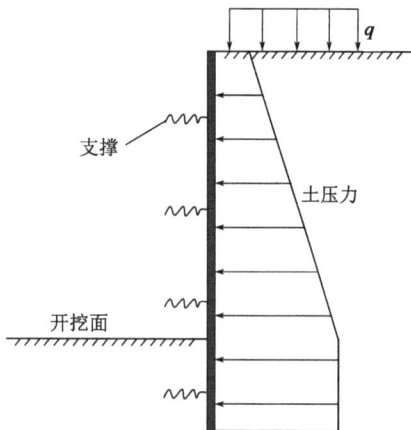

图 9-15 弹性地基梁法计算示意简图

2)弹性地基梁法

弹性地基梁法又称弹性支点法,综合考虑了结构与土体之间的变形协调关系。这种方法不仅可以反映桩墙的水平位移,还能评估对周围建筑物的影响,如图 9-15 所示。在计算过程中,水土压力被视为已知条件,坑内嵌固段的土体被比作土弹簧,单位宽度的挡土结构则被视为弹性地基上的梁。基坑的开挖必然会引发坑下土体产生水平抗力。根据温克勒假定,弹性抗力的大小与支挡结构的水平位移成正比,可表示为:

$$\sigma_{\mathrm{ab}} = k_z y_{\mathrm{a}}$$

(9-18)

式中:σ_{ab}——在深度 a 点的水平抗力;

k_z——水平地基系数;

y_{a}——在深度 a 处结构变形。

水平地基系数是一个随土体深度变化的参数,根据开挖深度的不同,可分为 m 值、c 值和 k 值。桩的嵌固深度仅能通过前述方法进行计算。在基床系数的 m 法中,m 值的取值缺乏精确的求解方法,因此在复杂设计中往往无法得到解答。这种不确定性使得在特定条件下,准确评估土体对桩的支持能力变得困难。

2. 支护桩的设计计算

1)支护桩的桩径和桩间距

桩径和桩间距的确定主要基于桩身弯矩的分布及其最大弯矩值。在使用混凝土灌注桩的情况下,悬臂式排桩的桩径应至少为 600 mm,而支锚式排桩的桩径不应低于 400 mm。对于锚拉式支护桩的间距,尽管建筑规范未提供具体的指导公式,但一般建议桩间距最好小于桩直径的 2 倍。根据工程经验,在砂土地区,桩的净间距通常控制在约 600 mm,而在黏土地区,净间距应布置在 900 mm 以内,以确保支护结构的稳定性和安全性。

2)支护桩的配筋计算

①工程中单桩截面积计算:

$$A_{\mathrm{s}} = \frac{2M}{0.9 f_y h_0}$$

(9-19)

式中:A_{s}——受压区混凝土截面面积(mm^2);

f_y——钢筋抗拉强度设计值(MPa);

h_0——截面有效高度(mm);

M——单桩所受的弯矩(kN·m)。

②钢筋数量确定:

$$n = \frac{A_s}{A_0} \tag{9-20}$$

式中:A_0——单根钢筋的截面面积(mm^2)。

③最小配筋率验算:

$$\rho = \frac{A_s}{A} > 0.45 \frac{f_t}{f_y} \tag{9-21}$$

式中:f_t——混凝土抗拉强度设计值(MPa);

A——支护桩的有效面积(mm^2),一般为全截面面积。

3. 锚杆的设计计算

锚杆作为桩锚支护的重要组成部分,其设计的优劣对施工的工作效率和支护体系的工作性能有重要影响。

1)锚杆的倾角及间距布置

倾角是锚杆与水平方向形成的夹角。在正常施工时,插入的锚杆倾角较大时,锚杆可以进入黏结强度较高的岩土层,但倾斜过大会增加钻孔难度、减小有效水平分力,严重时可能导致支护桩(墙)和软弱土层的沉降。因此,工程中锚杆的倾角在15°~35°范围内最佳。锚杆的水平方向间距不宜小于1.5 m,上下排间距不宜小于2 m。当锚杆布置过密时容易产生群桩效应,应采取锚杆抗拔承载力的折减;当锚杆布置稀疏时会出现漏锚区,支护效果达不到理想状态。

2)锚杆的极限承载力

锚杆抗拔的极限承载力应满足:

$$\frac{R_k}{N_k} \geq K_t \tag{9-22}$$

式中:K_t——锚杆抗拔安全系数;

N_k——锚杆轴向拉力标准值;

R_k——锚杆极限承载力标准值。

3)锚杆的长度计算

锚杆的长度计算由两部分构成,即自由段的计算和锚固段的计算。计算结果应满足相应的设计最低值,即锚杆的自由段长度要求为5 m,锚固段长度要求为6 m。

锚杆的自由段长度L_f设计值计算公式:

$$L_f = \frac{L_0 \sin(45° - \varphi_k/2)}{\sin(45° + \varphi_k/2 + \alpha)} \tag{9-23}$$

式中:L_0——锚杆锚头中点至基坑底面以下土压力为零处的距离(m);

φ_k——土体各层厚度加权内摩擦角标准值;

α——锚杆倾角。

锚固的锚固段长度 L_m 设计值计算公式:

$$L_m = \frac{KN_t}{\pi d_m \tau}$$

(9-24)

式中:K——抗力分项系数,安全等级为一级,安全系数取 1.8;

　　N_t——锚杆设计轴向拉力;

　　d_m——锚杆设计钻孔直径;

　　τ——锚固体与土体间的剪切强度。

9.3.3　桩锚支护结构施工工艺

桩锚支护结构体系的施工涉及多个关键环节,包括止水帷幕、支护桩、锚杆、腰梁及锁口梁的施工。这些施工环节既相对独立,又相互联系,确保整体支护结构的有效性。具体施工顺序如下:①施工止水帷幕与支护桩;②施工桩顶帽梁;③开挖土方至第一层锚杆高程以下的设计深度,并进行混凝土喷射;④逐根施工锚杆;⑤安装腰梁和锚具,待锚杆达到设计龄期后逐根张拉,并按设计锁定值进行锁定;⑥继续开挖下一层土方,并施工下一排锚杆;⑦重复上述步骤,直至达到设计基坑开挖深度。

为确保施工质量与安全,工程应严格遵循上述步骤进行。桩锚支护结构依赖支护桩与锚杆的协同作用,因此,确保这两部分的施工质量至关重要。

1.支护桩的施工

支护桩施工包括施工准备、桩孔开挖、地下水处理、护壁、钢筋笼制作与安放、混凝土灌注、混凝土养护等环节。开挖过程中需及时校核原勘察资料,并进行地质记录,以便反馈设计。

1)施工准备

须根据工程需求准备材料,确保材料型号和规格符合设计要求,并附有质检单和合格证。应设立专用钢筋存放区域,以防止锈蚀和污染。所用砂石料的有机质和杂质含量、普通硅酸盐水泥应符合《混凝土结构工程施工质量验收规范》(GB 50204—2015)的规定。

2)桩孔开挖

桩孔开挖是人工挖孔桩施工的关键环节,需遵循以下原则以确保施工的安全性和有效性。

①应平整孔口,进行地表水的截断和排出,并采取措施防止地表水的渗透。若在雨季施工,应在孔口修筑围堰以防止积水。采用间隔开挖的方式,每次间隔 1~2 孔,以避免对已挖孔的影响。按由浅到深、从两侧向内的顺序进行开挖,以保证孔壁的稳定性。在挖掘过程中,每完成一段开挖后,应及时记录并核对滑面情况。如果实际位置与设计有显著偏差,应及时通知建设单位和设计人员,以便调整设计。实挖桩底的高程需与设计及勘察单位共同确认,确保挖掘的准确性和安全性。

②在挖掘过程中,可以采用松动爆破的方法开挖出基本轮廓,然后通过人工操作继续挖至设计尺寸。在松散层段,通常采用人工挖孔的方式,并在孔口进行锁口处理,同时在桩身砌砖或浇筑混凝土护壁。滑动面附近的护壁需加强,而承受较大推力的锁口和护壁处应增加钢筋。对于坚硬基岩或孤石段,可以采用多炮孔、单孔少量炸药的爆破方法,每次剥离厚度不宜超过 30 cm。

③根据每天的开挖进度、模板高度及待开挖土体的自稳性,计算并确定一次最大开挖深

度。一般情况下,自稳性较好的基岩、稍密以上的碎石土、可塑至硬塑状黏土的最大开挖深度为 1.0 ~ 1.2 m;软黏土或松散、易垮塌的碎石土则为 0.5 ~ 0.6 m;对于严重坍塌段,则需先注入混凝土浆后再进行开挖。另外,弃渣需及时清理,不得随意堆放,以防引发不必要的事故。

④在挖孔过程中,孔内的积水应及时排出。若水量较大且土体富水性好,可使用桩孔外管泵进行排水;若富水性差,则可在坑内直接排水。

⑤开挖桩孔时,需及时进行混凝土护壁,推荐使用 C20 混凝土。护壁的高度应根据每次开挖的最大深度确定,通常在开挖 1.0 ~ 1.5 m 后进行一节护壁。护壁混凝土的厚度应符合设计要求(通常为 10 ~ 20 cm),并确保与围岩有良好的接触。护壁完成后,应保持其垂直度及表面光滑度,以确保后续施工的稳定性。

3)钢筋笼制作

在挖孔桩的钢筋笼制作与吊装过程中,需遵循以下要求以确保施工的有效性和安全性:首先,尽量选择在孔外预制钢筋笼,以简化后续的吊装工作,若必须在孔内制作,则需特别注意通风与排烟,以保障施工环境的安全;对于竖向钢筋的接头,应采用双面搭接焊、对焊或冷挤压的连接方式,并确保接头位置错开,避免将接头设置在滑动面或土石分界处;此外,在桩孔内水渗透量较大的情况下,应实施强制排水措施,降低地下水位,以便于后续施工。

4)桩芯混凝土灌注

在进行混凝土灌注前,首先需对桩孔进行检查,确认合格后方可施工。准备的材料必须符合单桩连续灌注的要求。当孔底积水厚度小于 100 mm 时,可采用干法灌注;若积水超过该厚度,则需采取额外措施处理。

在干法灌注过程中,应使用导管或串筒将混凝土注入桩孔,并确保导管或串筒的端口与混凝土面之间保持 1 ~ 3 m 的距离,以避免气泡及确保混凝土的流动性。为保证桩身混凝土的完整性,需进行连续灌注,通常不应留有施工缝。如确需留缝,应依据《混凝土结构工程施工质量验收规范》进行处理。每次灌注高度为 0.5 ~ 0.7 m 时,须插入振动器进行密实作业,确保混凝土无空隙。

同时,应安排专人用麻袋或草帘覆盖露出地表的部分,并进行 7 天以上的清水养护,以促进混凝土的强度发展。在灌注过程中,还需进行混凝土试块的取样,每班、每百立方米或每搅拌百盘至少取样一组,以确保混凝土的质量。

对于处理桩孔底部较深的积水,应尽可能排干。如果无法有效排干大量积水,为确保桩身混凝土的浇筑质量,可以考虑采用水下灌注的方法。水下浇灌的混凝土必须具备良好的流动性,配合比须经过综合计算与试验确认,通常水泥用量不少于 350 kg/m^3,砂率应在 40% ~ 50% 之间,且坍落度保持在 160 ~ 200 mm 范围内。灌注导管应设置于桩孔中央,底部需配备性能良好的隔水栓,导管直径宜为 250 ~ 350 mm。在使用前,需进行水密性、承压、接头抗拉和隔水等性能的试验,确保其符合安全标准,水密性试验时的水压不应低于水深的1.5 倍。

2. 锚杆施工

锚固工程的施工流程包括施工准备、钻孔、锚杆的制作和安放、注浆、锚杆张拉和锁定以及竣工验收等环节。

1）钻孔

在锚杆施工中,钻孔是一个关键环节。钻孔速度过慢会延误工期,进而影响工程成本和经济效益;如果孔质量不达标,可能会妨碍锚杆的安装和后续的水泥砂浆灌注,影响锚杆与砂浆、砂浆与孔壁之间的黏结效果,导致锚杆无法达到设计要求。因此,钻孔过程中必须严格遵循设计要求,以确保孔的质量。

在选择钻孔设备时,应综合考虑锚固工程对孔径、孔长的需求以及施工单位已有设备的适用性。通常,锚杆孔分为两类:一类是直径为 60～168 mm、长度为 5～50 m 的大直径长锚杆孔;另一类是直径小于 45 mm、长度小于 4.0 m 的小直径短锚杆孔。

针对大直径长锚杆的钻孔,可采用旋转钻、冲击钻或两者结合的方法。具体选择应考虑岩土层类型、钻孔直径和长度、冲洗介质种类、接近锚固工作面的条件及钻进速度等因素。在岩石中钻孔时,宜配合使用适合的潜孔冲击器和钻头,选择钻孔方法和设备时,锚固现场的可接近性和环境条件是重要的决策依据。

锚杆杆体或预应力锚索的制作和安放是锚杆施工的第二道工序。杆体的制作质量直接关系到锚杆的可靠性,不同材料的杆体需采用不同的制作方法。确保杆体制作精良,才能提高锚杆的性能和安全性。

2）锚杆(索)的制作

高强精轧螺纹钢具有良好的抗拉强度,常用于设计锚固力在 600 kN 以下的锚杆。采用普通Ⅱ级或Ⅲ级螺纹钢筋制作锚杆时,需遵循以下组装要求:

①组装前处理:确保钢筋平直,彻底去油和除锈。

②接头焊接:使用焊接方式连接Ⅱ级和Ⅲ级钢筋,接头长度应为钢筋直径的 30 倍,且不少于 50 mm,并排钢筋的连接也应采用焊接。

③对中支架设置:在锚杆轴线方向,每隔 1.0～2.0 m 设置一个对中支架,将锚杆与排气管固定绑扎在一起。

④杆体保护:自由段用塑料管或塑料布包裹,与锚固体连接处用铅丝绑紧。

⑤防腐处理:按要求对杆体进行防腐处理。

⑥扩大头形锚杆:制作扩大头形锚杆时,扩大头处的杆体应局部加固。

钢丝或钢绞线编制成的锚束拉杆常用于中型以上的预应力锚固工程,通常由数十根高强度钢丝或多股钢绞线组成。制作钢丝锚束杆体时,应遵循以下要求:

①钢丝质量检验:钢丝必须经过严格的质量检验,确保校直、去油和除锈。对于大直径散盘的钢丝,如果未出现残余变形,通常可不进行校直,以避免因校直造成抗拉强度损失(为 2%～5%)。若缺乏质量检验书,应使用 3 种试样进行材料力学试验:标准拉伸试样、压缩试样和扭转试样。

②锚束排列:锚束中的各钢丝应平顺排列,避免交叠,以确保张拉时受力均匀,防止因受力不均而导致钢丝断裂。

③隔离架设置:沿轴线方向每隔 1.0～1.5 m 设置一个隔离架,并确保钢丝之间保持一定间隙,以便注浆时浆液能充分填充锚束内的空隙,保护锚束杆体的保护层应不小于 20 mm。

④捆扎牢固:锚束(包括排气管)必须捆扎牢固,捆扎材料应避免使用镀锌材料,以防在运输、吊装和安放过程中散束。

⑤防腐处理:锚束需按照防腐设计要求进行防腐处理,自由段应包裹塑料管,与锚固段交

接处的塑料管口应密封并用铅丝绑紧。

⑥二次高压注浆:在进行二次高压注浆以形成连续球体形锚杆时,应同时安放注浆套管和止浆密封装置。止浆密封装置应设置在自由段与锚固段的交界处,确保良好的密封性能。可使用密封袋作为止浆密封装置,且密封袋两端应牢固绑扎在杆体上,注浆管上至少应设有一个进浆阀。

3)锚杆(索)的安放

锚杆杆体的安放应遵循以下要求:

①在将杆体放入钻孔之前,必须检查其质量,确保组装符合设计标准。

②安放杆体时,应避免其弯曲和扭曲,注浆管应与锚杆一同放入,且注浆管端部距离孔底应为 $50 \sim 100$ mm。杆体放置角度须与钻孔角度一致。在安放锚束式杆体时要特别谨慎,对于大型或巨型锚固工程,可采用偏心夹管器和推送器结合人工推送的方式,平稳推进。在推送过程中,禁止任何上下或左右的抖动,以及扭转或串动,以防止卡阻或散束,从而导致安装失败。

③杆体插入孔内的深度应小于锚杆长度的 95%。安放完成后,不得随意敲击或悬挂重物。

4)注浆

水泥浆或水泥砂浆可用作黏结式锚杆的锚固黏结剂,确保锚杆与地层的固定,同时对锚杆拉杆提供保护。因此,注浆材料的性能、配制质量及施工工艺对锚杆的黏结强度和防腐效果具有直接影响。

灌浆材料应满足以下性能要求:

①水泥应选用普通硅酸盐水泥,必要时可使用抗硫酸盐水泥,且强度不得低于 42.5MPa。

②砂的含泥量按重量计应小于 1%。

③水中不得含有影响水泥凝结和硬化的有害物质,严禁使用污水。

④外加剂的种类和掺量需通过试验确定。

⑤灌浆材料的灰砂比应为 $0.8 \sim 1.5$,水灰比应为 $0.38 \sim 0.5$。

⑥对于灌浆材料在 28 天的无侧限抗压强度,全黏结型锚杆不得低于 25 MPa,锚束型则不得低于 30 MPa。

锚固孔注浆操作程序大致如下:

使用风和水彻底冲洗锚孔,确保残渣和污水完全排出。将组装好的杆体(包括注浆管)平稳且缓慢地送至孔底。通过注浆管注入混合好的水泥浆或水泥砂浆。对于锚索杆体,采用高压注浆时,应在锚固段上界面处设置隔离塞,并在孔中插入排气管,然后进行有压注浆。注浆完成后,静置一段时间以确保黏结效果。

5)锚杆张拉与锁定

张拉和锁定应满足下列要求:

①在锚固体达到设计强度的 80% 且强度大于 20 MPa 后进行锚杆张拉。

②避免出现因锚杆张拉顺序而导致相近锚杆之间互相影响。

③锚杆张拉控制应力不宜超过 0.65 倍钢筋或钢绞线的强度标准值。

④宜进行超过张拉设计预应力值 $1.05 \sim 1.10$ 倍的超张拉,预应力保留值应满足设计要求。

9.4 重力式挡土墙

重力式挡土墙通常采用石砌或混凝土建造。在石料短缺的地区，可能使用混凝土预制块或直接浇筑混凝土。这类结构一般不设钢筋，或仅在局部配置少量钢筋（图 9-16）。由于其结构简单、施工方便且可就地取材，重力式挡土墙在各类工程中得到了广泛应用。

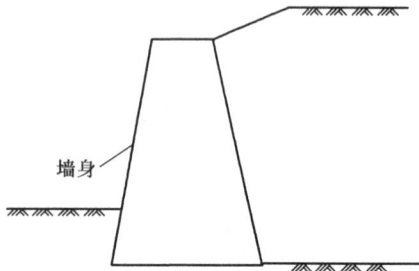

图 9-16 重力式挡土墙

重力式挡土墙通过自身重力实现平衡与稳定。修建于软弱地基时，墙身较大的断面可能会面临承载力限制。如果墙体过高，材料消耗和经济成本将显著增加。通常，在地基条件良好、墙体高度适中且有石料可用的情况下，优先考虑重力式挡土墙。在资源丰富的地区，建议使用浆砌片石，确保片石的极限抗压强度不低于 30 MPa。对于一般及寒冷地区，采用 M7.5 水泥砂浆；而在浸水或严寒地区，则推荐使用 M10 水泥砂浆。在缺乏石料的地方，可以考虑使用 C15 混凝土或片石混凝土，而在严寒地区则应选用 C20 混凝土或片石混凝土。

9.4.1 类型及构造特征

重力式挡土墙一般由墙背、墙面、墙顶、墙底、墙趾以及墙踵几部分组成，对于一些特殊地区的挡土墙，可能还添加了护栏来增加结构的安全性。重力式挡土墙基本构造特征如图 9-17 所示。

墙身靠填土或山体的一侧称为墙背，与填土层直接接触；外露的一侧则称为墙面或墙胸。墙身的顶部称为墙顶，底部称为墙底。墙背与墙底的交线称为墙踵，墙面与墙底的交线称为墙趾。墙背与垂直面之间的夹角称为墙背倾角，通常用 α 表示。墙踵到墙顶的垂直距离称为墙高，通常用 H 表示。另外，重力式挡土墙在设计时根据地质情况与工程需要，可设置有护栏、排水槽、伸缩缝、沉降缝等部分。

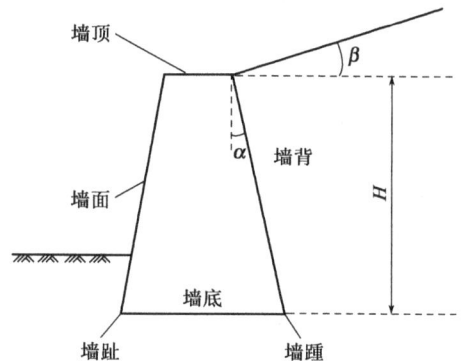

图 9-17 重力式挡土墙

重力式挡土墙根据墙背构造形式的不同，分为直线形墙背和折线形墙背。当重力式挡土墙的墙背只有单一坡度时，称为直线形墙背。若重力式挡土墙的墙背多于一个坡度，则称为折线形墙背。

1. 直线形墙背

直线形墙背可设计为俯斜、仰斜或垂直 3 种形式。俯斜墙背向外侧倾斜[图 9-18a)]，仰斜墙背则向填土一侧倾斜[图 9-18b)]，而垂直墙背则与地面垂直[图 9-18c)]。在墙高和墙后填料等条件相同的情况下，仰斜墙背所受的土压力最小，垂直墙背次之，俯斜墙背所受的压力最大。因此，从经济角度考虑，仰斜式墙身断面是最优选择。

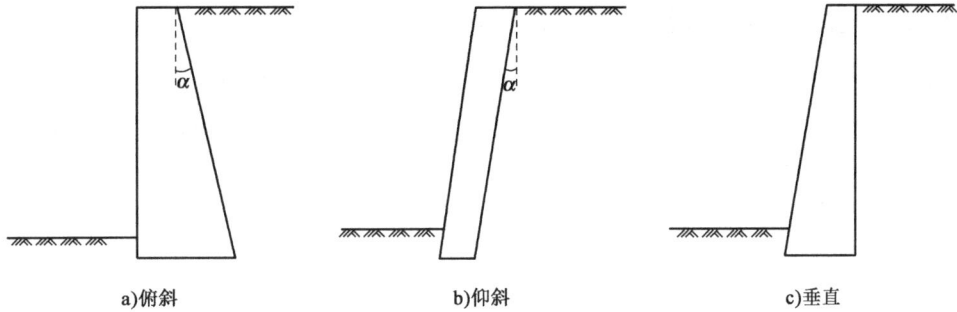

图 9-18 直线形墙背形式示意图

仰斜墙背的土压力较小,适用于路堑墙,其墙背与开挖面紧密贴合,从而减少了开挖和回填的工作量。然而,墙后填土的压实难度较大,施工不便。坡度越缓,所受土压力越小,但施工难度随之增加,因此仰斜墙背的坡度通常不应小于 $1:0.3$。若墙趾处地面坡度较陡,采用仰斜墙背会导致墙身高度和断面增大。因此,仰斜墙背适用于路堑墙,以及墙趾处地面平坦的路肩墙或路堤墙,主要用于路堑墙。

俯斜墙背则承受较大的土压力,因此其墙身断面通常比仰斜墙背更大。这种形式在地面横坡陡峻的情况下,能利用陡直的墙面减小墙高。俯斜墙背可以设计成台阶形,以增强墙背与填土之间的摩擦力。尽管缓坡对施工有利,但土压力也会相应增加,从而要求增大断面。因此,俯斜墙背的坡度一般设置在 $1:0.25 \sim 1:0.40$ 之间。垂直墙背的特点介于仰斜和俯斜墙背之间。

2. 折线形墙背

折线形墙背有凸形折线墙背和衡重式墙背两种,如图 9-19 所示。

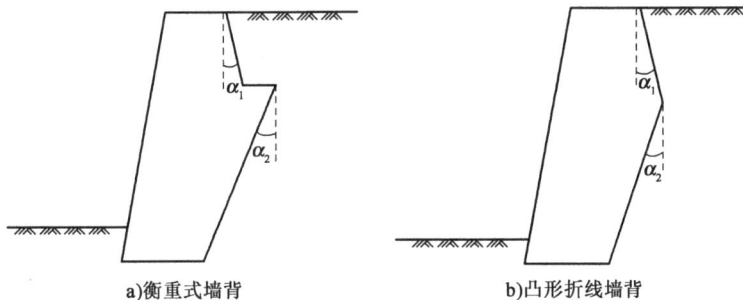

图 9-19 折线形墙背形式示意图

凸形折线墙背是将仰斜式挡土墙的上部墙背设计为俯斜,以此减小上部断面尺寸,使结构更经济。这种设计常用于路堑墙,也可用于路肩墙。

衡重式墙背可视为在凸形折线墙背的上下墙之间设置一个衡重台,并采用陡直的墙面(坡度为 $1:0.05$)。在该设计中,衡重式挡土墙的上墙与下墙的高度比一般设为 $2:3$,这样能保证经济合理性。这种结构适用于山区陡峭地形的路肩墙和路堤墙,也可用于开挖面较大的路堑墙。

在衡重式或凸折式挡土墙中,下墙的墙背坡度一般为 $1:0.25 \sim 1:0.30$ 仰斜,而上墙的墙背坡度受墙身强度限制,依据上墙高度设为 $1:0.25 \sim 1:0.45$ 俯斜。

9.4.2 重力式挡土墙结构设计与计算

一般情况下,在进行重力式挡土墙的结构设计时,应根据《建筑地基基础设计规范》(GB 50007—2011)的要求对挡土墙的主动土压力、抗滑移稳定性、抗倾覆稳定性和地基的应力进行验算。

挡土墙应该满足强度和稳定性要求,基底应力不能超过地基承载能力,偏心距不能超过允许值。

1. 回填土土压力计算

作用在挡土墙墙背上的土压力按主动土压力计算,墙面的土压力按被动土压力计算,计算主动土压力的理论和方法有很多,但最被工程上所普遍应用的方法是库仑土压力理论和朗肯土压力理论。而尤以库仑土压力理论被广大工程设计人员所熟知。

库仑土压力计算公式:

$$\begin{cases} E_a = \psi_c \gamma h^2 K_a / 2 \\ E_p = \gamma h^2 K_p / 2 \end{cases} \tag{9-25}$$

式中:E_a——主动土压力(kPa);

    E_p——被动土压力;

    ψ_c——主动土压力增大系数,土坡高度小于 5 m 时宜取 1.0,高度为 5~8 m 时宜取 1.1,高度大于 8 m 时宜取 1.2;

    γ——填土的重度(kN/m³);

    h——挡土结构的高度(m);

    K_a——主动土压力系数;

    K_p——被动土压力系数。

从上述公式中我们可以很清楚地得出,在相同的设计条件下,想要使得主动土压力变小,就应使主动土压力系数 K_a 减小。

2. 挡土墙抗滑移稳定性验算

挡土墙抗滑移稳定性验算示意图见图9-20,挡土墙抗滑移稳定性验算公式如下:

$$K_c = \frac{\mu \sum N + E_p}{E_x} \tag{9-26}$$

式中:$\sum N$——作用于基底的竖向力的代数和(kN),即挡土墙自重 G 和墙背主动土压力的竖向分力 E_y 之和;

    E_x——墙背主动土压力的水平分力(kN);

    E_p——墙前被动土压力(kN);

    μ——基底摩擦系数。

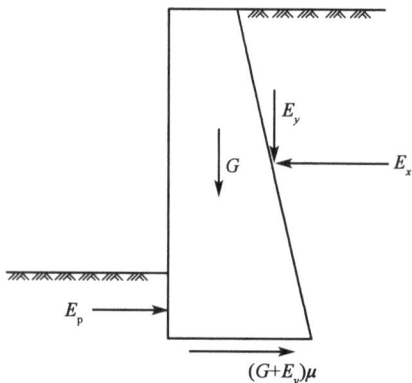

图 9-20 抗滑移稳定性验算示意图

对于挡土墙结构自重、墙顶上的永久有效荷载、填土自重和土压力、其他永久荷载组合的情况,抗滑移稳

定系数 K_c 不应该小于1.3,当上述永久荷载和可变荷载、偶然荷载相结合时,抗滑移稳定系数 K_c 不应该小于1.2。施工阶段验算时,抗滑移稳定系数 K_c 不应该小于1.2。

3. 挡土墙抗倾覆稳定性验算

挡土墙抗倾覆稳定性验算示意图见图9-21,挡土墙的抗倾覆稳定性是指墙身绕墙趾向外抗转动倾覆的能力,用抗倾覆稳定系数 K_0 表示:

$$K_0 = \frac{\sum M_y}{\sum M_0} \tag{9-27}$$

式中: $\sum M_y$——各力矩对墙趾的稳定力矩之和（kN · m）,即:

$$\sum M_y = GZ_G + E_y Z_y + E_p Z_{E_p} \tag{9-28}$$

$\sum M_0$——各力矩对墙趾的倾覆力矩之和（kN · m）,即:

$$\sum M_0 = E_x Z_x \tag{9-29}$$

Z_G、Z_x、Z_y、Z_{E_p}——相应各力对墙趾的力臂（m）。

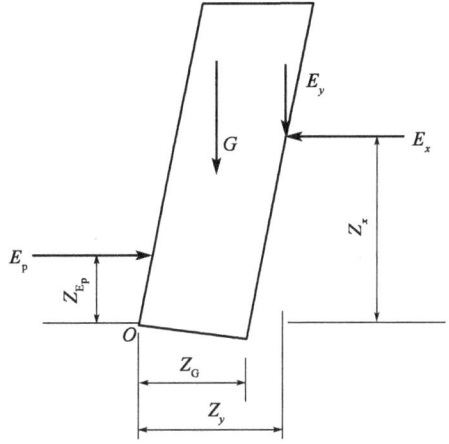

图9-21 抗倾覆稳定性验算示意图

对于挡土墙结构自重、墙顶上的永久有效荷载、填土自重和土压力、其他永久荷载组合的情况,抗倾覆稳定系数 K_0 不应该小于1.5,当上述永久荷载和可变荷载、偶然荷载相结合时,抗倾覆稳定系数 K_0 不应该小于1.3。施工阶段验算时,抗倾覆稳定系数 K_0 不应该小于1.2。

4. 基底合力与偏心距验算

挡土墙基底合力与偏心距验算示意图见图9-22,作用于基底合力的法向分力为 $\sum N$,它对墙趾的力臂为 Z_N。

$$Z_N = \frac{\sum M_y - \sum M_0}{\sum N} \tag{9-30}$$

合力偏心距 e 为:

$$e = B/2 - Z_N \tag{9-31}$$

式中:B——基底的宽度（m）。

基底的合力偏心距对于土质地基不大于 $B/6$;对于岩质地基不大于 $B/4$。

基底边缘（趾部和踵部）法向应力 σ_1、σ_2 应为:

$$\left.\begin{matrix}\sigma_1\\\sigma_2\end{matrix}\right\} = \frac{\sum N}{A} \pm \frac{\sum M}{W} = \frac{G + E_y}{B}\left(1 \pm \frac{6e}{B}\right) \tag{9-32}$$

式中:$\sum M$——各力对中性轴的力矩之和（kN · m）,

$\sum M = \sum Ne$;

W——基底截面模量（m³）,对于1 m长的挡土墙,$W = B^2/6$;

A——基底面积（m²）,对于1 m长的挡土墙,$A = B$。

基底压力不得大于地基的容许承载力 $[\sigma]$。

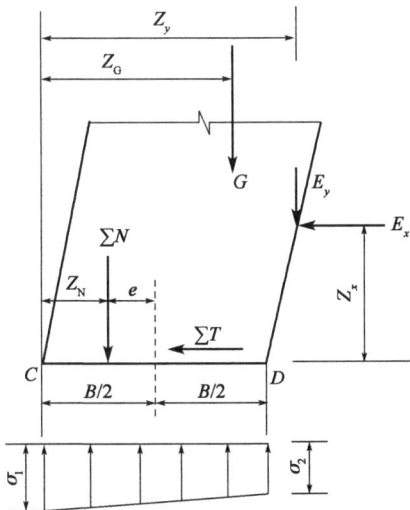

图9-22 基底合力及偏心距验算图示

9.4.3 重力式挡土墙施工工艺

1. 挂线找平

为满足墙面坡度、砌体厚度以及基底和路肩高程要求,可以采用立杆挂线或固定样板挂线的施工方法。对于高度超过 6 m 的挡土墙,建议分层挂线以确保精确性。外面线应保持直线顺畅,逐层收坡处理,而内面线则需大致顺应形状,以确保砌体各部分尺寸符合施工图纸。在砌筑过程中,应定期校正线杆,以维持施工的准确度。

2. 选修片石

在砌筑之前,石块需浇水湿润,并清除表面的泥土和水锈。选择合适的块石进行试放,确保其适用于铺砌位置。砌体外侧的定位石和转角石应优先选用平整且尺寸较大的石块。在浆砌过程中,应确保长短石块交替使用,并与内层石块紧密结合。在分层砌筑时,底层应选用较大石料,确保石块形状和尺寸相互协调。对于较宽缝隙,可用小石子填充,但应避免在石块下方使用高于砂浆层的小石块支垫。在石块排列时,要注意交错排列并加以压实,尖锐凸出的部分需用手锤敲平,以确保良好的贴合效果。

3. 砌筑墙身

砌筑墙身采用挤浆法进行分层和分段施工。分段位置设置在沉降缝或伸缩缝处,通常每隔 10 ~ 20 m 设置一道缝,并用 2 ~ 3 cm 厚的木板隔开。沉降缝和伸缩缝可以合并设置。

在片石分层砌筑时,每个工作层应由 2 ~ 3 层砌块构成。为确保施工质量,各工作层的水平缝需大致找平,而竖缝则应错开,避免贯通。此外,砌缝应饱满,表层砌缝宽度不应超过 4 cm,铺砌表面与相邻石料相切的内切圆直径不得超过 7 cm,两层之间的错缝宽度应不小于 8 cm。

砌石的顺序一般为先砌角石,再砌面石,最后砌腹石。角石应选用形状方正、大小适中的石块,如不符合要求,可适当清凿。完成角石后,将线挂至角石上,接着开始砌筑面石(即定位行列)。在砌筑面石时,应留出缺口以便运送腹石,待腹石砌筑完成后再封闭该缺口。腹石建议采取由远及近的方式进行砌筑,确保砂浆饱满,整齐地与面石对接。

砌块底面应坐浆铺砌,立缝需填浆补实,避免出现空隙或贯通现象。在砌筑工作中断时,可用砂浆填满砌块层的孔隙。恢复砌筑时,应先将表面清扫干净并洒水湿润。砌体勾缝时,墙体外表的浆缝需留出 1 ~ 2 cm 深的缝槽,以便砂浆勾缝。

在砌筑上层砌块时,需避免振动下层砌块;如中断后恢复砌筑,首先要清扫、湿润砌体表面,然后进行坐浆砌筑。浆砌片石应及时覆盖,并定期洒水以保持湿润。在当地昼夜平均气温低于 5 ℃ 时,不可洒水养护,应采取覆盖保温和保湿措施,并遵循冬季施工的相关规定。

4. 安排泄水孔

在墙体砌筑过程中,必须依据施工图的要求,设置防渗、隔水和排水设施。应在墙的高度和长度方向布置泄水孔,通常每隔 2 ~ 3 m 上下交错设置,在容易积水的折线形墙背处尤其要考虑设置泄水孔。为有效防止水分渗透,泄水孔的进水侧需设置反滤层,其厚度应符合规范要求。排水孔下部要设置隔水层,防止积水渗入基础。

泄水孔一般采用梅花形布置,孔径通常为 $\phi100$ mm,材料可选用毛竹或 PVC 管。挡土墙顶面应覆盖砂浆或面石,并在顶面与山体的连接处填筑黏土以增强密封性,防止水分渗入。若墙背土壤为非渗透性土,在最低排水孔至墙顶的高度范围内,需填筑不小于规定厚度的砂砾石过滤层。在挡土墙地段的侧沟,应采用与挡土墙相同标号的水泥砂浆砌筑,保证两者构成整体结构。当挡土墙较高时,还应根据实际情况设置台阶或检查梯,方便后续的检查、维修和养护。

5. 勾缝养护

在进行砌体勾缝时,若无特殊设计要求,一般采用平缝或平缝压槽的方式。平缝应在砌筑时及时用灰刀刮平。勾缝砂浆的强度不应低于砌体砂浆的强度,同时要注重其压实度和外表美观性。

浆砌片石挡土墙砌筑完毕后,须立即用湿润的草帘、麻袋之类的覆盖物覆盖,保持砌体湿润。在一般气温条件下,砌筑完成后的 10 ~ 12 个小时内要进行洒水养护;若天气炎热,则应在 2 ~ 3 个小时内洒水,养护期不得少于 7 天。在养护期间,砂浆强度未达到施工图规定强度的 70% 时,严禁承受荷载。已经砌筑完成但砂浆尚未凝结的砌体也不可以承受任何荷载。若发现砂浆凝结后砌块松动,应拆除并清理干净,重新砌筑。

9.5　土　钉　墙

土钉墙是一种在土质或软弱岩石路堑边坡中设置土钉(通常为钢筋)来维持边坡稳定的结构,如图 9-23 所示。该技术源于隧道新奥法及加筋土技术,它运用高强度长条材料(如钢筋)加固原位岩土体,提升其凝聚力和强度,进而形成性质不同的复合材料,以增强整个边坡的稳定性。土钉一般通过钻孔、插筋和注浆的方式进行安装。这种支护方法主要依靠土钉和注入土体的水泥浆,增强周围土体的黏聚力,使土体更好地形成一个整体,提高土体的刚度。此外,土钉墙是被动受力形式,只有土体发生变形时,土钉才受力。土钉可承受一定的拉力和剪力,而钢筋网混凝土面层能有效控制基坑侧壁表面的变形,进一步加固土体。

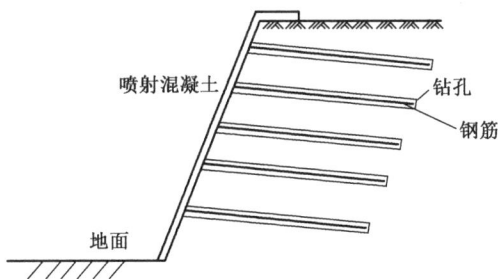

图 9-23　土钉墙示意图

土钉墙支护具有原理简单、施工方便、工程造价低等优点,目前广泛应用于深基坑支护及边坡加固工程中。《基坑土钉支护技术规程》(CECS 96—1997)规定,土钉适用于以下土体:可塑、硬塑或坚硬的黏性土,胶结或弱胶结(包括毛细水黏结)的粉土、砂土和角砾、填土、风化岩层等。在松散砂土和夹有局部软塑、流塑黏性土的土层中采用土钉支护时,应在开挖前预先对开挖面上的土体进行加固,如采用注浆或微型桩托换。

9.5.1　类型及构造特征

土钉墙主要由土钉、周围岩土体、面层和排水系统组成。

1. 面层

土钉墙的面层一般采用 120~200 mm 厚的喷射混凝土,以确保土钉与混凝土之间的有效连接。土钉外端应安装钢垫板或加强钢筋,利用螺栓或螺钉端杆锚具或焊接进行固定。为适应温度变化,喷射混凝土面层每隔 15~20 m 设置一道沥青木板伸缩缝。喷射混凝土的施工通常分为 2~3 次完成,且其强度等级不得低于 C20。在永久性工程中,墙面可再喷一层厚约 1 cm 的水泥砂浆,以提升外表美观度。为有效分散土钉对喷射混凝土面层施加的剪切应力,并确保二者的良好结合,通常在土钉与面层交接处放置一个 200 mm × 200 mm × 12 mm 的承压板(钢垫板)。此外,为提高喷射混凝土面层的强度并确保受力均匀,面层中应设置 1~2 层钢筋网,钢筋网的间距设置在 150~300 mm 之间,钢筋直径则为 6~10 mm,网片的搭接应通过焊接方式进行。

2. 土钉

土钉通常采用钻孔注浆的方式施工。首先在岩土中钻孔,接着将钉材放入孔内,最后向孔中注入水泥浆。钉材一般选用长度为 1 m 的钢筋,其直径在 16~32 mm 之间,钻孔直径为 70~130 mm。注浆材料应为水泥浆或水泥砂浆,强度不低于 20 MPa,常用的水泥砂浆为 M30,其配合比为水∶水泥∶砂 = (0.40~0.45)∶1∶1。此外,注浆材料可对钢筋起到防锈蚀的作用。为确保钢筋位于钻孔中心,每隔 2 m 设置一个定位支架,保护层厚度应不小于 25 mm。在渗水较为严重的边坡,建议添加膨胀剂以增强稳定性。注浆通常采用孔底注浆法,注浆压力一般保持在 0.2 MPa,同时需设置止浆塞和排气管,保障注浆过程顺利进行。

3. 排水系统

为防止地下水或地表水对混凝土面层造成静水压力及侵蚀,确保岩土体在饱和状态下不降低强度及黏结力,土钉结构需建立有效的排水系统,如图 9-24 所示。具体措施通常包括截水、浅层排水及深层排水 3 种方式。首先,在坡顶外设置截水沟以排除地表水。在地下水不发育的情况下,可以在坡面上安装浅层排水系统,每隔 2.5~3 m 设置一个长 1 m、孔径 49 mm、仰斜 5°~10° 的排水子孔,并在其中放置直径 40 mm 的透水管或凿孔的 PVC 管。同时,可以在喷射混凝土面层上设置泄水孔,间距为 2~3 m,之后加设无砂混凝土板作为反滤层。无砂混凝土板的

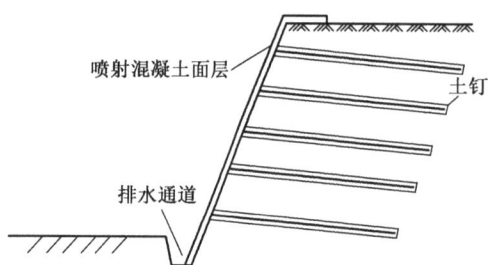

图 9-24　土钉墙排水系统构造

尺寸一般为 30 cm × 30 cm × 10 cm,底部则需安装一根长 25~30 cm、直径 50 mm 的 PVC 管作为泄水孔。对于边坡渗水严重的情况,应设置仰斜 5°~10° 的深层排水孔,排水孔的长度依据地下水状况而定,通常比土钉稍长,孔内需放置透水管或凿孔的 PVC 管,并填充粗砂以保证良好的排水效果。

土钉墙按其施工方法可分为钻孔注浆型、直接打入型和打入注浆型 3 种类型。其中应用最多的是钻孔注浆型土钉墙。

1)钻孔注浆型

首先,使用钻机等机械设备在土体中钻孔,成孔后插入杆体(通常使用 HRB335 带肋钢

筋),随后沿全长注入水泥浆。钻孔注浆土钉适用于各种土层,具备较高的抗拔力、可靠的质量和较低的造价,因此是最常见的土钉类型。这种方法适用于地下水位低于开挖层或通过降水使地下水位降至开挖高程的情况。然而,对于标准贯入击数(N)低于 10 的砂土边坡,采用土钉法通常不具备经济效益。此外,对于塑性指数 $I_p > 20$ 的土壤,在使用前必须仔细评估其蠕变特性。对于水分丰富的粉细砂层及砂卵石层,土钉法也不适用。尤其是在没有临时自稳能力的淤泥土层中,流塑状态的软黏土在保持孔壁稳定时面临挑战,界面摩阻力较低,导致技术经济效益不佳,因此不建议采用此方法。

2)直接打入型

直接将钢管、角钢等型钢、钢筋、毛竹或圆木等打入土体,而不进行注浆。这种打入式土钉直径较小,导致与土体间的黏结摩阻强度较低,承载力也相对较弱。此外,由于钉长受到限制,因此通常需要较密集的布置,可以利用人力或使用振动冲击钻、液压锤等机械设备进行打入。该方法的优点在于无须预先钻孔,能减少对原位土的扰动,并且施工速度较快。然而,在坚硬的黏性土中打入时会遇到困难,因此不适合用于服务年限超过 2 年的永久支护工程。当使用金属材料作为杆体时,造价相对较高,因此在国内的应用较为有限。

3)打入注浆型

在钢管的中部和尾部设置注浆孔,制成钢花管。将其直接打入土中后,通过压灌水泥浆形成土钉。钢花管注浆土钉兼具直接打入法的优点,且具有较高的抗拔力,特别适用于成孔困难的淤泥、淤泥质土等软弱土层、各类填土和砂土,因而应用较为广泛。不过,其缺点是造价相对较高,且防腐性能差,不适用于永久性工程。

土钉墙施工需满足以下条件:每层施工面应开挖 1～2 m 高,要求边坡在开挖时能保持自立稳定,即岩土需具备一定的天然黏聚力。同时,坡面应无渗水或渗水量较小,这样才便于形成喷射混凝土面层。此外,岩土要能提供一定的界面摩阻力。因此,土钉墙适用于一般地区的土质及破碎软弱岩质路堑,以及具有一定黏聚力的杂填土、黏性土、粉土、黄土以及弱胶结的砂土边坡和风化岩层,一般不适用于软土边坡。

土钉法适用于地下水位低于土坡开挖段的情况,或者经过降水措施后的杂填土、普通黏土或非松散性的砂土。一般认为,土钉法可用于 N 值在 5 以上的砂质土和 N 值在 3 以上的黏性土。在地下水较为发育或边坡土质松散的情况下,通常不建议采用土钉墙。此外,它也不适合在侵蚀性土(如煤渣、煤层、矿渣、炉渣及酸性矿物废料)中作为永久性支挡结构。

土钉墙结合了锚杆挡墙与加筋土挡墙的优点,具有以下特点:

①施工的及时性和安全性至关重要。采用自上而下的开挖与喷锚相结合的方法,可迅速封闭边坡,避免岩土因过度暴露而使力学强度降低。而且,土钉与坡体形成复合体,大大增强了边坡的整体稳定性和承载能力。这种设计提高了土体的破坏延性,改变了边坡突然坍塌的状况,进一步保障了施工过程的安全性。

②结构轻巧、柔性好,可靠度高。通过喷锚与加固岩土形成复合体,显著优化了受力效果,且土钉墙体位移小,一般测试约为 20 mm。由于群体效应,即使个别土钉失效,也不会对整个边坡产生重大影响,对周围建筑的影响也较小。

③设备轻便、简单且灵活,所需材料量和场地小,工人劳动强度低,经济效益高,适用范围广。

④若能与土方开挖有效配合,采取平行流水作业,可缩短工期并降低噪声。同时,由于施

工采用分段分层方式,可能会在施工阶段产生不稳定情况,所以在施工开始时就应立即开展土钉墙体的位移监测,以便及时采取必要的应对措施。

9.5.2　土钉墙结构设计与计算

在土钉墙设计过程中,应综合考虑边坡高度、土壤特性、工程地质条件及工程性质等因素,初步确定土钉墙的结构参数,如尺寸、土钉长度、直径、间距和分层开挖高度。根据大量的试验数据和实际工程经验,土钉墙可能存在 3 种破坏形式:内部破坏(涵盖墙体整体失稳和局部破坏)、外部破坏(如侧移、倾覆和整体滑移)以及超量变形。所以,在设计时必须重视土钉墙的受力特性和潜在破坏方式,进而开展全面的结构设计。首先,分析土钉墙的受力状况,以此确定其设计高度。随后,初步拟定土钉的长度、直径和间距等参数。最后,进行一系列稳定性验算,包括水平滑动稳定、抗倾覆稳定、墙底土承载力和整体抗滑移稳定等验算。这一系列步骤可确保土钉墙在实际工程中能有效抵御各种可能出现的破坏情况,保障结构的安全性与稳定性。

1. 初拟土钉墙参数

1)边坡最危险滑动面计算

应用条分法对每个土体进行极限平衡分析,得出边坡丧失稳定性安全系数 K 最小所对应的滑裂弧面,公式为:

$$K = \frac{\sum c_i L_i + \sum W_i \cos\alpha_i \tan\varphi_i}{\sum W_i \sin\alpha_i} \tag{9-33}$$

式中:c_i——第 i 条土滑动面上的黏聚力(kPa);

　　　L_i——第 i 条土条弧长(m);

　　　W_i——第 i 条土自重力(kN/m);

　　　α_i——第 i 条弧线中点切线与水平线夹角;

　　　φ_i——第 i 条土条滑动面上的内摩擦角。

由于计算繁杂,一般编写程序,利用计算机计算,求出安全系数 K 最小所对应的滑弧面。K 最小值可小于 1,如某工程计算出 $K = 0.53$。

2)土钉所受土压力计算

$$T_i = \left[(q + \gamma H_i)K_{ai} - 2c\sqrt{K_{ai}} \right] S_x S_y \tag{9-34}$$

式中:T_i——第 i 个锚钉所受的土压力(kN);

　　　q——坡上荷载(kN/m²);

　　　γ——土的重度(kN/m³);

　　　H_i——第 i 个高度的土锚钉(m);

　　　K_{ai}——第 i 层 φ_1 的系数,取值为 $\tan^2(45° - \varphi/2)$;

　S_x、S_y——土钉水平及垂直间距(m);

　　　c——土的黏聚力(kPa)。

3)土钉抗拔力计算(滑裂面外)

$$T_{\mu i} = \pi D L_{bi} \tau_f \tag{9-35}$$

式中:$T_{\mu i}$——第 i 个土钉滑裂面外的抗拔力(kN);

　　　D——钻孔直径(m);

L_{bi}——第 i 层锚钉伸入破裂面外稳定区长度(m);

τ_f——锚体砂浆与土体间各层土的黏结强度(kN/m²)。

4)锚体抗拔力试验

$$T_t = \pi D \tau_f \tag{9-36}$$

式中:T_t——试验拉拔力(kN/m);

D——钻孔直径(m);

τ_f——抗剪强度(kN/m²)。

5)锚体稳定区长度

$$L_{bi} = \frac{K_0 T_i}{T_t} \tag{9-37}$$

式中:T_i——第 i 层土钉所受土压力(kN);

T_t——试验拉拔力(kN/m);

K_0——安全系数,一般为1.5;

L_{bi}——第 i 层稳定区内长度(m)。

6)不同深度土钉总长度

$$L_{Ni} = L_{ai} + L_{bi} \tag{9-38}$$

式中:L_{Ni}——第 i 层土钉总长(m);

L_{ai}——第 i 层滑移面内长度(m);

L_{bi}——第 i 层滑移面外长度(稳定区内)(m)。

7)土钉直径计算

$$KT_{max} = A f_{rk}$$

$$A = \frac{KT_{max}}{f_{rk}} \tag{9-39}$$

式中:A——钢筋截面积(mm²);

f_{rk}——钢筋抗拉强度标准值(N/mm²);

T——各层土中最大土压力(kN);

K——安全系数,一般为15。

2. 土钉墙内部整体稳定性分析

土钉支护的内部整体稳定性验算是指边坡土体中可能出现的破坏面发生在支护内部并穿过全部或部分土钉。假定破坏面上的土钉只承受拉力且达到极限抗拉能力 R,按圆弧破坏面采用简单条分法对土钉支护做内部整体稳定性验算,如图9-25所示。

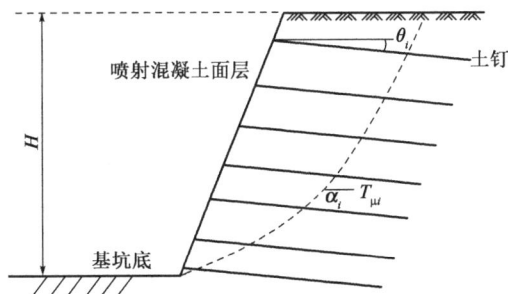

图9-25 土钉稳定性分析

安全系数 K_s 为:

$$K_s = \frac{\sum c_i L_i S_x + \sum W_i \cos\alpha_i \tan\varphi_i S_x + \sum T_{\mu i} \cos(\theta_i + \alpha_i) + \sum T_{\mu i} \sin(\theta_i + \alpha_i)\tan\varphi_i}{\sum W_i \sin\alpha_i S_x} \theta \tag{9-40}$$

式中：K_s——整体稳定性安全系数；

　　W_i——第 i 分条土自重力（kN/m）；

　　c_i——第 i 分条土滑动面上的黏聚力（kPa）；

　　φ_i——第 i 分条土滑动面上的内摩擦角（°）；

　　α_i——第 i 分条滑裂面处中点切线与水平面夹角（°）；

　　θ_i——第 i 个土钉与水平面之间的夹角（°）；

　　L_i——第 i 分条滑裂面处弧长（m）；

　　$T_{\mu i}$——第 i 个土钉滑裂面外的抗拔力（kN）。

上式 K_s 应大于 $[K_a]$，即容许稳定安全系数。K_s 取值在施工阶段应不小于 1.3，在使用阶段应不小于 1.5。

土钉抗拔力安全系数为：

$$K_{0i} = \frac{T_{\mu i}\cos\theta_i}{T_i} > 1.5 \tag{9-41}$$

式中：K_{0i}——第 i 个土钉抗拔安全系数；

　　$T_{\mu i}$——第 i 个土钉滑裂面拉拔力（kN/m）；

　　θ_i——第 i 个土钉与水平面之间的夹角（°）；

　　T_i——第 i 个土钉所受土压力（kN）。

3. 土钉墙外部整体稳定性分析

1）土压力计算

土钉墙简化成挡土墙，其厚度不能简单地按土钉的长度来计算，只考虑被土钉加固为整体的部分，如图 9-26 所示。挡土墙的计算厚度一般按照土钉水平长度的 2/3～11/12 选取。

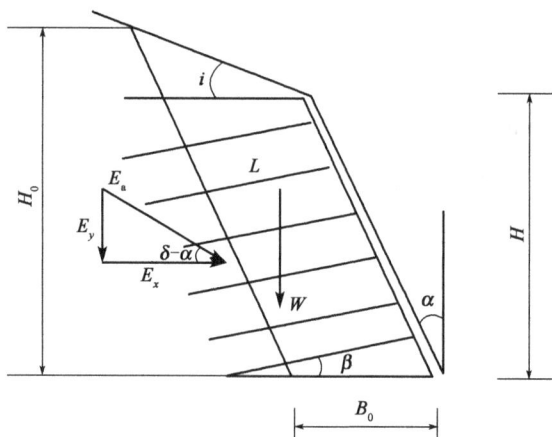

图 9-26　土钉墙计算分析示意图

$$H_0 = H + \frac{B_0\tan i}{1 - \tan\alpha\tan i}$$

$$E_x = 1/2\gamma H_0^2\lambda_x \tag{9-42}$$

$$E_y = E_x\tan(\delta - \alpha)$$

式中:L——土钉长度(m),当多排土钉不等长时取其平均值;

B_0——土钉墙基底宽度(m);

i——坡顶地面线与水平面的夹角(°);

H——土钉墙的设计高度(m);

H_0——土压力计算高度(m);

γ——边坡岩土体重度(kN/m^3);

λ_x——库仑主动水平土压力系数。

2)抗滑动稳定验算

抗滑安全系数 K_c 为:

$$K_c = \frac{\sum N \tan\varphi}{E_x} \geqslant 1.3 \tag{9-43}$$

3)抗倾覆稳定验算

抗倾覆安全系数 K_0 为:

$$K_0 = \frac{\sum M_y}{\sum M_0} \geqslant 1.5 \tag{9-44}$$

4)地基承载力验算

基底合力偏心距为:

$$e = B_0/2 - \frac{\sum M_y - \sum M_0}{\sum N} \tag{9-45}$$

当 $e \leqslant B_0/2$ 时,地基承载力为:

$$\sigma = \frac{\sum N}{B_0}\left(1 + \frac{6e}{B_0}\right) \leqslant [\sigma] \tag{9-46}$$

当 $e > B_0/2$ 时,地基承载力为:

$$\sigma = \frac{2\sum N}{3(B_0/2 - e)} \leqslant [\sigma] \tag{9-47}$$

式中:$\sum N$——作用于土钉墙基底上的总垂直力(kN);

$\sum M_y$——稳定力系对墙趾的总力矩(kN·m);

$\sum M_0$——倾覆力系对墙趾的总力矩(kN·m);

φ——土钉墙边坡岩土综合内摩擦角(°);

$[\sigma]$——容许地基承载力;

e——基底合力的偏心距(m)。

9.5.3　土钉墙施工工艺

土钉墙施工的一般原则如下:

①土钉墙高度宜控制在 20 m 以内,墙面胸坡比为 1∶0.1～1∶0.4,一般用于基坑在 15 m

左右的边坡,斜面坡为 70°~90°。在设计土钉墙时,需根据地形和地质条件进行合理布局。若边坡较高,建议采用多级结构。每两个级别之间应设有宽度不小于 2 m 的平台,且每一级的高度应限制在 10 m 以内。同时,单级土钉墙的高度应保持在 12 m 之内。

②土钉的长度通常为墙高 H 的 0.4~1.0 倍(即 0.4H~1.0H)。在岩质边坡中,推荐长度为 0.4H~0.7H;如果岩性较差或地下水较为发育,则应选择较大的值。对于非饱和土质的边坡,长度应在 0.6H~1.0H 之间。此外,土钉的长度一般应为开挖深度的 0.5~1.2 倍,土钉间距应设置为 1~2 m,且土钉与水平面之间的夹角宜为 10°~20°。

③土钉必须和面层有效地连接在一起,常设有承压板和加强钢筋。土钉钢筋采用 HRB335 或 HRB400 热轧变形钢筋,直径在 16~32 mm 之间。土钉孔径在 70~120 mm 之间,注浆的强度一般不低于 10 MPa,养护 3 天后强度不低于 6 MPa。土钉长度 L 与基坑深度 H_0 之比对于非饱和土宜为 0.6~1.2,对于密实砂土和坚硬黏土取低值,对于软塑黏性土不应小于 1.0。土钉的水平和竖直间距 S_1 和 S_2 宜为 1~2 m,在饱和黏性土中可小到 1 m;在干硬黏性土中可超过 2 m。此外,沿面层布置的土钉密度不应低于 6 m/根。

④土钉墙的设计应遵循"保住中部、稳定坡脚"的原则。现场测量结果显示,沿支护高度分布的土钉,其受力在中间最大,而上、下部分则较小。数值分析还表明,土钉墙坡脚的应力集中较为明显。因此,在设计时,应适当增加中部土钉的密度和长度,同时用混凝土脚墙加固坡脚,使其与土钉墙形成一个整体。

⑤关于分层开挖,土层的高度一般设定为 0.5~2 m,岩层高度则为 1.0~3.0 m。每层开挖的纵向长度(分段长度)应根据岩土体能够维持不变形的最长时间和施工流程的衔接情况来确定。

⑥喷射混凝土面层厚度宜为 80~200 mm,常取值 100 mm。喷射混凝土强度等级不宜低于 C20,强度不低于 10 MPa,面层内设置钢筋网,钢筋网采用 I 级钢筋 $\phi6 \sim \phi10$ mm,间距为 150~300 mm,当面层厚度大于 120 mm 时,宜设置两层钢筋网。喷射混凝土面层中应配置钢筋网,钢筋网采用 I 级钢筋 $\phi6 \sim \phi10$ mm,间距为 150~300 mm。注浆材料宜用水泥净浆,强度不低于 20 MPa。土钉支护的喷射混凝土面层宜插入基坑底部以下,插入深度不小于 0.2 m,在基坑顶部也宜设置宽度为 1~2 m 的喷射混凝土护顶。

土钉墙支护施工主要包括土钉施工及喷射混凝土施工,具体施工工艺如下。

1. 土钉施工

①可选用冲击钻、地质钻等施工机具。

②基于设计要求,按照横、纵向尺寸及水平夹角进行施工。

③钢筋要平直、除锈、除油。

④应采用水泥浆或砂浆作为施工材料,水泥砂浆配合比为 1:1~1:2(重量比),水灰比宜为 0.4~0.45。

⑤注浆管插到距孔底 250~500 mm 处,孔口应设置止浆塞以保证注浆饱满。

⑥设置定位器以确保钢筋保护层厚度足够。

2. 喷射混凝土施工

1) 材料

水泥标号宜用 425 号,干净碎石或卵石,粒径不宜大于 15 mm,水泥与砂石重量比宜为

1:4~1:4.5,砂率宜为45%~55%,水灰比宜为0.4~0.45。

2)喷射作业

在施工前,必须对机械设备、风管、水管和电线进行全面检查与试运行,同时清理待喷射混凝土的表面,并设置标志以控制混凝土的喷射厚度。喷射过程中,喷头与待喷面应保持垂直,距离宜控制在0.6~1.0 m之间。操作人员需严格控制水灰比,确保混凝土表面平整,且有湿润光泽,避免出现干斑或滑流现象。混凝土喷射后,需在终凝2个小时后开始洒水养护,养护时间通常根据气温条件确定,一般保持在3~7天。在喷射第一层混凝土后,应及时铺设钢筋网,钢筋网与坡面之间应保持大于20 mm的间隙。不同层次的钢筋网需进行搭接,搭接长度应为钢筋直径的25倍。同时,要保证钢筋网与土钉锚固装置牢固连接,防止在喷射混凝土时钢筋发生位移。

3.现场监测

土钉墙现场监测的主要内容包括变形监测、应力和应变监测以及地下水动态监测。所有土钉墙工点均应开展变形监测;对于重要工点,应进行应力和应变监测;此外,在地下水位较高的施工区域,涉及深层降水的土钉墙工点必须开展地下水动态监测。具体的监测项目及要求详见表9-3。

监测项目和要求　　　　　　　　　　　　　　　　　　表9-3

	监测项目	监测仪器	监测要求
应测项目	坡顶水平位移	精密经纬仪	沿基坑边每5~10 m设置一个测点,基坑开挖期间,每天测一次,正常情况下3~10天测一次
	坡顶沉降	精密水准仪	沿基坑边每5~10 m设置一个测点,基坑开挖期间,每天测一次,正常情况下3~10天测一次
选测项目	土钉应力	钢筋应力计、应变片	选有代表性的位置测试
	墙体位移	测斜仪	选有代表性的位置测试
	喷层钢筋应力	应变计	选有代表性的位置测试
	土压力	压力盒	选有代表性的位置测试

1)变形监测

在土钉墙施工期间及竣工后,需对其变形进行定期量测。在施工过程中,要及时监测地面、边坡、坑底的岩土体、支护结构及周围建筑物的变形状况。应进行目测检查,对倾斜和开裂等异常现象做好记录。对于关键部位,应设置监测点,可使用精密水准仪和经纬仪测量水平和垂直位移,也可利用收敛计观测相对位移;针对深层岩土体的变形,可使用测斜仪或分层沉降仪进行测量。

2)应力、应变监测

对于重大工点,应选择代表性断面位置并利用钢筋应力计或电阻应变片来监测土钉墙应力、应变情况。

思考与练习题

1. 基坑支护的结构形式有哪些？各自的适用条件是什么？

2. 地下连续墙的适用条件是什么？地下连续墙结构包括哪些设计内容？

3. 地下连续墙结构槽段接头形式有哪几种？其适用条件如何？

4. 多支点桩锚支护结构的优点及其与单支点桩锚支护结构的区别是什么？

5. 重力式挡土墙结构设计与计算包含哪些主要内容？

6. 阐述土钉墙施工工艺流程。

参 考 文 献

[1] 孙钧,侯学渊. 地下结构[M]. 北京:科学出版社,1991.

[2] 曹平,王志伟. 城市地下空间工程导论[M]. 北京:中国水利水电出版社,2013.

[3] 贺少辉,曾德光,叶锋,等. 地下工程[M]. 2 版. 北京:清华大学出版社,北京交通大学出版社,2022.

[4] 门玉明,王启耀,刘妮娜. 地下建筑结构[M]. 2 版. 北京:人民交通出版社,2016.

[5] 曾艳华,汪波,封坤,等. 地下结构设计原理与方法[M]. 2 版. 成都:西南交通大学出版社,2022.

[6] 孙钧. 地下结构设计理论与方法及工程实践[M]. 上海:同济大学出版社,2016.

[7] 何宏斌. 工程地质[M]. 成都:西南交通大学出版社,2018.

[8] 齐文艳,包晓英. 工程地质[M]. 北京:北京理工大学出版社,2018.

[9] 刘新荣,钟祖良. 地下结构设计[M]. 重庆:重庆大学出版社,2013.

[10] 高波,周佳媚,曾艳华,等. 地下结构设计[M]. 武汉:武汉大学出版社,2018.

[11] 张倬元,王士天,王兰生,等. 工程地质分析原理[M]. 北京:地质出版社,2009.

[12] 崔光耀. 地下工程施工技术[M]. 北京:中国建设科技出版社,2020.

[13] 晏长根,许江波,包含,等. 岩体力学[M]. 北京:人民交通出版社,2017.

[14] 王刚. 岩体力学[M]. 北京:冶金工业出版社,2021.

[15] 吕凡任. 地基基础工程[M]. 重庆:重庆大学出版社,2018.

[16] 邢义川,赵卫全,张爱军. 非饱和特殊土的工程特性及应用[M]. 北京:中国水利水电出版社,2017.

[17] 李念国,蒋红. 地基与基础[M]. 北京:中国水利水电出版社,2007.

[18] 苏强,刘亚龙,刘永户. 地基与基础[M]. 3 版. 北京:北京理工大学出版社,2020.

[19] 张广兴,张乾青. 工程地质[M]. 重庆:重庆大学出版社,2020.

[20] 秦勤,徐建东,程华龙,等. 公路工程特殊地基处理技术[M]. 合肥:合肥工业大学出版社,2007.

[21] 黄明. 内陆盐渍土工程特殊性与地基处理新技术[M]. 西安:陕西科学技术出版社,2016.

[22] 葛忻声. 区域性特殊土的地基处理技术[M]. 北京:中国水利水电出版社,2011.

[23] 万长吉. 特殊土地基[M]. 郑州:河南科学技术出版社,1992.

[24] 侯兆霞,刘中欣,武春龙. 特殊土地基[M]. 北京:中国建筑科技出版社,2007.

[25] 苏欣,杨继清. 土力学与地基基础[M]. 成都:西南交通大学出版社,2017.

[26] 金耀华. 土力学与地基基础[M]. 武汉:华中科技大学出版社,2013.

[27] 贾亚军. 土力学与地基基础工程[M]. 西安:西安交通大学出版社,2014.

[28] 钱建固,袁聚云,赵春风,等. 土质学与土力学[M]. 北京:人民交通出版社,2015.

[29] 曹志军,孙宏伟. 基础工程[M]. 成都:西南交通大学出版社,2017.

[30] 冯忠居. 特殊地区基础工程[M]. 北京:人民交通出版社,2008.

[31] 孙世国. 土力学地基基础[M]. 北京:中国电力出版社,2011.

[32] 崔振东.地下结构设计[M].2 版.北京:中国建设科技出版社,2022.

[33] 胡志平.地下结构设计原理[M].北京:冶金工业出版社,2023.

[34] 张瑞云,朱永全.地下建筑结构设计[M].北京:机械工业出版社,2021.

[35] 人民防空办公室.地下工程防水技术规范:GB 50108—2008[S].北京:中国计划出版社,2009.

[36] 中国建筑科学研究院.混凝土结构设计规范:GB 50010—2010[S].北京:中国建筑工业出版社,2016.

[37] 中华人民共和国国家铁路局.铁路隧道设计规范:TB 10003—2016[S].北京:中国铁道出版社,2017.

[38] 中华人民共和国交通运输部.公路隧道设计规范 第一册 土建工程:JTG 3370.1—2018[S].北京:人民交通出版社,2019.

[39] 中华人民共和国住房和城乡建设部,中华人民共和国国家质量监督检验检疫总局.地铁设计规范:GB 50157—2013[S].北京:中国铁道出版社,2013.

[40] 赵延喜,戚承志,周宪伟.地下结构设计[M].北京:人民交通出版社.2017.

[41] 刘国宝,林作忠,徐军林.地铁车站结构设计指引[R].武汉:铁道第四勘察设计院城建院,2005.

[42] 中铁隧道勘测设计院有限公司.艾溪湖东站主体结构计算书[R].南昌:中铁第四勘察设计院集团有限公司,2011.

[43] 夏永旭,王永东.隧道结构力学计算[M].2 版.北京:人民交通出版社,2012.

[44] 王毅才.隧道工程:上册[M].北京:人民交通出版社,2006.

[45] 何川,张建刚,苏宗贤.大断面水下盾构隧道结构力学特性[M].北京:科学出版社,2010.

[46] 周小文,濮家骝,包承钢.砂土中隧洞开挖稳定机理及松动土压力研究[J].长江科学院院报,1999(4):10-15.

[47] 何川,曾东洋.砂性地层中地铁盾构隧道管片结构受力特征研究[J].岩土力学,2007(5):909-914.

[48] 钟祖良,黄明,黄昕,等.地下结构设计[M].重庆:重庆大学出版社,2023.

[49] 中华人民共和国住房和城乡建设部.建筑基坑支护技术规程:JGJ 120—2012[S].北京:中国建筑工业出版社,2012.

[50] 王树理.地下建筑结构设计[M].4 版.北京:清华大学出版社,2021.

[51] 耿永常,李淑华.城市地下空间结构[M].哈尔滨:哈尔滨工业大学出版社,2005.

[52] 朱合华.地下建筑结构[M].3 版.北京:中国建筑工业出版社,2016.

[53] 郑刚,焦莹.深基坑工程设计理论及工程应用[M].北京:中国建筑工业出版社,2010.

[54] 赵其华,彭社琴.岩土支挡与锚固工程[M].成都:四川大学出版社,2008.

[55] 李海光,等.新型支挡结构设计与工程实例[M].2 版.北京:人民交通出版社,2010.

[56] 龚晓南.深基坑工程设计施工手册[M].北京:中国建筑工业出版社,1998.

[57] 赵同新,高需生.深基坑支护工程的设计与实践[M].北京:地震出版社,2010.

[58] 陈忠达.公路挡土墙设计[M].北京:人民交通出版社,1999.

[59] 邓学均.路基路面工程[M].3 版.北京:人民交通出版社,2008.

［60］ 方左英.路基工程［M］.北京:人民交通出版社,1987.

［61］ 王晓谋.基础工程［M］.5 版.北京:人民交通出版社,2021.

［62］ 王勖成.有限单元法［M］.北京:清华大学出版社,2003.

［63］ 彭文斌.FLAC 3D 实用教程［M］.2 版.北京:机械工业出版社,2020.

［64］ 石崇,张强,王盛年.颗粒流(PFC5.0)数值模拟技术及应用［M］.北京:中国建筑工业出版社,2018.

［65］ 许明.岩石力学［M］.5 版.北京:中国建筑工业出版社,2023.